21世纪全国本科院校土木建筑类创新型应用人才培养规划教材

工程地质（第2版）

主　编　倪宏革　周建波
副主编　范庆来　袁立群
　　　　时向东　白　哲
主　审　罗国煜

内容简介

本书系统地介绍了工程地质学的基本原理和勘察、测试技术，包括岩石和土的物质组成及其工程特性与工程地质分类，地质构造及工程地质评价，地下水、河流、海岸带、岩溶、边坡、风化等地质作用的基本规律与灾害防治，以及工程地质勘察、工程地质报告和图件的编制。

本书可作为高等院校土木工程专业的教材，也可作为水利工程、采矿工程等相关本科专业的教材或教学参考书，还可供从事上述各专业的工程技术人员参考。

图书在版编目(CIP)数据

工程地质/倪宏革，周建波主编. —2版. —北京：北京大学出版社，2013.7
(21世纪全国本科院校土木建筑类创新型应用人才培养规划教材)
ISBN 978-7-301-22726-8

Ⅰ.①工… Ⅱ.①倪… ②周… Ⅲ.①工程地质—高等学校—教材 Ⅳ.①P642

中国版本图书馆CIP数据核字(2013)第143152号

书　　名：**工程地质（第2版）**
著作责任者：倪宏革　周建波　主编
策 划 编 辑：卢　东　吴　迪
责 任 编 辑：伍大维
标 准 书 号：ISBN 978-7-301-22726-8/TU·0341
出 版 发 行：北京大学出版社
地　　址：北京市海淀区成府路205号　100871
网　　址：http://www.pup.cn　　新浪官方微博：@北京大学出版社
电 子 信 箱：pup_6@163.com
电　　话：邮购部62752015　发行部62750672　编辑部62750667　出版部62754962
印 刷 者：北京虎彩文化传播有限公司
经 销 者：新华书店
787毫米×1092毫米　16开本　15.5印张　357千字
2009年8月第1版
2013年7月第2版　2019年1月第7次印刷（总第12次印刷）
定　　价：30.00元

第 2 版前言

教材必须及时反映我国土木工程领域科学技术的最新发展，以及高等工程教育教学改革所取得的阶段性成果。本书自 2009 年第 1 版出版后，在几年的教学实践中，得到广大师生的好评，但我们觉得它仍然存在一些缺点和不足之处。2012 年 12 月，北京大学出版社启动“21 世纪全国本科院校土木建筑类创新型应用人才培养规划教材”第 2 版修订计划，给我们提供了进一步提高教材质量的极好机会。

我们在广泛分析和研究近几年新出版的“工程地质”教材和近几年陆续颁布使用的各种新的国家规范基础上，重新学习、领会土木工程专业指导委员会制定的“高等学校土木工程专业本科教育培养目标和培养方案及课程教学大纲”对该门课程的教学基本要求，完成了本次教材的修订。

本次修订主要进行了以下几方面工作。

(1) 将第 1 版教材的第 6 章边坡工程内容并入第 4 章地质灾害之中，避免了部分教学知识点的重合，这样全书由 8 章变为 7 章。

(2) 按照近几年国家和行业最新颁布的标准、规范要求，及时反映当前土木工程建设领域发展的最新成果，尤其是新材料、新技术、新工艺和新设备，使教材内容与之同步。

(3) 增加了第 6 章冻土结构类型的部分内容。

(4) 对第 1 版教材中存在的错误进行了校正。

(5) 对第 1 版教材的教学提示、学习要求等栏目进行了调整，改为教学目标、教学要求、基本概念等栏目；对本章小结的内容也作了进一步概括，便于读者把握每章节的中心内容。

(6) 重新编写与教材配套的电子课件。

在人员和分工方面有所变动：鲁东大学土木工程学院倪宏革教授和荣乌高速蓬莱管理处周建波高工共同完成了本书的修订工作，鲁东大学范庆来副教授、袁立群博士以及烟台大学时向东副教授和河南城建学院白哲博士也参与了部分修订工作。全书最后由倪宏革教授统稿，由南京大学罗国煜教授主审。

限于编者水平，本书的缺点和不足之处在所难免，敬请读者批评指正，不胜感谢。

编　者

2013 年 3 月

第1版前言

工程地质是高等院校土木工程专业本科生的一门重要专业基础课。该课程主要是运用地质学理论与方法研究地质环境，查明地质灾害的规律并提出防治对策，以确保工程建设安全、经济和正常使用，将工程地质原理和岩土工程施工、勘察和设计的相关内容糅合在一起。一本优秀的工程地质教材对于学生切实掌握基础地质及工程地质的基本概念和基本理论、主要分析方法和主要防治措施，有效解决土木工程设计、施工和运营管理中的相关地质问题具有重要的意义。目前国内已有多种工程地质教材，然而随着工程技术的发展，特别是计算机的广泛应用，与之相关的知识不断更新，教学手段不断改革，需要的教材也随之发生变化。经过多年的教学实践和教学改革，教师和学生都需要一本既能满足教学基本要求又有加深拓宽的内容，还能加强工程实践能力培养的教材。本书就是应广大师生的这一迫切需要编写的，力求做到好读易教，使之成为满足一般院校使用的有特色的本科教材。

本书是根据高等学校土木工程专业指导委员会制定的“高等学校土木工程专业本科教育培养目标和培养方案及课程教学大纲”对该门课程的教学基本要求编写的教材。全书共分8章，划分成两大部分：以岩土水体、地层及地质运动等内容为基础地质部分和以地质灾害、地下建筑工程、道路及水利工程中边坡地质问题和工程地质勘察等内容为地质工程应用部分。所述内容由浅入深，将各部分知识要点有机地连成一个整体，构成主线分明、重点突出、详略得当、结构合理的教材体系。在编写过程中考虑到工程地质课程和后续的土力学、地基处理等课程相关内容的重复性，全书在相关内容上进行了取舍，保证了教学内容的精练。

本着“易读，好教，注重实践”的教材写作目的，我们在章节设计上做了一些尝试，如在每章开头加设教学提示和学习要求，做到提纲挈领，有助于读者把握各章的重点，理清章节之间的联系，也便于教师抓住授课要点；在讲完一章的内容后，设计了一个本章小结，与本章开头提出的学习要求相呼应，对本章主要内容做了很精练的总结；在每一章都安排了一定数量的思考题，强调本章的重点概念，防止学生对基本概念理解不深；每一章的结尾还安排了与本章内容相关的具有趣味性的知识链接或背景知识，可提高学生的阅读兴趣。

本书按48学时的教学内容编写，工程管理本科专业或土木工程专科以及相关专业函授本专科教学内容可根据需要进行必要的取舍。

参加本书编写的有鲁东大学倪宏革(绪论、第1章、第5章)、范庆来(第7章、第8章)、袁立群(第3章、第4章)，烟台大学时向东老师和河南城建学院白哲老师共同完成了第2章和第6章的编写工作。全书最后由倪宏革教授统稿，由南京大学罗国煜教授主审。

由于编者水平有限，书中不妥之处在所难免，欢迎老师、同学及各界人士批评指正。

编　者

2009年6月

目　录

第0章 绪论

教学目标

通过本章学习，应达到以下目标。

(1) 了解地质学与工程地质学的关系。

(2) 工程地质学在土木工程建设中的作用。

教学要求

知识要点	掌握程度	相关知识
工程地质的主要任务	(1) 工程地质在土木工程建设中的作用 (2) 工程地质课程应掌握的基本能力和要求	与工程地质密切相关的主要学科

基本概念

地质学、工程地质学。

0.1 地质学与工程地质学

地质学是一门研究关于地球的科学。它研究的对象是固体地球的上层，主要有以下几方面内容。

(1) 研究组成地球的物质。由矿物学、岩石学、地球化学等分支学科承担这方面的研究。

(2) 研究地壳及地球的构造特征，即研究岩石或岩石组合的空间分布。这方面的分支学科有构造地质学、区域地质学、地球物理学等。

(3) 研究地球的历史以及栖居在地质时期的生物及其演变。研究这方面问题的有古生物学、地史学、岩相古地理学等。

(4) 研究地质学的研究方法与手段，如同位素地质学、数学地质学及遥感地质学等。

(5) 研究应用地质学以解决资源探寻、环境地质分析和工程建设及工程防灾问题。主要包括两方面：一是以地质学理论和方法指导人们寻找各种矿产资源，这是矿床学、煤田地质学、石油地质学、铀矿地质学等研究的主要内容；二是运用地质学理论和方法研究地质环境，查明地质灾害的规律和防治对策，以确保工程建设安全、经济和正常运行。

工程地质学是地质学的重要分支学科，是把地质学原理应用于工程实际的一门学问，是研究与工程建设有关的地质问题的学科。发展至今，工程地质学已成为一门独立学科。

就研究对象和内容看，与工程地质学密切相关的主要学科，可用图0.1所示的简单关系框图来说明。

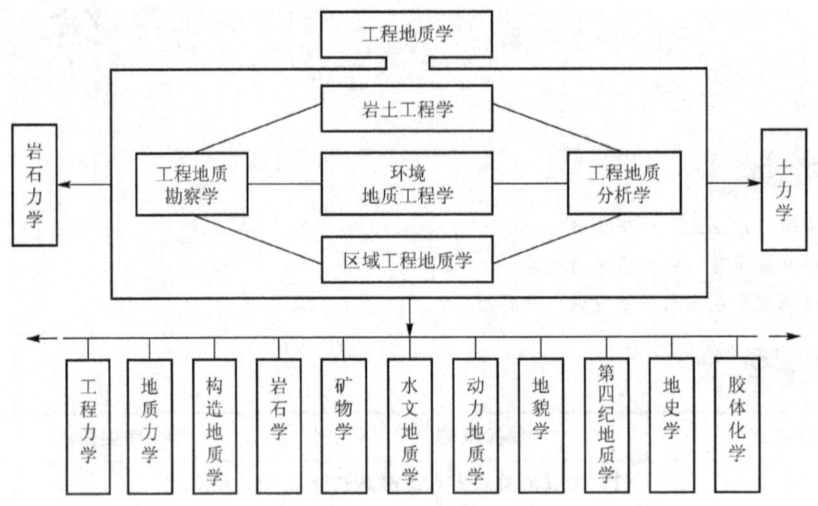

图0.1 与工程地质学相关学科的简单关系框图

工程地质学的具体任务如下。

(1) 评价工程地质条件，阐明地上和地下建筑工程建设和运行的有利和不利因素，选定建筑场地和适宜的建筑形式，保证规划、设计、施工、使用、维修顺利进行。

(2) 从地质条件与工程建筑相互作用的角度出发，论证和预测有关工程地质问题发生的可能性、发生的规模和发展趋势。

(3) 提出及建议改善、防治或利用有关工程地质条件的措施、加固岩土体和防治地下水的方案。

(4) 研究岩体、土体分类和分区及区域性特点。

(5) 研究人类工程活动与地质环境之间的相互作用与影响。

由于工程地质条件有明显的区域性分布规律，因而工程地质问题也有区域性分布的特点，而各类工程(交通、矿山、水利水电、工业与民用建筑等)对工程地质条件有不同的要求，主要工程地质问题也不同，由于各地工程地质条件复杂多变，决定了工程地质问题千差万别。而各类工程又主要是一种表层建筑物，会遇到各种各样的自然条件和地质问题，并易受频繁变化的大气物理作用的影响。因此，工程地质无论是在研究对象上还是方法上都有自己的特点。工程地质学的研究对象是复杂的地质体，其研究方法应是地质分析法与力学分析法、工程类比法与实验法等的密切结合，即通常所说的定性分析与定量分析相结合的综合研究方法。

0.2 工程地质学在土木工程建设中的作用

各种土木工程，如铁路、公路、桥梁、隧道、房屋、机场、港口、管道及水利等工程，都是修建在地表或地下的工程建筑。建筑物场地的地质环境和工程地质条件(包括场地及周围的岩体、土体类型和性质，地质构造，地表水和地下水的作用，各种自然地质作用等)与工程的设计、施工和运营密切相关。在进行工程建设时，无论是总体布局阶段还是个体建筑物设计、施工阶段，都应当进行相应的工程地质工作。总体规划、布局阶段应进行区域性工程地质条件和地质环境的评价；场地选择阶段应进行不同建筑场地工程地质条件的对比，选择最佳工程地质条件的方案；在选定场地进行个体工程建筑物设计和施工阶段，应进行工程地质条件的定量分析和评价，提出适合地质条件和与环境相协调的建筑物类型、结构和施工方法等建议，拟定改善和防治不良地质作用和环境保护的措施方案等。为了做好上述各阶段的工程地质工作，必须通过地质调查测绘、勘探、试验、理论分析等手段，获得必要的地质资料，结合具体工程的要求进行研究、分析和判断，最终得出相应的结论。鉴于工程地质对工程建设的重要作用，国家规定任何工程建设必须在进行相应的地质工作、提出必要的地质资料的基础上才能进行工程设计和施工工作。

随着我国经济建设的日益发展，工程建设的规模和数量也越来越大。数十千米长的隧道、数百米高的高楼大厦、数百米高的露天采矿场边坡、二滩和三峡水利枢纽工程等所谓“长隧道、深基坑、高边坡”巨型重大工程建设与工程地质的关系更趋密切，对工程地质工作和知识的要求也更高。因此，作为工程建筑的基础工作，工程地质工作的重要作用是客观存在和被实践证明了的。

0.3 本课程主要内容及学习要求

工程地质学是一门应用科学，它是运用地质学的基本理论和知识，解决工程建设中各种工程地质问题的一个学科。因此，本课程主要内容应包括基础地质和工程地质两大部分。

本书前三章的内容主要是基础地质部分。第 1 章为岩石和土，包括主要造岩矿物、三大类岩石的工程性质及工程分类、特殊土的工程性质；第 2 章为地质构造及地质图，包括地壳运动及地质作用的概念、岩层及岩层产状、褶皱构造、断裂构造、地质构造对工程建筑物稳定性的影响、地质年代、地质图；第 3 章为水的地质作用，包括地表流水的地质作用、地下水的地质作用；岩土、地质构造和水是工程建筑所处地质环境中最基本的三大要素，对于不同地区、不同建筑场地、不同类型的工程建筑，这三大要素的类型、特征及其组合不同，就形成了不同的工程地质条件和问题。因此，基础地质是解决好工程地质问题必不可少的基本理论和知识。

工程地质部分则是本书后四章的主要内容。第 4 章为常见地质灾害，包括滑坡、崩塌及岩堆、泥石流、边坡变形破坏的基本类型、岩溶、地震；第 5 章为地下建筑工程地质问题，包括地下洞室变形及破坏的基本类型、地下洞室特殊地质问题、围岩分级及其应用；第 6 章为特殊土的工程性质，包括黄土及其工程性质、膨胀土及其工程性质、软土及其工程性质、冻土及其工程性质；第 7 章为工程地质勘察，包括不同工程勘察阶段的勘察要求、工程地质勘察基本类型、工程地质勘察文件编制。

要掌握好工程地质知识，需要认真的科学态度，善于综合应用地质学理论及各种新技术、新方法、新理论(包括实验、计算)，相互核对，相互验证，客观地反映各种地质现象，正确、全面地评价工程地质条件，为工程设计和施工提供可靠的地质依据。工程地质是土木工程专业的专业基础课。学习本课程最重要的不是死记硬背某些条文，而是学会具体问题具体分析。将学到的工程地质知识和专业知识与其他课程知识密切联系起来，去解决工程实际中的工程地质问题。

作为一名土木工程专业学生，在学习本课程后，应达到以下基本要求和能力。

(1) 能阅读一般的地质资料，根据地质资料在野外能辨认常见的岩石和土，了解其主要的工程性质。

(2) 能辨认基本的地质构造类型及较明显、简单的地质灾害现象，并了解这些构造及不良地质对工程建筑的影响。

(3) 重点掌握最常见的各种工程地质问题的基本知识，并在土木工程设计、施工和运营中能结合运用上述工程地质知识。

(4) 一般地了解取得工程地质资料的工作方法、手段及成果要求。

本章小结

工程地质学是地质学的重要分支学科，是把地质学原理应用于工程实际的一门学问，是研究与工程建设有关的地质问题的学科。

工程地质学的研究对象是复杂的地质体，其研究方法应是地质分析法与力学分析法、工程类比法与实验法等的密切结合，即通常所说的定性分析与定量分析相结合的综合研究方法。

各种土木工程，如铁路、公路、桥梁、隧道、房屋、机场、港口、管道及水利等工程，都是修建在地表或地下的工程建筑。在进行工程建设时，无论是总体布局阶段还是个体建筑物设计、施工阶段，都应当进行相应的工程地质工作。

思考题

1. 试说明工程地质学与地质学间的相互关系。
2. 与工程地质学密切相关的主要学科有哪些？
3. 工程地质学的具体任务是什么？
4. 土木工程专业学生在学习本课程后，应达到哪些基本要求？

第1章 地壳及其物质组成

教学目标

通过本章学习，应达到以下目标。

(1) 掌握肉眼鉴定矿物及三大岩类的方法、地质作用的类型及主要造岩矿物的性质。

(2) 认识影响岩石工程地质性质的因素。

(3) 理解风化作用的概念、类型及其表现形式。

教学要求

知识要点	掌握程度	相关知识
鉴别矿物的主要标志	(1) 理解矿物的形态、颜色、光泽、条痕、硬度、解理、断口的概念 (2) 掌握鉴别岩石中矿物成分、结构和构造特征	常见矿物的特征
三大岩类的识别	(1) 从岩石的成因、产状、矿物成分、结构构造等方面进行识别比较 (2) 岩石的命名	三大类岩石的具体分类
岩石的工程地质性质	熟悉影响岩石工程性能的主要因素	岩石物理性质、水理性质和力学性质三个主要方面的概念
风化作用的分类	掌握物理、化学和生物风化的概念	影响风化作用的因素

基本概念

地质作用、地球的层圈构造、产状、结构构造、风化作用、解理、条痕、结晶程度、层理构造、变质作用、水理性质。

1.1 地球的总体特征

地球的赤道半径(6378.140km)比两极半径(6356.779km)略大，所以地球不是一个完全的正圆球体。地球表面参差起伏，大约有70.8%的面积为海洋，29.2%的面积为陆地。

1.1.1 地球的圈层构造

地球包括外圈层(即大气圈、水圈及生物圈)和内圈层两部分。内圈层也是分层的，由地壳、地幔、地核组成，如图 1.1 所示。地壳的密度为 2.7～2.9g/cm^3，由地表所见的各种岩石组成。位于大陆的陆壳厚度大，平均约 35km，高山区可达 70～80km，其下层为深变质岩，表层多为沉积岩，陆壳形成年代老，内部构造很复杂；位于大洋底部的洋壳，厚度较小，平均 7～8km，洋壳由玄武岩组成，表层有不厚的沉积物。地壳以下至大约 2900km 深处为地幔。地幔的密度为 3.32～4.64g/cm^3，由富含 Fe、Mg 的硅酸盐物质组成。地幔以下直到地心的部分称为地核。地核的密度为 11～16g/cm^3，由含 Fe、Ni 的物质组成。地核由液态外核和固态内核组成。

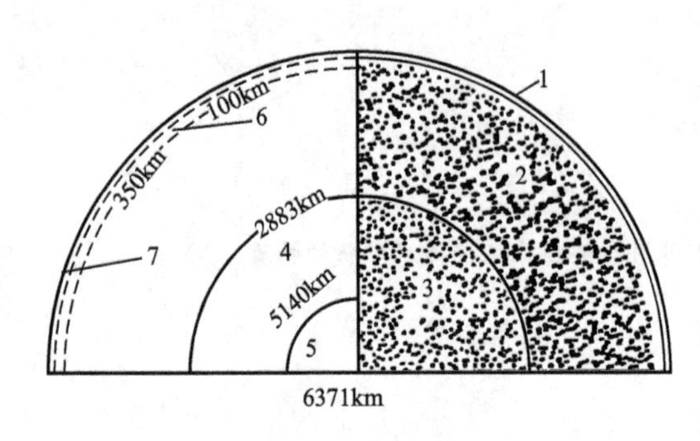

图 1.1 地球内部圈层

1—地壳；2—地幔；3—地核；4—液态外部地核；5—固态内部地核；6—软流圈；7—岩石圈

对地球内部的认识主要来自对地震弹性波的研究。据研究发现，在地幔顶部约 50～250km 处存在一个地震波速度减低带，该带约有 5%的物质为熔融状态，易于发生塑性流动，称为软流圈(图 1.1)。软流圈以上的物质均为固态，称为岩石圈。岩石圈具有较强的刚性，分裂成许多块体，称为板块。板块浮在软流圈上随之运动，这就是板块运动，也是构造运动发生的根源。

1.1.2 地质作用

现代地质学研究证实，地球形成之初，地表像现在的月球表面，并不存在水，也就没有海陆之分。大气成分中也没有二氧化碳和氧气。地球在其形成 46 亿年的历史中逐渐发展和演化成今天的面貌。同时，今天的地球仍以人们不易觉察的速度和方式在继续变化中。目前人们对地壳的发展演化研究得最为详细，将塑造地壳面貌的自然作用称为地质作用。

地质作用的动力来源主要有两方面：一是来自地球内部，如放射性元素衰变，以及地球自转和重力作用等；二是来自地球以外，如太阳辐射和日月引力，以及恒星、行星的辐射等。只要引起地质作用的动力存在，地质作用就不会停止。地质作用实质上是组成地球的物质以及由其传递的能量发生运动的过程。根据动力来源部位，地质作用常被划分为内力地质作用与外力地质作用两大类。地质作用常常引发灾害，按地质灾害成因的不同，工程地质学把地质作用划分为物理地质作用和工程地质作用两种。物理地质作用即自然地质作用包括内力地质作用与外力地质作用；工程地质作用即人为地质作用。

1. 物理地质作用

1) 内力地质作用

内力地质作用的动力来自地球本身，并主要发生在地球内部，按其作用方式可分为以下四种。

(1) 构造运动：是地壳的机械运动。当发生水平方向运动时，常使岩层受到挤压产生褶皱，或是使岩层拉张而破裂。垂直方向的构造运动使地壳出现上升或下降。青藏高原最近数百万年以来的隆升是垂直运动的表现。

(2) 岩浆作用：是指岩浆沿地壳软弱破裂地带上升造成火山喷发形成岩浆岩或是在地下深处冷凝形成侵入岩的过程。

(3) 变质作用：是指构造运动与岩浆作用过程中，原有的岩石受温度、压力和化学性质活泼的流体作用，在固体状态下发生物质成分和特征的改变，转变成新的岩石，即变质岩的形成过程。

(4) 地震：是接近地球表面岩层中构造运动以弹性波形式突然释放应变能而引起地壳的快速颤动和震动。

2) 外力地质作用

外力地质作用主要由太阳辐射引起，并主要发生在地壳的表层，主要包括以下几种。

(1) 风化作用：暴露于地表的岩石，在温度变化以及水、二氧化碳、氧气及生物等因素的长期作用下，发生化学分解和机械破碎。

(2) 剥蚀作用：河水、海水、湖水、冰川及风等在其运动过程中对地表岩石造成破坏，破坏产物随其运动而搬离原地。例如，海岸、河岸因受海浪和流水的撞击、冲刷而发生后退。斜坡剥蚀作用是指斜坡物质在重力以及其他外力因素作用下产生滑动和崩塌，又称块体运动。

(3) 搬运作用：风化与剥蚀造成的破坏产物被搬运到他处。

(4) 沉积作用：搬运物在适宜场所堆积。

(5) 固结成岩作用：刚堆积的物质是松散多孔的并富含水分，被后来的沉积物覆盖埋藏后，在重压下排出水分，孔隙减小并被胶结，由松散堆积物渐变为坚硬的岩石，也就是沉积岩。

2. 工程地质作用(人为地质作用)

工程地质作用或人为地质作用是指由人类活动引起的地质效应。例如，采矿特别是露天开采移动大量岩体引起地表变形、崩塌、滑坡；人类在开采石油、天然气和地下水时因岩土层疏干排水造成地面沉降；特别是兴建水利工程，造成土地淹没、盐渍化、沼泽化，甚至造成库岸滑坡、水库地震等。

1.2 矿　　物

自然界中已发现的矿物约有3000种，其中能够组成岩石的矿物称为造岩矿物。在岩石中经常出现、明显影响岩石性质、对鉴别岩石种类起重要作用的矿物称为主要造岩矿物，约有20～30种。

1.2.1 矿物的形态及主要物理性质

矿物的形态及主要物理性质是肉眼鉴别矿物的重要依据。

1. 矿物的形态

1) 结晶质矿物与非晶质矿物

绝大多数造岩矿物呈固态，固态矿物中大多数为结晶质，少数为非晶质。

结晶质矿物的内部质点(原子、分子或离子)在三维空间呈有规律的周期性排列，形成空间结晶格子构造。因此，在一定条件下，每种结晶质矿物都具有固定的规则几何外形，这就是矿物的固有形态特征。具有良好固有形态的晶体称为自形晶或单晶体。在自然界中，这种自形晶较少见到，因为在晶体生长过程中，受生长速度和周围自由空间环境的限制，晶体发育不良，形成了不规则的外形，称为他形晶，而岩石中的造岩矿物多为粒状他形晶的集合体。

非晶质矿物的内部质点排列没有规律性，故不具有规则的几何外形。非晶质矿物有玻璃质和胶体质两类。前者是高温熔融体迅速冷凝而成，如火山喷出的岩浆迅速冷凝而成的黑曜岩中的矿物；后者是由胶体溶液沉淀或干涸凝固而成，如硅质胶体溶液沉淀凝聚而成的蛋白石($SiO_2 \cdot nH_2O$)。

2) 矿物的形态

常见的单晶体矿物形态如下。

(1) 片状、鳞片状：如云母、绿泥石等。

(2) 板状：如斜长石、板状石膏等。

(3) 柱状：如长柱状的角闪石和短柱状的辉石等。

(4) 立方体状：如岩盐、方铅矿、黄铁矿等。

(5) 菱面体状：如方解石等。

(6) 菱形十二面体状：如石榴子石等。

常见的矿物集合体形态如下。

(1) 粒状、块状、土状：矿物晶体在空间三个方向上接近等长的他形集合体。当颗粒边界较明显时称为粒状，如橄榄石等；若肉眼不易分辨颗粒边界的称为块状，如石英等；疏松的块状可称为土状，如高岭土等。

(2) 鲕状、豆状、葡萄状、肾状：矿物集合体呈具有同心构造的球形。像鱼卵大小的称为鲕状，如方解石等；近似黄豆大小的称为豆状，如赤铁矿等；不规则的球形体可称为葡萄状与肾状。

(3) 纤维状：如石棉、纤维石膏等。

(4) 钟乳状：如方解石、褐铁矿等。

2. 矿物的光学性质

1) 颜色

矿物的颜色是矿物对光线吸收和反射的物理性能。颜色是由矿物的化学成分和内部结构决定的。例如，黄铁矿是铜黄色；橄榄石为橄榄绿色。由于矿物是天然生成的，很容易混入其他杂质，从而改变矿物固有的颜色。例如，纯质石英是无色透明的，当含有不同杂质时可出现乳白、紫红、烟黑等颜色。矿物固有的颜色称作自色，可用作鉴别矿物的特征；杂质染出的颜色称作他色，不可作为鉴别矿物的依据。

2) 条痕

矿物粉末的颜色称条痕。一般是把矿物在白色瓷板上擦划来观察擦下来的矿物粉末的颜色。大多数浅色矿物的条痕是无色或浅色的，某些深色矿物的条痕与颜色相同，这些矿物的条痕对鉴别矿物无用。只有矿物的条痕与其颜色不同的某些深色矿物才是有用的鉴别矿物的特征。例如，角闪石为黑绿色，条痕为淡绿色；辉石为黑色，条痕为浅棕色；黄铁矿为铜黄色，条痕为黑色等。

3）光泽

矿物表面反射光线的能力称为光泽。根据矿物反射光线的强弱程度，可分为下列几种。

(1) 金属光泽：反光强烈，光辉闪耀，如方铅矿、黄铁矿等。

(2) 半金属光泽：反光较强，如磁铁矿等。

(3) 非金属光泽：多数造岩矿物为透明或半透明的，它们的光泽常见的有以下几种。

① 金刚光泽：反光较强，如金刚石等。

② 玻璃光泽：近似一般平面玻璃的反光，如石英晶面、长石等。

③ 油脂光泽：如同涂上一层油脂后的反光，如石英断口上的光泽等。

④ 珍珠光泽：如同珍珠表面或贝壳内面出现的乳白彩光，如白云母薄片等。

⑤ 丝绢光泽：出现在纤维状集合体矿物的表面光泽，如石棉、绢云母、纤维石膏等。

⑥ 土状光泽：矿物表面反光暗淡，如高岭石等。

4）透明度

矿物能够被光线穿透的程度称为透明度。矿物吸收、反射光线的能力愈强，透明度愈差。根据矿物的透明度可将矿物分为透明、半透明和不透明三大类。例如，纯净的石英单晶体和纯净方解石组成的冰洲石为透明矿物；多数造岩矿物为半透明矿物，如一般石英集合体、滑石等；金属矿物则为不透明矿物，如黄铁矿、方铅矿、磁铁矿等。观察矿物透明度应注意同等厚度条件，肉眼观察可在矿物碎片边缘进行。

3. *矿物的力学性质*

1）硬度

矿物抵抗外力机械刻划和摩擦的能力称为硬度。目前广泛采用对比摩氏硬度计(表 1-1)中十种已确定硬度的矿物，确定待定矿物硬度的相对硬度法。例如，经过用小刀刻划矿物表面试验，石墨的硬度与滑石接近，可定为 1 度；云母的硬度介于石膏和方解石之间，可定为 2～3 度等。

表 1-1 摩氏硬度计硬度表

硬度	1	2	3	4	5	6	7	8	9	10
矿物	滑石	石膏	方解石	萤石	磷灰石	长石	石英	黄玉	刚玉	金刚石

2）解理

矿物晶体在外力敲击下，沿一定晶面方向裂开的性能，裂开的晶面一般平行成组出现，称为解理面。根据解理发育程度不同，可分为以下几种。

(1) 极完全解理：矿物容易沿一组解理面裂成薄片，如云母。

(2) 完全解理：矿物容易沿三组解理面方向裂成块状或板状，如方解石破裂成菱形六面体。

(3) 中等解理：矿物沿两组解理面方向裂成板状或柱状，如长石裂成板状、角闪石裂为长柱状。

（4）无解理：肉眼不易看到解理面，如橄榄石；或实际上没有解理面，如单晶体石英等。

3）断口

实际上没有解理面的矿物，在外力敲击下，可沿任意方向发生无规则断裂破碎，其断裂面称为断口。断口形状各异，例如，石英的贝壳状断口，其他还有参差状断口、锯齿状断口和平坦状断口等。

1.2.2 主要造岩矿物及其鉴定特征

常见的造岩矿物及其物理性质见表1－2。

表1－2 常见造岩矿物物理性质简表

矿物名称及化学成分	形状	物理性质				主要鉴定特征
		颜色	光泽	硬度	解理、断口	
石英 SiO_2	六棱柱状或双锥状、粒状、块状	无色、乳白色或其他色	玻璃光泽、断口为油脂光泽	7	无解理，贝壳状断口	形状，硬度
正长石 $KAlSi_3O_8$	短柱状、板状、粒状	肉色、浅玫瑰色或近于白色	玻璃光泽	6	二向完全解理，近于正交	解理，颜色
斜长石 $Na(AlSi_3O_8)$，$Ca(Al_2Si_2O_8)$	长柱状、板条状	白色或灰白色	玻璃光泽	6	二向完全解理，斜交	颜色，解理面有细条纹
白云母 $KAl_2(AlSi_3O_{10})(OH)_2$	板状、片状	无色、灰白至浅灰色	玻璃或珍珠光泽	2～3	一向极完全解理	解理，薄片有弹性
黑云母 $K(Mg、Fe)_3(AlSi_3O_{10})(OH)_2$	板状、片状	深褐、黑绿至黑色	玻璃或珍珠光泽	2.5～3	一向极完全解理	解理，颜色，薄片有弹性
角闪石 $Ca_2Na(Mg、Fe)_4(Al、Fe)[(Si、Al)_4O_{11}]_2(OH)_2$	长柱状、纤维状	深绿至黑色	玻璃光泽	5.5～6	二向完全解理，交角近56°	形状，颜色
辉石 $(Ca、Mg、Fe、Al)[(Si、Al)_2O_6]$	短柱状、粒状	褐黑、棕黑至深黑色	玻璃光泽	5～6	二向完全解理，交角近90°	形状，颜色
橄榄石 $(Mg、Fe)_2SiO_4$	粒状	橄榄绿、淡黄绿色	油脂或玻璃光泽	6.5～7	通常无解理，贝壳状断口	颜色，硬度

续表

矿物名称及化学成分	形状	物理性质				主要鉴定特征
		颜色	光泽	硬度	解理、断口	
方解石 $CaCO_3$	菱面体、块状、粒状	白、灰白或其他色	玻璃光泽	3	三向完全解理	解理，硬度，遇盐酸强烈起泡
白云石 $CaMg(CO_3)_2$	菱面体、块状、粒状	灰白、淡红或淡黄色	玻璃光泽	3.5～4	三向完全解理，晶面常弯曲呈鞍状	解理，硬度，晶面弯曲，遇盐酸起泡微弱
石膏 $CaSO_4 \cdot 2H_2O$	板状、条状、纤维状	无色、白色或灰白色	玻璃或丝绢光泽	2	一向完全解理	解理、硬度
高岭石 $Al_4(Si_4O_{10})(OH)_8$	鳞片状、细粒状	白、灰白或其他色	土状光泽	1	一向完全解理	性软，黏舌，具可塑性
滑石 $Mg_3(Si_4O_{10})(OH)_2$	片状、块状	白、淡黄、淡绿或浅灰色	蜡状或珍珠光泽	1	一向完全解理	颜色，硬度，触摸有滑腻感
绿泥石 (Mg、Fe、Al) [(Si、Al)$_4$O$_{10}$] (OH)$_8$	片状、土状	深绿色	珍珠光泽	2～2.5	一向完全解理	颜色，薄片无弹性有挠性
蛇纹石 $Mg_6(Si_4O_{10})(OH)_8$	块状、片状、纤维状	淡黄绿、淡绿或淡黄色	蜡状或丝绢光泽	3～3.5	无解理，贝壳状断口	颜色，光泽
石榴子石 (Mg、Fe、Mn)$_3$ $Al_2(SiO_4)_3$	菱形十二面体、二十四面体、粒状	棕、棕红或黑红色	玻璃光泽	6.5～7.5	无解理，不规则断口	形状，颜色，硬度
黄铁矿 FeS_2	立方体、粒状	浅黄铜色	金属光泽	6～6.5	贝壳状或不规则断口	形状，颜色，光泽

1.3 岩浆岩

1.3.1 岩浆岩的形成过程

1. 岩浆和岩浆作用

岩浆是存在于上地幔和地壳深处、以硅酸盐为主要成分、富含挥发性物质、处于高温(700～1300℃)、高压(高达数千兆帕)状态下的熔融体。按岩浆中所含 SiO_2 量的多少，可把岩浆分为四种，见表 1－3。

表 1－3　岩浆岩按 SiO_2 含量分类

岩浆类型	SiO_2 含量/%	颜　色	稀　稠	密　度
酸性的	＞65	浅	稠	轻
中性的	65～52	↕	↕	↕
基性的	52～45			
超基性的	＜45	深	稀	重

地下深处相对平衡状态下的岩浆，受地壳运动影响，就会沿着地壳中薄弱、开裂地带向地表方向活动，岩浆的这种运动称岩浆作用。若岩浆上升未达地表，在地壳中冷却凝固，称为岩浆侵入作用；若岩浆上升冲出地表，在地面上冷却凝固，则称为岩浆喷出作用，也称火山作用。

2. 岩浆岩及其产状

1）岩浆岩的形成

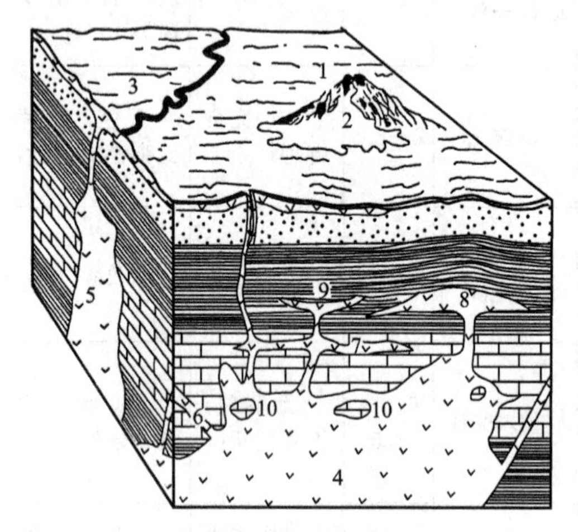

图 1.2　岩浆岩的产状

1—火山锥；2—熔岩流；3—熔岩被；4—岩基；5—岩株；6—岩墙；7—岩床；8—岩盘；9—岩盆；10—捕虏体

在岩浆作用后期，岩浆冷却凝固形成的岩石称为岩浆岩。侵入作用形成侵入岩，岩浆冷凝位置离地表深的，形成深成侵入岩；离地表浅的，形成浅成侵入岩。喷出作用形成喷出岩或火山岩。

2）岩浆岩的产状

指岩浆岩的形态、大小及其与周围岩体间的相互关系。因此，岩浆岩的产状既与岩浆性质密切相关，也受周围岩体及环境的控制。常见岩浆岩产状有以下几种(图 1.2)。

(1) 岩基和岩株：属深成侵入岩产状。岩基规模最大，基底埋藏深，多为花岗岩；岩株规模次之，形状不规则，宏观呈树枝状。

(2) 岩盘和岩床：属浅成侵入岩产状。岩盘形成透镜体或倒扣的盘子状岩体，多为黏性较大的酸性岩浆形成；岩床形成厚板状岩体，多为黏性较小的基性岩浆形成。

(3) 岩墙和岩脉：属规模较小的浅成侵入岩产状。岩浆沿近垂直的围岩裂隙侵入，形成的岩体称岩墙，长数十米至数千米，宽数米至数十米；岩浆侵入围岩各种断层和裂隙，形成脉状岩体，称脉岩或岩脉，长数厘米至数十米，宽数毫米至数米。

(4) 火山颈：火山喷发时，岩浆在火山口通道里冷凝形成的岩体，呈近直立的不规则圆柱形岩体，属于浅成与喷出侵入岩之间的产状。

(5) 岩钟和岩流：属喷出岩的产状。岩钟是黏性大的酸性岩浆在喷出火山口后，于火山口周围冷凝而成的钟状或锥状岩体，又称火山锥；岩流是黏性小的基性岩浆在喷出火山口后，迅速向地表较低处流动，边流动边冷凝而成的岩体，它在一定地表面范围内覆盖一定的厚度，也称岩被。

1.3.2 岩浆岩的地质特征

岩浆岩的地质特征包括岩石的结构、构造和矿物成分，它们都是由岩石形成过程所决定，又是鉴定岩石的特征。

岩石的结构指岩石中矿物的结晶程度、晶(颗)粒大小、晶(颗)粒形态及晶(颗)粒之间的相互关系。

岩石的构造指岩石中矿物在空间的排列与充填方式所反映出来的岩石外貌特征。

1. 岩浆岩的结构

常见的岩浆岩结构如下。

1）全晶粒状结构

矿物全部结晶，肉眼可见晶粒，晶粒大小均匀。按晶粒大小又可分为粗粒(大于5mm)、中粒(1～5mm)、细粒(小于1mm)。全晶粗粒和全晶中粒为深成岩结构，全晶细粒常为浅成岩结构。

2）结晶斑状结构

矿物全部结晶，肉眼可见晶粒，晶粒大小不均。大于5mm的斑晶被细小晶粒的基质包围。结晶斑状结构又称似斑状结构，是深成岩结构。

3）斑状结构

实际上矿物全结晶，但肉眼只能看到粗大斑晶粒(常为大于5mm的石英或长石晶体)，而包围斑晶的基质多为肉眼不可分辨的极细小晶粒。这种极细小的、肉眼不可见的晶粒集合体，称为隐晶质。因此，斑状结构是斑晶被隐晶质基质包围，是浅成或喷出岩结构。

4）隐晶质结构

全结晶，晶粒极细小，肉眼不可分辨，是喷出岩结构。

5）非晶质结构

全部不结晶，是喷出岩的结构。

2. 岩浆岩的构造

常见的岩浆岩构造如下。

1）块状构造

岩石中矿物均匀分布，无定向排列现象，呈均匀的块体。这种构造是绝大多数岩浆岩的构造，全部侵入岩都是块状构造，部分喷出岩也是块状构造。

2）流纹状构造

岩石中柱状、针状矿物、拉长的气孔、不同颜色的条带，相互平行、定向排列，形成流纹状构造。它是喷出岩构造，是酸性喷出岩流纹岩的特有构造。

3）气孔状构造

岩浆喷出地面迅速冷凝过程中，岩浆中所含气体或挥发性物质从岩浆中逸出后，在岩石中形成大小不一的气孔，称为气孔状构造。它是喷出岩构造。

4）杏仁状构造

具有气孔状构造的岩石，若后期在其气孔中充填沉淀了某些次生物质(与原岩成分无关)，则称为杏仁状构造，也是喷出岩构造。

3. *岩浆岩的矿物成分*

岩浆岩中最常见的主要矿物有石英、正长石、斜长石、黑云母、角闪石、辉石、橄榄石等。根据岩石所含主要矿物成分确定岩石类型和名称。主要矿物占岩石中矿物约90%。

1.3.3 岩浆岩分类及常见岩浆岩的鉴定特征

1. *岩浆岩分类*

岩浆岩的分类见表1-4。

表1-4　岩浆岩分类

成因类型		产状	构造	结构					
颜色					浅⟷深				
岩浆类型					酸性	中性		基性	超基性
SiO_2含量/%					＞65	65～52		52～45	＜45
主要矿物					石英、正长石、斜长石	正长石、斜长石	角闪石、斜长石	斜长石、辉石	橄榄岩、辉石
次要矿物					云母、角闪石	角闪石、黑云母、辉石、石英(小于5%)	辉石、黑云母、正长石(小于5%)、石英(小于5%)	橄榄石、角闪石、黑云母	角闪石、斜长石、黑云母
喷出岩		岩钟、岩流	杏仁、气孔、流纹块状	非晶质(玻璃质)	火山玻璃：黑曜岩、浮岩等				少见
				隐晶质斑状	流纹岩	粗面岩	安山岩	玄武岩	少见
侵入岩	浅成	岩床、岩墙	块状	斑状全晶细粒	花岗斑岩	正长斑岩	闪长玢岩	辉绿岩	少见
	深成	岩株、岩基		结晶斑状全晶中、粗粒	花岗岩	正长岩	闪长岩	辉长岩	橄榄石、辉岩

2. *常见岩浆岩的鉴定特征*

1）花岗岩

灰白、肉红色；全晶粒状结构；块状构造；主要矿物为石英、正长石和斜长石，有时含少量黑云母和角闪石。

2）花岗斑岩

也称斑状花岗岩，一般为灰红、浅红色；似斑状结构，斑晶多为石英或正长石粗大晶粒，基质多为细小石英和长石晶粒；块状构造；矿物成分与花岗岩相同。

3）流纹岩

多为浅红、浅灰或灰紫色；隐晶质结构，常含少量石英细小晶粒；流纹状构造，常见有被拉长的细小气孔。

4）正长岩

浅灰或肉红色；全晶粒状结构；块状构造；主要矿物为正长石及斜长石。

5）正长斑岩

颜色和矿物成分与正长岩相同；斑状结构，斑晶多为粗大正长石晶粒，基质为微晶或隐晶长石晶体；块状构造。

6）粗面岩

灰色或浅红色；斑状或隐晶质结构；块状构造；断裂面多粗糙不平而得名。

7）闪长岩

灰色或灰绿色；全晶粒状构造；块状构造；主要矿物成分为角闪石和斜长石。

8）闪长玢岩

灰绿、灰褐色；斑状结构，斑晶主要是板状白色斜长石粗大晶粒，基质为黑绿色隐晶质；块状构造；矿物成分同闪长岩。

9）安山岩

有灰、棕、绿等色；隐晶质结构；块状构造；矿物成分同闪长岩。

10）辉长岩

深灰、黑绿至黑色；全晶粒状结构；块状构造；主要矿物为斜长石及辉石。

11）辉绿岩

多灰绿至黑绿色；隐晶质结构，或称“辉绿结构”，指辉石微小晶体充填于长石微小晶体空隙中；块状构造；矿物成分同辉长岩。

12）玄武岩

灰黑、黑绿至黑色；隐晶质结构；块状、气孔状、杏仁状构造；矿物成分同辉长岩。

13）橄榄岩

橄榄绿或黄绿色；全晶粒状结构；块状构造；主要矿物为橄榄石和少量辉石。

14）辉岩

灰黑、黑绿至黑色；全晶粒状结构；块状构造；主要矿物为辉石及少量橄榄石。

15）黑曜岩

浅红、灰褐及黑色；几乎全部为玻璃质组成的非晶质结构；块状构造或流纹状构造。

16）浮岩

灰白、灰黄色；为岩浆中泡沫物质在地表迅速冷凝而生成，非晶质结构；气孔状构造。

1.4 沉积岩

1.4.1 沉积岩的形成过程

沉积岩是地球表面最常见的岩石，从体积上看，沉积岩只占地壳岩石总体积的7.9%，但从分布面积看，沉积岩却占陆地总面积的75%。

沉积岩是在地表或接近地表的常温常压条件下，由原岩(早期形成的岩浆岩、沉积岩和变质岩)经过下述四个作用过程而形成的。

1. 原岩风化破碎作用

原岩经过风化作用，成为各种松散破碎物质，被称为松散沉积物，它们是构成新的沉积岩的主要物质来源。此外，在特定环境和条件下，大量生物遗体堆积而成的物质也是沉积物的一部分。风化破碎物质可分为三类：①大小不等的岩石或矿物碎屑，称为碎屑沉积物；②颗粒粒径小于0.005mm的黏土粒，称为黏土沉积物；③以离子或胶体分子形式存在于水中的化学成分，例如K^+、Na^+、Ca^{2+}、Mg^{2+}等溶于水中，形成真溶液；而Al、Fe、Si等元素的氧化物、氢氧化物难溶于水，它们的细小分子质点分散到水中，形成胶体溶液。这两种溶液中的化学成分统称为化学沉积物。

2. 沉积物的搬运作用

原岩风化破碎产物除少部分残留在原地外，大部分都要被搬运一定距离。搬运的动力有流水、风力、重力和冰川等。搬运方式则主要有机械(物理)式搬运和化学式搬运两种。

1) 机械式搬运

主要搬运对象是碎屑和黏土沉积物。以风力或流水搬运为例，在运动过程中，又有三种不同运动方式：悬浮、跳跃和滚动。这三种方式根据沉积物大小、质量与搬运力大小来决定。沉积物在搬运过程中，相互碰撞和磨蚀，沉积物原有棱角逐渐消失，成为卵圆或滚圆形。碎块、颗粒圆滑的程度称为磨圆度，搬运距离愈长磨圆度愈高。

2) 化学式搬运

以真溶液或胶体溶液方式的搬运，主要搬运化学沉积物。这种搬运方式可以搬运很远，直至进入海洋。

3. 沉积物的沉积作用

1) 碎屑和黏土沉积物的沉积

当搬运力(如流水)逐渐减小时，被搬运的沉积物按其大小、形状和密度不同，先后停止搬运而沉积下来。大的比小的先沉积、球状比片状的先沉积、重的比轻的先沉积。在同一地段上的沉积物，其颗粒大小均匀程度称为分选性，大小均匀的分选性好，大小悬殊的分选性差。

2) 化学沉积物的沉积

真溶液中离子的沉淀和重新结晶与溶液中的pH值、温度和压力等许多因素有关，但最终取决于溶液的溶解度和离子浓度之间的相互关系，浓度超过溶解度时，多余的离子就会重新结晶析出而沉淀。

胶体物质的重新凝聚和沉积，主要由于带正电荷的正胶体物质(如Fe_2O_3、Al_2O_3等)与带负电荷的负胶体物体(如SiO_2、MnO_2等)相遇，电价中和而凝聚；此外，胶体溶液逐渐脱水干燥，也会使其中的胶体物质凝聚沉积。

4. 成岩作用

松散沉积物经过下述四种成岩作用中的一种或几种作用后，形成新的、坚硬的、完整的岩石——沉积岩。

1）压固脱水作用

沉积物不断沉积，厚度逐渐加大。先沉积在下面的沉积物，承受着上面愈来愈厚的新沉积物及水体的巨大压力，使下部沉积物孔隙减小、水分排出、密度增大，最后形成致密坚硬的岩石，称为压固脱水作用。

2）胶结作用

各种松散的碎屑沉积物被不同的胶结物胶结而成坚固完整的岩石。最常见的胶结物有硅质、钙质、铁质和泥质等。

3）重新结晶作用

非晶质胶体溶液陈化脱水转化为结晶物质；溶液中微小晶体在一定条件下能长成粗大晶体。这两种现象都可称为重新结晶作用，从而形成隐晶或细晶的沉积岩。

4）新矿物的生成

沉积物在向沉积岩的转化过程中，除了体积、密度上的变化外，同时还生成与新环境相适应的稳定矿物，例如方解石、燧石、白云石、黏土矿物等新的沉积岩矿物。

由以上成岩过程可知，沉积岩的产状均为层状。

1.4.2 沉积岩的地质特征

1．沉积岩的结构

沉积岩结构常见的有三种。

1）碎屑状结构

由碎屑物质和胶结物组成的一种结构。按碎屑大小又可细分为：

(1) 砾状结构：碎屑颗粒粒径大于2mm。根据碎屑形状，磨圆度差的称角砾状，磨圆度好的称圆砾状或砾状。

(2) 砂状结构：颗粒粒径为2～0.005mm。其中，2～0.5mm为粗砂结构；0.5～0.25mm为中砂结构；0.25～0.075mm为细砂结构；0.075～0.005mm为粉砂结构。

2）泥状结构

粒径小于0.005mm的黏土颗粒形成的结构。

3）化学结构和生物化学结构

离子或胶体物质从溶液中沉淀或凝聚出来时，经结晶或重新结晶作用形成的是化学结构。化学结构中常见的有结晶粒状(包括显晶和隐晶两种)结构和同生砾状结构(包括豆状、鲕状、竹叶状等)。生物化学结构是由生物遗体及其碎片组成的化学结构，例如贝壳状、珊瑚状等结构。

2．沉积岩的构造

1）层理构造及块状构造

野外观察沉积岩都是成层产出的，但从厚层沉积岩中打回的小块手标本上不一定都能看到明显的层理。

在地质特性上与相邻层不同的沉积层称为一个岩层。岩层可以是一个单层，也可以是一个组层。层理是指一个岩层中大小、形状、成分和颜色不同的层交替时显示出来的纹理。分隔不同岩层的界面称层面，层面标志着沉积作用的短暂停顿或间断。因此，岩体中的层面往往成为其软弱面。上、下层面之间的一个岩层，在一定范围内，生成条件基本一致。它可以帮助人们确定该岩层的沉积环境，划分地层层序，进行不同地区岩层层位对比。上、下层面间垂直距离是该岩层厚度。岩层厚度划分为以下五种：巨厚层（大于1.0m）、厚层（1～0.5m）、中厚层（0.5～0.1m）、薄层（0.1～0.001m）、微层（纹层）（小于0.001m）。夹在两厚层中间的薄层称夹层。若夹层顺层延伸不远一侧渐薄至消失，称尖灭；两侧尖灭称透镜体。

由于沉积环境和条件不同，有下列几种层理构造类型（图 1.3）。

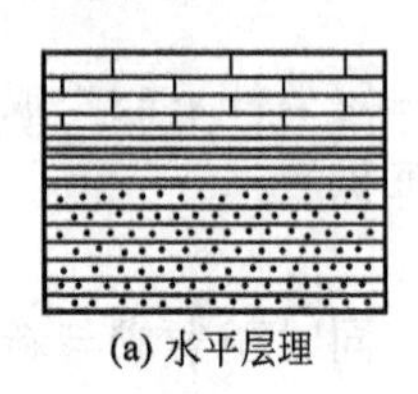
(a) 水平层理

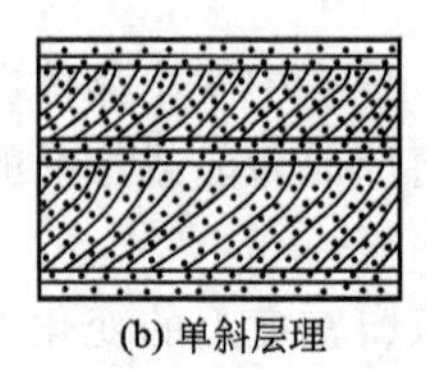
(b) 单斜层理

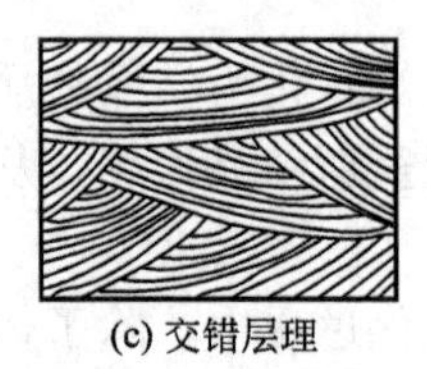
(c) 交错层理

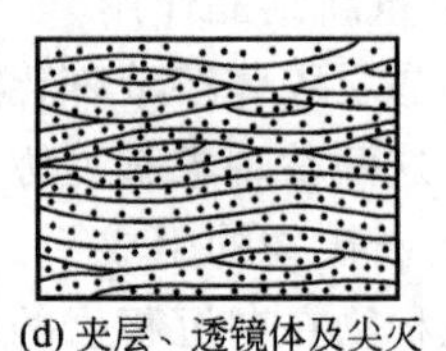
(d) 夹层、透镜体及尖灭

图 1.3　沉积岩的层理构造类型

（1）水平层理：层理与层面平行，层理面平直，是在稳定和流速很低的水中沉积而成。

（2）斜交层理：又可分为单斜层理和交错层理，不同的层理面与层面斜交成一定角度。单斜层理是沉积物单向运动时受流水或风的推力而形成的；交错层理则是由于流体运动方向交替变换而形成的。

（3）波状层理：层理面呈波状起伏，其总方向与层面大致平行。波状层理又可分为平行波状层理和斜交波状层理。波状层理是在流体发生波动情况下形成的，经常有夹层透镜体及尖灭现象。

在室内鉴定手标本时，当标本是采自厚层均质沉积岩中的一小块时，肉眼不能分辨其层理，此时可称为块状构造。碎屑岩和化学岩中的手标本，非层理构造，即块状构造。而黏土岩中的层理构造称为页理构造。

2）层面构造、结核及化石

（1）层面构造：在沉积岩岩层面上往往保留有反映沉积岩形成时流体运动、自然条件变化遗留下来的痕迹，称为层面构造。常见的层面构造有波痕、雨痕、泥裂等。风或流水在未固结的沉积物表面上运动留下痕迹，岩石固化后保留在岩层面上，称为波痕。雨痕和雹痕是沉积物层面受雨、雹打击留下的痕迹，固结石化后而形成。黏土沉积物层面失水干缩开裂，裂缝中常被后来的泥沙充填，黏土固结成岩后在黏土岩层面上保留下来，称为泥裂。

（2）结核：沉积岩中常含有与该沉积岩成分不同的圆球状或不规则形状的无机物包裹体，称为结核。通常是沉积物或岩石中某些成分，在地下水活动与交代作用下的结果。常见的结核有碳酸盐、硅质、磷酸盐质、锰质及石膏质结核。

（3）化石：埋藏在沉积物中的古代生物遗体或遗迹，随沉积物形成岩石或化成岩石一部分，但其形态却保留下来称为化石。化石是沉积岩特有的构造特征，是研究地质发展历史和划分地质年代的重要依据。

3. 沉积岩的矿物成分

经过沉积岩四个形成作用过程后，原岩中许多矿物已风化分解消失，只有石英、长石等少数矿物在岩屑或砂粒中保存下来。在粒径较大的砾岩和角砾岩碎屑中，也可见到原岩碎屑。

在沉积物向沉积岩转化过程中，除了体积上的变化外，同时也生成了与新环境相适应的稳定矿物。在沉积岩形成过程中产生的新矿物有方解石、白云石、黄铁矿、海绿石、黏土矿物、磷灰石、石膏、重晶石、蛋白石和燧石等，这些新矿物被称为沉积矿物，是沉积岩中最常见的矿物成分。

1.4.3 沉积岩分类及常见沉积岩的鉴定特征

1. 沉积岩分类

沉积岩的分类见表 1－5。

表 1－5 沉积岩的分类

<table>
<tr><th>分类</th><th>岩石名称</th><th colspan="2">结 构</th><th>构造</th><th colspan="2">矿 物 成 分</th></tr>
<tr><td rowspan="6">碎屑岩</td><td>角砾岩</td><td rowspan="2">砾状结构
(粒径大于 2mm)</td><td>角砾状结构
(粒径大于 2mm)</td><td rowspan="6">层理或块状</td><td rowspan="2">砾石成分为原岩碎屑成分</td><td rowspan="6">胶结物成分可为硅质、钙质、铁质、泥质、碳质等</td></tr>
<tr><td>砾 岩</td><td>砾状结构
(粒径大于 2mm)</td></tr>
<tr><td>粗砂岩</td><td rowspan="4">砂状结构
(2～0.005mm)</td><td>粗砂状结构
(粒径 2～0.5mm)</td><td rowspan="4">砂粒成分：
① 石英砂岩：石英占 95%以上
② 长石砂岩：长石占 25%以上
③ 杂砂岩：含石英、长石及多量暗色矿物</td></tr>
<tr><td>中砂岩</td><td>中砂状结构
(粒径 0.5～0.25mm)</td></tr>
<tr><td>细砂岩</td><td>细砂状结构
(粒径 0.25～0.075mm)</td></tr>
<tr><td>粉砂岩</td><td>粉砂状结构
(粒径 0.075～0.005mm)</td></tr>
<tr><td rowspan="2">黏土岩</td><td>页岩</td><td colspan="2" rowspan="2">泥状结构(粒径小于 0.005mm)</td><td>页理</td><td colspan="2" rowspan="2">颗粒成分为黏土矿物，并含其他硅质、钙质、铁质、碳质等成分</td></tr>
<tr><td>泥岩</td><td>块状</td></tr>
<tr><td rowspan="7">化学岩及生物化学岩</td><td>石灰岩</td><td colspan="2" rowspan="7">化学结构及
生物化学结构</td><td rowspan="7">层理或块状或生物状</td><td colspan="2">方解石为主</td></tr>
<tr><td>白云岩</td><td colspan="2">白云石为主</td></tr>
<tr><td>泥灰岩</td><td colspan="2">方解石、黏土矿物</td></tr>
<tr><td>硅质岩</td><td colspan="2">燧石、蛋白石</td></tr>
<tr><td>石膏岩</td><td colspan="2">石膏</td></tr>
<tr><td>岩盐</td><td colspan="2">NaCl、KCl 等</td></tr>
<tr><td>有机岩</td><td colspan="2">煤、油页岩等含碳、碳氢化合物的成分</td></tr>
</table>

在这里需要对火山碎屑岩类岩石作一说明，这是一类由火山喷发的碎屑和火山灰就地或经过一定距离搬运后沉积、胶结而成的岩石。火山碎屑岩根据碎屑大小可分为火山集块岩(碎屑直径大于100mm)、火山角砾岩(碎屑直径100～2mm)和火山凝灰岩(碎屑直径小于2mm)。火山碎屑岩的胶结物可以是一般的沉积岩的胶结物，也可以是火山喷出的岩浆。若胶结物为正常沉积物，则形成的火山碎屑岩分别称为层火山集块岩、层火山角砾岩和层火山凝灰岩；若胶结物为喷出岩浆，则分别称为熔火山集块岩、熔火山角砾岩和熔火山凝灰岩；若两种胶结物均有，则把“层”及“熔”字去掉。由于火山碎屑岩类是介于岩浆岩与沉积岩之间的过渡性岩石，故未列入岩浆岩或沉积岩分类之中。

2. 常见沉积岩的鉴定特征

1) 碎屑岩类

碎屑岩由碎屑和胶结物两部分组成。一般确定碎屑岩名称也分两部分，前边是胶结物成分，后边是碎屑的大小和形状。碎屑岩的构造(层理或块状构造)一般不包含在岩石名称之内。

(1) 角砾岩和砾岩：碎屑粒径大于2mm以上，棱角明显的为角砾岩；磨圆度较好地为砾岩。定名时前边加上胶结物，例如，可定名为硅质角砾岩、硅质砾岩，铁质钙质角砾岩、铁质钙质砾岩等。

(2) 砂岩：按分类表中砂状结构的粒径大小，砂岩可分为粗、中、细、粉四种。定名时前边加上胶结物，例如，可定名为硅质粗砂岩、钙质泥质中砂岩、铁质细砂岩、泥质粉砂岩等。有时，在砂岩定名中还加上砂粒成分的内容，例如，长石砂岩、石英砂岩、杂砂岩等。还需要说明的是，天然沉积的砂粒，其粒径虽有一定分选性，但仍然难免大小粒径混杂在一起，例如，中砂粒径范围是0.25～0.5mm，只要在该砂岩中，中砂粒含量超过全部砂粒50%以上即可定为中砂岩。

碎屑岩中的胶结物的成分和胶结方式，对碎屑岩的工程性质有重要影响。它们的手标本鉴定特征见表1-6。

表1-6　胶结物鉴定特征

胶结物类型	主要鉴定特征			
	颜　色	硬　度	滴稀盐酸	其　他
硅　质	灰白、灰黑	6～7		
钙　质	灰白、灰黄	3	剧烈起泡	
铁　质	灰红、铁锈	4～5		
碳　质	黑　色	2～3		污染手指
泥　质	红、灰、黑色	1		遇水软化

胶结方式有以下三种。

(1) 基底式胶结：碎屑颗粒之间互不接触，散布于胶结物中。这种胶结方式胶结紧密，岩石强度由胶结物成分控制，硅质最强，铁质、钙质次之，碳质较弱，泥质最差。

(2) 孔隙式胶结：颗粒之间接触，胶结物充满于颗粒间孔隙。这是一种最常见的胶结方式，它的工程性质受颗粒成分、形状及胶结物成分影响，变化较大。

(3) 接触式胶结：颗粒之间接触，胶结物只在颗粒接触处才有，而颗粒孔隙中未被胶结物充满。这种胶结方式最差，强度低、孔隙度大、透水性强。

2) 黏土岩类

泥状结构；颗粒成分为黏土矿物，常含其他化学成分：硅、钙、铁、碳等；页理构造发育的称页岩，块状构造发育的称泥岩。

3) 化学岩及生物化学岩

化学结构及生物化学结构；手标本观察其构造可为层理或块状；矿物成分是此类岩石定名的主要依据。常见岩石有以下几种。

(1) 石灰岩：主要矿物为方解石，有时含少量白云石或粉砂粒、黏土矿物等。纯石灰岩为浅灰白色，含杂质后可为灰黑至黑色，硬度3～4，性脆，遇稀盐酸剧烈起泡。普通化学结构的称为普通石灰岩；同生砾状结构的有豆状石灰岩、鲕状石灰岩和竹叶状石灰岩；生物化学结构的有介壳状石灰岩、珊瑚石灰岩等。

(2) 白云岩：主要矿物为白云石，有时含少量方解石和其他杂质。白云岩一般比石灰岩颜色稍浅，多灰白色；硬度4～4.5；遇冷盐酸不易起泡，滴镁试剂由紫变蓝。

(3) 泥灰岩：主要矿物有方解石和含量高达25%～50%的黏土矿物两种。泥灰岩是黏土岩与石灰岩间的一种过渡类型岩石，颜色有浅灰、浅黄、浅红等；手标本多块状构造；滴稀盐酸起泡后，表面残留有黏土物质。

(4) 燧石岩：由燧石组成的岩石，性硬而脆；颜色多样，灰黑色较多。在沉积岩中，少量燧石呈结核；局部较多可呈夹层；数量较大的燧石沉积成相当厚度的燧石岩。

1.5 变质岩

1.5.1 变质岩的形成过程

1. 变质岩及其产状

从前述岩浆岩和沉积岩的地质特性可知，每一种岩类、每一种岩石，都有它自己的结构、构造和矿物成分。在漫长的地质历史过程中，这些先期生成的岩石(原岩)在各种变质因素作用下，改变了原有的结构、构造或矿物成分特征，具有新的结构、构造或矿物成分，则原岩变质为新的岩石。引起原岩地质特性发生改变的因素称变质因素；在变质因素作用下使原岩地质特性改变的过程称变质作用；生成的具有新特性的岩石称变质岩。

变质作用基本上是原岩在保持固体状态下、在原位置进行的，因此，变质岩的产状为残余产状。由岩浆岩形成的变质岩称为正变质岩；由沉积岩形成的变质岩称为副变质岩。正变质岩产状保留原岩浆岩产状；副变质岩产状则保留沉积岩的层状。

变质岩在地球表面分布面积占陆地面积的1/5。岩石生成年代愈老，变质程度愈深，该年代岩石中变质岩所占比例愈大。例如，前寒武纪的岩石几乎都是变质岩。

2. 变质因素

引起变质作用的主要因素有以下三方面。

1）温度

高温是引起岩石变质最基本、最积极的因素。促使岩石温度增高的原因有三种来源：①地下岩浆侵入地壳带来的热量；②随地下深度增加而增大的地热，一般认为自地表常温带以下，深度每增加 33m，温度提高 1℃；③地壳中放射性元素衰变释放出的热量。高温使原岩中元素的化学活泼性增大，使原岩中矿物重新结晶，隐晶变显晶、细晶变粗晶，从而改变原结构，并产生新的变质矿物。

2）压力

作用在岩石上的压力主要分为两种。

(1) 静压力：类似于静水压力，是由上覆岩石质量产生的，是一种各方向相等的压力，随深度增加而增大。静压力使岩石体积受到压缩而变小、密度变大，从而形成新矿物。

(2) 动压力：也称定向压力，是由地壳运动而产生的。由于地壳各处运动的强烈程度和运动方向都不同，故岩石所受动压力的性质、大小和方向也各不相同。在动压力作用下，原岩中各种矿物发生不同程度变形甚至破碎的现象。在最大压力方向上，矿物被压溶，不能沿此方向生长结晶；与最大压力垂直的方向是变形和结晶生长的有利空间。因此，原岩中的针状、片状矿物在动压力作用下，它们的长轴方向发生转动，转向与压力垂直方向平行排列；原岩中的粒状矿物在较高动压力作用下，变形为椭圆形或眼球状，长轴也沿与压力垂直方向平行排列。由动压力引起的岩石中矿物沿与压力垂直方向平行排列的构造称片理构造，是变质岩最重要的构造特征。

3）化学活泼性流体

这种流体在变质过程中起溶剂作用。化学活泼性流体包括水蒸气、氧气、CO_2、含 B 和 S 等元素的气体和液体。这些流体是岩浆分化的后期产物，它们与周围原岩中的矿物接触发生化学交替或分解作用，形成新矿物，从而改变了原岩中的矿物成分。

3. 变质作用

在自然界中，原岩变质很少只受单一变质因素的作用，多受两种以上变质因素综合作用，但在某个局部地区内，以某一种变质因素起主要作用，其他变质因素起辅助作用。根据起主要作用的变质因素不同，可将变质作用划分为下述四种类型。

1）接触变质作用

主要受高温因素影响而变质的作用，又称热力变质作用。主要使原岩结构特征发生改变。

2）交代变质作用

主要受化学活泼性流体因素影响而变质的作用，又称汽化热液变质作用。主要使原岩矿物和结构特征发生改变。

3）动力变质作用

主要受动压力因素影响而变质的作用，主要使原岩结构和构造特征发生改变，特别是产生了变质岩特有的片理构造。

4）区域变质作用

在一个范围较大的区域内(如数百或数千平方千米范围内)，高温、动压力和化学活泼性流体三因素综合作用，作用规模和范围都较大，称为区域变质作用。一般该区域内地壳运动和岩浆活动都较强烈。

1.5.2 变质岩的地质特征

1. 变质岩的结构

1）变晶结构

变质程度较深，岩石中矿物重新结晶较好，基本为显晶，是多数变质岩的结构特征。其还可进一步细分为粒状变晶结构、不等粒变晶结构、片状变晶结构、鳞片状变晶结构等。

2）压碎结构

在较高动、静压力作用下，原岩变形、碎裂而成的结构。若原岩碎裂成块状称为碎裂结构；若压力极大，原岩破碎成细微颗粒称为糜棱结构。

3）变余结构

变质程度较浅，岩石变质轻微，仍保留原岩中某些结构特征，称为变余结构。例如，变余花岗结构、变余砾状结构、变余砂状结构、变余泥状结构等。

2. 变质岩的构造

1）片理构造

岩石中矿物呈定向平行排列的构造称为片理构造。它是大多数变质岩区别于岩浆岩和沉积岩的重要特征。根据所含矿物及变质程度深浅不同又可分为四种。

(1) 片麻状构造：是一种深度变质的构造，由深、浅两种颜色的矿物定向平行排列而成。浅色矿物多为粒状石英或长石，深色矿物多为针状角闪石或片状黑云母等。在变质程度很深的岩石中，不同颜色、不同形状、不同成分的矿物相对集中平行排列，形成彼此相间、近于平行排列的条带，称为条带状构造；在片麻状和条带状岩石中，若局部夹杂晶粒粗大的石英、长石呈眼球状时，则称为眼球状构造。条带状和眼球状都属于片麻状构造的特殊类型。

(2) 片状构造：以某一种针状或片状矿物为主的定向平行排列构造。片状构造也是一种深度变质的构造。

(3) 千枚状构造：岩石中矿物基本重新结晶，并有定向平行排列现象。但由于变质程度较浅，矿物颗粒细小，肉眼辨认困难，仅能在天然剥离面(片理面)上看到片状、针状矿物的丝绢光泽。

(4) 板状构造：变质程度最浅的一种构造。泥质、粉砂质岩石受一定挤压后，沿与压力垂直的方向形成密集而平坦的破裂面，岩石极易沿此裂面(也是片理面)剥成薄板，故称板状构造。矿物颗粒极细，肉眼不可见，只能在显微镜下的板状剥离面上见到一些矿物雏晶。

2）非片理构造

即块状构造。这种变质岩多由一种或几种粒状矿物组成，矿物分布均匀，无定向排列现象。

3. 变质岩的矿物成分

原岩在变质过程中，既能保留部分原有矿物，也能生成一些变质岩特有的新矿物。前者如岩浆岩中的石英、长石、角闪石、黑云母等和沉积岩中的方解石、白云石、黏土矿物等；后者如绢云母、红柱石、硅灰石、石榴子石、滑石、十字石、阳起石、蛇纹石、石墨等，它们都是变质岩区别于岩浆岩和沉积岩的又一重要特征。

1.5.3 变质岩分类及常见变质岩的鉴定特征

1. 变质岩分类

变质岩的分类见表1-7。

表1-7 变质岩分类

变质作用	岩石名称	结构	构造		主要矿物成分
区域变质（由板岩至片麻岩变质程度逐渐加深）	板 岩	变余	片理构造	板 状	黏土矿物、云母、绿泥石、石英、长石等
	千枚岩	变余		千枚状	绢云母、石英、长石、绿泥石、方解石等
	片 岩	变晶		片 状	云母、角闪石、绿泥石、石墨、滑石等
	片麻岩	变晶		片麻状	石英、长石、云母、角闪石、辉石等
热力变质或区域变质	大理岩	变晶	非片理构造	块状	方解石、白云石
	石英岩	变晶		块状	石英
交代变质	云英岩	变晶		块状	白云母、石英
	蛇纹岩	隐晶		块状	蛇纹石
动力变质	断层角砾岩	压碎		块状	岩石、矿物碎屑
	糜棱岩	糜棱		块状	石英、长石、绿泥石、绢云母

2. 常见变质岩的鉴定特征

1）板岩

常见颜色为深灰、黑色；变余结构，常见变余泥状结构或致密隐晶结构；板状构造；黏土及其他肉眼难辨矿物。

2）千枚岩

通常灰色、绿色、棕红色及黑色；变余结构，或显微鳞片状变晶结构；千枚状构造；肉眼可辨的主要矿物为绢云母、黏土矿物及新生细小的石英、绿泥石、角闪石矿物颗粒。

3）片岩类

变晶结构；片状构造，故取名片岩；岩石的颜色及定名均取决于主要矿物成分，例如，云母片岩、角闪石片岩、绿泥石片岩、石墨片岩等。

4）片麻岩类

变晶结构；片麻状构造；浅色矿物多粒状，主要是石英、长石；深色矿物多针状或片状，主要是角闪石、黑云母等，有时含少量变质矿物如石榴子石等。片麻岩的进一步定名也取决于主要矿物成分，例如，花岗片麻岩、闪长片麻岩、黑云母斜长片麻岩等。

5）混合岩类

在区域变质作用下，地下深处重熔带高温区，大量岩浆携带外来物质进入围岩，使围岩中的原岩经高温重熔、交代混合等复杂的混合岩化深度变质作用形成的一种特殊类型变质岩。混合岩晶粒粗大，变晶结构；条带状、眼球状构造；矿物成分与花岗片麻岩接近。

6）大理岩

由石灰岩、白云岩经接触变质或区域变质的重结晶作用而成。纯质大理岩为白色，我国建材界称之“汉白玉”。若含杂质时，大理岩可为灰白、浅红、淡绿甚至黑色；等粒变晶结构；块状构造。以方解石为主的称方解石大理岩，以白云石为主的称白云石大理岩。

7）石英岩

由石英砂岩或其他硅质岩经重结晶作用而成。纯质石英岩呈暗白色，硬度高，有油脂光泽；含杂质后可为灰白、蔷薇或褐色等；等粒变晶结构；块状构造；石英含量超过85%。

8）云英岩

由花岗岩经交代变质而成。常为灰白、浅灰色；等粒变晶结构；致密块状构造；主要矿物为石英和白云母。

9）蛇纹岩

由富含镁的超基性岩经交代变质而成。常为暗绿或黑绿色，风化后则呈现黄绿或灰白色；隐晶质结构；块状构造；主要矿物蛇纹石，常含少量石棉、滑石、磁铁矿等矿物；断面不平坦；硬度较低。

10）构造角砾岩

是断层错动带中的产物，又称断层角砾岩。原岩受极大动压力而破碎后，经胶结作用而成构造角砾岩。角砾压碎状结构；块状构造；碎屑大小形状不均，粒径可由数毫米到数米；胶结物多为细粉粒岩屑或后期由溶液中沉淀的物质。

11）糜棱岩

高动压力把原岩碾磨成粉末状细屑，又在高压力下重新结合成致密坚硬的岩石，称糜棱岩。具有典型的糜棱结构；块状构造；矿物成分基本与围岩相同，有时含新生变质矿物绢云母、绿泥石、滑石等。糜棱岩也是断层错动带中的产物。

1.6 岩石的工程地质性质

岩石的工程地质性质包括物理性质、水理性质和力学性质三个主要方面。就大多数的工程地质问题来看，岩体的工程地质性质主要取决于岩体内部裂隙系统的性质及其分布情况，但岩石本身的性质也起着重要的作用。

1.6.1 岩石工程地质性质的常用指标

1. 岩石的物理性质

1）岩石的密度(ρ)

岩石单位体积的质量称为岩石的密度，可用下式表示

$$\rho=\frac{m}{V} \tag{1-1}$$

式中　ρ——岩石的密度，g/cm^3；

m——岩石的总质量，g；

V——岩石的总体积，cm^3。

岩石孔隙中完全没有水存在时的密度，称为干密度。岩石中孔隙完全被水充满时的密度，称为岩石的饱和密度。常见岩石的密度为2.3～2.8g/cm^3。

2) 岩石的相对密度(d)

岩石的相对密度是固体岩石的质量与同体积4℃水的质量的比值。在数值上，它等于固体岩石的单位体积的质量，即

$$d=\frac{m_s}{V_s\rho_w}=\frac{m_s}{V_s} \quad (1-2)$$

式中　d——岩石的相对密度；

m_s——固体岩石的质量，g；

V_s——固体岩石的体积，cm^3；

ρ_w——水的密度，g/cm^3。

固体岩石的质量是指不包含气体和水在内的干燥岩石的质量；固体岩石的体积是指不包括孔隙在内的岩石的实体体积。

岩石相对密度的大小取决于组成岩石的矿物的相对密度及其在岩石中的相对含量。常见的岩石，其相对密度一般介于2.5～3.3之间。

3) 岩石的孔隙率(n)

岩石的孔隙率(或孔隙度)是指岩石中孔隙、裂隙的体积与岩石总体积之比值，常以百分数表示，即

$$n=\frac{V_v}{V}\times 100\% \quad (1-3)$$

式中　n——岩石的孔隙率,%；

V_v——岩石中孔隙、裂隙的体积，cm^3；

V——岩石的总体积，cm^3。

岩石孔隙率的大小主要取决于岩石的结构和构造，同时也受风化或构造作用等因素的影响。一般硬岩石的孔隙率小于2%～3%，但砾岩、砂岩等多孔岩石，常具有较大的孔隙率。

4) 岩石的吸水性

岩石的吸水率(W_1)是指在常压条件下岩石的吸水能力，以该条件下岩石所吸水分质量与干燥岩石质量之比的百分数表示，即

$$W_1=\frac{M_{w1}}{m_s}\times 100\% \quad (1-4)$$

式中　W_1——岩石的吸水率,%；

M_{w1}——岩石在常压下吸水的质量，g；

m_s——干燥岩石的质量，g。

岩石的吸水率与岩石孔隙的大小、孔隙张开程度等因素有关。岩石的吸水率大，则水对岩石的侵蚀、软化作用就强，岩石强度和稳定性受水作用的影响也就显著。

岩石的饱水率(W_2)是指在高压(15MPa)或真空条件下岩石的吸水能力，以该条件下

岩石所吸水分质量与干燥岩石质量之比，用百分数表示。

岩石的吸水率与饱水率的比值，称为岩石的饱水系数。饱水系数愈大，岩石的抗冻性愈差。一般认为饱水系数小于0.8的岩石是抗冻的。

2. 岩石的水理性质

岩石的水理性质是指岩石与水作用时的性质，如透水性、溶解性、软化性、抗冻性等。

1）岩石的透水性

岩石的透水性是指岩石允许水通过的能力。岩石透水性的大小主要取决于岩石中裂隙、孔隙及孔洞的大小和连通情况。

岩石的透水性用渗透系数(k)来表示。渗透系数等于水力坡度为1时，水在岩石中的渗透速度，其单位用(m/d)或(cm/s)表示。

2）岩石的溶解性

岩石的溶解性是指岩石溶解于水的性质，常用溶解度或溶解速度来表示。在自然界中，常见的可溶性岩石有石膏、岩盐、石灰岩、白云岩及大理岩等。岩石的溶解性不但和岩石的化学成分有关，而且还和水的性质有很大关系。纯水一般溶解能力较小，而富含CO_2的水，则具有较大的溶解能力。

3）岩石的软化性

岩石的软化性是指岩石在水的作用下，强度及稳定性降低的一种性质。岩石的软化性主要取决于岩石的矿物成分、结构和构造特征。黏土矿物含量高、孔隙率大、吸水率高的岩石，与水作用容易软化而丧失其强度和稳定性。

岩石软化性的指标是软化系数。它等于岩石在饱水状态下的极限抗压强度与岩石在风干状态下极限抗压强度的比值。其值越小，表示岩石在水作用下的强度和稳定性越差。未受风化作用的岩浆岩和某些变质岩，软化系数大都接近于1，是弱软化的岩石，其抗水、抗风化和抗冻性强；软化系数小于0.75的岩石，认为是强软化的岩石，工程地质性质比较差。

4）岩石的崩解性

岩石的崩解性是指黏土质岩石或化学弱胶结岩石与水作用后，由于吸水使体积膨胀或溶解，降低了颗粒联结力，使岩石产生崩解的现象。含蒙脱石的岩石极易发生崩解，如斑脱岩。

5）岩石的抗冻性

岩石孔隙中有水存在时，水一结冰，体积膨胀，就产生巨大的压力。由于这种压力的作用，会促使岩石的强度和稳定性破坏。岩石抵抗这种冰冻作用的能力，称为岩石的抗冻性。在寒冷地区，抗冻性是评价岩石工程地质性质的一个重要指标。

岩石的抗冻性，有不同的表示方法，一般用岩石在抗冻试验前后抗压强度的降低率表示。抗压强度降低率小于20%～25%的岩石，认为是抗冻的；大于25%的岩石，认为是非抗冻的。

3. 岩石的力学性质

1）岩石的变形指标

岩石的变形指标主要有弹性模量、变形模量和泊松比。

弹性模量是应力与弹性应变的比值，即

$$E=\frac{\sigma}{\varepsilon_\gamma} \tag{1-5}$$

式中　E——弹性模量，Pa；

σ——应力，Pa；

ε_γ——弹性应变。

变形模量是应力与总应变的比值，即

$$E_0=\frac{\sigma}{\varepsilon_0+\varepsilon_\gamma} \tag{1-6}$$

式中　E_0——变形模量，Pa；

ε_0——塑性应变；

σ——应力，Pa；

ε_γ——弹性应变。

岩石在轴向压力的作用下，除产生纵向压缩外，还会产生横向膨胀。这种横向应变与纵向应变的比值，称为泊松比，即

$$\mu=\frac{\varepsilon_1}{\varepsilon} \tag{1-7}$$

式中　μ——泊松比；

ε_1——横向应变；

ε——纵向应变。

泊松比越大，表示岩石受力作用后的横向变形越大。岩石的泊松比一般在0.2～0.4之间。

2) 岩石的强度指标

岩石受力作用破坏有压碎、拉断及剪断等形式，故岩石的强度可分抗压、抗拉及抗剪强度。岩石的强度单位用Pa表示。

(1) 抗压强度。抗压强度是岩石在单向压力作用下，抵抗压碎破坏的能力，即

$$R=\frac{p}{A} \tag{1-8}$$

式中　R——岩石抗压强度，Pa；

p——岩石破坏时的压力，N；

A——岩石受压面积，m^2。

各种岩石抗压强度值差别很大，它主要取决于岩石的结构构造，同时受矿物成分和岩石生成条件的影响。

(2) 抗剪强度。抗剪强度是岩石抵抗剪切破坏的能力，以岩石被剪破时的极限应力表示。根据试验形式不同，岩石抗剪强度可分为以下几种。

① 抗剪断强度：在垂直压力作用下的岩石剪断强度，即

$$\tau=\sigma\tan\varphi+c \tag{1-9}$$

式中　τ——岩石抗剪断强度，Pa；

σ——破裂面上的法向应力，Pa；

φ——岩石的内摩擦角；

c——岩石的内聚力，Pa。

坚硬岩石因有牢固的结晶联结或胶结联结，故其抗剪断强度一般都比较高。

② 抗剪强度：是沿已有的破裂面发生剪切滑动时的指标，即

$$\tau=\sigma\tan\varphi \tag{1-10}$$

显然，抗剪强度大大低于抗剪断强度。

③ 抗切强度：压应力等于零时的抗剪断强度，即

$$\tau=c \tag{1-11}$$

(3) 抗拉强度。抗拉强度是岩石单向拉伸时抵抗拉断破坏的能力，以拉断破坏时的最大张应力表示。

抗压强度，是岩石力学性质中的一个重要指标。岩石的抗压强度最高，抗剪强度居中，抗拉强度最小。岩石越坚硬，其值相差越大，松软的岩石差别较小。岩石的抗剪强度和抗压强度，是评价岩石(岩体)稳定性的指标，是对岩石(岩体)的稳定性进行定量分析的依据。由于岩石的抗拉强度很小，所以当岩层受到挤压形成褶皱时，常在弯曲变形较大的部位受拉破坏，产生张性裂隙。

1.6.2 风化作用

1. 基本概念

无论怎样坚硬的岩石，一旦裸露地表，受太阳辐射作用并与水圈、大气圈和生物圈接触，为适应地表新的物理、化学环境，都必然会发生变化，这种变化虽然缓慢，但年深日久，就会逐渐崩解、分离为大小不等的岩屑或土层。岩石的这种物理、化学性质的变化称为风化；引起岩石这种变化的作用称为风化作用；被风化的岩石圈表层称为风化壳。在风化壳中，岩石经过风化作用后，形成松散的岩屑和土层，残留在原地的堆积物称为残积土；尚保留原岩结构和构造的风化岩石称为风化岩。

2. 风化作用的类型

1) 物理风化

物理风化系指地表岩石因温度变化和孔隙中水的冻融以及盐类的结晶而产生的机械崩解过程。它使岩石从比较完整固结的状态变为松散破碎状态，使岩石的孔隙度和表面积增大。因此，物理风化又称机械风化。物理风化可分为热力风化和冻融风化。

(1) 热力风化：地球表面所受太阳辐射有昼夜和季节的变化，因而气温与地表温度均有相应的变化。岩石是不良导热体，所以受阳光影响的岩石昼夜温度变化仅限于很浅的表层；而由温度变化引起岩体膨胀所产生的压应力和收缩所产生的张应力也仅限于表层。这两种过程的频繁交替遂使岩石表层产生裂缝以至呈片状剥落。

(2) 冻融风化：岩石孔隙或裂隙中的水在冻结成冰时，体积膨胀(约增大9%)，因而对围限它的岩石裂隙壁施加很大的压应力(可达200MPa)，使岩石裂隙加宽加深。当冰融化时，水沿扩大了的裂隙渗入到岩石更深的内部，并再次冻结成冰。这样冻结、融化过程频繁进行，不断使裂隙加深扩大，以致使岩石崩裂成为岩屑。这种作用又叫冰劈作用。

2) 化学风化

化学风化指岩石在水、水溶液和空气中的氧与二氧化碳等的作用下所发生的溶解、水化、水解、碳酸化和氧化等一系列复杂的化学变化。它使岩石中可溶的矿物逐步被溶蚀流

失或渗到风化壳的下层，在新的环境下，又可能重新沉积。残留下来的或新形成的多是难溶的稳定矿物。化学风化使岩石中的裂隙加大，孔隙增多，这样就破坏了原来岩石的结构和成分，使岩层变成松散的土层。化学风化的方式主要有溶解作用、水化作用、水解作用、碳酸化作用和氧化作用。

(1) 溶解作用：水是一种良好的溶剂。由于水分子的偶极性，它能与极性型或离子型的分子相互吸引。而矿物绝大部分都是离子型分子所组成的，所以矿物遇水后，就会不同程度地被溶解，一些质点(离子或分子)逐步离开矿物表面，进入水中，形成水溶液而流失。

(2) 水化作用：有些矿物(特别是极易溶解和易溶解盐类的矿物)和水接触后，其离子与水分子互相吸引结合得相当牢固，形成了新的含水矿物。在岩石中，大部分矿物不含水，其中某些矿物在地表与水接触后形成的新矿物，几乎都含水。如硬石膏水化成为石膏

$$CaSO_4+2H_2O \longrightarrow CaSO_4 \cdot 2H_2O$$

硬石膏经水化成为石膏后，硬度降低，相对密度减小，体积增大60%，对围岩会产生巨大的压力，从而促进物理风化的进行。

(3) 水解作用：岩石中大部分矿物属于硅酸盐和铝硅酸盐，它们是弱酸强碱化合物，因而水解作用较普遍，如正长石水解成为高岭土

$$K_2O \cdot Al_2O_3 \cdot 6SiO_2+nH_2O \longrightarrow Al_2O_3 \cdot 2SiO_2 \cdot 2H_2O+4SiO_2 \cdot (n-3)H_2O+2KOH$$

(4) 碳酸化作用：溶于水中的CO_2形成CO_3^{2-}和HCO_3^-离子，它们能夺取盐类矿物中的K^+、Na^+、Ca^{2+}等金属离子，结合成易溶的碳酸盐而随水迁移，使原有矿物分解，这种变化称为碳酸化作用。如正长石经过碳酸化变成高岭土

$$K_2O \cdot Al_2O_3 \cdot 6SiO_2+CO_2+2H_2O \longrightarrow Al_2O_3 \cdot 2SiO_2 \cdot 2H_2O+K_2CO_3+4SiO_2$$

(5) 氧化作用：大气中含有约21%的氧气，而溶在水里的空气含氧达33%～35%，所以氧化作用是化学风化中最常见的一种，它经常是在水的参与下，通过空气和水中的游离氧而实现。氧化作用有两方面的表现：①矿物中的某种元素与氧结合形成新矿物；②许多变价元素在缺氧条件下形成的低价矿物，在地表氧化环境下转变成高价化合物，原有矿物被解体。前一种情况的例子如黄铁矿经氧化后转化成褐铁矿；后一种情况的例子如含有低价铁的磁铁矿经氧化后转变成为褐铁矿。地表岩石风化后多呈黄褐色就是因为风化产物中含有褐铁矿的缘故。

3) 生物风化

生物风化是指生物在其生长和分解过程中，直接或间接地对岩石矿物所起的物理和化学的风化作用。

生物的物理风化如生长在岩石裂缝中的植物，在成长过程中，根系变粗、增长和加多，它像楔子一样对裂隙壁施以强大的压力(1～1.5MPa)，将岩石劈裂。其他如动物的挖掘和穿凿活动也会加速岩石的破碎。

生物的化学风化作用更为重要和活跃。生物在新陈代谢过程中，一方面从土壤和岩石中吸取养分，同时也分泌出各种化合物，如硝酸、碳酸和各种有机酸等，它们都是很好的溶剂，可以溶解某些矿物，对岩石起着强烈的破坏作用。

4) 风化作用类型之间的相互关系

由上可知，岩石的风化作用，实质上只有物理风化和化学风化两种基本类型，它们彼此是互相紧密联系的。物理风化作用加大岩石的孔隙度，使岩石获得较好的渗透性，这样

就更有利于水分、气体和微生物等的侵入。岩石崩解为较小的颗粒，使表面积增加，更有利于化学风化作用的进行。从这种意义上来说，物理风化是化学风化的前驱和必要条件。在化学风化过程中，不仅岩石的化学性质发生变化，而且也包含着岩石的物理性质的变化。物理风化只能使颗粒破碎到一定的粒径，大致在中、细砂粒之间，因为机械崩裂的粒径下限为0.02mm，在此粒径以下，作用于颗粒上的大多数应力可以被弹性应变所抵消而消除，然而化学风化却能进一步使颗粒分解破碎到更细小的粒径(直到胶体溶液和真溶液)。从这种意义上说，化学风化是物理风化的继续和深入。实际上，物理风化和化学风化在自然界中往往是同时进行、互相影响、互相促进的。因此，风化作用是一个复杂的、统一的过程，只有在具体条件和阶段上，物理风化和化学风化才有主次之分。

3. 影响风化作用的因素

1）气候因素

气候对风化的影响主要是通过温度和降雨量变化以及生物繁殖状况来实现的。在昼夜温差或寒暑变化幅度较大的地区，有利于物理风化作用的进行。特别是温度变化的速率，比温度变化的幅度更为重要，因此昼夜温差大的地区，对岩石的破坏作用也大。炎夏的暴雨对岩石的破坏更剧烈。温度的高低，不仅影响热胀冷缩和水的物态，而且对矿物在水中的溶解度、生物的新陈代谢、各种水溶液的浓度和化学反应的速率等都有很大的影响。各地区降雨量的大小，在化学风化中有着非常重要的影响。雨水少的地区，某些易溶矿物也不能完全溶解，并且溶液容易达到饱和，发生沉淀和结晶，从而限制了元素迁移的可能性；而多雨地区就有利于各种化学风化作用的进行。化学风化的速度在很大程度上取决于淋溶的水量，而且雨水多又有利于生物的繁殖，从而也加速了生物风化。因此，气候基本上决定了风化作用的主要类型及其发育的程度。

2）地形因素

在不同的地形条件(高度、坡度和切割程度)下，风化作用也有明显的差异，它影响着风化的强度、深度和保存风化物的厚度及分布情况。

在地形高差很大的山区，风化的深度和强度一般大于地表平缓的地区；但因斜坡上岩石破碎后很容易被剥落、冲刷而移离原地，所以风化层一般都很薄，颗粒较粗，黏粒很少。

在平原或低缓的丘陵地区，由于坡度缓，地表水和地下水流动都比较慢，风化层容易被保存下来，特别是平缓低凹的地区风化层更厚。

一般来说，在宽平的分水岭地区，潜水面离地表较河谷地区深，风化层厚度往往比河谷地区的厚。强烈的剥蚀区和强烈的堆积区，都不利于化学风化作用的进行。沟谷密集的侵蚀切割地区，地表水和地下水循环条件虽好，风化作用也强烈，但因剥蚀强烈，所以风化层厚度不大。山地向阳坡的昼夜温差较阴坡大，故风化作用较强烈，风化层厚度也较厚。

3）地质因素

岩石的矿物组成、结构和构造都直接影响风化的速度、深度和风化阶段。

岩石的抗风化能力，主要是由组成岩石的矿物成分决定的。造岩矿物对化学风化的抵抗能力是不同的，也就是说，它们在地表环境下的稳定性是有差异的。其相对稳定性见表1-8。

表 1-8　化学风化时造岩矿物的相对稳定性

相对稳定性	造岩矿物
极稳定	石英
稳　　定	白云母、正长石、微斜长石、酸性斜长石
不太稳定	普通角闪石、辉石类
不稳定	基性斜长石、碱性角闪石、黑云母、普通辉石、橄榄石、海绿石、方解石、白云石、石膏

从岩石的结构上看，粗粒的岩石比细粒的容易风化，多种矿物组成的岩石比单一矿物岩石容易风化，粒度相差大的和有斑晶的都比均粒的岩石容易风化。

就岩石的构造而言，断裂破碎带的裂隙、节理、层理与页理等都是便于风化应力侵入岩石内部的通道。所以，这些不连续面(也可以称为岩石的软弱面)在岩石中的密度越大，岩石遭受风化就越强烈。风化作用会沿着某些张性的长大断裂深入到地下很深的地方，形成所谓的风化囊袋。

4. *岩石风化的勘察评价与防治*

1) 风化作用的工程意义

岩石受风化作用后，改变了其物理化学性质，其变化的情况随着风化程度的轻重而不同。如岩石的裂隙度、孔隙度、透水性、亲水性、胀缩性和可塑性等都随风化程度加深而增加，岩石的抗压和抗剪强度等都随风化程度加深而降低，风化壳成分的不均匀性、产状和厚度的不规则性都随风化程度加深而增大。所以，岩石风化程度愈深的地区，工程建筑物的地基承载力愈低，岩石的边坡愈不稳定。风化程度对工程设计和施工都有直接影响，如矿山建设、场址选择、水库坝基、大桥桥基和铁路路基等地基开挖深度、浇灌基础应到达的深度和厚度、边坡开挖的坡度以及防护或加固的方法等，都将随岩石风化程度的不同而不同。因此，工程建设前必须对岩石的风化程度、速度、深度和分布情况进行调查和研究。

2) 岩石风化的勘察与评价

岩石风化的调查内容主要如下。

(1) 查明风化程度，确定风化层的工程性质，以便考虑建筑物的结构和施工的方法。在野外一般根据岩石的颜色、结构和破碎程度等宏观地质特征和强度，将风化层分为五个带，见表 1-9。

表 1-9　岩石风化程度的划分

按风化程度划分	鉴定标准				
	岩矿颜色	岩石结构	破碎程度	岩石强度	锤击声
全风化带	岩矿全部变色，黑云母不仅变色，并变为蛭石	结构全被破坏，矿物晶体间失去胶结联系，大部分矿物变异，如长石变为高岭土、叶蜡石、绢云母，角闪石的绿泥石化，石英散成砂粒等	用手可压碎成砂或土状	很低	击土声

续表

按风化程度划分	鉴定标准				
	岩矿颜色	岩石结构	破碎程度	岩石强度	锤击声
强风化带	岩石及大部分矿物变色，如黑云母成棕红色	结构大部分被破坏，矿物变质形成次生矿物，如斜长石风化成高岭土等	松散破碎，完整性差	单块为新鲜岩石的1/3或更小	发哑声
弱风化带	部分易风化矿物如长石、黄铁矿、橄榄石变色，黑云母成黄褐色，无弹性	结构部分被破坏，沿裂隙面部分矿物变质，可能形成风化夹层	风化裂隙发育，完整性较差	单块为新鲜岩石的1/3～2/3	发哑声
微风化带	稍比新鲜岩石暗淡，只沿节理面附近部分矿物变色	结构未变，沿节理面稍有风化现象或有水锈	有少量风化裂隙，但不易和新鲜岩石区别	比新鲜岩石略低，不易区别	发清脆声
新鲜岩石	岩石无风化现象				

在野外工作基础上，还需对风化岩进行矿物组分、化学成分分析或声波测试等进一步研究，以便准确划分风化带。

(2) 查明风化厚度和分布，以便选择最适当的建筑地点，合理地确定风化层的清基和刷方的土石方量，确定加固处理的有效措施。

(3) 查明风化速度和引起风化的主要因素，对那些直接影响工程质量和风化速度快的岩层，必须制定预防风化的正确措施。

(4) 对风化层的划分，特别是黏土的含量和成分(蒙脱石、高岭石、水云母等)进行必要分析，因为它直接影响地基的稳定性。

3) 岩石风化的防治

岩石风化的防治方法主要如下。

(1) 挖除法：适用于风化层较薄的情况，当厚度较大时通常只将严重影响建筑物稳定的部分剥除。

(2) 抹面法：用使水和空气不能透过的材料如沥青、水泥、黏土层等覆盖岩层。

(3) 胶结灌浆法：用水泥、黏土等浆液灌入岩层或裂隙中，以加强岩层的强度，降低其透水性。

(4) 排水法：为了减少具有侵蚀性的地表水和地下水对岩石中可溶性矿物的溶解，适当做一些排水工程。

只有在进行详细调查研究以后，才能提出切合实际的防止岩石风化的处理措施。

1.6.3 岩石的工程分类

工程实践中常根据岩石的工程性质和特征将岩石按工程用途进行分类，分类指标有单项的，如按岩石坚硬程度的划分；也有多项的，如铁路隧道围岩的基本分级等。下面介绍岩石按坚硬程度的划分和岩土施工工程分级。

1. 岩石按坚硬程度的划分

岩石坚硬程度可按定性鉴定或定量指标进行划分，见表1-10。定性划分时岩石风化程度应按表1-9确定。岩石坚硬程度的定量指标采用岩石单轴饱和抗压强度的实测值。其对应关系见表1-11。

表1-10 岩石坚硬程度的定性划分

名称		定性鉴定	代表性岩石
硬质岩	坚硬岩	锤击声清脆，有回弹，震手，难击碎；浸入水后，大多数无吸水反应	未风化至微风化的： 花岗岩、正长岩、闪长岩、辉绿岩、玄武岩、安山岩、片麻岩、石英片岩、硅质板岩、石英岩、硅质胶结的砾岩、石英砂岩、硅质石灰岩等
	较坚硬岩	锤击声较清脆，有轻微回弹，稍震手，较难击碎；浸水后，有轻微吸水反应	(1) 弱风化的坚硬岩 (2) 未风化至微风化的：熔结凝灰岩、大理岩、板岩、白云岩、石灰岩、钙质胶结的砂岩等
软质岩	较软岩	锤击声不清脆，无回弹，较易击碎；浸水后，指甲可刻出印痕	(1) 强风化的坚硬岩 (2) 弱风化的较坚硬岩 (3) 未风化至微风化的：凝灰岩、千枚岩、砂质泥岩、泥灰岩、泥质砂岩、粉砂岩、页岩等
	软岩	锤击声哑，无回弹，有凹痕，易击碎；浸入水后，手可掰开	(1) 强风化的坚硬岩 (2) 弱风化至强风化的较坚硬岩 (3) 弱风化的较软岩 (4) 未风化的泥岩等
	极软岩	锤击声哑，无回弹，有较深凹痕，手可捏碎；浸水后，可捏成团	(1) 全风化的各种岩石 (2) 各种半成岩

表1-11 岩石坚硬程度与单轴饱和抗压强度(R_c)的对应关系

R_c/MPa	>60	60～30	30～15	15～5	<5
坚硬程度	坚硬岩	较坚硬岩	较软岩	软岩	极软岩

2. 岩土施工工程分级

道路工程地质勘察时还应对岩土施工的难易程度进行分级，表1-12所示为铁路部门所用分级。这个分级对编制施工概算是十分有用的。

表 1-12 岩土施工工程分级

岩土等级	级别	岩土名称	钻1m所需时间			岩石单轴饱和抗压强度/MPa	开挖方法
			液压凿岩台车、潜孔钻机(净钻分钟)	手持风枪湿式凿岩合金钻头(净钻分钟)	双人打眼(工天)		
Ⅰ	松土	砂类土，种植土，未经压实的填土	—	—	—	—	用铁锹挖，脚蹬一下到底的松散土层，机械能全部直接铲挖，普通装载机可满载
Ⅱ	普通土	坚硬的、可塑的粉质黏土，可塑的黏土，膨胀土，粉土，Q_2、Q_4 黄土，稍密、中密角砾土、圆砾土，松散的碎石土、卵石土，压密的填土，风积沙	—	—	—	—	部分用镐刨松，再用锹挖，脚连蹬数次才能挖动。挖掘机、带齿尖口装载机可满载，普通装载机可直接铲挖，但不能满载
Ⅲ	硬土	坚硬的黏性土、膨胀土，Q_1、Q_2 黄土，稍密、中密碎石土、卵石土，密实的圆砾土、角砾土，各种风化成土状的岩石	—	—	—	—	必须用镐先全部刨过才能用锹挖。挖掘机、带齿尖口装载机不能满载；大部分采用松土器松动方能铲挖装载
Ⅳ	软石	块石土、漂石土，含块石、漂石30%～50%的土及密实的碎石土、卵石土，岩盐、泥质岩类、煤、凝灰岩、云母片岩、千枚岩	—	<7	<0.2	<30	部分用撬棍或十字镐及大锤开挖或挖掘机、单钩裂土器松动，部分需借助液压冲击镐解碎或爆破法开挖
Ⅴ	次坚石	各种硬质岩：硅质页岩、钙质岩、白云岩、石灰岩、坚实的泥灰岩、软玄武岩、片岩、片麻岩、正长岩、花岗岩	≤10	7～20	0.2～1.0	30～60	大部分能用液压冲击镐解碎，小部分需用爆破法开挖
Ⅵ	坚石	各种极硬岩：硅质砂岩、硅质砾岩、致密的石英质灰岩、石英岩、大理岩、闪长岩、细粒花岗岩	>10	>20	>1.0	>60	小部分能用液压冲击镐解碎，大部分需用爆破法开挖

注：1. 各类软土的工程分级，应结合具体施工情况可定为Ⅱ～Ⅲ。
2. 表中所列岩石均按完整结构考虑，若岩体破碎、强风化时，应按表中对应的岩石等级降低一个等级。

知识链接

地壳的表面形态

地球表面明显地分为海洋和大陆两部分，海洋占地球表面的70.8%。大陆平均高出海平面0.86km，海底平均低于海平面3.9km。地壳表面起伏不平，有高山、丘陵、平原、湖盆地和海盆地等。世界上最高的山峰为珠穆朗玛峰，高8844.43m；最深的海沟为马里亚纳海沟，深11022 m，两者高差在19km以上。

大陆上典型的地形单元为线状延伸的山脉和面状展布的平原、高原等。海拔高于500m，地形起伏大于200m的地区称为山地，一般海拔500～1000m的为低山，1000～3500m的为中山，大于3500m的为高山。除个别孤立的火山外，绝大多数山地呈线状延展，称为山脉。山脉主要是地壳运动使地表隆起的结果，是地壳活动性较大的地带。现代活动性较强，具有全球意义的山脉有两条：一是科迪勒拉山系；一是阿尔卑斯山脉—喜马拉雅山脉—横断山脉。平原是较大的平坦地区，一般海拔小于600m，地形起伏小于50m。大面积平坦地形的出现表示这一地区内部是比较稳定的。高原是海拔高于600m，表面较平坦或有一定起伏的广阔地区，它是近期地壳大面积整体隆起上升的结果。大陆上有一些宏伟的线状低地，这些地带是地球表面的巨型裂隙，地壳在这些地方被拉张而裂开，称为裂谷或大陆裂谷系。最著名的东非大裂谷为一系列的湖泊和峡谷，全长约6500km。丘陵为有一定起伏的低矮地区，一般海拔在500m以下，相对高差在50～200m之间，其特点介于山地和平原之间。四周是高原或山地，中央低平的地区称为盆地，大陆上有些盆地很低，高程在海平面以下，这样的盆地称为洼地，如我国吐鲁番盆地中的艾丁湖，水面在海平面以下150m，称为克鲁沁洼地。

大量海洋考察证实，海底与大陆一样具有广阔的平原、高峻的山脉和深陡的裂谷，而且比大陆更为雄伟壮观。

海底的山脉泛称海岭，其中那些现在经常有地震、正在活动的海岭称为洋脊或洋中脊。海底的长条形洼地，泛称海槽，其中较深且边坡较陡的称海沟。大洋盆地是海底的主体，约占海底面积的45%，由洋脊两侧向外展布，一般深4000～5000m。大洋盆地比较平坦，有一些低缓起伏，分深海丘陵和深海平原两种单元。海洋中的岛屿有的是微型的大陆，如日本群岛；有的是被海水淹没的大陆露出水面的部分，如海南岛及许多大陆架上的岛屿；然而为数众多的还是大洋盆地中的火山岛，它们是大洋中的火山露出水面的部分。大洋中还有许多比较孤立的水下山丘，称为海山。海洋边部的浅海，是被海水覆盖的大陆，这一部分海底称为大陆边缘。大陆边缘占海洋总面积的15.3%，包括大陆架、大陆坡和大陆基。大陆架是围绕大陆分布的浅水台地，平均坡度仅0°07′，平均宽度50～70km。大陆架以外较陡的斜坡称大陆坡，其平均坡度为4°18′，平均宽度28km。大陆坡与大洋盆地的过渡地带称大陆基或大陆麓。

地壳的组成

地壳是地球最表面的构造层，也是目前人类能够直接观察的唯一内部圈层，它只占地球体积的0.8%。地壳主要是由岩石组成，岩石是自然形成的矿物集合体，它构成了地壳及其以下的固体部分。根据其性质可分大陆地壳和大洋地壳，大陆地壳覆盖地球表面的

45%，主要表现为大陆、大陆边缘海以及较小的浅海。地壳的化学组成以硅铝质为特点，可分为两大类岩石：一类是地壳上部的相对未变形的沉积岩或火山岩堆积；另一类是已经变形变质的沉积岩、火成岩和变质岩带。后者构成地球表面的山脉或在地壳深部，前者多在地壳表层的盆地及其边缘。地壳可以承受强烈的板块构造运动，所以目前能寻找到38亿年前的地壳。

大洋地壳极薄，其上海水深度平均为4.5km。大洋地壳从上到下由下列三部分组成：①海洋沉积物层，平均厚度约为300m，但其厚度可以从零(特别是洋中脊附近)变化到几千米(大陆附近)；②镁铁质火成岩，以玄武岩和辉长岩为主，其厚度为(1.7±0.8)km；③海洋层，主要是地幔顶部水化作用形成的蛇纹石，其厚度为(4.8±1.4)km。洋壳的厚度、年龄随距洋中脊的距离加大而变厚、变老。但洋壳的年龄远远低于陆壳，多晚于中生代。

(资料来源：伍光和. 自然地理学［M］. 北京：高等教育出版社，2000.)

本章小结

(1) 地球的外部层圈有大气圈、水圈、生物圈。固体地球内部层圈包括地核、地幔、地壳。引起地壳面貌发生演变的自然作用称地质作用。其中内力地质作用包括构造运动、岩浆作用、变质作用、地震。外力地质作用包括风化作用、剥蚀作用、搬运、沉积和固结成岩。地质作用是引起地质灾害的根源。工程地质作用或人为地质作用往往产生强大的地质效应，引发多种灾害。

(2) 矿物是天然产出的均匀固体。矿物的形态、颜色、光泽、条痕、硬度、解理、断口等是鉴别矿物的主要标志。

(3) 矿物的集合体组成岩石。岩石中矿物的结晶程度、颗粒大小、形态及彼此间的关系称作结构。而岩石中矿物集合体之间或矿物集合体与岩石其他组成部分之间的排列组合特征称构造。结构与构造反映了岩石的外貌特征。矿物成分、结构和构造是鉴别岩石的重要依据。

(4) 岩浆岩是岩浆作用的产物。岩浆岩中分布最广的矿物有橄榄石、辉石、角闪石、黑云母、斜长石、钾长石和石英。深成侵入岩常呈巨大的岩基或岩株产出，多具中粒或粗粒显晶质结构、块状构造。浅成侵入岩常呈岩墙、岩床、岩盆、岩盖等产状，多具细粒显晶质结构或斑状结构、块状构造。喷出岩常呈熔岩流、熔岩被产出，多具斑状结构、隐晶质结构和玻璃质结构，具气孔构造、杏仁构造和流纹构造。花岗岩和玄武岩是岩浆岩中分布最广的侵入岩和喷出岩。它们的力学强度高，尤以细粒花岗岩性能最佳，是优良的地基和建筑材料。

(5) 沉积岩最基本、最显著的特点是具有层理构造。沉积岩按其成因分为碎屑岩、化学或生物化学岩两大类，碎屑沉积岩的矿物成分以石英、黏土矿物为主，其次是长石和云母。按组成岩石的碎屑颗粒大小，以占50%以上的优势粒级为依据，将沉积岩划分为砾岩、砂岩、粉砂岩、页岩、泥岩和黏土等。火山喷发的碎屑主要以就地堆积的方式形成火山碎屑岩，按其碎屑物颗粒大小分成凝灰岩、火山角砾岩和集块岩。非蒸发岩是最常见的化学和生物化学岩，主要有石灰岩、白云岩和硅质岩。蒸发岩则是纯化学成因岩石，主要有岩盐、石膏和硬石膏等。从总体上看，沉积岩的强度低于岩浆岩，形成时代老、岩层厚度大的沉积岩力学强度大。通常砾岩、砂岩强度都相当高，而黏土岩类一般较低且遇水则更差。密度高的石灰岩强度大，但在温暖潮湿地区易发育成岩溶洞穴。蒸发岩易溶于水，流失后引起地面崩塌，应避免作为地基。

(6) 变质岩除变质矿物外，常见的矿物为石英、长石和云母。由动力变质作用形成的角砾岩、碎裂岩和糜棱岩发育在断裂带中。由混合岩化作用形成的多种混合岩往往与区域变质岩石相伴生。接触变质作用发生在围岩与侵入体的接触带，岩石具粒状变晶结构、块状构造，其中由接触交代作用生成的岩石(如矽卡岩)发育有大量新生的变质矿物，而接触热变质生成的岩石以原岩矿物重结晶或物质的迁移组合为特征。区域变质岩石则以具有由矿物平行定向排列形成多种构造为其基本特征，如板岩具板状构造、千枚岩具千枚状构造、片岩具片状构造和片麻岩具片麻状构造等。片麻岩、石英岩、大理岩、板岩皆具有较高的力学强度，广泛地用作各种建筑材料。千枚岩和片岩岩性软弱。

(7) 岩石的工程地质性质包括物理性质、水理性质和力学性质三个主要方面。

(8) 风化作用是地球表面最普遍的一种外力地质作用。风化作用有物理风化、化学风化和生物风化三种。影响风化作用的因素主要有气候、地形和地质条件等。由于风化作用导致岩土的工程性质恶化和复杂化，因此在工程建设前必须对岩石的风化情况进行认真的调查和处理。

(9) 工程实践中常根据岩石的工程性质和特征将岩石按工程用途进行分类，如岩石按坚硬程度的划分；道路工程地质勘察时还应对岩土施工的难易程度进行分级。

思 考 题

1. 试说明地球的层圈构造。

2. 内力地质作用和外力地质作用对地球表面形态的改变有何异同？

3. 最重要的造岩矿物有哪几种？其主要的鉴别特征是什么？

4. 试对比沉积岩、岩浆岩、变质岩三大类岩石在成因、产状、矿物成分、结构构造等方面的不同特性。

5. 简述沉积岩代表性岩石的特征及其工程地质性质。

6. 简述岩浆岩代表性岩石的特征及其工程地质性质。

7. 简述变质岩代表性岩石的特征及其工程地质性质。

8. 岩石的工程地质性质表现在哪三个方面？各自用哪些主要指标表示？

9. 什么是风化作用？它有哪几种类型？影响风化作用的因素有哪些？风化作用的工程意义如何？岩石风化的调查应注意哪些问题？如何防治岩石的风化？

第2章 地质构造及地质图

教学目标

通过本章学习，应达到以下目标：

(1) 掌握岩层的产状及岩层产状要素。

(2) 掌握节理和断层的定义、分类及判定方法。

(3) 学会阅读地质图。

教学要求

知识要点	掌握程度	相关知识
岩层的产状及岩层产状要素	学会产状要素的测量和表示方法	产状的三个要素
褶曲的几何要素、褶曲的分类	(1) 掌握褶曲的一般要素 (2) 根据褶曲的几何要素，对其进行分类	(1) 褶曲具体分类命名 (2) 褶曲要素的名称含义
节理和断层的分类及判定方法	(1) 节理按成因、力学性质、与岩层产状的关系和张开程度等分类 (2) 断层分类的基本原则	(1) 断层和节理的野外识别方法 (2) 活动断裂的年代划分
地质构造对建筑物稳定性的影响	掌握地质构造对边坡、隧道和桥基设置的影响	活动断层对工程建筑的影响
地质图阅读	(1) 掌握地质年代表的基本划分 (2) 通过地质图阅读，判断地质发展历史	(1) 地质年代单位和年代地层单位 (2) 地质图的种类

基本概念

地质构造、岩层产状要素、节理和断层、褶曲、活动断层、地质年代、地质图、整合接触、不整合接触。

地质构造是地壳运动的产物。构造运动是一种机械运动，涉及的范围包括地壳及上地幔上部(即岩石圈)，可分为水平运动和垂直运动。水平方向的构造运动使岩块相互分离裂开或是相向聚汇，发生挤压、弯曲或剪切、错开；垂直方向的构造运动则使相邻块体作差异性上升或下降。

构造变动在岩层和岩体中遗留下来的各种构造形迹，如岩层褶曲、断层等，称为地质构造。地质构造的规模有大有小，大的如构造带，可以纵横数千千米，小的如岩石片理等，它们都是地壳运动造成的永久变形和岩石发生相对位移的踪迹。

在漫长的地质历史过程中，地壳经历了长期、多次复杂的构造运动。在同一区域，往往会有先后不同规模和不同类型的构造体系形成，它们互相干扰，互相穿插，使区域地质构造显得十分复杂。但大型的复杂的地质构造，总是由一些较小的简单的基本构造形态按一定方式组合而成的。

2.1 岩层及岩层产状

2.1.1 岩层

构造运动引起地壳岩石变形和变位，这种变形、变位被保留下来的形态被称为地质构造。地质构造有三种主要类型：倾斜岩层、褶皱和断裂。

岩层的空间分布状态称岩层产状。岩层按其产状可分为水平岩层、倾斜岩层和直立岩层。

(1) 水平岩层：水平岩层指岩层倾角为0°的岩层。绝对水平的岩层很少见，将倾角小于5°的岩层都称为水平岩层，又称水平构造。水平岩层一般出现在构造运动轻微的地区或大范围内均匀抬升、下降的地区。一般分布在平原、高原或盆地中部。水平岩层中新岩层总是位于老岩层之上。当岩层受切割时，老岩层出露在河谷低洼区，新岩层出露于高岗上。在同一高程的不同地点，出露的是同一岩层，如图2.1(a)所示。

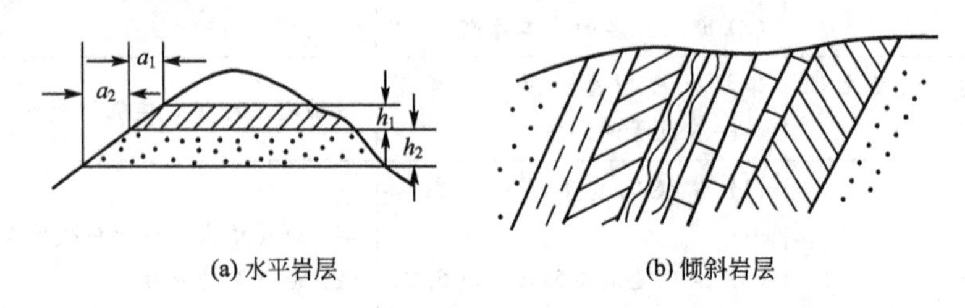

图2.1 水平岩层与倾斜岩层

a—露头宽度；h—岩层厚度

(2) 倾斜岩层：倾斜岩层的岩层面与水平面有一定夹角的岩层。自然界大多数岩层是倾斜岩层，倾斜岩层是构造挤压或大区域内不均匀抬升、下降，使岩层向某个方向倾斜而成的，如图2.1(b)所示。一般情况下，倾斜岩层仍然保持顶面在上、底面在下，新岩层在上、老岩层在下的产出状态，称为正常倾斜岩层。当构造运动强烈，使岩层发生倒转，出现底面在上、顶面在下，老岩层在上、新岩层在下的产出状态时，称为倒转倾斜岩层，如图2.2(a)所示。

岩层的正常与倒转主要依据化石确定，也可依据岩层层面构造特征(如岩层面上的泥裂、波浪、虫迹、雨痕等)或标准地质剖面来确定。

倾斜岩层按倾角 α 的大小又可分为缓倾岩层(α<30°)、陡倾岩层(30°<α <60°)和陡立岩层(α>60°)。

(3) 直立岩层：指岩层倾角等于 90°时的岩层。绝对直立的岩层也较少见，习惯上将岩层倾角大于 85°的岩层都称为直立岩层，如图 2.2(b)所示。直立岩层一般出现在构造强烈挤压的地区。

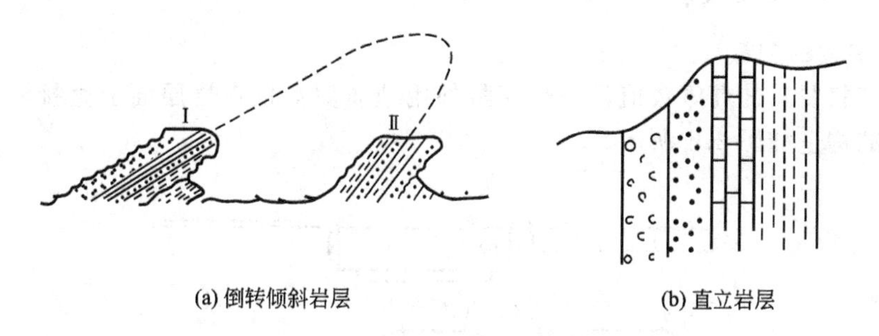

(a) 倒转倾斜岩层　　(b) 直立岩层

图 2.2　倒转倾斜岩层与直立岩层

Ⅰ—正常层序，波峰朝上；Ⅱ—倒转层序，波峰朝下

2.1.2　岩层产状

1. 产状要素

岩层的产状是指岩层的空间位置，它是研究地质构造的基础。产状用岩层层面的走向、倾向和倾角三个产状要素来表示，如图 2.3 所示。

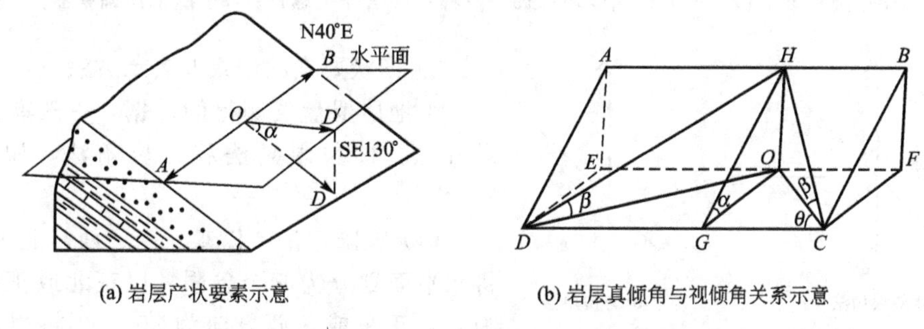

(a) 岩层产状要素示意　　(b) 岩层真倾角与视倾角关系示意

图 2.3　岩层产状要素及真倾角与视倾角的关系

(1) 走向：指岩层层面与水平面交线的方位角，其表示岩层在空间延伸的方向，如图中 AB 线。

(2) 倾向：指垂直走向顺倾斜面向下引出的直线在水平面的投影的方位角，表示岩层在空间的倾斜方向，如图中 OD' 线。

(3) 倾角：指岩层层面与水平面所夹的锐角，表示岩层在空间倾斜角度的大小，如图中$\angle\alpha$。

可见，用岩层产状的三个要素，能表达经过构造变动后的构造形态在空间的位置。

当观察剖面与岩层走向斜交时，岩层与该剖面的交线称视倾斜线，如图 2.3(b)中的

HD 和 HC。视倾斜线在水平面的投影线称视倾向线(分别为 OD 和 OC),视倾斜线与视倾向线之间的夹角称视倾角,如图 2.3(b)中的 β 角。视倾角小于真倾角。视倾角与真倾角的关系为

$$\tan\beta = \tan\alpha \cdot \sin\theta \tag{2-1}$$

式中 θ——视倾向线(即观察剖面线)与岩层走向线之间的夹角。

2. 岩层产状的测定及表示方法

1) 产状要素的测量

岩层各产状要素的具体数值,一般在野外用地质罗盘仪在岩层面上直接测量和读取。地质罗盘仪的构造如图 2.4 所示。

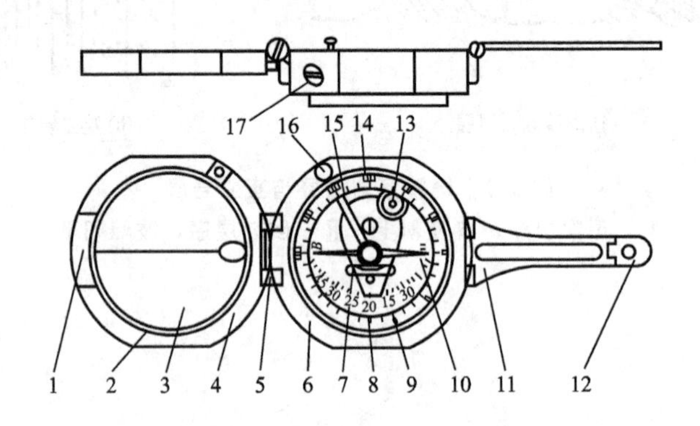

图 2.4 地质罗盘仪的构造

1—瞄准钉;2—固定圈;3—反光镜;4—上盖;5—连接合页;6—外壳;7—长水准器;8—倾角指示器;9—压紧圈;10—磁针;11—长照准合页;12—短照准合页;13—圆水准器;14—方位刻度环;15—拨杆;16—开关螺钉;17—磁偏角调整器

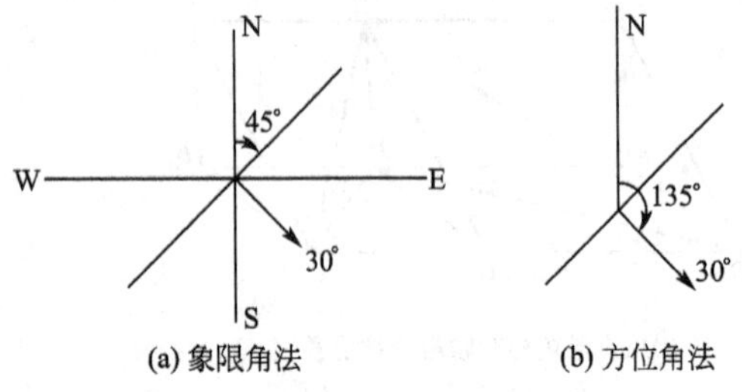

(a) 象限角法　　(b) 方位角法

图 2.5 象限角法和方位角法

2) 产状要素的记录及表示方法

由地质罗盘仪测得的数据,一般有两种记录方法,即象限角法和方位角法,如图 2.5 所示。

(1) 象限角法:以东、南、西、北为标志,将水平面划分为四个象限,以正北或正南方向为 0°,正东或正西方向为 90°,再将岩层产状投影在该水平面上,将走向线和倾向线所在的象限以及它们与正北或正南方向所夹的锐角记录下来(一般按走向、倾向的顺序记录)。例如,N45°E∠30°SE,表示该岩层产状走向 N45°E,倾角 30°,倾向 SE,如图 2.5(a)所示。

(2) 方位角法:将水平面按顺时针方向划分为 360°,以正北方向为 0°。再将岩层产状投影到该水平面上,将走向线和倾向线与正北方向所夹角度记录下来,一般按倾向、倾角的顺序记录。例如,135°∠30°表示该岩层产状为倾向正北方向 135°,倾角 30°,如图 2.5 (b)所示。

在地质图上,产状要素用符号表示。例如╱↘30°,长线表示走向线,短线表示倾向线。

短线旁的数字表示倾角。当岩层倒转时，应画倒转岩层的产状符号，例如 30°，岩层产状符号应把走向线与倾向线交点画在测点位置。

2.2 褶皱构造及其类型

2.2.1 褶皱构造

岩层的弯曲现象称为褶皱。岩层在构造运动作用下，或者说在地应力作用下，改变了岩层的原始产状，不仅使岩层发生倾斜，而且大多数形成各式各样的弯曲。褶皱是岩层塑性变形的结果，是地壳中广泛发育的地质构造的基本形态之一。褶皱的规模可以长达几十千米到几百千米，也可以小到在手标本上出现。

褶皱构造中任何一个单独的弯曲都称为褶曲，褶曲是组成褶皱的基本单元。褶曲有背斜和向斜两种基本形式，如图 2.6 所示。

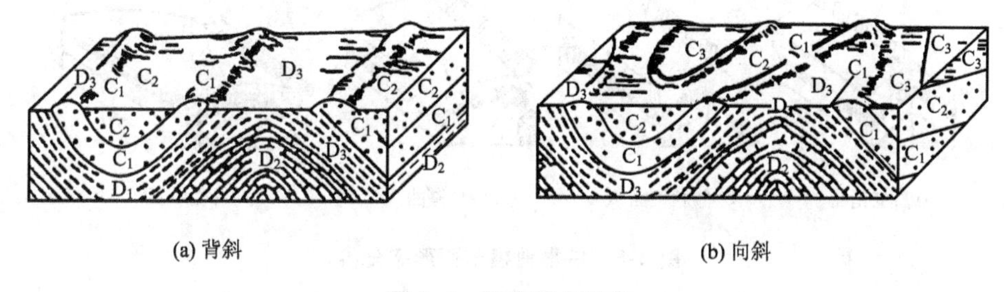

(a) 背斜　　(b) 向斜

图 2.6　褶曲基本形态

（1）背斜：岩层弯曲向上凸出，核部地层时代老，两翼地层时代新。正常情况下，两翼地层相背倾斜。

（2）向斜：岩层弯曲向下凹陷，核部地层时代新，两翼地层时代老。正常情况下，两翼地层相向倾斜。相邻向斜和背斜共用一个翼部。

1. *褶曲要素*

为了便于对褶曲进行分类和描述褶曲的空间展布特征，首先应该了解褶曲要素。褶曲要素是指褶曲的各个组成部分和确定其几何形态的要素。褶曲具有以下各要素，如图 2.7 所示。

（1）核部：褶曲中心部分的岩层。

（2）翼部：褶曲核部两侧的岩层。

（3）轴面：平分褶曲两翼的假想的对称面。轴面可以是简单的平面，也可以是复杂的曲面；其产状可以是直立的、倾斜的或水平的。轴面的形态和产状可以反映褶曲横剖面的形态。

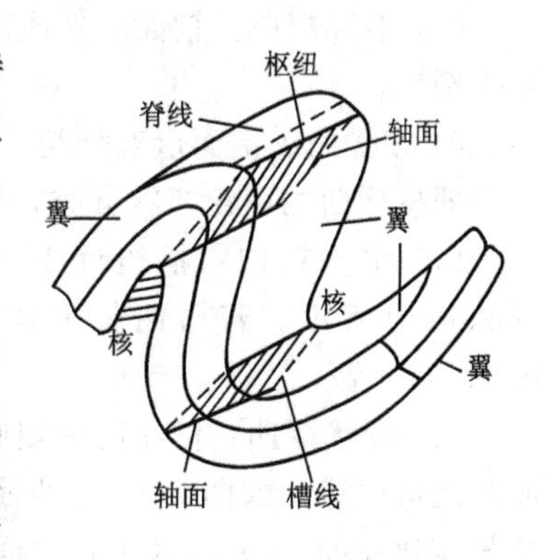

图 2.7　褶曲要素

（4）轴线：指轴面与水平面的交线。它可以是水平的直线或水平的曲线，轴向代表褶曲延伸的方向，轴的长度可以反映褶曲的规模。

（5）枢纽：指褶曲中同一岩层面上最大弯曲点的连线。根据褶曲的起伏形态，枢纽可以是直线，也可以是曲线；可以是水平线，也可以是倾斜线。

（6）脊线：背斜横剖面上弯曲的最高点称顶，背斜中同一岩层面上最高点的连线叫脊线。

（7）槽线：向斜横剖面上弯曲的最低点称槽，向斜中同一岩层面上最低点的连线叫槽线。

2. 褶曲分类

褶曲的形态分类是描述和研究褶曲的基础，它不仅在一定程度上反映褶曲形成的力学背景，而且对地质测量、找矿和地貌研究等都具有实际的意义。褶曲要素是褶曲形态分类的重要根据。

1）按褶曲横剖面形态分类

即按横剖面上轴面和两翼岩层产状分类，如图2.8所示。

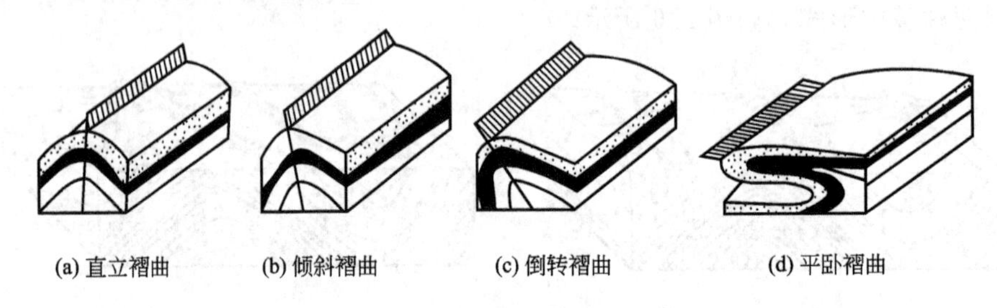

(a) 直立褶曲　(b) 倾斜褶曲　(c) 倒转褶曲　(d) 平卧褶曲

图2.8　按褶曲横剖面形态分类

（1）直立褶曲：轴面直立，两翼向不同方向倾斜，两翼岩层的倾角基本相同，在横剖面上两翼对称。

（2）倾斜褶曲：轴面倾斜，两翼向不同方向倾斜，但两翼岩层的倾角不等，在横剖面上两翼不对称。

（3）倒转褶曲：轴面倾斜程度更大，两翼岩层大致向同一方向倾斜，一翼层位正常，另一翼老岩层覆盖于新岩层之上，层位发生倒转。

（4）平卧褶曲：轴面水平或近于水平，两翼岩层也近于水平，一翼层位正常，另一翼发生倒转。

2）按褶曲纵剖面形态分类

即按褶曲的枢纽产状分类，如图2.6所示。

（1）水平褶曲：枢纽近于水平，呈直线状延伸较远，两翼岩层界线基本平行，如图2.6(a)所示。若褶曲长宽比大于10∶1，在平面上呈长条状，称为线状褶曲，如图2.9(a)所示。

（2）倾伏褶曲：枢纽向一端倾伏，另一端昂起，两翼岩层界线不平行，在倾伏端交汇成封闭弯曲线，如图2.6(b)所示。若枢纽两端同时倾伏，则两翼岩层界线呈环状封闭，其长宽比在(3∶1)～(10∶1)之间时，称为短轴褶曲，如图2.9(b)所示右侧。其长宽比小于3∶1时，背斜称为穹窿构造，向斜称为构造盆地，如图2.9(b)所示左侧。

(a) 线状褶曲

(b) 短轴褶曲及穹窿构造

图 2.9 线状褶曲、短轴褶曲及穹窿构造

2.2.2 褶皱构造的类型

褶皱是褶曲的组合形态，两个或两个以上褶曲构造的组合，称为褶皱构造。在褶皱比较强烈的地区，一般的情况都是线形的背斜与向斜相间排列，以大体一致的走向平行延伸，有规律地组合成不同形式的褶皱构造。如果褶皱剧烈，或在早期褶皱的基础上再经褶皱变动，就会形成更为复杂的褶皱构造，我国的一些著名山脉，如昆仑山、祁连山、秦岭等，都是这种复杂的褶皱构造山脉。常见的褶皱组合类型如下。

(1) 复背斜和复向斜：是规模巨大的翼部为次一级甚至更次一级褶曲所复杂化的背斜(向斜)构造，如图 2.10 所示。从平面上看多呈紧密相邻同等发育的线形褶曲；从横剖面看，复背斜的褶曲轴面多向下形成扇状收敛；而复向斜的褶曲轴面多向上形成倒扇状收敛。

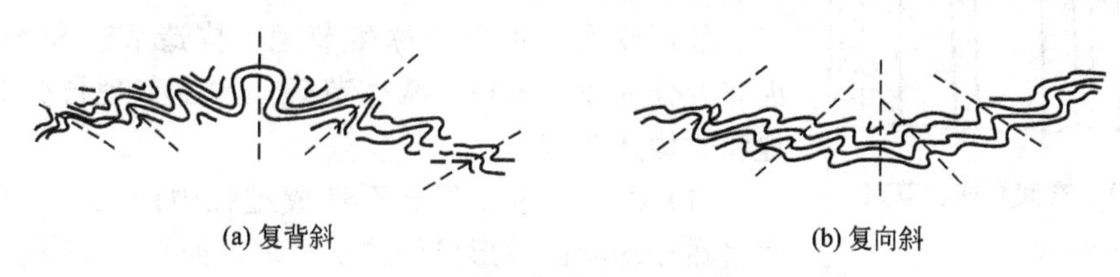
(a) 复背斜　　(b) 复向斜

图 2.10 复背斜和复向斜

(2) 隔挡式褶皱和隔槽式褶皱：在四川东部、贵州北部以及北京西山等地，可以看到由一系列褶曲轴平行、但背斜和向斜发育程度不等所组成的褶皱。有的是由宽阔平缓的向斜和狭窄紧闭的背斜交互组成的，称为隔挡式褶皱；有的是由宽阔平缓的背斜和狭窄紧闭的向斜组成的，称为隔槽式褶皱，如图 2.11 所示。

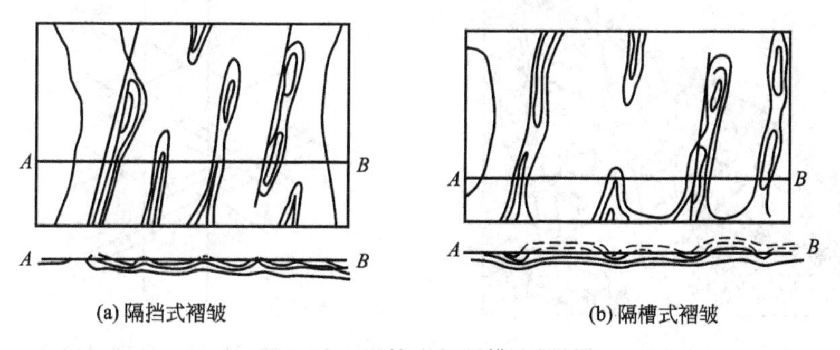

(a) 隔挡式褶皱　　(b) 隔槽式褶皱

图 2.11 隔挡式与隔槽式褶皱

2.3 断裂构造

岩层受构造运动作用，当所受的构造应力超过岩石强度时，岩石连续完整性遭到破坏，产生断裂，称为断裂构造。按照断裂后两侧岩层沿裂面有无明显的相对位移，又分为节理和断层两种类型。

2.3.1 节理

节理是指岩层受力断开后，裂面两侧岩层沿断裂面没有明显的相对位移时的断裂构造。节理的断裂面称为节理面。节理分布普遍，几乎所有岩层中都有节理发育。节理的延伸范围变化较大，由几厘米到几十米不等。节理面在空间的状态称为节理产状，其定义和测量方法与岩层面产状类似。节理常把岩层分割成形状不同、大小不等的岩块，小块岩石的强度与包含节理的岩体的强度明显不同。岩石边坡失稳和隧道洞顶坍塌往往与节理有关。

图 2.12 玄武岩柱状节理

1. 节理分类

节理可按成因、力学性质、与岩层产状的关系和张开程度等分类。

1) 按成因分类

节理按成因可分为原生节理、构造节理和表生节理；也有人分为原生节理和次生节理，次生节理再分为构造节理和非构造节理。

(1) 原生节理：指岩石形成过程中形成的节理。如玄武岩在冷却凝固时形成的柱状节理，如图 2.12 所示。

(2) 构造节理：指由构造运动产生的构造应力形成的节理。构造节理常常成组出现，可将其中一个方向的一组平行破裂面称为一组节理。同一期构造应力形成的各组节理有成因上的联系，并按一定规律组合，如图 2.13 所示。不同时期的节理对应错开，如图 2.14 所示。

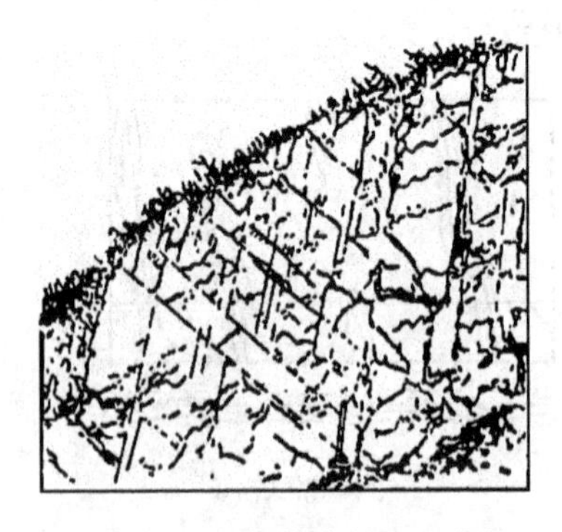

图 2.13 山东诸城白垩系砂岩中的两组共轭节理

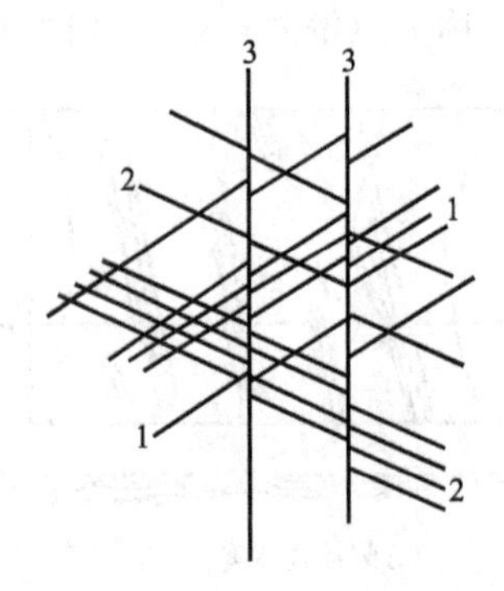

图 2.14 不同时期的节理对应错开

(3) 表生节理：由卸荷、风化、爆破等作用形成的节理，分别称为卸荷节理、风化节理、爆破节理等。常称这种节理为裂隙，属非构造次生节理。表生节理一般分布在地表浅层，大多无一定方向性。

2) 按力学性质分类

(1) 剪节理：一般为构造节理，由构造应力形成的剪切破裂面组成，一般与主应力成($45°-\phi/2$)的角度相交，其中 ϕ 为岩石内摩擦角。剪节理面多平直，常呈密闭状态，或张开度很小，在砾岩中可以切穿砾石，如图 2.15 所示。剪节理具有下述特征。

① 产状比较稳定，在平面中沿走向延伸较远，在剖面上向下延伸较深。

② 常具紧闭的裂口，节理面平直而光滑，沿节理面可有轻微位移，因此在面上常具有擦痕、镜面等。

③ 在碎屑岩中的剪节理，常切开较大的碎屑颗粒或砾石，切开结核、岩脉等。

④ 节理间距较小，常呈等间距均匀分布，密集成带。

⑤ 常平行排列、雁行排列，成群出现；或两组交叉，称为“X 节理”，或称为“共轭节理”，如图 2.13 所示。两组节理有时一组发育较好，一组发育较差。

(2) 张节理：可以是构造节理，也可以是表生节理、原生节理等；由张应力作用形成。张节理张开度较大，节理面粗糙不平，在砾岩中常绕开砾石，如图 2.15 所示。

张节理常具有如下的特征。

① 产状不甚稳定，在岩石中延伸不深不远。

② 多具有张开的裂口，节理面粗糙不平，面上没有擦痕，节理有时为矿脉所填充。

③ 在碎屑岩中的张节理，常绕过砂粒和砾石，节理随之呈弯曲形状。

④ 节理间距较大，分布稀疏而不均匀，很少密集成带。

⑤ 常平行出现，或呈雁行式(即斜列式)出现，有时沿着两组共轭呈 X 形的节理断开形成锯齿状张节理，称追踪张节理。

3) 按与岩层产状的关系分类(图 2.16)

(1) 走向节理：节理走向与岩层走向平行。

(2) 倾向节理：节理走向与岩层走向垂直。

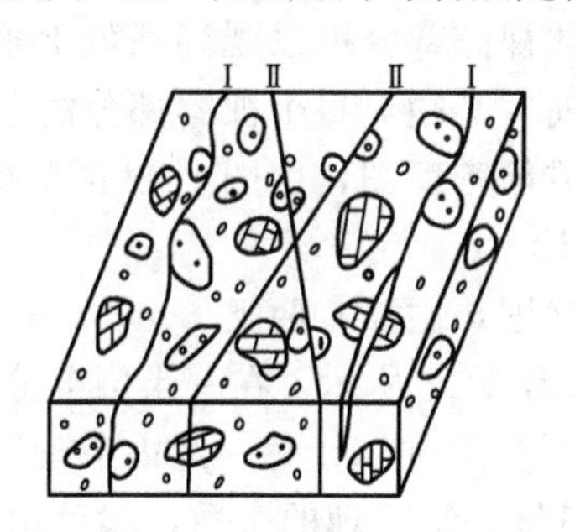

图 2.15 砾岩中的张节理和剪节理

Ⅰ—张节理；Ⅱ—剪节理

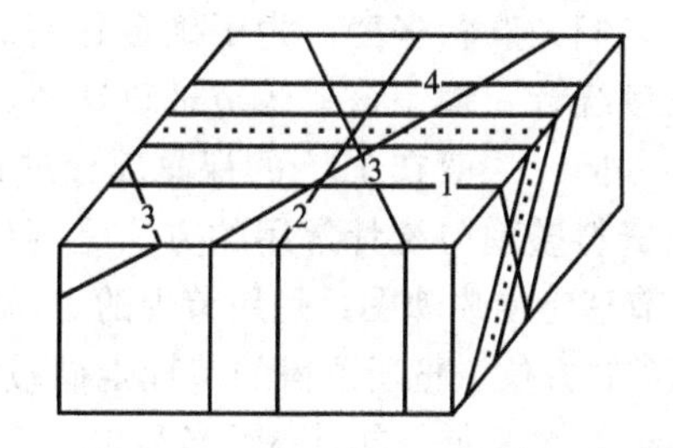

图 2.16 节理与岩层产状关系分类

1—走向节理；2—倾向节理；3—斜交节理；4—岩层走向

(3) 斜交节理：节理走向与岩层走向斜交。

4) 按节理张开程度分类

(1) 宽张节理：节理缝宽度大于 5mm。

(2) 张开节理：节理缝宽度为3～5mm。

(3) 微张节理：节理缝宽度为1～3mm。

(4) 闭合节理：节理缝宽度小于1mm。

2. 节理发育程度分级

按节理的组数、密度、长度、张开度及充填情况，将节理发育情况分级，见表2-1。

表2-1 节理发育程度分级

发育程度等级	基 本 特 征
节理不发育	节理1～2组，规则，为构造型，间距在1m以上，多为密闭节理。岩体切割成大块状
节理较发育	节理2～3组，呈X形。较规则，以构造型为主，多数间距大于0.4m，多为密闭节理，部分为微张节理，少有充填物。岩体切割成大块状
节理发育	节理3组以上，不规则，呈X形或"米"字形，以构造型或风化型为主。多数间距小于0.4m，大部分为张开节理，部分有充填物。岩体切割成块石状
节理很发育	节理3组以上，杂乱，以风化和构造型为主，多数间距小于0.2m，以张开节理为主，有个别宽张节理，一般均有充填物。岩体切割成碎裂状

3. 节理的调查内容

节理是广泛发育的一种地质构造，对其进行调查，应包括以下内容。

(1) 节理的成因类型、力学性质。

(2) 节理的组数、密度和产状。节理的密度一般采用线密度或体积节理数表示。线密度以"条/m"为单位计算。体积节理数用单位体积内的节理数表示。

(3) 节理的张开度、长度和节理面壁的粗糙度。

(4) 节理的充填物质及厚度、含水情况。

(5) 节理发育程度分级。

此外，对节理十分发育的岩层，在野外许多岩体裸露部分可以观察到数十条以至数百条节理。它们的产状多变，为了确定它们的主导方向，必须对每个裸露部分的节理产状逐条进行测量统计，编制该地区节理玫瑰图、极点图或等密度图，由图上确定节理的密集程度及主导方向。一般在$1m^2$的裸露部分进行测量统计。

室内资料整理与统计常用的方法是制作节理玫瑰图，主要有两类。

(1) 节理走向玫瑰图：是用节理的走向编制。如图2.17所示，在一半圆上分画0°～90°和0°～270°的方位。把所测得的节理走向按每5°或10°分组并统计每一组内节理数和平均走向。按各组平均走向，自圆心沿半径以一定长度代表每一组节理的个数，然后用折线相连，即得节理走向玫瑰图。

(2) 节理倾向玫瑰图：是用节理倾向编制。把所测得的节理倾向按5°或10°间隔进行分组，统计每组节理平均倾向和个数。在注有方位角的圆周图上，以节理个数为半径，按各组平均倾向定出各组的点，用折线连接各点即得节理倾向玫瑰图。用节理统计资料的各组平均倾向和平均倾角作图，圆半径长度代表平均倾角，可得节理倾角玫瑰图，如图2.18所示。

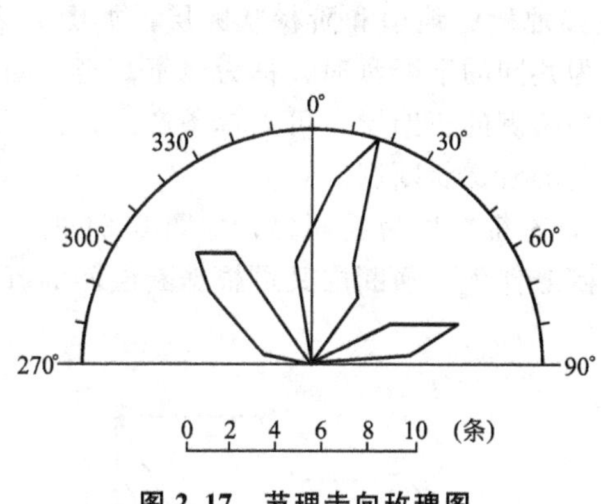

图 2.17　节理走向玫瑰图

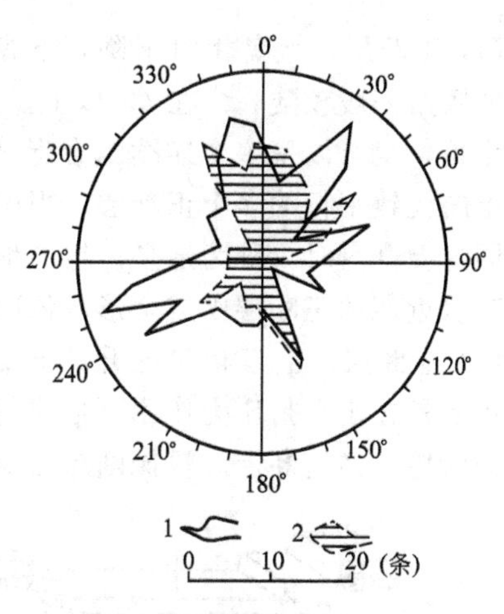

图 2.18　节理倾向、倾角玫瑰图

1—倾向玫瑰图；2—倾角玫瑰图

2.3.2　断层

断层是指岩层受力断开后，断裂面两侧岩层沿断裂面有明显相对位移时的断裂构造。断层广泛发育，规模相差很大。大的断层延伸数百千米甚至上千千米，小的断层在手标本上就能见到。有的断层切穿了地壳岩石面，有的则发育在地表浅层。断层是一种重要的地质构造，对工程建筑的稳定性起着重要作用。地震与活动性断层有关，隧道中大多数的坍方、涌水均与断层有关。

1. 断层要素

为阐明断层的空间分布状态和断层两侧岩层的运动特征，将断层各组成部分赋予一定名称，称为断层要素，如图 2.19 所示。

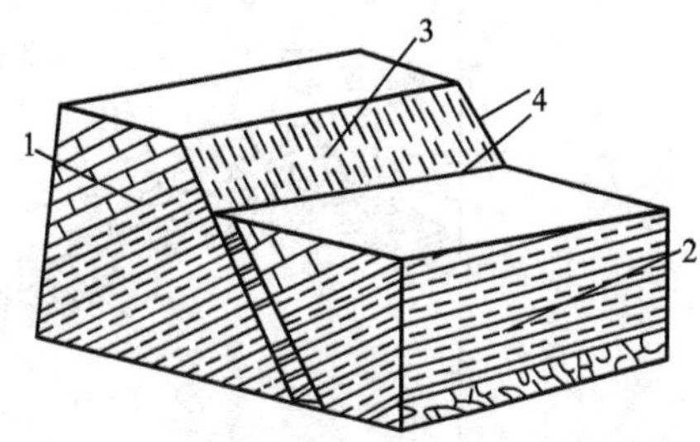

图 2.19　断层要素

1、2—断盘(1 为下盘，2 为上盘)；3—断层面；4—断层线

(1) 断层面：指断层中两侧岩层沿其运动的破裂面。它可以是一个平面，也可以是一个曲面，断层面的产状用走向、倾向、倾角表示，其测量方法同岩层产状。有的断层面是由一定宽度的破碎带组成，称为断层破碎带。

(2) 断层线：是断层面与地平面或垂直面的交线，代表断层面在地面或垂直面上的延伸方向。它可以是直线，也可以是曲线。

(3) 断盘：断层两侧相对位移的岩层称作断盘。当断层面倾斜时，位于断层面上方的称作上盘，位于断层面下方的称作下盘。

(4) 断距：指岩层中同一点被断层断开后的位移量。其沿断层面移动的直线距离称做总断距，其水平分量称作水平断距，其垂直分量称作垂直断距。

2. 断层常见分类

1) 按断层上、下两盘相对运动方向分类

这是一种主要分类，可分为以下几种。

(1) 正断层：上盘相对下降，下盘相对上升的断层称为正断层，如图 2.19 所示。断层面的倾角一般较陡，多在 45°以上。正断层是在张力或重力作用下形成的。正断层可以单独出露，也可以呈多个连续组合形式出露，如地堑、地垒和阶梯状断层，如图 2.20 所示。走向大致平行的多个正断层，当中间地层为共同的下降盘时，称为地堑；当中间地层为共同的上升盘时，称为地垒。组成地堑或地垒两侧的正断层，可以单条产出，也可以由多条产状近似的正断层组成，形成依次向下断落的阶梯状断层。

(2) 逆断层：上盘相对上升，下盘相对下降的断层称为逆断层，如图 2.21 所示。逆断层主要是在水平挤压力作用下形成的，常与褶皱伴生。逆断层又可根据断层面的倾角分为逆冲断层、逆掩断层和辗掩断层三类。

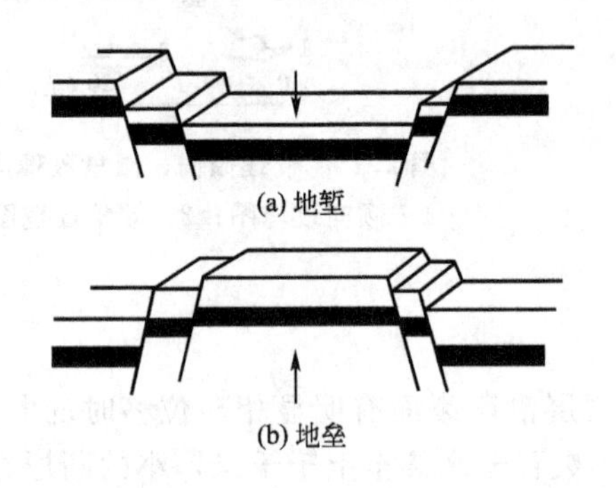

图 2.20 地堑和地垒

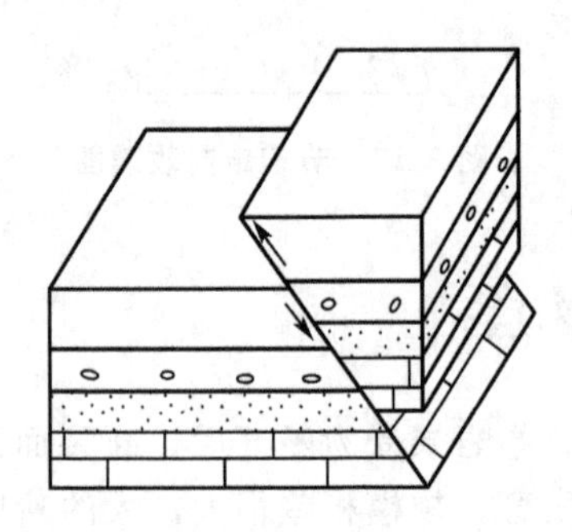

图 2.21 逆断层

① 逆冲断层：指断层面倾角大于 45°的逆断层。

② 逆掩断层：指断层面倾角在 25°～45°之间的逆断层。常由倒转褶曲进一步发展而成。

③ 辗掩断层：指断层面倾角小于 25°的逆断层。一般规模巨大，常有时代老的地层被推覆到时代新的地层之上，形成推覆构造，如图 2.22 所示。

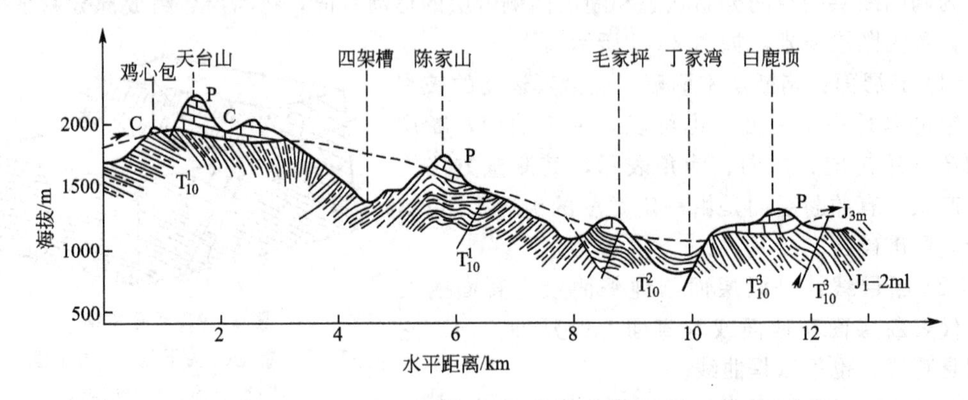

图 2.22 四川彭州逆冲推覆构造

当一系列逆断层大致平行排列，在横剖面上看，各断层的上盘依次上冲时，其组合形式称为迭瓦式逆断层，如图 2.23 所示。

(3) 平移断层：指断层两盘主要在水平方向上相对错动的断层，如图 2.24 所示。平移断层主要由地壳水平应力剪切作用形成，断层面多近于直立。断层面上可见水平的擦痕。

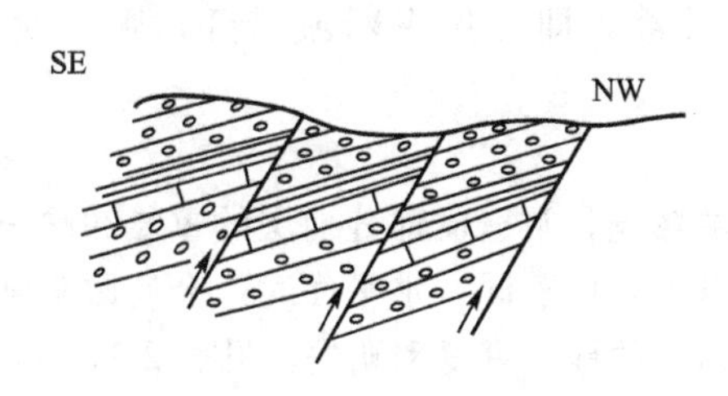

图 2.23 迭瓦式逆断层

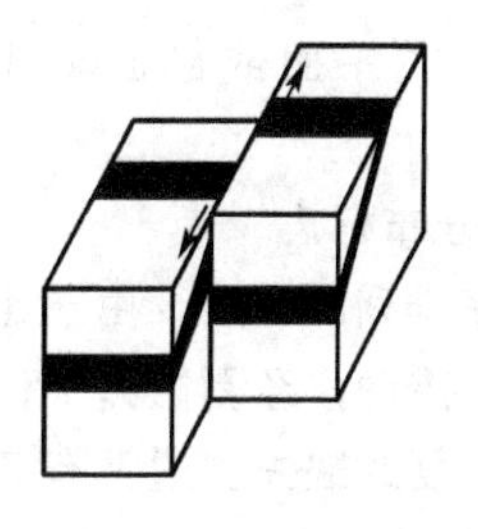

图 2.24 平移断层

2）按断层面产状与岩层产状的关系分类

（1）走向断层：断层走向与岩层走向一致的断层，如图 2.25 中的 F_1 断层。

（2）倾向断层：断层走向与岩层倾向一致的断层，如图 2.25 中的 F_2 断层。

（3）斜向断层：断层走向与岩层走向斜交的断层，如图 2.25 中的 F_3 断层。

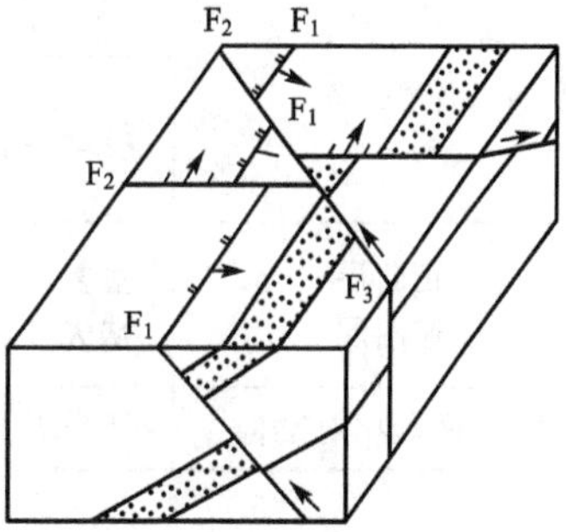

图 2.25 断层引起的构造不连续现象

F_1—走向断层；F_2—倾向断层；F_3—斜向断层

3）按断层面走向与褶曲轴走向的关系分类

（1）纵断层：断层走向与褶曲轴走向平行的断层。

（2）横断层：断层走向与褶曲轴走向垂直的断层。

（3）斜断层：断层走向与褶曲轴走向斜交的断层。

当断层面切割褶曲轴时，在断层上、下盘同一地层出露界线的宽窄常发生变化，背斜上升盘核部地层变宽，向斜上升盘核部地层变窄，如图 2.26 所示。

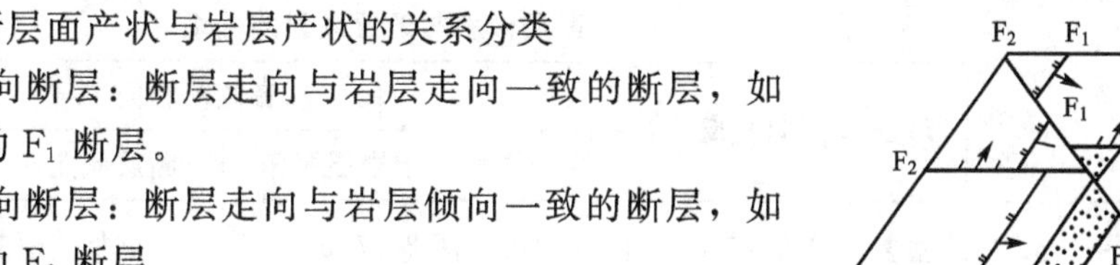

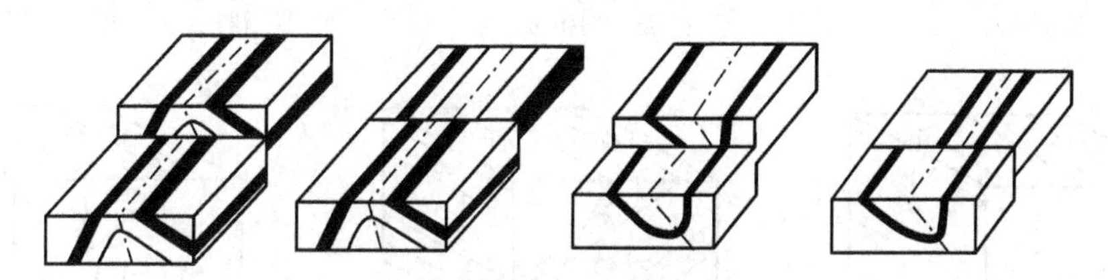

图 2.26 褶曲被横断层错断引起的效应

4）按断层力学性质分类

（1）压性断层：由压应力作用形成，其走向垂直于主压应力方向，多呈逆断层形式，断面为舒缓波状，断裂带宽大，常有角砾岩。

（2）张性断层：在张应力作用下形成，其走向垂直于张应力方向，常为正断层形式，断层面粗糙，多呈锯齿状，沿着断层裂缝常有岩脉、矿脉填充；如尚未完全胶结，常形成地下水的通道。

（3）扭性断层：自然界纯张纯压的断层，事实上并不多见，而是多少带一些扭动，它是在剪应力作用下形成，与主压应力方向交角小于 45°，常成对出现，断层面平直光滑，常有大量擦痕。

3. 怎样识别断层

1）构造线标志

同一岩层分界线、不整合接触界面、侵入岩体与围岩的接触带、岩脉、褶曲轴线、早期断层线等，在平面或剖面上出现了不连续，即突然中断或错开，则有断层存在，如图 2.25 所示。

2）岩层分布标志

一套顺序排列的岩层，由于走向断层的影响，常造成部分地层的重复和缺失现象。即断层使岩层发生错动，经剥蚀夷平作用使两盘地层处于同一水平面时，会使原来顺序排列的地层出现部分重复或缺失。通常有 6 种情况造成的地层重复和缺失，见表 2 - 2 和图 2.27。

表 2 - 2　走向断层造成的地层重复和缺失

断层性质	断层倾斜与地层倾斜的关系		
	二者倾向相反	二者倾向相同	
		断层倾角大于岩层倾角	断层倾角小于岩层倾角
正断层 逆断层	重复［图 2.27(a)］ 缺失［图 2.27(d)］	缺失［图 2.27(b)］ 重复［图 2.27(e)］	重复［图 2.27(c)］ 缺失［图 2.27(f)］
断层两盘相对动向	下降盘出现新地层	下降盘出现新地层	上升盘出现新地层

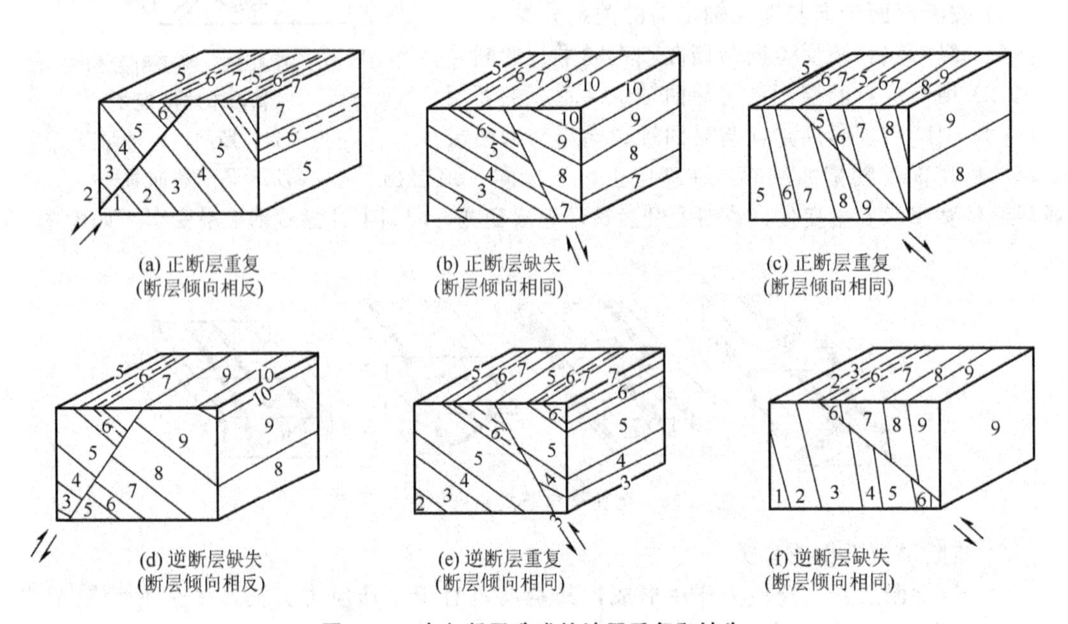

(a) 正断层重复（断层倾向相反）　(b) 正断层缺失（断层倾向相同）　(c) 正断层重复（断层倾向相同）

(d) 逆断层缺失（断层倾向相反）　(e) 逆断层重复（断层倾向相同）　(f) 逆断层缺失（断层倾向相同）

图 2.27　走向断层造成的地层重复和缺失

3）断层的伴生现象

当断层通过时，在断层面(带)及其附近常形成一些构造伴生现象，也可作为断层存在的标志。

(1) 擦痕、阶步和摩擦镜面：断层上、下盘沿断层面做相对运动时，因摩擦作用，在断层面上形成一些刻痕、小阶梯或磨光的平面，分别称为擦痕、阶步和摩擦镜面，如图 2.28 所示。

(2) 构造岩：因地应力沿断层面集中释放，常造成断层面处岩体十分破碎，形成一个破碎带，称断层破碎带。破碎带宽几十厘米至几百米不等，破碎带内碎裂的岩、土体经胶结后称构造岩。构造岩中碎块颗粒直径大于 2mm 时称断层角砾岩；当碎块颗粒直径为

0.01～2mm 时称碎裂岩；当碎块颗粒直径更小时称糜棱岩；当颗粒均研磨成泥状时称断层泥。

（3）牵引现象：断层运动时，断层面附近的岩层受断层面上摩擦阻力的影响，在断层面附近形成弯曲现象，称为断层牵引现象，其弯曲方向一般为本盘运动方向，如图 2.29 所示。

图 2.28　擦痕与阶步　　　　图 2.29　牵引现象

4）地貌标志

在断层通过地区，沿断层线常形成一些特殊地貌现象。

（1）断层崖和断层三角面：在断层两盘的相对运动中，上升盘常常形成陡崖，称为断层崖。如峨眉山金顶舍身崖、昆明滇池西山龙门陡崖。当断层崖受到与崖面垂直方向的地表流水侵蚀切割，使原崖面形成一排三角形陡壁时，称为断层三角面。

（2）断层湖、断层泉：沿断层带常形成一些串珠状分布的断陷盆地、洼地、湖泊、泉水等，可指示断层延伸方向。

（3）错断的山脊、急转的河流：正常延伸的山脊突然被错断，或山脊突然断陷成盆地、平原，正常流经的河流突然产生急转弯，一些顺直深切的河谷，均可指示断层延伸的方向。

判断一条断层是否存在，主要是依据地层的重复、缺失和构造不连续这两个标志。其他标志只能作为辅证，不能依此下定论。

4. 断层运动方向的判别

判别断层性质，首先要确定断层面的产状，从而确定出断层的上、下盘，再确定上、下盘的运动方向，进而确定断层的性质。断层上、下盘运动方向，可由以下几点判别。

（1）地层时代：在断层线两侧，通常上升盘出露地层较老，下降盘出露地层较新。地层倒转时相反。

（2）地层界线：当断层横截褶曲时，背斜上升盘核部地层变宽，向斜上升盘核部地层变窄。

（3）断层伴生现象：刻蚀的擦痕凹槽较浅的一端、阶步陡坎方向，均指示对盘运动方向。牵引现象弯曲方向则指示本盘运动方向。

（4）符号识别：在地质图上，断层一般用粗红线醒目地标示出来，表示方法如图 2.30 所示，断层性质用相应符号表示。正断层和逆断层符号中，箭头所指为断层面倾向，角度为断层面的倾角，短齿所指方向为上盘运动方向。正断层用单齿线，逆断层用双齿线。平移断层符号中箭头所指方向为本盘运动方向。

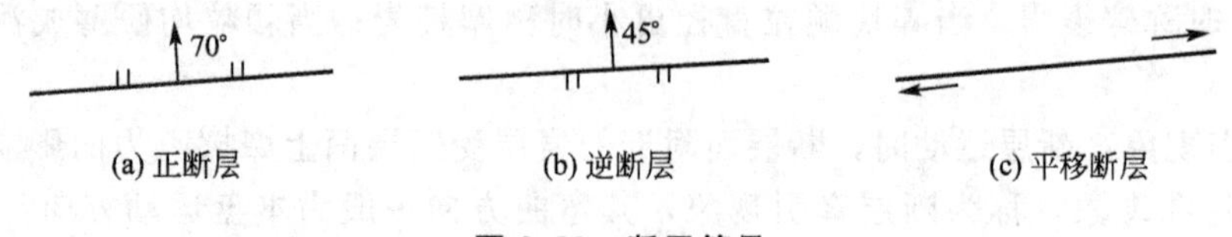

图 2.30 断层符号

2.3.3 活断层

活断层也称活动断裂，指现今仍在活动或者近期有过活动、不久的将来还可能活动的断层。其中后一种也称潜在活动断层。活动断层可使岩层产生错动位移或发生地震，对工程建筑造成很大的甚至无法抗拒的危害。

关于“近期”活动断裂时限，国家标准《岩土工程勘察规范》(GB 50021—2009)中将在全新世地质时期(距今一万年)内有过地震活动或近期正在活动，在今后一百年可能继续活动的断裂称做全新活动断裂；并将全新活动断裂中、近期(距今近五百年)发生过地震震级 $M \geqslant 5$ 级的断裂，或在今后一百年内，可能发生 $M \geqslant 5$ 级的断裂定为发震断裂。

当然，活断层运动不是经常发生的，其复发间隔有时长达几百年，甚至上千年。为了更好地评价活断层对工程建筑的影响，一般将工程使用期或寿命期内(一般为 50～100 年)可能影响和危害安全的活断层称为工程活断层。

1. *活断层的分类*

活断层按两盘错动方向分为走向滑动型断层(平移断层)和倾向滑动型断层(逆断层及正断层)。走向滑动型断层最常见，其特点是断层面陡倾或直立，平直延伸，部分规模很大，断层中常蓄积有较高的能量，引发高震级强烈地震。倾向滑动型断层以逆断层最为常见，多数是受水平挤压形成，断层倾角较缓，错动时由于上盘为主动盘，故上盘地表变形开裂较严重，岩体较下盘易破碎，对建筑物危害较大。倾向滑动型的正断层的上盘也为主动盘，故上盘岩体也较破碎。

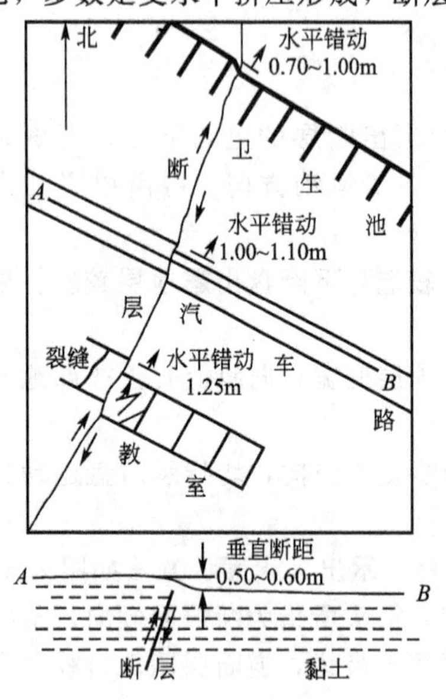

图 2.31 唐山地震时某地地面断层错位

活断层按其活动性质分为蠕变型活断层(也称蠕滑活断层)和突发型活断层(也称黏滑活断层)。蠕变型活断层是只有长期缓慢的相对位移变形，不发生地震或只有少数微弱地震的活断层。例如美国圣·安德烈斯断层南部加利福尼亚地段，几十年来平均位移速率为10mm/a，没有较强的地震活动。突发型活断层错动位移是突然发生的，并同时伴发较强烈的地震，其又分为两种情况：一种是断层错动引发地震的发震断层；另一种情况是因地震引起老断层错动或产生新的断层。如 1976 年唐山地震时，形成一条长 8km 的地表错断，以 NE30°的方向穿过市区，最大水平断距达 1.63m，垂直断距达 0.7m，错开了楼房、道路等一切建筑，如图 2.31 所示。

2. 活断层的特征

1) 继承性

活断层绝大多数都是沿已有的老断层发生新的错动位移，称为活断层的继承性，尤其是区域性的深大断裂更为多见。新活动的部位通常只是沿老断层的某个段落发生，或是某些段落活动强烈，另一些段落则不强烈。活动方式和方向相同也是继承性的一个显著特点。形成时代越新的断层，其继承性也越强，如晚更新世以来的构造运动引起的断裂活动持续至今。

2) 活动方式与活动速率的相关性

蠕滑活断层(也称蠕变型活断层)和黏滑活断层(也称突发型活断层)两种活断层的活动方式不同，其活断层的错动速率有显著差异。蠕滑是一个连续的滑动过程，一般只发生长期缓慢的相对位移变形，不发生地震或仅伴有少数微弱地震，其活动速率大多相当缓慢，通常在年均不足1mm至数十毫米之间。黏滑则是断层发生快速错动，并同时伴发较强烈的地震，其活动速率较快，可达0.5～1m/s。

有时在同一条活断层的不同区段也可以有不同的活动方式，例如，黏滑运动的活断层有时也会伴有小的蠕动，而大部分地段以蠕动为主的活断层，在其端部也会出现黏滑，而且同一条活断层的变形速率也不均匀，如发震断层临震前速率可成倍剧增，而震后又趋缓，这一断层变形速率变化特征对地震预测有很大意义。根据断层滑动速率，可将活断层分为活动强度不同的级别。GB 50021—2009 对全新活动断裂的分级见表2-3。

表2-3 全新活动断裂分级

分级＼指标		活动性	平均活动速率 V/(mm/a)	历史地震及古地震(震级 M)
Ⅰ	强烈全新活动断裂	中或晚更新世以来有活动，全新世以来活动强烈	$V>1$	$M\geqslant 7$
Ⅱ	中等全新活动断裂	中或晚更新世以来有活动，全新世以来活动较强烈	$1\geqslant V\geqslant 0.1$	$7>M\geqslant 6$
Ⅲ	微弱全新活动断裂	全新世以来有微弱活动	$V<0.1$	$M<6$

3) 重复活动的周期性

和其他构造运动一样，活断层运动也是间断性的，从一次活动到下次活动，往往要间隔较长的平静期。活动—平静—再活动，这种重复周期就是一般说的断层活动周期。活断层错动时，常常伴随有地震发生。地震活动有分期分幕现象，我国上千年来的地震记录所反映出的强烈活动期、幕，实际就是断层的活动期、幕。所以，活断层上的大地震重复间隔，就代表了该断层的活动周期。表2-4列出的我国部分活断层的强震重复周期，主要是用古地震法获得的。

表2-4 我国部分活动断裂的强震重复周期

活动断裂名称	最近一次地震名称(年)	重复周期	震级	参考文献
新疆喀什河断裂	新疆尼勒克地震(1812)	2000～2500年	8.0	冯先岳(1987)
新疆二台断裂	新疆富蕴地震(1931)	约3150年	8.0	戈澎漠等(1986)

续表

活动断裂名称	最近一次地震名称(年)	重复周期	震级	参考文献
山西霍山山前断裂	山西洪洞地震(1303)	5000年左右	8.0	孟宪梁等(1985)
宁夏海原南西华山北麓断裂	海原地震(1920)	约1600年	8.5	程绍平等(1984)
河北唐山	唐山地震(1976)	约7500年	7.8	王挺梅等(1984)
云南红河断裂北段	—	(150±50)年	6～7	虢顺民等(1985)
四川鲜水河断裂	四川炉霍地震(1973)	约50年	7.9	—
郯城断裂中南段	郯城地震(1668)	3500年	8.5	林伟凡等(1987)

3. 活断层的识别标志

1) 地貌标志

通过地貌标志研究和识别活断层是一种比较成熟和易行的方法。地貌方面的标志有：①地形变化差异大，如“山从平地起”；山口峡谷多、深且狭长；新的断层崖和三角面山的连续出现，且比较显著，并有山崩和滑坡发生。②断层形成的陡坎山山脚，常有狭长洼地和沼泽。③断层形成的陡坎山前的第四纪堆积物厚度大，山前洪积扇特别高或特别低，与山体不相对称，在峡谷出口处的洪积扇呈叠置式、线性排列。④沿断裂带有串珠泉出露，若为温泉，则水温和矿化度较高。⑤断裂带有植物突然干枯死亡或生长特别罕见植物。⑥第四纪火山锥、熔岩呈线性分布。⑦建(构)筑物、公路等工程地基发生倾斜和错开现象。

2) 地质标志

在地质方面的标志有：①第四系堆积物中常见到小褶皱和小断层或被第四系以前的岩层所冲断。②沿断层可见河谷、阶地等地貌单元同时发生水平或垂直位移错断。③沿断层带的断层泥及破碎带多未胶结，断层崖壁可见擦痕和错碎岩粉。④第四系(或近代)地层错动、断裂、褶皱、变形。

3) 地震活动标志

活断层中一个重要标志就是地震活动。在世界许多地区对活断层的辨认，最初是从地震断层开始的。地震活动方面的标志有：①在断层带附近有现代地震、地面位移和地形变以及微震发生。②沿断层带有历史地震和现代地震震中分布，震中多呈有规律的线状分布。

4) 水文与水文地质标志

在活断层附近，由于断层的错断、位移，常常直接控制了水系的成长发育。特别是断层的水平错动，对水系的改造更是迅速而明显。断层活动使断层两侧水系作规律性变迁，如水系平面形态、切割深度、冲刷势态等；另外，又直接控制着地下水的出露。具体表现为水系呈直线状、格子状展布；水系错开呈折线状；泉、地热异常带、湖泊和山间盆地成线状(或串珠状)分布。

5) 地球化学和地球物理标志

在地球化学方面，最突出的是活断层上断层气和放射性异常。活断层在活动过程中，释放出各种气体，如 CO_2、H_2、He、Ne、Ar、Rn、Hg、As、Sb、Bi、B 等。通过断层气测量，可以鉴别活断层。在活断层附近，氡气常表现出高浓度异常，因此可利用 α 径迹法调查活断层。此外，沿活断层还会出现 γ 射线强度异常。因此，可利用 γ 射线去测量调查海底活断层。

活断层的地球物理标志主要是重力、磁场和地温异常。在覆盖层很厚的平原地区和海洋地区，利用重力、磁场和地温异常研究活断层，是行之有效的方法。

2.4 地质构造对工程建筑物稳定性的影响

地质构造对工程建筑物的稳定有很大的影响，由于工程位置选择不当，误将工程建筑物设置在地质构造不利的部位，引起建筑物失稳破坏的实例时有发生，对此必须有充分认识。

2.4.1 边坡、隧道和桥基设置与地质构造的关系

岩层产状与岩石路堑边坡坡向间的关系控制着边坡的稳定性。当岩层倾向与边坡坡向一致，岩层倾角等于或大于边坡坡角时，边坡一般是稳定的。若坡角大于岩层倾角，则岩层因失去支撑而有滑动的趋势产生。如果岩层层间结合较弱或有较弱夹层时，易发生滑动。如铁西滑坡就是因坡脚采石，引起沿黑色页岩软化夹层滑动的。当岩层倾向与边坡坡向相反时，若岩层完整、层间结合好，边坡是稳定的；若岩层内有倾向坡外的节理，层间结合差，岩层倾角又很陡，岩层多呈细高柱状，容易发生倾倒破坏。开挖在水平岩层或直立岩层中的路堑边坡，一般是稳定的，如图 2.32 所示。

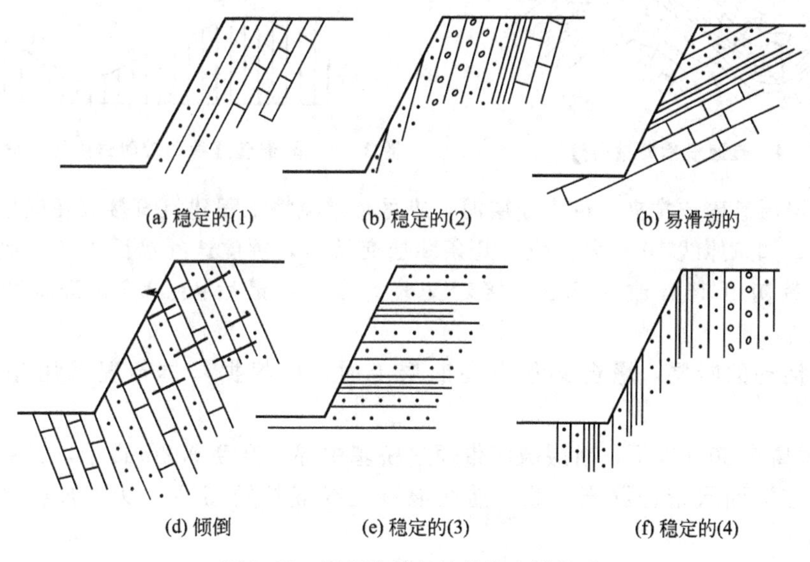

图 2.32 岩层产状与边坡稳定性关系

隧道位置与地质构造的关系密切。穿越水平岩层的隧道，应选择在岩性坚硬、完整的岩层中，如石灰岩或砂岩。在软、硬相间的情况下，隧道拱部应当尽量设置在硬岩中，设

置在软岩中有可能发生坍塌。当隧道垂直穿越岩层时，在软、硬岩相间的不同岩层中，由于软岩层间结合差，在软岩部位，隧道拱顶常发生顺层坍方。当隧道轴线顺岩层走向通过时，倾向洞内的一侧岩层易发生顺层坍滑，边墙承受偏压，如图 2.33 所示。

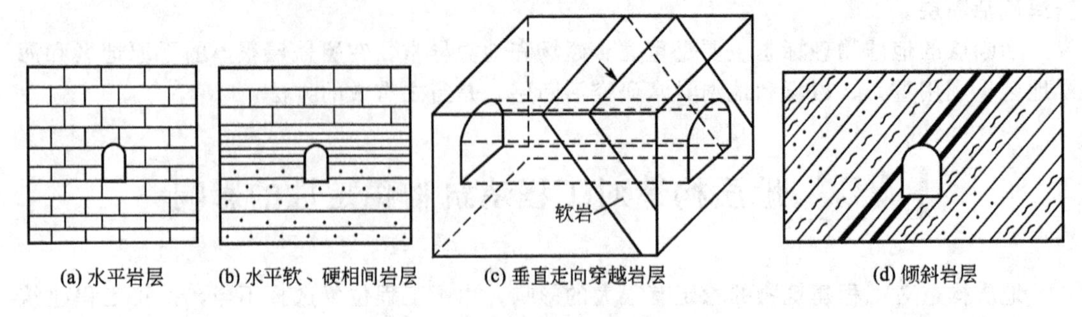

图 2.33　隧道位置与岩层产状关系

在图 2.33 中，(a)为水平岩层，隧道位于同一岩层中；(b)为水平软、硬相间岩层，隧道拱顶位于软岩中，易坍方；(c)为垂直走向穿越岩层，隧道穿过软岩时易发生顺层坍方；(d)为倾斜岩层，隧道顶部右上方岩层倾向洞内侧，岩层易顺层滑动，且受到偏压。

一般情况下，应当避免将隧道设置在褶曲的轴部，该处岩层弯曲、节理发育、地下水常常由此渗入地下，容易诱发坍方，如图 2.34 所示。通常尽量将隧道位置选在褶曲翼部或横穿褶曲轴。垂直穿越背斜的隧道，其两端的拱顶压力大，中部岩层压力小；隧道横穿向斜时，情况则相反，如图 2.35 所示。

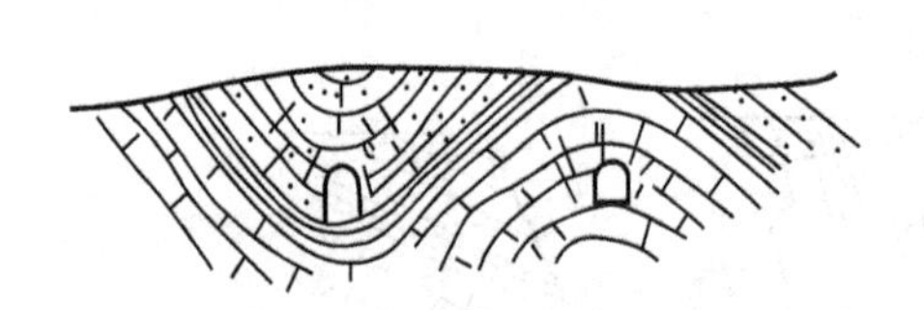

图 2.34　隧道沿褶曲轴通过

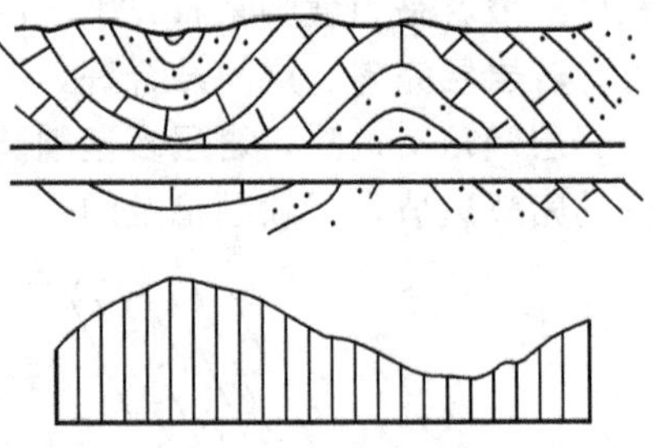

图 2.35　隧道横穿褶曲轴时岩层压力分布情况

断层带岩层破碎，常夹有许多断层泥，应尽量避免将工程建筑直接放在断层上或断层破碎带附近。如京原线 10 号大桥位于几条断层交叉点，桥位选择极困难，多次改变设计方案，桥跨最初由 16m 改为 23m，接着又改为 43m，最后以 33.7m 跨越断层带，如图 2.36 所示。

对于不活动的断层，墩台必须设在断层上时，应根据具体情况采用相应的处理措施。

(1)当桥高在 30m 以下，断层破碎带通过桥基中部，宽度 0.2m 以上，又有断层泥等充填物时，应沿断层带挖除充填物，灌注混凝土或嵌补钢筋网，以增加基础强度及稳定性。

(2) 断层带宽度不足 0.2m，两盘均为坚硬岩石时，一般可以不做处理。

(3) 断层带分布于基础一角时，应将基础扩大加深，再以钢筋混凝土补角加强，增加其整体性。

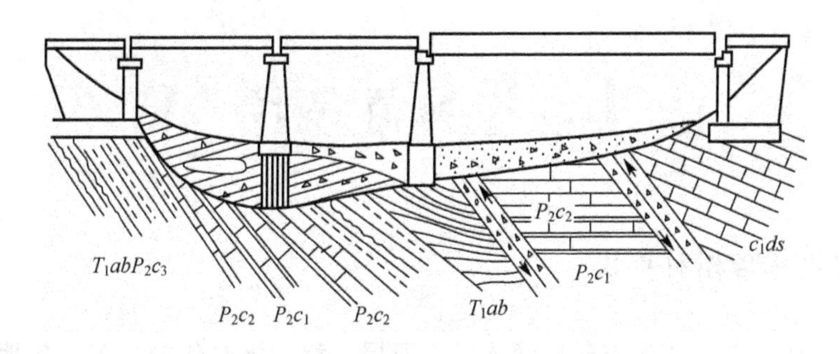

图 2.36 桥梁墩台避开断层破碎带

(4) 当基底大部分为断层破碎带，仅局部为坚硬岩层，构成软、硬不均地基时，在墩台位置无法调整的情况下，可炸除坚硬岩层，加深并换填与破碎带强度相似的土层，扩大基础，使应力均衡，以防止因不均匀沉陷而使墩台倾斜破坏。

(5) 当桥高超过 30m，且基底断层破碎带的范围较大，一般采用钻孔桩或挖孔桩嵌入下盘，使基底应力传递到下盘坚硬岩层上。

铁路选线时，应尽量避开大断裂带，线路不应沿断裂带走向延伸，在条件不允许、必须穿过断裂带时，应大角度或垂直穿过断裂带。

2.4.2 活断层对工程建筑的影响

活断层对工程建筑的危害主要是错动变形和引起地震两方面。

蠕变型的活断层，相对位移速率不大时，一般对工程建筑影响不大。当变形速率较大时，会造成地表裂缝和位移，可能导致建筑地基不均匀沉陷，使建筑物拉裂破坏。对于海岸附近的工业民用建筑及道路工程，若断层靠陆地一侧长期下沉，且变形速率较大时，由于海水位相对升高，有可能遭受波浪及风暴潮等的危害。

突发型活断层快速错动时，常伴发较强烈的地震，地震再对工程建筑产生各种各样的破坏作用；因地震引起老断层错动或产生新的断层，断层错动的距离通常较大，多在几十厘米至几百厘米之间，可错断道路、楼房等一切建筑，这种危害是不可抗拒的。因此在工程建筑地区有突发型活断层存在时，任何建筑原则上都应避免跨越活断层以及与其有构造活动联系的分支断层，应将工程建筑物选择在无断层穿过的位置。

在活断层发育地区进行建筑时，就必须对场址选择与建筑物形式和结构设计等方面进行慎重地研究，对于大坝和核电站等重要的永久性建筑物，绝不能在活断层附近选择场地，否则一旦发生事故后果极为严重。对于有些重大工程必须在活断层发育地区修建时(如在西南地区修建水利枢纽)，应在不稳定地块中寻找相对稳定的地段，同时将建筑物场址布置在断层下盘，且远离大断裂主断面数千米以外为宜。同时，在活断层上修建的水坝不宜采用混凝土重力坝和拱坝，而宜采用土石坝。因为混凝土坝属刚性结构，如果断层活动，会使混凝土体错裂形成开口裂隙，且这种裂隙难以维修，所以易造成大坝失事。而土石坝是一种柔性结构，坝体相当宽厚，即使坝体被断层错开，只要采用合理的结构措施，一般大坝不会失事，且修复方便。

2.5 地质年代

2.5.1 绝对年代与相对年代

地史学中，将各个地质历史时期形成的岩石层，称为该时代的地层。各地层的新、老关系，在褶曲、断层等地层构造形态的判别中，有着非常重要的作用。确定地层新、老关系的方法有两种，即绝对年代法和相对年代法。

1. 绝对年代法

绝对年代法是指通过确定地层形成时的准确时间，依此排列出各地层新、老关系的方法。确定地层形成时的准确时间，主要是通过测定地层中的放射性同位素年龄来确定。放射性同位素(母同位素)是一种不稳定元素。在天然条件下发生衰变，自动放射出某些射线(α、β、γ射线)，而衰变成另一种稳定元素(子同位素)。放射性同位素的衰变速度是恒定的，不受温度、压力、电场、磁场等因素的影响，即以一定的衰变常数(λ)进行衰变。主要用于测定地质年代的放射性同位素的衰变常数见表2-5。

表2-5 常用同位素及其衰变常数

母同位素	子同位素	半衰期/a	衰变常数(λ)/a^{-1}
铀(U^{238})	铅(Pb^{206})	4.5×10^{9}	1.54×10^{-10}
铀(U^{235})	铅(Pb^{207})	7.1×10^{8}	9.72×10^{-10}
钍(TH^{282})	铅(Pb^{208})	1.4×10^{10}	0.49×10^{-10}
铷(Rb^{87})	锶(Sr^{87})	5.0×10^{10}	0.14×10^{-10}
钾(K^{40})	氩(Ar^{40})	1.5×10^{9}	4.72×10^{-10}
碳(C^{14})	氮(N^{14})	5.7×10^{3}	—

当测定岩石中所含放射性同位素的质量P，以及它衰变产物的质量D，就可利用蜕变常数λ，按下式计算其形成年龄t

$$t=\frac{1}{\lambda}\ln\left(1+\frac{D}{P}\right) \tag{2-2}$$

目前世界各地地表出露的古老岩石都已进行了同位素年龄测定，如南美洲圭亚那的角闪岩为(4130±170)Ma(Ma表示百万年)，我国冀东络云母石英岩为3650～3770Ma。

2. 相对年代法

相对年代法是通过比较各地层的沉积顺序、古生物特征和地层接触关系来确定其形成先后顺序的一种方法。因无需精密仪器，故被广泛采用。它一般分为下列几种方法：

1) 地层层序法

地层层序法是确定地层相对年代的基本方法。未经过构造运动改造的层状岩层大多是水平岩层，水平岩层的层序为每一层都比它下覆的相邻层新而比它上覆的相邻层老，为下老上新，如图 2.37(a)所示。这就是地层层序法的基本内容。

当构造运动使岩层层序颠倒称为地层倒转，则老岩层就会覆盖在新岩层之上，如图 2.37(b)所示，这时要仔细研究沉积岩的泥裂、波痕、递变层理、交错层等原生构造来判别岩层的顶、底面。

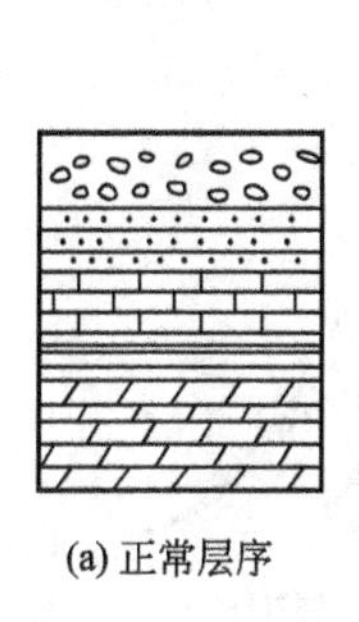

(a) 正常层序

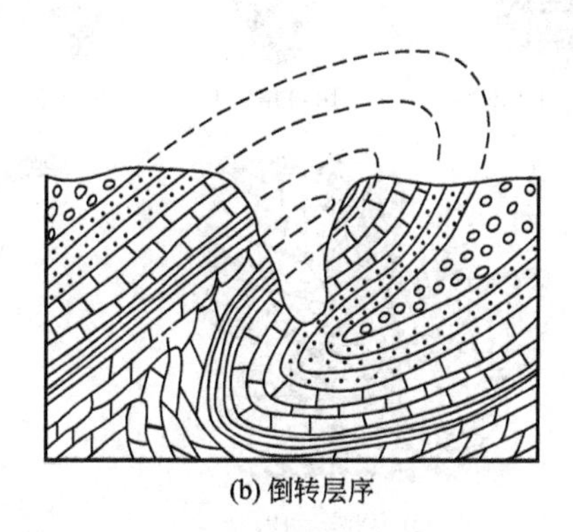

(b) 倒转层序

图 2.37　地层层序法

一个地区在地质历史上不可能永远处在沉积状态，常常是一个时期下降接受沉积，另一个时期抬升产生剥蚀。因此，现今任何地区保存的地质剖面中都会缺失某些时代的地层，造成地质记录不完整。故需对各地地层层序剖面进行综合研究，把各个时期出露的地层拼接起来，建立较大区域乃至全球的地层顺序系统，称为标准地层剖面。通过标准地层剖面的地层顺序，对照某地区的地层情况，也可排列出该地区地层的新老关系。

2）古生物法

在地质历史上，地球表面的自然环境总是不停地出现阶段性变化。地球上的生物为了适应地球环境的改变，也不得不逐渐改变自身的结构，称为生物进化。即地球上的环境改变后，一些不能适应新环境的生物大量灭亡，甚至绝种，而另一些生物则通过逐步改变自身的结构、形成新的物种，以适应新环境，并在新环境下大量繁衍。这种进化遵循由简单到复杂、由低级到高级的原则，即地质时期越古老，生物结构越简单；地质时期越新，生物结构越复杂。因此，埋藏在岩石中的生物化石结构也反映了这一过程。化石结构越简单，地层时代越老，化石结构越复杂，地层时代越新。故可依据岩石中的化石种属来确定岩石的新老关系。在某一环境阶段，能大量繁衍、广泛分布，从发生、发展到灭绝的时间越短，并且特征显著的生物，其化石称为标准化石。在每一地质历史时期都有其代表性的标准化石，如寒武纪的三叶虫、奥陶纪的珠角石、志留纪的笔石、泥盆纪的石燕、二叠纪的大羽羊齿、侏罗纪的恐龙等，如图 2.38 所示。

3）地层接触关系法

地层间的接触关系，是构造运动、岩浆活动和地质发展历史的记录。沉积岩、岩浆岩及其相互间均有不同的接触类型，据此可判别地层间的新老关系。

(1) 沉积岩间的接触关系。沉积岩间的接触，基本上可分为整合接触与不整合接触两大类型。

① 整合接触。一个地区在持续稳定的沉积环境下，地层依次沉积，各地层之间彼此平行，地层间的这种连续、平行的接触关系称为整合接触。其特点是：沉积时间连续，

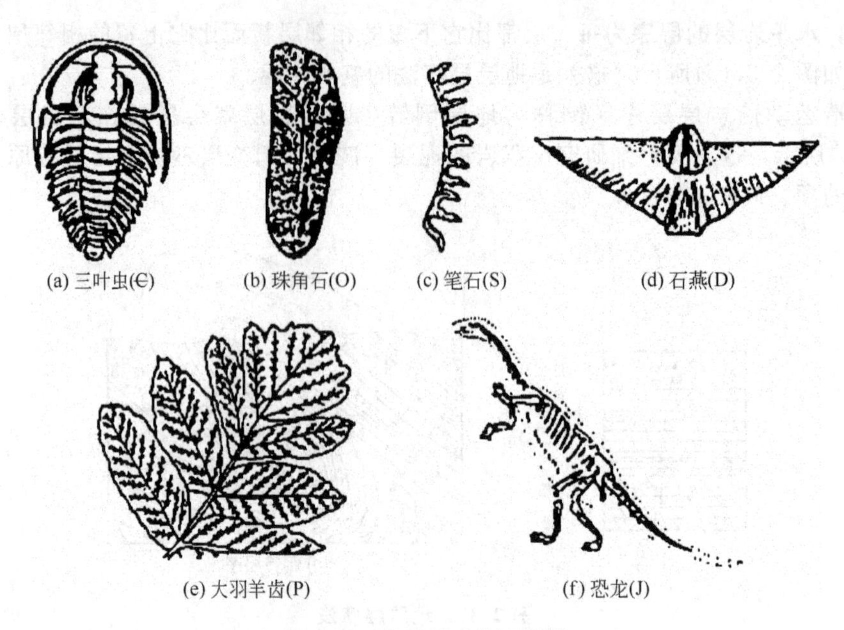

图 2.38 几种标准化石图版

上、下岩层产状基本一致，如图 2.39(a)所示。

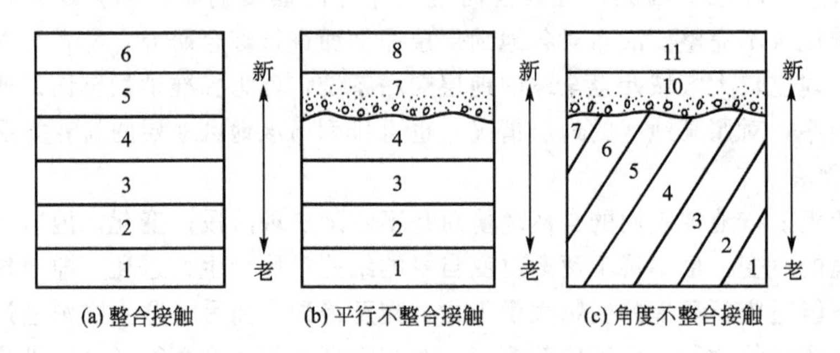

图 2.39 沉积岩的接触关系

② 不整合接触。当沉积岩地层之间有明显的沉积间断时，即沉积时间明显不连续，有一段时期没有沉积，称为不整合接触。其又可分为平行不整合接触和角度不整合接触两类。

a. 平行不整合接触。又称假整合接触。指上、下两套地层间有沉积间断，但岩层产状仍彼此平行的接触关系。它反映了地壳先下降接受稳定沉积，然后抬升到侵蚀基准面以上接受风化剥蚀，再后地壳又下降接受稳定沉积的地史过程，如图 2.39 (b)所示。

b. 角度不整合接触。指上、下两套地层间，既有沉积间断，岩层产状又彼此角度相交的接触关系。它反映了地壳先下降沉积，然后挤压变形和上升剥蚀，再下降沉积的地史过程，如图 2.39(c)所示。角度不整合接触关系容易与断层混淆，两者的区别标志是：角度不整合接触界面处有风化剥蚀形成的底砾岩；而断层界面处则无底砾岩，一般是构造岩，也可不是构造岩。

(2) 岩浆岩间的接触关系主要表现为岩浆岩间的穿插接触关系。后期生成的岩浆岩 2 常插入早期生成的岩浆岩 1 中，将早期岩脉或岩体切隔开，如图 2.40 所示。

(3) 沉积岩与岩浆岩之间的接触关系可分为侵入接触和沉积接触两类。

① 侵入接触。指后期岩浆岩侵入早期沉积岩的一种接触关系。早期沉积岩受后期岩浆挤压、烘烤和进行化学反应，在沉积岩与岩浆岩交界带附近形成一层变质带，称为变质晕，如图 2.41(a)所示。

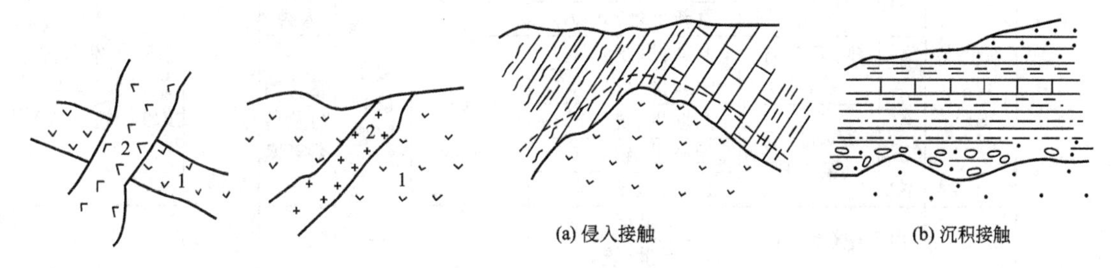

图 2.40 岩浆岩的穿插关系

图 2.41 沉积岩与岩浆岩的接触关系

② 沉积接触。指后期沉积岩覆盖在早期岩浆岩上的一种接触关系。早期岩浆岩因表层风化剥蚀，在后期沉积岩底部常形成一层含岩浆岩砾石的底砾岩，如图 2.41 (b) 所示。

2.5.2 地质年代表

通过对全球各个地区地层划分和对比以及对各种岩石进行同位素年龄测定，按年代先后进行系统性的编年，列出“地质年代表”，见表 2-6。它的内容包括地质年代单位、名称、代号和绝对年龄值等。

地质年代表使用不同级别的地质年代单位和年代地层单位，地质年代单位包括宙、代、纪、世，与其相对应的年代地层单位分别是宇、界、系、统。

宙是地质年代的最大单位，根据生物演化，把距今 6 亿年以前仅有原始菌藻类出现的时代包括太古宙和元古宙(过去将太古宙和元古宙合称为隐生宙)，距今 6 亿年以后称为显生宙，是地球上生命大量发展和繁荣的时代。

代是地质年代的二级单位，隐生宙划分两个代：太古代和元古代，显生宙进一步划分成三个代：古生代、中生代、新生代。与代相应的时段内形成的岩石地层相应单位为界。

纪是地质年代的三级单位，古生代分为六个纪，中生代分为三个纪，新生代分为两个纪。在纪的时段内形成的岩石地层其年代地层单位称作系。世是纪下面的次一级地质年代单位。一般一个纪分成三个或两个世，称为早世、中世、晚世或早世与晚世，并在纪的代号右下角分别标出 1、2、3 或 1、2 对其进行表示，比较特殊的是新生代划分为七个世。与世相应的年代地层单位称作统，它们相应的称为下统、中统和上统。

各个代、纪延续时间不一，总趋势是年代越老延续时间越长，年代越新延续时间越短；越新的保留下来的地质事件的记录——地层越全，划分越细。此外，地质年代单位的划分也考虑到生物进化的阶段性，年代越新，生物进化的速度加快，反映出地质环境演化速度加快。

表 2-6　地质年代表

地质时代(地层系统及代号)				同位素年龄值/Ma	生物界			构造阶段(及构造运动)
宙(宇)	代(界)	纪(系)	世(统)		植物	动物		
显生宙(宇，Ph)	新生代(界，Kz)	第四纪(系，Q)	全新世(统，Q_h)		被子植物繁盛	出现人类	无脊椎动物继续进化发展	新阿尔卑斯构造阶段(喜马拉雅构造阶段)
			更新世(统，Q_p)	2				
		第三纪(系，R) 晚第三纪(系，N)	上新世(统，N_2)			哺乳动物及鸟类繁盛		
			中新世(统，N_1)	26				
		早第三纪(系，E)	渐新世(统，E_3)					
			始新世(统，E_2)					
			古新世(统，E_1)	65				
	中生代(界，Mz)	白垩纪(系，K)	晚白垩世(统，K_2)			爬行动物繁盛		老阿尔卑斯构造阶段：燕山构造阶段
			早白垩世(统，K_1)	137	裸子植物繁盛			
		侏罗纪(系，J)	晚侏罗世(统，J_3)					
			中侏罗世(统，J_2)					
			早侏罗世(统，J_1)	195				
		三叠纪(系，T)	晚三叠世(统，T_3)					老阿尔卑斯构造阶段：印支构造阶段
			中三叠世(统，T_2)					
			早三叠世(统，T_1)	230				
	古生代(界，Pz)	二叠纪(系，P)	晚二叠世(统，P_2)			两栖动物繁盛		(海西)华力西构造阶段
			早二叠世(统，P_1)	285	蕨类及原始裸子植物繁盛			
		石炭纪(系，C)	晚石炭世(统，C_3)					
			中石炭世(统，C_2)					
			早石炭世(统，C_1)	350				
		泥盆纪(系，D)	晚泥盆世(统，D_3)			鱼类繁盛		
			中泥盆世(统，D_2)		裸蕨植物繁盛			
			早泥盆世(统，D_1)	400				
		志留纪(系，S)	晚志留世(统，S_3)			海生无脊椎动物繁盛		加里东构造阶段
			中志留世(统，S_2)		藻类及菌类植物繁盛			
			早志留世(统，S_1)	435				
		奥陶纪(系，O)	晚奥陶世(统，O_3)					
			中奥陶世(统，O_2)					
			早奥陶世(统，O_1)	500				
		寒武纪(系，Є)	晚寒武世(统，$Є_3$)					
			中寒武世(统，$Є_2$)					
			早寒武世(统，$Є_1$)	570				
元古宙(宇，Pt)	晚元古代(界，Pt_3)	震旦纪(系，Z)	晚震旦世(统，Z_2)			裸露无脊椎动物出现		晋宁运动
			早震旦世(统，Z_1)	800				
				1000	生命现象开始出现			
	中元古代(界，Pt_2)			1900				吕梁运动
	早元古代(界，Pt_1)			2500				五台运动 阜平运动
太古宙(宇，Ar)	太古代(界，Ar)			4600	地球形成			

2.5.3 地方性岩石地层单位

各地区在地质历史中所形成的地层事实上是不完全相同的。地方性岩石地层划分，首先是调查岩石性质、运用确定相对年代的方法研究它们的新老关系，对岩石地层进行系统划分。岩石地层单位，或称做地方性地层单位，可分为群、组、段等不同级别。

群是岩石地层的最大单位，常常包含岩石性质复杂的一大套岩层，它可以代表一个统或跨两个统，如南京附近有象山群。群以重大沉积间断或不整合界面划分。

组是岩石地层划分的基本单位，岩石性质比较单一，以同一岩相，或某一岩相为主，夹有其他岩相，或不同岩相交互构成。其中，岩相是指岩石形成环境，如海相、陆相、泻湖相、河流相等。组可以代表一个统或比统小的年代地层单位，如南京附近有栖霞组、龙潭组等。

段是组内次一级的岩石地层单位，代表组内具有明显特征的一段地层，如南京附近栖霞组分出臭灰岩段、下硅质岩段、本部灰岩段等。组不一定都划分出段。

层是指段中具有显著特征，可区别于相邻岩层的单层或复层。

群、组、段的前面常冠以该地层发育地区的地名。在岩石地层层序建立的基础上通过古生物化石研究以及同位素绝对年龄测定建立地方性地层表或地层柱状图。

2.5.4 我国地史概况

1. 太古代(界、Ar)

太古界主要分布于华北地区，为各类片岩、片麻岩。在冀东迁西地区发现同位素年龄为 34.3 亿～36.7 亿年的变质岩，这是我国目前已知的最老地层。

太古代时地球上可能已有原始生物，但至今尚未发现可靠化石，太古代末有一次强烈的地壳运动，我国称五台运动，表现为元古界不整合覆于太古界之上，同时有花岗岩侵入。

2. 元古代(界、Pt)

元古界主要分布于华北及长江流域，此外还分布在塔里木盆地及天山、昆仑山、祁连山等地。元古界分上、下两部分：下部为下元古界，为浅变质的沉积岩或沉积-火山岩系；上部称震旦系，为未变质的砂岩、石英岩、硅质灰岩(产藻类化石)和白云岩组成。早元古代末期的地壳运动，称吕梁运动，使震旦系与下元古界呈角度不整合接触。

3. 古生代(界、Pz)

古生代是地球上生物繁盛的时代。因此，从寒武纪开始，就可以利用古生物化石来划分地层。古生代地层主要为石灰岩、白云岩、碎屑岩等海洋环境沉积。中、上石炭统和上二叠统在一些地区含煤。二叠纪末部分地区上升成为陆地。

早古生代的地壳运动，世界上称为加里东运动。在我国南方表现为泥盆系与前泥盆系，为角度不整合接触。二叠纪末期地壳运动影响广泛，内蒙古、天山、昆仑山都发生强烈褶皱上升成山，并有岩浆活动，称为海西运动。

古生代末，海水消退，中国大陆雏形出现。

4. 中生代(界、Mz)

中生代意为“中等生物”的时代，以陆上爬行动物盛行为特征。

中生代时除南方部分地区和西藏等地为海洋环境外，我国大部分已形成为陆地。三叠系、侏罗系都是主要含煤地层。

中生代发生多次强烈地壳运动，主要有印支运动和燕山运动，并伴随有广泛的岩浆侵入活动和火山爆发。中生代构造活动，奠定了我国东部地质构造的基础。

5. 新生代(界、Kz)

新生代为近代生物的时代。哺乳动物和被子植物非常繁盛，新生代包括第三纪和第四纪。第三纪仅中国台湾地区和喜马拉雅地区仍被海水淹没，我国第三系主要为陆相红色碎屑岩沉积并含有丰富的岩盐。第三纪末期的地壳运动称为喜马拉雅运动，它使中国台湾地区和喜马拉雅地区褶皱上升成为山脉，并伴有岩浆活动，我国其他地区表现为断块活动。

2.6 地　质　图

地质图是把一个地区的各种地质现象，如地层、地质构造等，按一定比例缩小，用规定的符号、颜色和各种花纹、线条表示在地形图上的一种图件。一幅完整的地质图，包括平面图、剖面图和综合地层柱状图，并标明图名、比例、图例和接图等。平面图反映地表相应位置分布的地质现象，剖面图反映某地表以下的地质特征，综合地层柱状图反映测区内所有出露地层的顺序、厚度、岩性和接触关系等。

2.6.1 地质图的种类

由于工作目的不同，绘制的地质图也不同，常见的地质图有以下几种。

(1) 普通地质图：主要表示地区地质分布、岩性和地质构造等基本地质内容的图件。一幅完整的普通地质图包括地质平面图、地质剖面图和综合柱状图。

(2) 构造地质图：用线条和符号，专门反映褶曲、断层等地质构造的图件。

(3) 第四纪地质图：只反映第四纪松散沉积物的成因、年代、成分和分布情况的图件。

(4) 基岩地质图：假想把第四纪松散沉积物“剥掉”，只反映第四纪以前基岩的时代、岩性和分布的图件。

(5) 水文地质图：反映地区水文地质资料的图件。可分为岩层含水性图、地下水化学成分图、潜水等水位线图、综合水文地质图等类型。

(6) 工程地质图：为各种工程建筑专用的地质图，如房屋建筑工程地质图、水库坝址工程地质图、矿山工程地质图、铁路工程地质图、公路工程地质图、港口工程地质图、机场工程地质图等。还可根据具体工程项目细分，如铁路工程地质图还可分为线路工程地质图、工点工程地质图。工点工程地质图又可分为桥梁工程地质图、隧道工程地质图、站场工程地质图等。各工程地质图有自己的平面图、纵剖面图和横剖面图等，如图 2.42 所示。

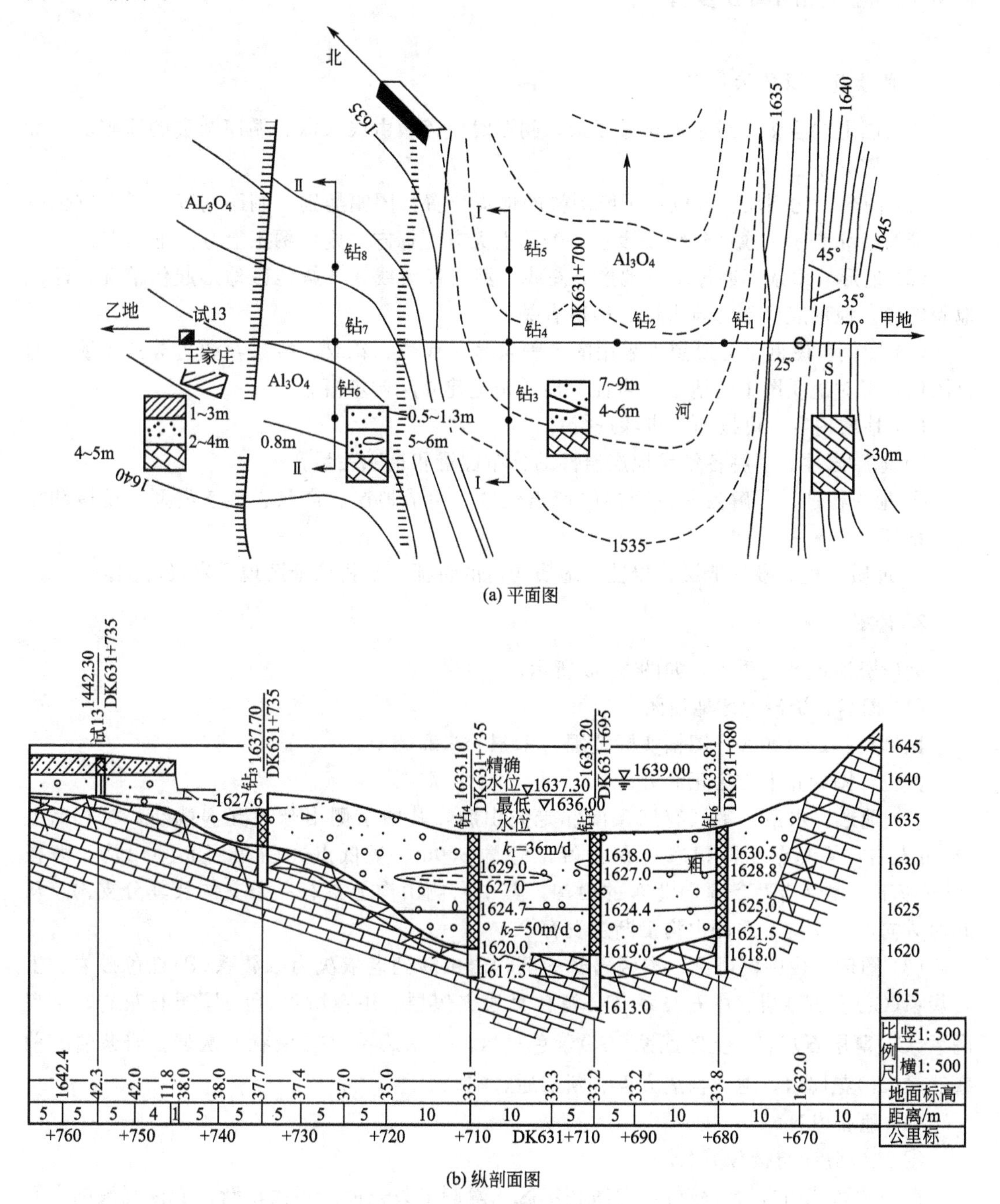

(a) 平面图

(b) 纵剖面图

图 2.42　桥梁工程地质图

工程地质图一般是在普通地质图的基础上，增加各种与工程建筑有关的工程地质内容而成，如隧道工程地质纵剖面图上，表示出围岩类别、地下水位和水量、岩石风化界线、节理产状、影响隧道稳定性的各项地质因素等；线路工程地质平面图上，绘出滑坡、泥石流、崩塌落石等不良地质现象的分布情况等。

2.6.2 地质图的阅读步骤

1. 阅读步骤及阅读内容

地质图上内容多，线条、符号复杂，阅读时应遵循由浅入深、循序渐进的原则。一般内容及步骤如下。

(1) 图名、比例尺、方位：了解图幅的地理位置，图幅类别，制图精度，图上方位一般用箭头指北表示，或用经纬线表示。若图上无方位标志，则以图正上方为正北方。

(2) 地形、水系：通过图上地形等高线、河流径流线，了解地区地形起伏情况，建立地貌轮廓。地形起伏常常与岩性、构造有关。

(3) 图例：图例是地质图中采用的各种符号、代号、花纹、线条及颜色等的说明。通过图例，可对地质图中的地层、岩性、地质构造建立起初步概念。

(4) 地质内容：可按如下步骤进行。

① 地层岩性。了解各年代地层岩性的分布位置和接触关系。

② 地质构造。了解褶曲及断层的产出位置、组成地层、产状、形态类型、规模和相互关系等。

③ 地质历史。根据地层、岩性、地质构造的特征，分析该地区地质发展历史。

2. 读图实例

阅读资治地区地质图，如图 2.43 所示。

(1) 图名：资治地区地质图。

比例尺：1∶10000，图幅实际范围为 1.8km×2.05km。

方位：图幅正上方为正北方。

(2) 地形、水系：本区有三条南北走向山脉，其中东侧山脉被支沟截断。相对高差350m 左右，最高点在图幅东南侧山峰，海拔 350m。最低点在图幅西北侧山沟，海拔±0m以下。本区有两条流向北东的山沟，其中东侧山沟上游有一条支沟及其分支沟，从北西方向汇入主沟。西侧山沟沿断层发育。

(3) 图例：由图例可见，本区出露的沉积岩由新到老依次为二叠系(P)红色砂岩、上石炭系(C_3)石英砂岩、中石炭系(C_2)黑色页岩夹煤层、中奥陶系(O_2)厚层石灰岩、下奥陶系(O_1)薄层石灰岩、上寒武系($\in_3$)紫色页岩、中寒武系($\in_2$)鲕状石灰岩。岩浆岩有前寒武系(Z_2)花岗岩。地质构造方面有断层通过本区。

(4) 地质内容。

① 地层分布与接触关系。

前寒武系花岗岩岩性较好，分布在本区东南侧山头一带。年代较新、岩性坚硬的上石炭系石英砂岩，分布在中部南北向山梁顶部和东北角高处。年代较老、岩性较弱的上寒武系紫色页岩，则分布在山沟底部。其余地层均位于山坡上。

从接触关系上看，花岗岩没有切割沉积岩的界线，且花岗岩形成年代老于沉积岩，其接触关系为沉积接触。中寒武系、上寒武系、下奥陶系、中奥陶系沉积时间连续，地层界线彼此平行，岩层产状彼此平行，是整合接触。中奥陶系与中石炭系之间缺失了上奥陶系

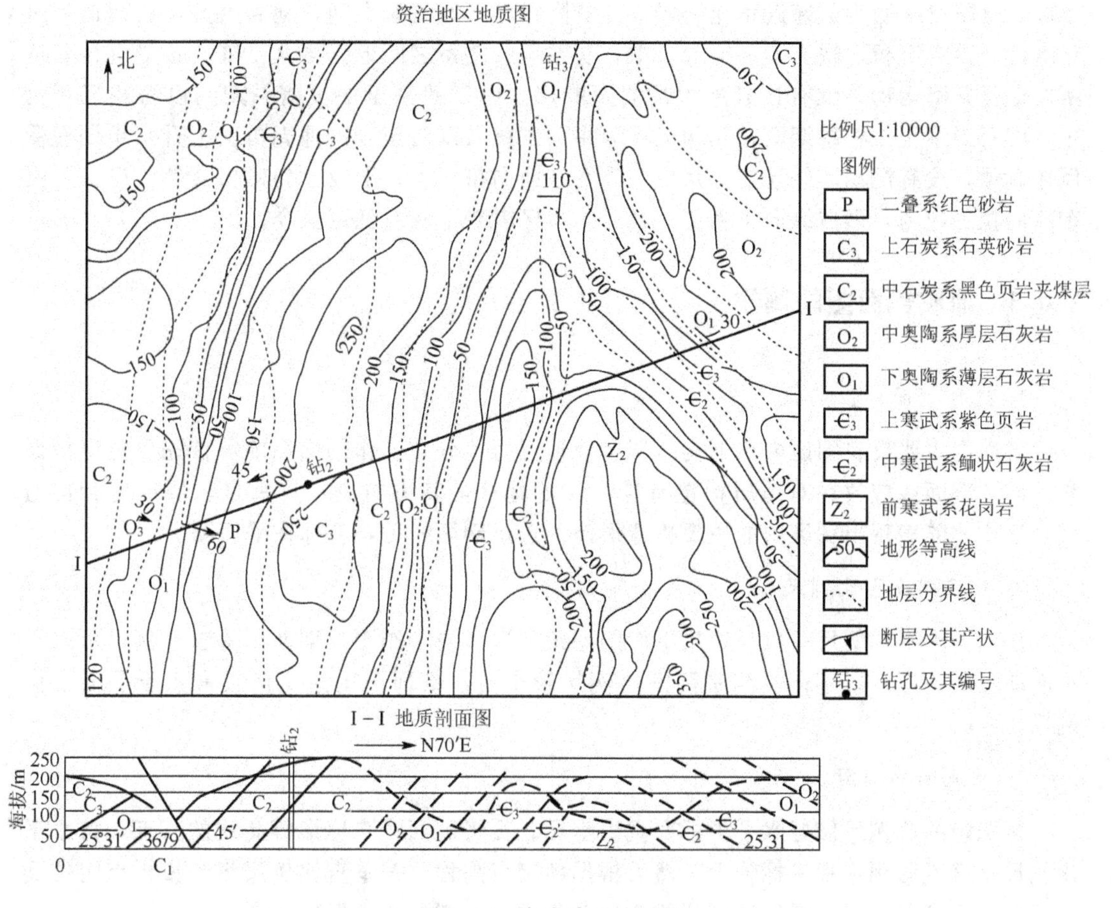

图 2.43 资治地区地质图

至下石炭系的地层，沉积时间不连续，但地层界线平行、岩层产状平行，是平行角度不整合接触。中石炭系至二叠系又为整合接触关系。本区最老地层为前寒武系花岗岩，最新地层为二叠系红色石英砂岩。

② 地质构造。

褶曲构造：由图 2.43 可见，图中以前寒武系花岗岩为中心，两边对称出现中寒武系至二叠系地层，其年代依次越来越新，故为一背斜构造。背斜轴线从南到北由北北西转向正北。顺轴线方向观察，地层界线封闭弯曲，沿弯曲方向凸出，所以这是一个轴线近南北，并向北倾伏的背斜，此倾伏背斜两翼岩层倾向相反，倾角不等，东侧和东北侧岩层倾角较缓(30°)，西侧岩层倾角较陡(45°)，故为一倾斜倾伏背斜。轴面倾向北东东。

断层构造：本区西部有一条北北东向断层，断层走向与褶曲轴线及岩层界线大致平行，属纵向断层。此断层的断层面倾向东，故东侧为上盘、西侧为下盘。比较断层线两侧的地层，东侧地层新，故为下降盘；西侧地层老，故为上升盘。因此该断层上盘下降，下盘上升，为正断层。从断层切割的地层界线看，断层生成年代应在二叠系后。由于断层两盘位移较大，说明断层规模大。断层带岩层破碎，沿断层形成沟谷。

③ 地质历史简述。

根据以上读图分析，说明本地区在中寒武系至中奥陶系之间，地壳下降，为接受沉积环境，沉积物基底为前寒武系花岗岩。上奥陶系至下石炭系之间，地壳上升，长期造受风化剥蚀，没有沉积，缺失大量地层。中石炭系至二叠系之间地壳再次下降，接受沉积。这两次地壳升降运动并没有造成强烈褶曲及断层。中寒武系至中奥陶系期间以海相沉积为主，中石炭系至二叠系期间以陆相沉积为主。二叠系以后至今，地壳再次上升，长期遭受风化剥蚀，没有沉积。并且二叠系后先遭受东西向挤压力，形成倾斜倾伏背斜，后又遭受东西向拉张应力，形成纵向正断层。此后，本区就趋于相对稳定至今。

2.6.3 地质剖面图的制作

1. 选择剖面方位

剖面图主要反映图区内地下构造形态及地层岩性分布。作剖面图前，首先要选定剖面线方向。剖面线应放在对地质构造有控制性的地区，其方向应尽量垂直岩层走向和构造线，这样才能表现出图区内的主要构造形态。选定剖面线后，应标在平面图上。

2. 确定剖面图比例尺

剖面图水平比例尺一般与地质平面图一致，这样便于作图。剖面图垂直比例尺可以与平面图相同，也可以不同。当平面图比例尺较小时，剖面图垂直比例尺常大于平面图比例尺。

3. 作地形剖面图

按确定的比例尺做好水平坐标和垂直坐标。再将剖面线与地形等高线的交点，按水平比例尺铅直投影到水平坐标轴上，然后根据各交点高程，按垂直比例尺将各投影点定位到剖面图相应高程位置，最后用圆滑线连接各高程点，就形成地形剖面图。

4. 作地质剖面图

一般按如下步骤进行。

(1) 将剖面线与各地层界线和断层线的交点，按水平比例尺垂直投影到水平轴上，再将各界线投影点铅直定位在地形剖面图的剖面线上。如有覆盖层，下伏基岩的地层界线也应按比例标在地形剖面图上的相应位置。

(2) 按平面图示产状换算各地层界线和断层线在剖面图上的视倾角。当剖面图垂直比例尺与水平比例尺相同时，按下式计算

$$\tan\beta=\tan\alpha\cdot\sin\theta \tag{2-3}$$

式中 β——垂直比例尺与水平比例尺相同时的视倾角；

α——平面图上的真倾角；

θ——剖面线与岩层走向线所夹锐角。

当垂直比例尺与水平比例尺不同时，还要按下式再换算

$$\tan\beta'=n\cdot\tan\beta \tag{2-4}$$

式中 β'——垂直比例尺与水平比例尺不同时的视倾角；

n——垂直比例尺放大倍数。

(3) 绘制地层界线和断层线。按视倾角的角度，并综合考虑地质构造形态，延伸地形

剖面线上各地层界线和断层线，并在下方标明其原始产状和视倾角。一般先画断层线，后画地层界线。

(4) 在各地层分界线内，按各套地层出露的岩性及厚度，根据统一规定的岩性花纹符号，画出各地层的岩性图案。

(5) 最后进行修饰。在剖面图上用虚线将断层线延伸，并在延伸线上用箭头标出上、下盘运动方向。遇到褶曲时，用虚线按褶曲形态将各地层界线弯曲连接起来，以恢复褶曲形态。在作出的地质剖面上，还要写上图名、比例尺、剖面方向，绘出图例和图签，即成一幅完整的地质剖面图。在工程地质剖面图上还需画出岩石风化界线、地下水位线、节理产状、钻孔等内容，如图 2.43 所示。

2.6.4　地层综合柱状图

地层综合柱状图，是根据地质勘察资料(主要是根据地质平面图和钻孔柱状图资料)，把地区出露的所有地层、岩性、厚度、接触关系，按地层时代由新到老的顺序综合编制而成。一般有地层时代及符号、岩性花纹、地层接触类型、地层厚度、岩性描述等，如图 2.44 所示。地层综合柱状图和地质剖面图，作为地质平面图的补充和说明，通常编绘在一起，构成一幅完整的地质图。

时代	代号	柱状剖面图	层序	厚度/m	岩层描述	备注
白垩纪	K	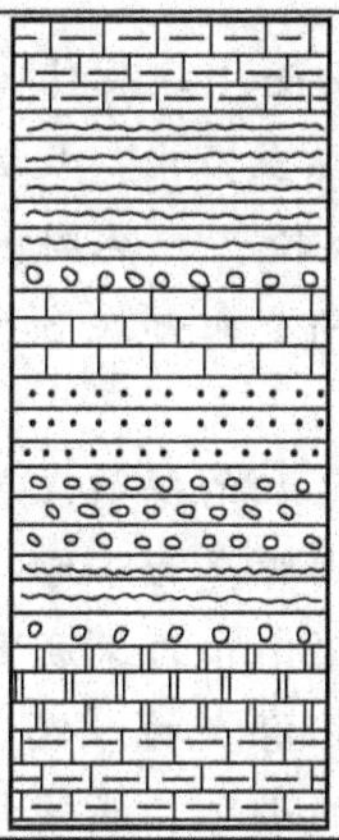	9	8.5	黄褐色泥质石灰岩	
			8	7.0	暗灰色黏土质页岩	
侏罗纪	J		7	11.5	暗灰色泥质页岩、底部为砾岩	不整合
二叠纪	P		6	12.5	灰色硅质灰岩	
			5	5.0	白色致密砂岩	
石炭纪	C		4	15.0	淡红色厚层砾岩	
			3	10.0	薄层页岩、砂岩夹煤层、底部为砾岩	不整合
奥陶纪	O		2	12.0	灰色致密白云岩	
			1	4.5	淡黄色泥质石灰岩	

图 2.44　地质综合柱状图

知 识 链 接

从海底升起的世界屋脊

青藏高原是世界上最高大、最年轻的高原，面积约 $250\times10^4km^2$，平均高度在 4500m 以上。青藏高原自北而南绵延着一列列长长的山脉。北面是广阔的昆仑山、阿尔金山和祁连山，中间是喀喇昆仑山-唐古拉山、冈底斯山-念青唐古拉山，巍峨的喜马拉雅山蜿蜒在西南部。

全世界共有14座超越8000m的山峰，都位于青藏高原。珠穆朗玛峰是世界最高的山峰，喜马拉雅山是世界上最高的山脉，而青藏高原以自己雄踞地球的风姿，得到了“世界屋脊”的称号。

世界屋脊是怎样形成的呢？在青藏高原发掘到的大量恐龙化石、三趾马化石、陆相植物化石，以及许多古海洋动植物的化石，如三叶虫、笔石、鹦鹉螺、菊石、珊瑚、苔藓虫、海胆、海百合、有孔虫和海藻等，都埋藏在层层叠叠的页岩和石灰岩层里。

这些古代海洋生物化石，把地质学家的思维带到了遥远的地质年代。在2.3亿年前，青藏高原曾经是一片长条形的海洋，跟太平洋、大西洋相通。后来，地壳发生强烈的运动，形成了古生代的褶皱山系。海洋消失了，出现了古祁连山、古昆仑山，而原来的柴达木古陆相对下陷，成为大型的内陆湖盆地。经过1.5亿年的中生代，这些高山由于长期风化剥蚀，逐渐被夷平了。那些被侵蚀下来的大量泥沙，就沉积在湖盆内。

新生代以后，又发生地壳运动，那些古老山脉再次强烈升起，又“返老还童”似的变成高峻的大山了。在距今4000多万年前，喜马拉雅山区仍是一片汪洋大海。这里基本上是连续下降区，沉积了厚达万米的海相沉积岩层，埋藏了各个时代的生物。由于印度板块不断北移，最后和亚欧大陆板块相撞，处在这个地区的古海受到挤压，产生褶皱，喜马拉雅山脉从海底逐渐升起，高原也跟着大幅度地隆起，成为“世界屋脊”。

喜马拉雅山至今还在缓慢升高中。据1862—1932年间的测量，许多地方平均每年上升18.2mm。如果按照这个速度上升，一万年以后，它将比现在还要高182m。

大地沉浮之谜

相传1831年7月7日，在地中海西西里岛西南方的海面上，蓦然间烟雾腾空，水柱冲天、火光闪闪，在一阵震耳欲聋的轰鸣，夹杂着刺耳的咝咝声中，从海里升起一座高出海面60m、方圆约5km的小岛，热气腾腾像个刚出笼的大馒头。英国国王立即向全世界宣布，这个新诞生的小岛是英国的领土，并命名为尤丽姬岛。谁知在3个月后，尤丽姬岛竟然不辞而别，悄悄地隐没在万顷碧波中不见了。

海岛为什么会隐而复现，现而复隐呢？这是地壳不停运动的缘故。其实，在漫长的地质史中，海洋变为陆地，陆地变为海洋，洼地隆起成山，山脉夷为平地，是屡见不鲜的。

西欧荷兰的海滨，从公元8世纪以来，一直以每年约2mm的速度下沉着。现在荷兰的大部分地区已经低于海平面，若不是有坚固的堤坝来阻挡海水的入侵，这些低地早已沉入海底而不存在了。喜马拉雅山脉是世界上年轻而又高大的山脉。我国科学工作者在喜马拉雅山地区考察发现，这里有三叶虫、腕足类、舌羊齿等生活在浅海中的动植物化石，说明早在3000多万年以前，这地方还是一片浩瀚的海洋。以后，由于地壳的运动，才隆起成为陆地。当喜马拉雅山刚刚露出海面来到世间的时候，只不过是个普通的山岭。近几百万年以来，它却以每一万年几十米的速度迅速升高，终于超过了其他名山古岳，获得了“世界屋脊”的光荣称号。但它并不满足，仍以每年18.2mm的速度继续升高着！

公元前2世纪，意大利的那不勒斯海湾修建了一座名叫塞拉比斯的古庙。现在这座古庙早已倒塌，只剩下三根高达12m的大理石柱子，至今仍矗立在海滩之上。这三根柱子的上部和下部，表面都非常光滑洁净，唯有当中的一截，从高3.6m向上到6.1m的地方，坑坑洼洼，布满了海生软体动物穿石蛤所穿凿的洞穴。这是怎么回事呢？原来在2000多年前，当塞拉比斯庙修建的时候，这里还是一片陆地，以后地壳逐渐下沉，柱子的下面一截，被海水中的泥沙和维苏威火山灰所覆盖。到了13世纪的时候，海水已淹到6m以上，海生软体动物就附着在石柱上。以后，由于地壳上升，海水逐渐退去。现在这三根柱子当中一截上的小洞穴，就成了那不勒斯海湾历经沧桑的标志。

在沧桑巨变的史册中，关于大西洲是否真的存在问题，还是一个有待我们用科学去把它解开的千古之谜。

古希腊著名的哲学家兼数学家柏拉图(公元前427—前347年)曾在他的两篇对话著作中，详细地记载着一个传说：大约距当时9000年前，大西洋中有一个非常大的岛屿，叫大西洲。那里气候温和，森林茂密，奇花异草，景色万千，还盛产黄金。岛上有个文化相当发达的强国，由十个酋长统治着，每隔十年聚会一次，共商国家大事，国都有一座富丽堂皇的宫殿，建筑在山顶之上。这个国家不仅统治着附近的岛屿，而且还支配着对岸大陆上的一些地方。它凭着自己强大的经济和军事力量，曾经对欧洲和非洲发动过侵略战争，其势力范围直达北非的埃及和欧洲的某些地区。后来，由于发生了一次强烈的地震，仅在一天一夜之间，大西洲就沉没在大西洋底。

不管是喜马拉雅山的崛起，或者是尚未解开的大西洲之谜，都说明沧海会变成桑田，桑田也会变成沧海的客观规律。沧桑巨变的原因，主要是由于地壳不停地运动的结果。由于地壳的运动，使某些地区的陆地沉降或者抬升，引起周围海面的变化；由于地壳的运动，使某些地区的海面上升或者后退，引起陆地的沉浮。时间老人告诉我们，地壳运动是缓慢的，地质历史是漫长的。沧桑巨变，从地球诞生以来，从来没有停止过，今天依然存在着，将来也一定不会终止。

(资料来源：龙海云．世界未解之谜系列丛书[M]．北京：京华出版社，2005.)

美国圣·安德列斯断层的航空照片

东非大裂谷

本章小结

(1) 地质构造是地壳运动的产物，涉及的范围包括地壳及上地幔上部即岩石圈，水平方向的构造运动使岩块相互分离裂开或是相向聚汇，发生挤压、弯曲或剪切、错开；垂直方向的构造运动则使相邻块体作差异性上升或下降。构造变动在岩层和岩体中遗留下来的各种构造形迹，如岩层褶曲、断层等，称为地质构造。

(2) 岩层的产状用岩层层面的走向、倾向和倾角三个产状要素来表示，岩层按其产状可分为水平岩层、倾斜岩层和直立岩层。产状要素的记录一般有两种方法，即象限角法和方位角法。

(3) 岩层的弯曲现象称为褶皱，褶曲有背斜和向斜两种基本形式。褶曲一般包括的要素有核部、翼部、轴面、轴线、枢纽、脊线、槽线。

(4) 断裂构造是岩层受构造运动作用，当所受的构造应力超过岩石强度时，岩石连续完整性遭到破坏，产生断裂。按照断裂后两侧岩层沿裂面有无明显的相对位移，又分为节理和断层两种类型。

(5) 节理是广泛发育的一种地质构造，可按成因、力学性质、与岩层产状的关系和张开程度等分类。

(6) 断层按上、下两盘相对运动方向可分为正断层、逆断层、冲断层、逆掩断层、辗掩断层和平移断层；按断层面产状与岩层产状的关系可分为走向断层、倾向断层、斜向断层；按断层面走向与褶曲轴走向的关系可分为纵断层、横断层、斜断层；按断层力学性质可分为压性断层、张性断层、扭性断层。

(7) 活断层也称活动断裂，指现今仍在活动或者近期有过活动、不久的将来还可能活动的断层。活动断层可使岩层产生错动位移或发生地震，会对工程建筑造成很大的危害。在活断层发育地区进行建筑时，必须对场址选择与建筑物形式和结构设计等方面进行慎重地研究。

(8) 绝对年代法是指通过主要是通过测定地层中的放射性同位素年龄从而确定地层形成时的准确时间，依此排列出各地层新老关系的方法。相对年代法是通过比较各地层的沉积顺序、古生物特征和地层接触关系来确定其形成先后顺序的一种方法。

(9) 地质图是把一个地区的各种地质现象，如地层、地质构造等，按一定比例缩小，用规定的符号、颜色和各种花纹、线条表示在地形图上的一种图件。一幅完整的地质图，包括平面图、剖面图和综合地层柱状图，并标明图名、比例、图例等。

思　考　题

1. 什么是岩层的产状？产状三要素是什么？岩层产状是如何测定和表示的？
2. 如何识别褶皱并判断其类型？
3. 地形倒置现象是如何产生的？
4. 如何区别张节理与剪节理？
5. 节理按成因分为几种类型？在野外如何判别节理的发育程度？
6. 断裂构造对工程有何影响？在野外如何识别断层的存在？
7. 什么是活断层？它具有哪些特性？
8. 什么是相对地质年代？什么是绝对地质年代？地层的相对地质年代是怎样确定的？
9. 什么是地质图？地质图的基本类型有哪些？

第3章 水的地质作用

教学目标

通过本章学习，应达到以下目标。

(1) 掌握地表水和地下水的概念、类型及其分布规律。

(2) 掌握潜水、上层滞水、承压水的形成及其主要工程特征。

(3) 正确认识和理解地下水与工程的关系。

教学要求

知识要点	掌握程度	相关知识
地表水的地质作用	(1) 掌握第四纪沉积物的主要成因类型及工程性质 (2) 了解河流的侵蚀和淤积作用特征 (3) 熟悉海岸地貌的形成与防护措施	(1) 暂时流水的地质作用 (2) 河流的地质作用 (3) 海岸带的地质作用
地下水的地质作用	(1) 掌握潜水、上层滞水、承压水的特点 (2) 掌握地下水水质划分标准和侵蚀性	(1) 地下水的基本类型 (2) 地下水对于工程的影响

基本概念

淋滤作用、洗刷作用、冲刷作用、残积层、坡积层、洪积层、阶地、下蚀作用、侧蚀作用、潜水、上层滞水、承压水、水的硬度、矿化度。

在自然界中，水有气态、液态和固态三种不同的状态，它们存在于大气中，覆盖在地球表面上和存在于地下土、石的孔隙、裂隙或空洞中，可分别称为大气水、地表水和地下水。

自然界中这三部分水之间有着密切的联系。在太阳辐射能的作用下，地表水经过蒸发和生物蒸腾作用可以变成水蒸气，上升到大气中，随气流移动。在适当的条件下，水蒸气凝结成雨、露、雪、冰雹等降落到地面，称为大气降水。降落到地面的水，一部分沿着地面流动，汇入江河湖海，称为地表水；另一部分则渗入地下，称为地下水。地下水沿地下土石的孔隙、裂隙流动，在条件适合时，以泉水的形式流出地表或由地下直接流入海洋。大气水、地表水和地下水之间这种不间断的运动和相互转化，称为自然界中水的循环。

根据资料，地球上总水量大约为 $145432.7 \times 10^4 km^3$，它的质量占地球总质量的0.024%。如果地球表面完全没有起伏，则全球将被一层深2745m的海水所覆盖。实际上，地球表面起伏很大，使29.2%的地面露出在水面上，其余70.8%的地面处于水下。

水是一切有机物的生长要素，海洋是生命起源地。水既是一种人类生活和生产不可或缺的重要资源，又是一种重要的地质作用动力，它促使地表形态和地壳表层物质的物理性质和化学成分不断发生变化。我国正在大规模地进行工程建设，必须充分发挥水对工程建设的有利作用，防治水的有害影响，这是学习本章的目的。

3.1 地表水的地质作用

3.1.1 概述

在大陆上有两种地表水：一种是时有时无的，季节性和间歇性流水，如雨水及山洪急流，它们只在降水或积雪融化时产生，称为暂时流水；另一种是终年流动不息的，如河水、江水等，称为长期流水。

地表水的地质作用主要包括侵蚀作用、搬运作用和沉积作用。

地表水对坡面的洗刷作用以及对沟谷及河谷的冲刷作用，均不断地使原有地面遭到破坏，这种破坏称为侵蚀作用。侵蚀作用造成地面大量水土流失、冲沟发育，引起沟谷斜坡滑塌、河岸坍塌等各种不良地质现象和工程地质问题。山区公路或铁路多沿河流布设，修建在河谷斜坡和河流阶地上，因此，研究地表水的侵蚀作用就显得十分重要。

地表水把地面被破坏的破碎物质带走，称为搬运作用。搬运作用使原有破碎物质覆盖的新地面暴露出来，为新地面的进一步破坏创造了条件。在搬运过程中，被搬运物质对沿途地面加剧了侵蚀。同时，搬运作用为沉积作用准备了物质条件。

当地表水流速降低时，部分物质不能被继续搬运而沉积下来，称为沉积作用。沉积作用是地表水对地面的一种建设作用，形成某些最常见的第四系沉积层。

第四系沉积层是指现代沉积的松散物质。从粒度成分看，它们包括块石、碎石、砾石、卵石、各种砂和黏性土。由于第四系沉积层形成原因不同，例如有风成的、海成的、湖成的、冰川形成的和地表流水形成的等，被称为土的成因分类，它们各有自己的特征。此外，第四系沉积层生成年代最新，处于地壳的最表层。工程建筑如果修筑在广阔的平原上，它可能只遇到第四系的沉积层而遇不到任何岩石。在山区进行工程建筑，虽然经常遇到岩石，但也不可能完全避开第四系沉积层。本章要求掌握下述四种最常见的第四系沉积层：残积层、坡积层、洪积层及冲积层的形成过程及其工程地质特性。

3.1.2 暂时流水的地质作用

暂时流水是大气降水后短暂时间内在地表形成的流水，因此雨季是它发挥作用的主要时期，特别是强烈的集中暴雨后，它的作用特别显著，往往造成较大灾害。

1. 淋滤作用及残积层(Q^{el})

大气降水渗入地下的过程中，渗流水不但能把地表附近的细屑破碎物质带走，还能把周围岩石中易溶解的成分带走。经过渗流水的这些物理和化学作用后，地表附近岩石逐渐失去其完整性、致密性，残留在原地的又不易溶解的松散物质则未被冲走，这个过程称为淋滤作用，残留在原地的松散破碎物质，成层地覆盖在地表称为残积层。残积层向上逐渐过渡为土壤层，向下逐渐过渡为半风化岩石和新鲜基岩。残积层碎屑物由地表向深处由细变粗是其最重要的特征。

残积层不具有层理，粒度和成分受气候条件和母岩岩性控制。在干旱或寒冷地区，化学风化作用微弱而以物理风化为主，岩石风化产物多为棱角状的砂、砾等粗碎屑物质，其中缺少黏土类矿物。在垂直剖面上，上部碎屑的粒径较小，向下逐渐粗大。半干旱地区，除物理风化作用外，尚可有化学风化作用进行，残积物中常形成黏土矿物、铁的氢氧化物与钙、镁的碳酸盐和石膏等。气候潮湿地区，化学作用活跃，物理风化作用不发育，残积层主要由黏土矿物组成，厚度也相应增大。气候湿热地区，残积层中除黏土矿物外，铝土矿和铁的氢氧化物含量较高，常为红色。

残积层成分与母岩关系密切。花岗岩的残积物中常含有由长石分解的黏土矿物，而石英则破碎为细砂。石灰岩的残积物往往称为红黏土。碎屑沉积岩的残积物外观上变化不大，仅恢复其未固结前的松散状态。

残积层的厚度往往与地形条件有关，在陡坡和山顶部位常被侵蚀而厚度较小。平缓的斜坡和山谷低洼处因不易被侵蚀而厚度较大。

残积层表部土壤孔隙率大、压缩性高、强度低。而残积层下部常常是夹有碎石或砂粒的黏性土或是被黏性土充填的碎石土、砂砾土，强度较高。

2. 洗刷作用及坡积层(Q^{dl})

雨水降落到地面或覆盖地面的积雪融化时形成的地表水，其中一部分被蒸发，一部分渗入地下，剩下的部分在沿斜面流动时不断分散，形成无数股网状细小的流水，称为坡面细流。坡面细流从高处沿着斜坡向低处缓慢地流动，时而冲刷、时而沉积，不断地把坡面上的风化岩屑和黏土物质洗刷到山坡坡脚处，这个过程称为洗刷作用，在坡脚处形成的新的沉积层称为坡积层。可以看出，坡面细流的洗刷作用，一方面对山坡地貌起着逐渐变缓的作用，对坡面地貌形态的发展产生影响；另一方面伴随着产生松散堆积物，形成坡积层。

坡面细流的洗刷作用的强度和规模，在一定的气候条件下与山坡的岩性、风化程度和坡面植被的覆盖程度有关，一般在缺少植物的土质山坡或风化严重的软弱岩质山坡上洗刷作用比较显著。

由坡面细流的洗刷作用形成的坡积层(图 3.1)，是山区公路勘测设计中经常遇到的第四系陆相沉积物中的一个成因类型，它顺着坡面沿山坡的坡脚或山坡的凹坡呈缓倾斜裙状分布，在地貌上称为坡积裙。坡积层的厚度，由于碎屑物质的来源、下伏地貌及堆积过程不同，变化很大，就其本身来说，一般是中下部较厚，向山坡上部逐渐变薄以至尖灭。

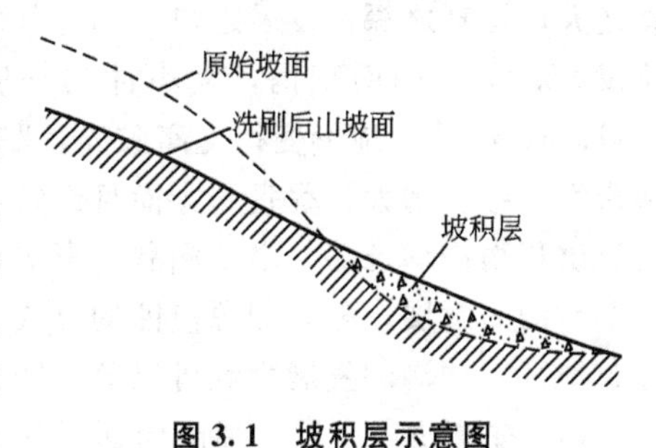

图 3.1 坡积层示意图

坡积层可以分为山地坡积层和山麓平原坡积层两个亚组：山地坡积层一般以亚黏土夹碎石为主，而山麓平原坡积层则以亚黏土为主，夹有少量的碎石。在我国北方干旱、半干旱地区的山麓平原坡积物，常具有黄土状土的某些特征。

坡积层物质未经长途搬运，碎屑棱角明显，分选性差，通常都是天然孔隙度很高的含有棱角状的碎石和亚黏土。与残积层不同的是坡积层的组成物质经过了一定距离的搬运，由于间歇性的堆积，可能有一些不太明显的倾斜层理，同时与下伏基岩没有成因上的直接联系。

除下伏基岩顶面的坡度平缓者外，坡积层多处于不稳定状态。实践证明，山区傍坡路线挖方边坡稳定性的破坏，大部分是在坡积层中发生的。影响坡积层稳定性的因素，概括起来主要有以下三个方面：①下伏基岩顶面的倾斜程度；②下伏基岩与坡积层接触带的含水情况；③坡积层本身的性质。

当坡积层的厚度较小时，其稳定程度首先取决于下伏岩层顶面的倾斜程度，如下伏地形或岩层顶面与坡积层的倾斜方向一致且坡度较陡时，尽管地面坡度很缓，也易于发生滑动。山坡或河谷坡上的坡积层的滑动，经常是沿着下伏地面或基岩的顶面发生的。

当坡积层与下伏基岩接触带有水渗入而变得软弱湿润时，将显著降低坡积层与基岩顶面的摩擦阻力，更容易引起坡积层发生滑动。坡积层内的挖方边坡在久雨之后容易产生坍方，水的作用是一个带有普遍性的原因。

由于坡积层的孔隙度一般都比较高，特别是在黏土颗粒含量高的坡积层中，雨季含水量增加，不仅增大了本身的质量，而且抗剪强度随之降低，因而稳定性就跟着大为降低。以粗碎屑为主组成的坡积层，其稳定性受水的影响一般不像黏土颗粒那样显著。

3. 冲刷作用及洪积层(Q^{pl})

在山区由暂时性的暴雨或山坡上的积雪急剧融化所形成的坡面流水汇集于沟谷中，在较短时间内形成流量大、流速高的水流，称为山洪急流。山洪急流也常称为洪流。

洪流沿沟谷流动时，由于集中了大量的水流，沟底坡度大，流速快，因而拥有巨大的动能，对沟谷的岩石有很大的破坏力。洪流以其自身的水力和携带的砂石，对沟底和沟壁进行冲击和磨蚀，这个过程称为洪流的冲刷作用，同时把冲刷下来的碎屑物质带到山麓平原或沟谷口堆积下来，形成洪积层。由洪流冲刷作用形成的沟底狭窄、两壁陡峭的沟谷称为冲沟。

1）冲沟

冲沟虽然是一个地貌上的问题，但是在西北和黄土高原地区，其形成和发展却对公路等工程的建筑条件产生重要影响。如陕北的绥德、吴旗，陇东的庆阳、宁县，冲沟系统规模之大，切割之深，发展之快，均为其他地区所罕见。以绥德韭园沟地区为例，该地区在仅仅58.2km^2的面积内，大小冲沟长度就达到203.9km，平均每平方千米内有冲沟长3.47km。冲沟使地形变得支离破碎，路线布局往往受到冲沟的控制，不仅增加路线长度和跨沟工程、增大工程费用，而且经常由于冲沟的不断发展，截断路基，中断交通，或者由于洪积物掩埋道路，淤塞涵洞，影响正常交通。

冲沟的发展，是以溯源侵蚀的方式由沟头向上逐渐延伸扩展的。在厚度很大的均质土分布地区，冲沟的发展大致可以分为四个阶段。

(1) 冲槽阶段：坡面径流局部汇流于凹坡，开始沿凹坡发生集中冲刷，形成不深的切沟。沟床的纵剖面与斜坡剖面基本一致，如图 3.2(a)所示。在此阶段，只要填平沟槽，注意调节坡面流水不再汇注，种植草皮保护坡面，即可使冲沟不再发展。

(2) 下切阶段：由于冲沟不断发展，沟槽汇水量增大，沟头下切，沟壁坍塌，使冲沟不断向上延伸和逐渐加宽。此时的沟床纵剖面与斜坡已不一致，出现悬沟陡坎，如图 3.2(b)所示，在沟口平缓地带开始有洪积物堆积。在冲沟发育地带进行公路勘测时，路线应避免从处于下切阶段的冲沟顶部或靠近沟壁的地带通过。否则，除进行一般性的防治外，为防止冲沟进一步发展而影响路基稳定，必须采取积极的工程防治措施，如加固沟头、铺砌沟底、设置跌水及加固沟壁等。

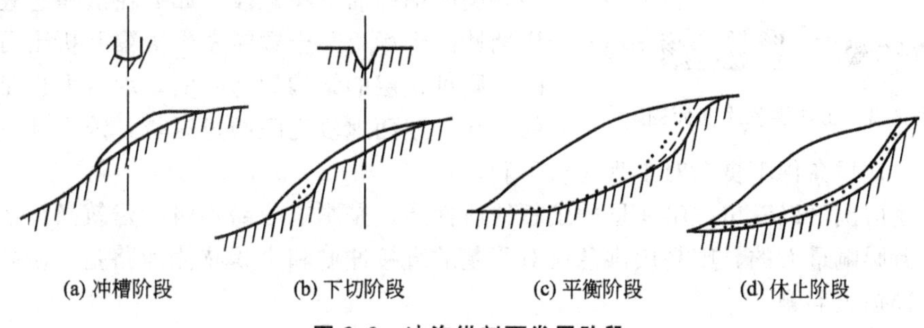

(a) 冲槽阶段　(b) 下切阶段　(c) 平衡阶段　(d) 休止阶段

图 3.2　冲沟纵剖面发展阶段

(3) 平衡阶段：悬沟陡坎已经消失，沟床已下切拓宽，形成凹形平缓的平衡剖面，冲刷逐渐消弱，沟底开始有洪积物沉积，如图 3.2(c)所示。在此阶段，应注意冲沟发生侧蚀和加固沟壁。

(4) 休止阶段：沟头溯源侵蚀结束，沟床下切基本停止，沟底有洪积物堆积，如图 3.2(d)所示，并开始有植物生长。处于休止阶段的冲沟，除地形上的考虑外，对公路工程已无特殊的影响。

冲沟发展的上述阶段，是指在厚层均质土层中如黄土层中冲沟发展的一般情况。发育在非均质土层，残积、坡积、洪积等松散堆积层中的冲沟，其发展情况除受堆积物的性质、结构和厚度的影响外，还受下伏地面的岩性、产状条件的影响，不一定能划分出上述四个阶段，也不一定会形成平衡剖面。因此，在实践中分析冲沟的发展情况，评价冲沟对建筑物可能产生的影响时，应结合冲沟地质情况和所处的自然地理条件，进行具体分析。

2) 洪积层

洪积层是由山洪急流搬运的碎屑物质组成的。当山洪急流夹带大量的泥沙石块流出沟口后，由于沟床纵坡变缓，地形开阔，流速降低，搬运能力骤然降低，所以携带的石块、岩屑、砂砾等粗大的碎屑先在沟口堆积下来，较细的泥沙继续随水搬运，多堆积在沟口外围一带。由于山洪急流的长期作用，在沟口一带就形成了扇形展布的堆积体，在地貌上称为洪积扇。洪积扇的规模逐年增大，有时与相邻沟谷形成的洪积扇相互连接起来，形成规模更大的洪积裙或洪积冲积平原。

洪积层是第四系陆相堆积物中的一个类型，洪积层有以下一些主要特征。

(1) 组成物质分选不良，粗细混杂，碎屑物质多带棱角，磨圆度不佳。

(2) 具有不规则的交错层理、透镜体、尖灭及夹层等。

(3) 洪积层由于周期性的干燥，常含有可溶盐类物质，在土粒和细碎屑间，往往形成局部的软弱结晶联结，但遇水作用后，联结就会破坏。

洪积层主要分布在山麓坡脚的沟谷出口地带及山前平原，从地形上看，是有利于工程建筑的。由于洪积物在搬运和沉积过程中的某些特点，规模很大的洪积层一般可划分为三个工程地质条件不同的地段(图3.3)：靠近山坡沟口的粗碎屑沉积地段，孔隙大、透水性强，地下水埋藏深，压缩性小，承载力比较高，是良好的天然地基；洪积层外围的细碎屑沉积地段，如果在沉积过程中受到周期性的干燥，黏土颗粒发生凝聚并析出可溶盐分时，则洪积层的结构颇为结实，承载力也是比较高的。在上述两地段之间的过渡带，因为常有地下水溢出，水文地质条件不良，对工程建筑不利。

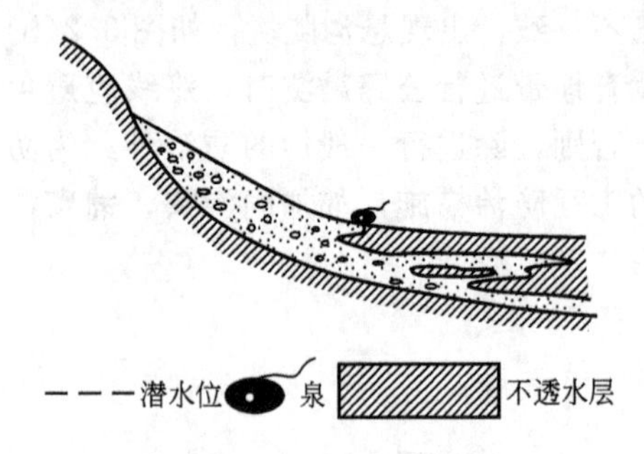

图 3.3 山前洪积扇剖面图

由上述情况可以看出，洪积层的工程地质性质，是影响公路构筑物建筑条件的重要因素之一。但影响最大的，则是山洪急流对路基的直接冲刷和洪积物掩埋路基、淤塞桥涵所造成的种种损害问题。

3.1.3 河流的地质作用

我国是多河流的国家，我国闻名于世的四大河流：长江、黄河、珠江和黑龙江，流域总面积近$400\times10^4 km^2$，占我国国土面积的40%以上。由于我国幅员辽阔，地形高差大，各地自然环境条件相差悬殊，构成了我国河流的区域性特点及一条河流不同区段上的复杂性和多变性。

河流在地面上是沿着狭长的谷底流动的，这个谷底称作河谷。河谷在平面上呈线性分布，在横剖面上一般近似为V形。河谷通常由几个要素组成：常年有水流动的部分称为河床，又称河槽；河床两旁的平缓部分称为谷底；谷底一般地势比较平坦，其宽度为两侧谷坡坡麓之间的距离，谷底以上的斜坡称为谷坡；谷坡与谷底交接处称为谷麓，如图3.4所示。

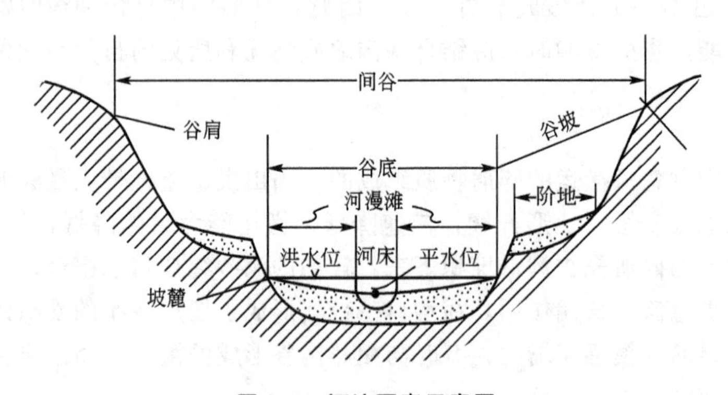

图 3.4 河流要素示意图

1. 流水的能量

河水沿着河床流动时，河水具有一定的动能E

$$E=\frac{1}{2}Qv^2 \tag{3-1}$$

式中 Q——河水的流量，m^3/s；

v——河水的流速，m/s。

可见动能的大小取决于河水的流量和河水的流速。

河水在流动的过程中，消耗的能量主要表现在：①克服阻碍流动的各种摩擦力，如河水与河床之间的摩擦力、河水水流本身的黏滞力等；②搬运水流中所携带的泥沙等物质。假设这两部分所消耗的总能量为 E'。

当 $E>E'$时，多余的能量将会对河床产生侵蚀作用。

当 $E=E'$时，则河水仅起着维持本身运动和搬运水流中泥沙的作用。

当 $E<E'$时，河水中所携带的物质将有一部分沉积下来，即产生沉积作用。

河流的侵蚀作用、搬运作用和沉积作用在整条河流上同时进行，相互影响。在河流的不同段落上，三种作用进行的强度并不相同，以某一种作用为主。

2. 河流的侵蚀、搬运和沉积作用

1) 河流的侵蚀作用

河水在流动的过程中不断加深和拓宽河床的作用称为河流的侵蚀作用。按其作用的方式，可分为化学溶蚀和机械侵蚀两种。化学溶蚀是指河水对组成河床的可溶性岩石不断进行化学溶解，使之逐渐随水流失的过程。河流的溶蚀作用在石灰岩、白云岩等可溶性岩类分布地区比较显著。此外，如河水对其他岩石中的可溶性矿物发生溶解，使岩石的结构松散破坏，则有利于机械侵蚀作用的进行。机械侵蚀作用包括流动的河水对河床组成物质的直接冲蚀和夹带的砂石等固体物质对河床的磨蚀。机械侵蚀在河流的侵蚀作用中具有普遍意义，它是山区河流的一种主要侵蚀方式。

河流的侵蚀作用，按照河床不断加深和拓宽的发展过程，可分为下蚀作用和侧蚀作用。下蚀作用和侧蚀作用是河流侵蚀统一过程中相互制约和相互影响的两个方面，不过在河流的不同发展阶段，或同一条河流的不同部分，由于河水动力条件的差异，不仅下蚀和侧蚀所显示的优势会有明显的差异，而且河流的侵蚀和沉积优势也会有显著的差别。

(1) 下蚀作用：河水在流动过程中使河床逐渐下切加深的作用，称为河流的下蚀作用。河水夹带的固体物质对河床的机械破坏，是使河流下蚀的主要因素。其作用强度取决于河水的流速和流量，同时，也与河床的岩性和地质构造有着密切的关系。河水的流速和流量越大时，则下蚀作用的能量越大，如果组成河床的岩石坚硬且无构造破坏现象，则会抑制河水对河床的下切速度。反之，如岩性松软或受到构造作用的破坏，则下蚀作用易于进行，河床下切过程加快。

下蚀作用使河床不断加深，切割成槽形凹地，形成河谷。在山区河流下蚀作用强烈，可形成深而窄的峡谷。金沙江虎跳峡，谷深达 3000m。长江三峡谷深达 1500m。滇西北的金沙江河谷平均每千年下蚀 60cm。北美科罗拉多河谷平均每千年下蚀 40cm。

河流的侵蚀过程总是从河的下游逐渐向河源方向发展的，这种溯源推进的侵蚀过程称为溯源侵蚀。分水岭不断遭到剥蚀切割，河流长度的不断增加，以及河流的袭夺现象都是河流溯源侵蚀造成的结果。

河流的下蚀作用并不是无止境的继续下去，而是有它自己的基准面的。因为随着下蚀

作用的发展，河流不断加深，河流的纵坡逐渐变缓，流速降低，侵蚀能量削弱，达到一定的基准面后，河流的侵蚀作用将趋于消失。河流下蚀作用消失的平面，称为侵蚀基准面。流入主流的支流，基本上以主流的水面为其侵蚀基准面；流入湖泊海洋的河流，则以湖面或者海平面为其侵蚀基准面。大陆上的河流绝大部分都流入海洋，而且海洋的水面也比较稳定，所以又把海平面称为基本侵蚀基准面。

（2）侧蚀作用：河流以携带的泥、砂、砾石为工具，并以自身的动能和溶解力对河床两岸的岩石进行侵蚀，使河谷加宽的作用称为侧蚀作用。河流的中、下游及平原区的河流，由于河床坡度较为平缓，侧蚀作用占主导地位。河水在运动过程中横向环流的作用，是促使河流产生侧蚀的经常性因素。此外，如河水受支流或支沟排泄的洪积物及其他重力堆积物的障碍顶托，致使主流流向发生改变，引起对河岸产生局部冲刷，这也是一种在特殊条件下产生的河流侧蚀现象。在天然河道上能形成横向环流的地方很多，但在河湾部分最为显著如图 3.5(a)所示。当运动的河水进入河湾后，由于受离心力的作用，表层流束以很大的流速冲向凹岸，产生强烈冲刷，使凹岸岸壁不断坍塌后退，并将冲刷下来的碎屑物质由底层流束带向凸岸堆积下来如图 3.5(b)所示。由于横向环流的作用，使凹岸不断受到强烈冲刷，凸岸不断发生堆积，结果使河湾的曲率增大，并受纵向流的影响，使河湾逐渐向下游移动，因而导致河床发生平面摆动。这样天长日久，整个河床就被河水的侧蚀作用逐渐地拓宽。

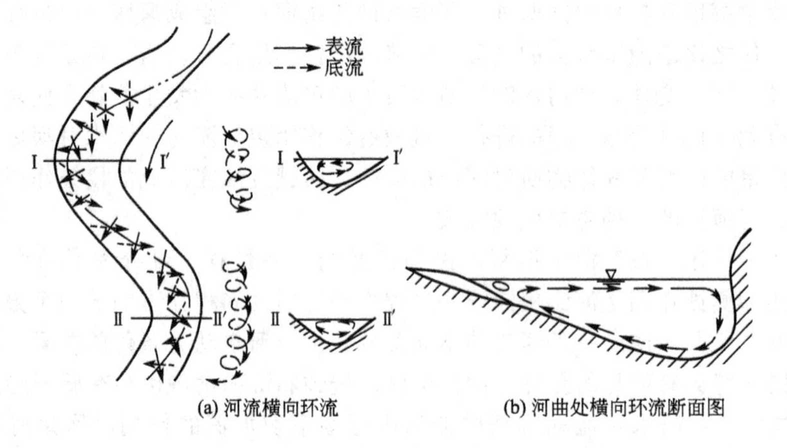

(a) 河流横向环流　　(b) 河曲处横向环流断面图

图 3.5　横向环流示意图

沿河布设的公路，往往由于河流的水位变化及侧蚀，使路基发生水毁现象，特别是在河湾凹岸地段，最为显著。因此，在确定路线具体位置时，必须加以注意。由于在河湾部分横向环流作用明显加强，容易发生坍岸，并产生局部剧烈冲刷和堆积作用，河床容易发生平面摆动，因此对于桥梁建筑，也是很不利的。

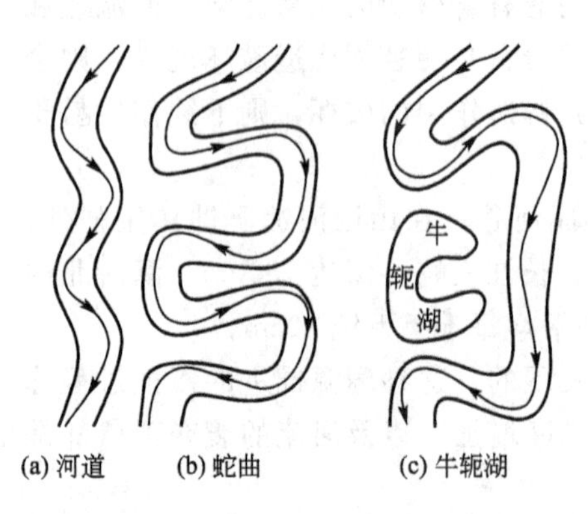

(a) 河道　(b) 蛇曲　(c) 牛轭湖

图 3.6　蛇曲的发展与牛轭湖的形成

由于河流侧蚀的不断发展，致使河流一个河湾接着一个河湾，并使河湾的曲率越来越大，河流的长度越来越长，结果使河床的比降逐渐减小，流速不断降低，侵蚀能量逐渐削弱，直至常水位时已无能量继续发生侧蚀为止。这时河流所特有的平面形态，称为蛇曲(图 3.6)。有些处于蛇曲形态的河湾，彼此之间十分靠近，一旦流量增大，会截弯取直，流入新开拓的局部河道，而残留的原河湾的两端因逐渐淤塞而与原河道隔离，形成状似牛轭的静水湖泊，称为牛轭湖(图 3.6)。最后，由于主要承受淤积，致使牛轭湖逐渐成为沼泽，以至消失。

上述河湾的发展和消亡过程，一般只在平原区的某些河流中出现。这是因为河流的发展既受河流动力特征的影响，也受地区岩性和地质构造条件的制约，此外与河流夹沙量也有一定的关系。在山区，由于河床岩性以石质为主，所以河湾的发展过程极为缓慢。

下蚀和侧蚀是河流侵蚀作用的两个密切联系的方面，在河流下蚀与侧蚀的共同作用下，使河床不断地加深和拓宽。由于各地河床的纵坡、岩性、构造等不同，两种作用的强度也就不同，或以下蚀为主，或以侧蚀为主。如果河流只进行下蚀作用，或以下蚀作用为主，河谷横断面呈 V 字形。如果河流只进行侧蚀作用，或以侧蚀作用为主，河谷横断面呈 U 字形，谷底宽平。如下蚀作用与侧蚀作用等量进行，河谷横断面多不对称。由于河水流动具有紊流的性质，是由纵流与横向环流组合而成螺旋状流束流动的，流速大时，纵流占优势，流速小时，横向环流占优势。一般在河流的中下游、平原区河流或处于老年期的河流，由于河湾增多，纵坡变小，流速降低，横向环流的作用相对增强，从这个意义上来说，以侧蚀作用为主；在河流的上游，由于河床纵坡大、流速大，纵流占主导地位，从总体上来说，以下蚀作用为主。

2) 河流的搬运作用

河流在流动过程中夹带沿途冲刷侵蚀下来的物质(如泥沙、石块)离开原地的移动作用，称为搬运作用。河流的侵蚀和堆积作用，在一定意义上都是通过搬运过程来进行的。河水搬运能量的大小，决定于河水的流量和流速，在一定的流量条件下，流速是影响搬运能量的主要因素。河流搬运物的粒径 d 与水流流速 v 的平方成正比，即 $d \propto v^2$。

河流搬运的物质，主要来自谷坡洗刷、崩落、滑塌下来的产物和冲沟内洪流冲刷出来的产物，其次是河流侵蚀河床的产物。

流水搬运的方式可分为物理搬运和化学搬运两大类。物理搬运的物质主要是泥沙石块，化学搬运的物质则是可溶解的盐类和胶体物质。根据流速、流量和泥沙石块的大小不同，物理搬运又可分为悬浮式、跳跃式和滚动式三种方式。悬浮式搬运的主要是颗粒细小的砂和黏性土，悬浮于水中或水面，顺流而下。例如，黄河中大量黄土颗粒主要是悬浮式搬运。悬浮式搬运是河流搬运的重要方式之一，它搬运的物质数量最大，例如，黄河每年的悬浮搬运量可达 6.72×10^8t，长江每年有 2.58×10^8t。跳跃式搬运的物质一般为块石、卵石和粗砂，它们有时被急流、涡流卷入水中向前搬运，有时则被缓流推着沿河底滚动。滚动式搬运的主要是巨大的块石、砾石，它们只能在水流强烈冲击下，沿河底缓慢向下游滚动。

化学搬运的距离最远，水中各种离子和胶体颗粒多被搬运到湖、海盆地中，当条件适合时，在湖、海盆地中产生沉积。

河流在搬运过程中，随着流速逐渐减小，被携带物质按其大小和质量陆续沉积在河床中，上游河床中沉积物较粗大，愈向下游沉积物颗粒愈细小；从河床断面上看，流速逐渐减小时，粗大颗粒先沉积下来，细小颗粒后沉积、覆盖在粗大颗粒之上，从而在垂直方向上显示出层理。在河流平面上和断面上，沉积物颗粒大小的这种有规律的变化，称为河流的分选作用。另外，在搬运过程中，被搬运物质与河床之间、被搬运物质互相之间，都不断发生摩擦、碰撞，从而使原来有棱角的岩屑、碎石逐渐磨去棱角而成浑圆形状，成为在河床中常常见到的砾石、卵石和砂，它们都具有一定的磨圆度。这种作用称为河流的磨蚀作用。良好的分选性和磨圆度是河流沉积物区别于其他成因沉积物的重要特征。

3）河流的沉积作用与冲积层（Q^{al}）

河流在运动过程中，能量不断受到损失，当河水夹带的泥沙、砾石等搬运物质超过了河水的搬运能力时，被搬运的物质便在重力作用下逐渐沉积下来，称为沉积作用，河流的沉积物称为冲积层。河流沉积物几乎全部是泥沙、砾石等机械碎屑物，而化学溶解的物质多在进入湖盆或海洋等特定的环境后才开始发生沉积。

冲积层的特点从河谷单元来看，可以分为两大部分：河床相与河漫滩相。河床相沉积物颗粒较粗。河漫滩相下部为河床沉积物、颗粒粗；表层为洪水期沉积物，颗粒细，以黏土、粉土为主。河谷这样两种不同特点的沉积层称为“二元结构”。

从河流纵向延伸来看，由于不同地段流速降低的情况不同，各处形成的沉积层就具有不同特点，基本可分为四大类型段。

在山区，河床纵坡陡、流速大，侵蚀能力较强，沉积作用较弱。河床冲积层多以巨砾、卵石和粗砂为主。

当河流由山区进入平原时，流速骤然降低，大量物质沉积下来，形成冲积扇。冲积扇的形状和特征与前述洪积扇相似，但冲积扇规模较大，冲积层的分选性及磨圆度更高。例如，北京及其附近广大地区就位于永定河冲积扇上。冲积扇还常分布在大山的山麓地带，例如，祁连山北麓、天山北麓和燕山南麓的大量冲积扇。如果山麓地带几个大冲积扇相互连接起来，则形成山前倾斜平原。在山前，河流沉积常与山洪急流沉积共同进行，因此山前倾斜平原也常称为冲洪积平原。

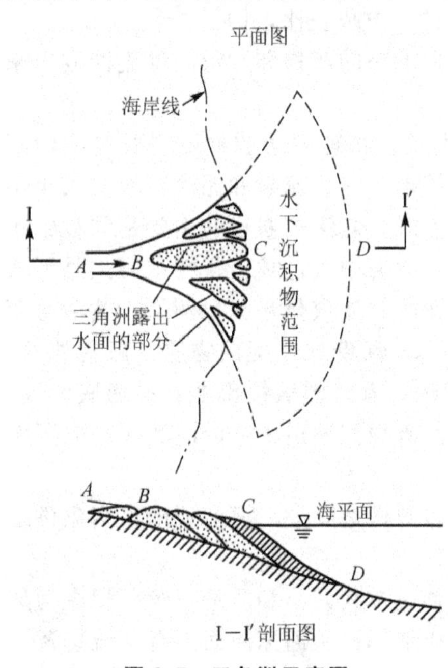

图 3.7　三角洲示意图

在河流中、下游，则由细小颗粒的沉积物组成广大的冲积平原，例如黄河下游、海河及淮河的冲积层构成的华北大平原。冲积平原也常分布有牛轭湖相沉积，如江汉平原。在河流入海的河口处，流速几乎降到零，河流携带的泥沙绝大部分都要沉积下来。若河流沉积下来的泥沙大量被海流卷走，或河口处地壳下降的速度超过河流泥沙量的沉积速度，则这些沉积物不能保留在河口或不能露出水面，这种河口则形成港湾。例如，我国南方钱塘江河口处，由于海流和潮汐作用强烈，使冲积层不能形成，而成为港湾。更多的情况是大河河口都能逐渐积累冲积层，它们在水面以下呈扇状分布，扇顶位于河口，扇缘则伸入海中，冲积层露出水面的部分形如一个其顶角指向河口的倒三角形，故称为河口冲积层为三角洲，如图 3.7 所示。三角洲的内部构造与洪积扇、冲积扇相似：下粗上细，即近河口处较粗，距河口越远越细。不同的是，在河口外有一个比河床更陡的斜坡在水下伸向海洋，此斜坡远离海岸后渐趋平缓，三角洲就沉积在此斜坡上。随着河流不断带来沉积物，三角洲的范围也不断向海洋方面扩展，随各种条件不同，扩展速度也不同。例如，天津市在汉代是海河河口，元朝时附近为一片湿地，现在则已成为距海岸约 90km 的城市。长江下游自江阴以东地区，就是由大三角洲逐渐发展而成。我国河流中携带泥沙量最多的黄河，其三角洲已向黄海伸进 480km，每年伸进 300m。

从冲积层的形成过程，可知它具有以下特征。

(1) 冲积层分布在河床、冲积扇、冲积平原或三角洲中；冲积层的成分非常复杂，河流汇水面积内的所有岩石和土都能成为该河流冲积层的物质来源。与前面讨论过的三种第四纪沉积层相比，冲积层分选性好，层理明显，磨圆度高。

(2) 山区河流沉积物较薄，颗粒较粗，承载力较高且易清除，地基条件较好。

(3) 由于冲积平原分布广，表面坡度比较平缓，多数大、中城市都坐落在冲积层上；道路也多选择在冲积层上通过。作为工程建筑物的地基，砂、卵石的承载力较高，黏性土较低。在冲积平原特别应当注意冲积层中两种不良沉积物：一种是软弱土层，如牛轭湖、沼泽地中的淤泥、泥炭等；另一种是容易发生流沙现象的细、粉砂层。遇到它们应当采取专门的设计和施工措施。

(4) 三角洲沉积物含水量高，常呈饱和状态，承载力较低。但其最上层，因长期干燥，比较硬实，承载力较下面高，俗称硬壳层，可用作低层建筑物的天然地基。

(5) 冲积层中的砂、卵石、砾石常被选用为建筑材料。厚度稳定、延续性好的砂、卵石层是丰富的含水层，可以作为良好的供水水源。

3. 河流阶地

河谷内河流侵蚀或沉积作用形成的阶梯状地形称为阶地或台地。若阶地延伸方向与河流方向垂直称横向阶地；若阶地延伸方向与河流方向平行称为纵向阶地。

横向阶地是由于河流经过各种悬崖、陡坎，或经过各种软硬不同的岩石，其下切程度不同而造成的。河流在经过横向阶地时常呈现为跌水或瀑布，故横向阶地上较难保存冲积物，并且随着强烈下蚀作用的继续进行，这些横向阶地将向河源方向不断后退。

纵向阶地(图 3.8)是地壳上升运动与河流地质作用的结果。地壳每一次剧烈上升，使河流侵蚀基准面相对下降，大大加速了下蚀的强度，河床底被迅速向下切割，河水面随之下降。以致再到洪水期时也淹没不到原来的河漫滩了。这样，原来的老河漫滩就变成了最新的Ⅰ级阶地，原来的Ⅰ级阶地变为Ⅱ级阶地……以此类推，在最下面则形成新的河漫滩。道路沿河流行进，通常都选择在纵向阶地上，故一般不加以说明时，阶地即指纵向阶地。

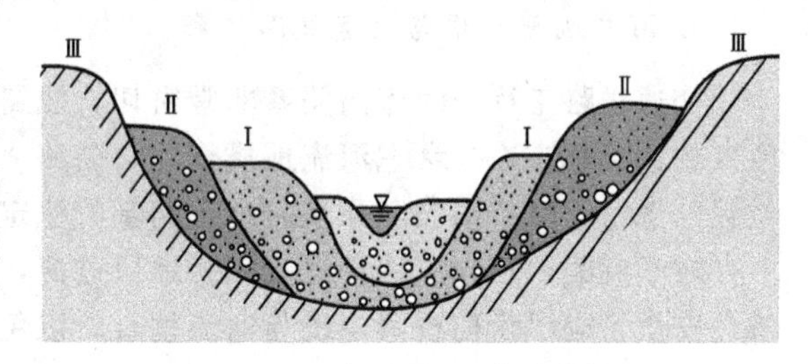

图 3.8 纵向阶地示意图

一条河流有多少级阶地是由该地区地壳上升次数决定的，每剧烈上升一次就应当有相应的一级阶地，例如兰州地区的黄河就有六级阶地。但是，由于河流地质作用的复杂性，使河流两岸生成的阶地级数及同级阶地的大小范围并不完全对称相同，例如左岸有Ⅰ、Ⅱ、Ⅲ共三级阶地，右岸可能只有Ⅱ、Ⅲ两级阶地；左岸的Ⅲ级阶地可能比较宽广、完整，右岸的Ⅲ级阶地则可能支离破碎、残余面积不大。阶地编号愈大，生成年代愈老，则可能被侵蚀破坏得愈严重，愈不易完整保存下来。

根据河流阶地组成物质的不同，可以把阶地分为三种基本类型，如图 3.9 所示。

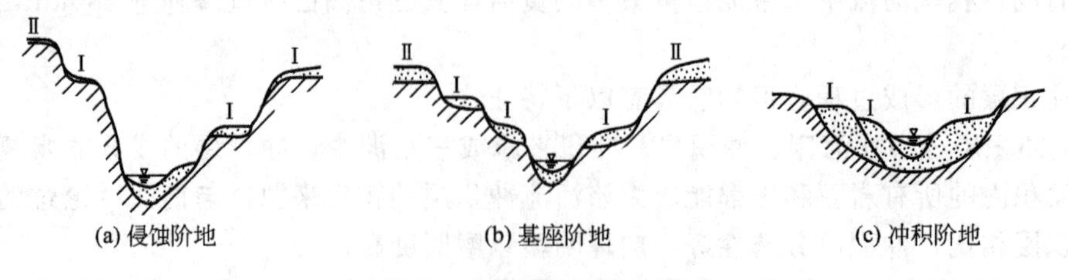

图 3.9　河流阶地的类型

(1) 侵蚀阶地：也称基岩阶地。指阶地表面由河流侵蚀而成，表面只有很少的冲积物，主要由被侵蚀的岩石构成。侵蚀阶地多位于山区，是由于地壳上升很快、河流下切极强造成的。

(2) 基座阶地：指阶地表面有较厚的冲积层，但地壳上升、河流下切较深，以致切透了冲积层，切入了下部基岩以内一定深度，从阶地斜坡上明显地看出，阶地由上部冲积层和下部基岩两部分构成。

(3) 冲积阶地：也称堆积阶地或沉积阶地。指整个阶地在阶地斜坡上出露的部分均由冲积层构成，表明该地区冲积层很厚，地壳上升引起的河流下切未能把冲积层切透。

根据阶地的形成过程，在野外辨认河流阶地时应注意下述两方面的特征：形态特征和物质组成特征。从形态上看，阶地表面一般较平缓，纵向微向下游倾斜，倾斜度与本段河床底坡接近，横向微向河中心倾斜。河床两侧同一级阶地，其阶地表面距河水面高差应当相近。某些较老的阶地，由于长时间受到地表水的侵蚀作用，平整的阶地表面破坏，形成高度大致相等的小山包。应当指出，不能只从形态上辨认阶地，以免与人工梯田、台坎混淆，还必须从物质组成上研究。由于阶地是由老的河漫滩形成，它应由黏性土、砂、卵石等冲积层组成。就侵蚀阶地而言，在基岩表面上也应或多或少地保留冲积物。因此，冲积物是阶地物质组成中最重要的物质特征。

4. 河流地质作用与交通线路工程

交通线路工程与河流的关系非常密切。线路跨越河流必须架桥，桥梁墩台基础、桥梁位置的选择都应充分考虑河流地质作用。公路、铁路沿河前进，线路在河谷横断面上所处位置的选择，河谷斜坡和河流阶地上路基的稳定，也都与河流地质作用密切相关。

对于桥梁，首先应选择河流顺直地段过河，以避免在河曲处过河遭受侧蚀而危及一侧桥台安全，应尽量使桥梁中线与河流垂直，以免桥梁长度增大。其次墩台基础位置应当选择在强度足够安全稳定的岩层上，对于岩性软弱的土层，地质构造不良地带不宜设置墩台。墩台位置确定之后，还必须准确地决定墩台基础的埋置深度，埋置太浅会由于河流冲刷河底使基础暴露甚至破坏，埋置过深将大大增加工程费用和工期。

对于沿河线路来说，一段线路位置的选择和路基在河谷断面上位置的选择，从工程地质观点要求，主要包括边坡和基底稳定两个方面。线路沿着峡谷行进，路基多置于高陡的河谷斜坡上，经常遇到崩塌、滑坡等边坡不良地质现象，是山区交通线路的主要病害，将在第 4 章中专门论述。线路沿宽谷或山间盆地行进，路基多置于河流阶地或较缓的河谷斜坡上，经常遇到各种第四纪沉积层，线路在平原上行进也常把路基置于冲积层上，常见的病害是受河流冲刷或路基基底含有软弱土层等。

综上所述，沿河公路、铁路在选线设计及施工过程中：首先，必须经过认真细致地调查、勘探工作，查清河流地质作用的历史、现状及发展趋势；然后根据工作的需求对线路和沿路各建筑物的位置、结构构造及施工方法做出正确的决定，应该力求避免天然的或由于修筑交通线路而引起的各种崩塌、滑坡、泥石流等不良地质条件；最后，当由于各种原因，局部线路不得不通过某些不良地质区时，则应在详细调查研究的基础上提出切实可行的预防和整治措施。

5. 河流侵蚀、淤积作用的治理

1）不同类型河床主流线与崩岸位置

河流的主流线靠近河岸时，河岸土层会发生崩塌。由于河床类型的不同，主流线靠岸位置不相同，崩岸的位置也不相同。在弯曲河床的上半段，主流线靠近凸岸上方，然后流入凹岸顶点；在弯曲河床的下半段，主流线靠向凹岸。所以在弯曲河床的凸岸边滩的上方、凹岸顶点的下方，常常都是崩岸部位，如图 3.10(a)所示。在顺直河床上，深槽与边滩往往成犬牙交错地分布；在深槽处，主流线常常是靠近河岸的，成为顺直河床的崩岸部位，如图 3.10(b)所示。随着深槽的下移，崩岸的部位一般不固定。游荡河床，主流线也随着江心洲的变化在河床中动荡不定，崩塌部位也是不固定的。分汊河床，江心洲洲头常常处于主流顶冲的部位，如图 3.10(c)所示，常常都是护岸工程重点守护的地段。

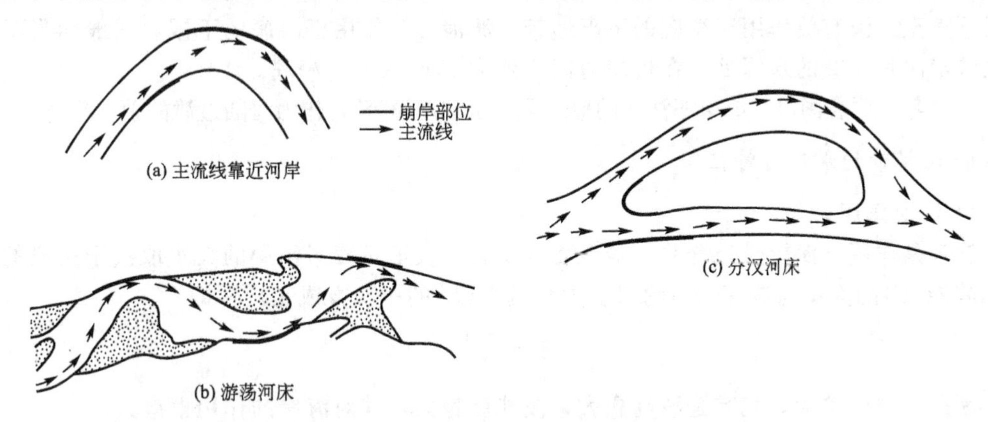

图 3.10 不同类型河床主流线与崩岸位置

2）防护措施

全球悬河化现象在发展，治河问题研究有重要意义。对于河流侧向侵蚀及因河道局部冲刷而造成的坍岸等灾害，一般采用护岸工程或使主流线偏离被冲刷地段等防治措施。

(1) 护岸工程。

① 直接加固岸坡。常在岸坡或浅滩地段植树、种草。

② 护岸工程。有抛石护岸和砌石护岸两种。即在岸坡砌筑石块或抛石，以消减水流能量，保护岸坡不受水流直接冲刷。石块的大小，应以不致被水流冲走为原则，可按下式确定

$$d \geqslant \frac{v^2}{25} \tag{3-2}$$

式中 d——石块平均直径，cm；

v——抛石体附近平均流速，m/s。

抛石体的水下边坡一般不宜超过1∶1，当流速较大时，可放缓至1∶3。石块应选择未风化、耐磨、遇水不崩解的岩石。

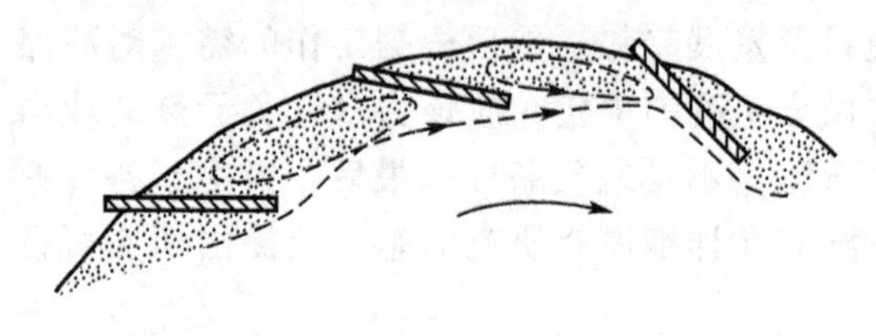

图 3.11　丁坝

(2) 约束水流。

① 顺坝和丁坝。顺坝又称导流坝，丁坝又称半堤横坝。常将丁坝和顺坝布置在凹岸以约束水流，使主流线偏离受冲刷的凹岸。丁坝常斜向下游，夹角为60°～70°，它可使水流冲刷强度降低10%～15%，如图3.11所示。

② 约束水流，防止淤积。束窄河道、封闭支流、截直河道、减少河流的输砂率等均可起到防止淤积的作用。也常采用顺坝、丁坝或二者组合使河道增加比降和冲刷力，达到防止淤积的目的。

3.1.4　海岸带的地质作用

海洋与陆地的接触带称为海岸带。海岸带自陆向海可分为海岸、潮间带和水下岸坡三部分。海岸是高潮线以上狭窄的陆上地带，它的陆向界线是波浪作用的上限。潮间带是高潮线与低潮线之间的地带，它在低潮时露出水面，而在高潮时被水淹没。水下岸坡是低潮线以下直至波浪有效作用于海底的下限地带。波浪有效作用于海底的下限，一般相当于该海区波浪波长1/2的水深处，在近岸海区，约为30m水深的海底。

1994年，联合国以“海岸海洋”的概念取代了“海岸带”，作为海陆过渡的独立环境体系。

1. 海岸带的水动力特征

1) 波浪作用

波浪是作用于海岸带最普遍、最重要的动力。波浪对海岸作用的大小取决于波浪的能量，波能(E)的大小与波高(H)的二次方和波长(L)的一次方成正比，即

$$E=\frac{H^2L}{8} \tag{3-3}$$

因此，波浪愈大，尤其是波高愈大，波能就越大，其对海岸的作用也愈大。

深水区的波浪，其水质点在垂直断面内做圆周运动。但当波浪接近岸边到达浅水区后，受到地形的影响，波浪将发生一系列的变化。

(1) 波浪的变形和破碎：水质点运动的轨道将由深水区的圆形变为浅水区的上凸下扁的椭圆形。愈到海底，轨道变得愈扁平，到了水底，椭圆的垂直轴等于0，轨道的扁平率达到极限，水质点仅作平行于底部的往复运动。与此同时，由于水质点运动速度在其轨道上下部的差异，产生了波浪前坡陡、后坡缓的形态。随着波浪离岸愈近，水深愈浅，水质点向前向后运动速度的差值就越大，波浪前坡越陡，后坡越缓，最终导致波浪破碎。波浪破碎与波高和水深有关，在多数情况下，波浪处水深约相当于1～2个波高。当波浪到达较陡的岸坡时，波峰突然倾倒，能量比较集中，袭击岸坡，破坏性很大；当波浪作用于平缓的岸坡时，由于海底摩擦阻力，可能发生数次破碎，能量逐步消耗，破坏性就较小。当人工建筑物前的水深刚刚处于破浪点时，则包含空气的破浪将会产生极大的冲击压力，可能使建筑物遭到破坏。

波浪破碎后，水体运动已不服从波浪运动的规律，而是整个水体的平移运动，这就是

激浪流。激浪流包括在惯性作用下沿坡向上的进流与同时在重力作用下沿坡向下的回流。

(2) 波浪的折射：波浪的折射是波浪进入浅水区后的又一重要变化。随着水深的变浅，波速相应的减小，当波浪到达海岸附近的浅水区后，由于地形的影响使得波向发生变化，形成所谓的折射现象。折射的结果，有使波峰线转向与等深线一致的趋势。在较平直的海岸，波浪斜抵海岸，由于波峰位于离岸较远而海水较深的一侧，传播速度较近岸水浅的一侧为快，波峰线逐渐趋向于与等深线平行，也可视为大致与海岸线平行，如图 3.12 所示。

当波浪传播到岬角与海湾交错的曲折海岸时，其折射将是另一种情况。这时，波峰线同样逐渐与海岸线平行，但可以看出，波射线向海水迅速变浅的岬角处辐聚，而在海水较浅的海湾处辐散。从而产生在岬角处波峰线缩短，在海湾处波峰线拉长，这样就导致波能在岬角处集中在较短的岸段上，而在海湾处分散在较长的岸段上，如图 3.13 所示。

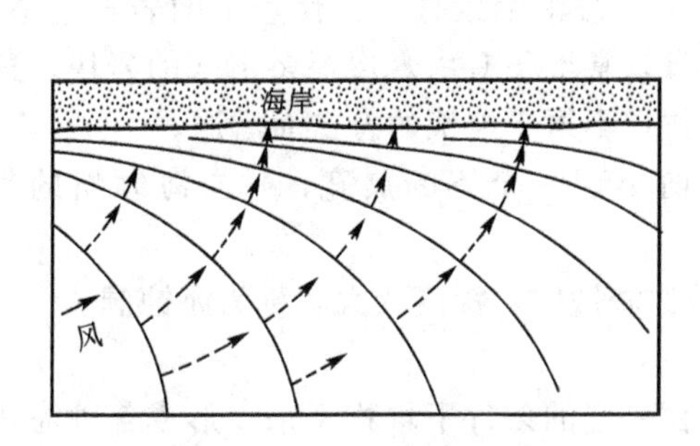

图 3.12　平直岸边的波浪折射

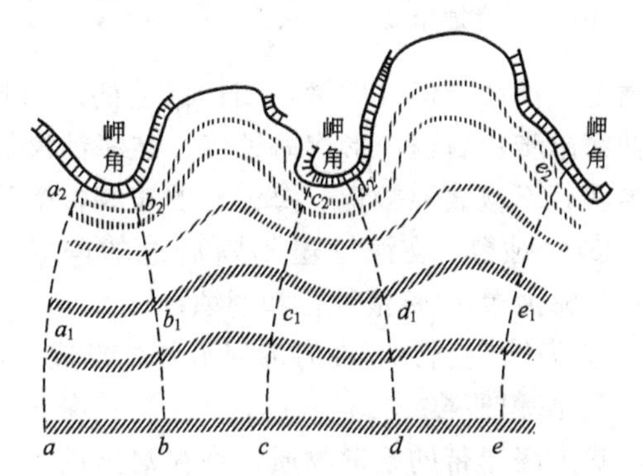

图 3.13　曲折岸边的波浪折射

2) 潮汐作用

潮汐是海水在月球和太阳引潮力作用下所发生的周期性海面垂直涨落和海水的水平流动。但在习惯上称前者为潮汐，后者为潮流。

潮汐通过其引起的水面的升降和潮流对海岸带产生影响。在无潮海区，波浪长期地作用于一个狭窄的地带；在有潮海区，特别是在海岸平缓而潮差较大的地区，潮汐所引起的水面涨落，可使波浪的作用范围扩大，同时使波浪对同一位置作用时间缩短；在开阔的海岸地区，主要表现为搬运波浪掀起的海底泥沙；在海峡或河口，潮流流速较大，也能侵蚀海底和掀起泥沙，并可带动大量泥沙。

3) 海流作用

海流是由盛行风向以及因海水温度和盐度不同产生的密度水平差异所引起的方向相对稳定的海水流动。风成海流的流速很小，一般仅 0.1～0.2m/s。强大的海流，流速可达 1m/s 以上。在近岸浅水区域，流速较小，因此风成海流只能搬运细粒泥沙。但沿岸地带常有激浪流、潮流和风成海流构成的综合性海流，这种海流对泥沙搬运和海岸地貌的塑造起着极大的作用。我国浙闽沿海，冬季由于西北向盛行风的作用，有自长江口向南的沿岸流，携带长江及沿岸入海泥沙南下。在广东海岸，由于偏东风较为频繁，有一个从东向西恒定的沿岸流。上述沿岸流对所经海岸区域的海岸地貌发育有着明显的影响。

2. *海岸地貌*

1) 海蚀地貌

(1) 海蚀作用。波浪对海岸的侵蚀，首先是波浪水体给予海岸的直接打击，即冲蚀作

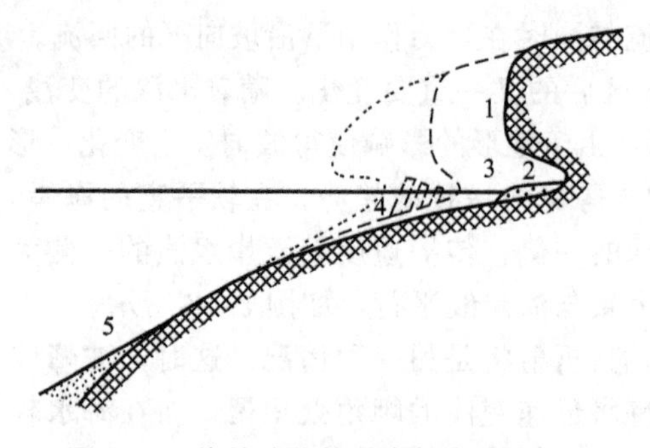

图 3.14　海蚀地貌的形成与岩坡的后退

1—海蚀崖；2—海蚀穴；3—海蚀台；
4—水下磨蚀岸坡；5—水下堆积阶地

用。当波浪以巨大的能量冲击海岸时，水体本身的压力和被其压缩的空气，对海岸产生强烈的破坏，这种力量可达 0.3MPa，甚至可达 0.6MPa。它不仅直接冲击岸坡的岩石及岸边建筑物，并且在巨大压力作用下将水和空气压入岩体裂隙之中，迫使岩体开裂松动，以至于被掏蚀崩落。当波浪水体夹带岩块或砾石时，其侵蚀力更大，此即磨蚀作用。

(2) 海蚀地貌。在海蚀作用下产生的地貌主要有以下几种(图 3.14)。

① 海蚀崖。波浪打击海岸主要集中在海平面附近，使海岸形成凹槽，凹槽以上的岩石被悬空，波浪继续作用，使悬空的岩石崩坠，促使海岸步步后退，形成海蚀崖。在海蚀崖的坡脚，常堆积有由悬崖崩坠下来的岩块。这些岩块若不被波浪搬走，海蚀崖的坡脚将受到保护，不再受波浪的打击而后退。

② 海蚀台。在海蚀崖不断后退的同时，其前出现一个不断展宽、微向海倾斜的平台——海蚀台(也称浪蚀台和磨蚀台)。

③ 海蚀穴(洞)。在海蚀崖坡脚处形成的凹槽称海蚀穴，深度较大者称为海蚀洞。

2) 海积地貌

进入海岸带的松散物质，在波浪推动下，并在一定的条件下堆积下来，形成各种海积地貌。在海岸带内，任何泥沙颗粒都是在波浪力和重力共同作用下运动的。如果波射线与海岸线正交，波浪的作用方向与重力的切向分量方向将在同一直线上，泥沙颗粒便垂直于岸线运动，称为泥沙的横向运动。如果波射线与海岸线斜交，波浪的作用方向与重力切向分量方向将不在同一直线上，泥沙颗粒将以“之”字形沿着岸线运动，称为泥沙的纵向运动。

(1) 泥沙横向运动所形成的地貌。

① 水下堆积阶地。在水下岸坡坡脚，由向海运移的泥沙堆积形成的堆积体，称水下堆积阶地。

② 海滩与滨岸堤。海滩和滨岸堤均是激浪带的堆积体。海滩是在激浪流没有充分活动空间的条件下形成的，所以其剖面形态呈凹形曲线。滨岸堤则是在激浪流的进流上冲有充分空间条件下形成的，所以其剖面形态向上凸起。

③ 离岸堤与泻湖。离岸堤是激浪流所夹带的泥沙在未到达水边线以前，形成的出露于水面的堤状堆积体。离岸堤向陆一侧的海水与外部隔离开来形成的湖泊，称为泻湖。

④ 水下沙坝。水下沙坝是一种大致与岸平行、呈直线或弧形的水下堤状堆积体。

(2) 泥沙纵向运动对岸边的改造作用。泥沙纵向运动对岸边的改造作用主要取决于边岸的形态和地质构造特征。

① 边岸形态的影响。在沉积物流可以得到充分补给的沿岸地段，岸线的平面形状对纵向沉积物流的改造作用有着重要的影响。岸线方向发生转折时，当上游岸段与波浪射线的夹角较下游段岸线更接近 45°时，下游段的沉积物流的流速和容量均较上游段小，该岸段输沙能力低于来沙量，于是产生堆积形成如图 3.15 所示的堆积滩地、沙嘴等堆积成形。

反之，如果下游段与波浪射线的夹角较上游段更接近 45°时，则下游段的输沙能力高于来沙量，该岸段将遭受侵蚀，如图 3.15(a)、(c)中的 DC 段。

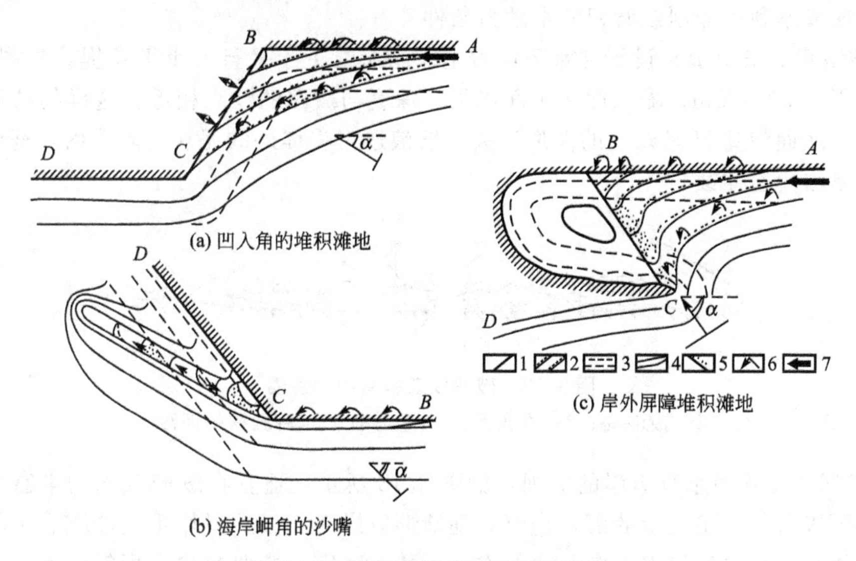

图 3.15 折射海岸堆积地形的形成

1—基岩岸；2—堆积地形增长的不同阶段；3—堆积地形形成前的等深线；
4—堆积地形形成后的等深线；5—波浪射线与岸线夹角；
6—土石颗粒的纵向移动；7—纵向沉积物流的总方向

十分曲折复杂岸线，如海岸与岬角，当波浪垂直海岸时，由于波浪的折射，沿岸沉积物流将产生如图 3.16 所示的运动，结果使海岬遭受磨蚀，使海岸接受堆积。

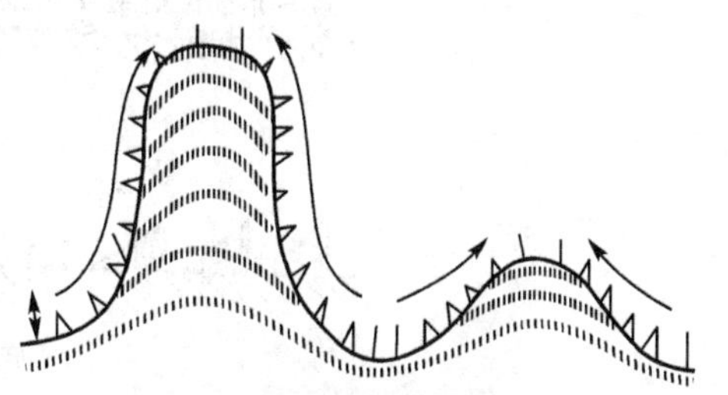

图 3.16 曲折海岸泥沙的纵向运动
(箭头方向代表纵向沉积物运动方向)

海岸临近有岛屿时，岛屿对波浪的作用起消能的作用，并造成波浪折射，形成所谓波影区。波影区的纵向沉积物流的流速和容量降低，造成堆积。这种堆积的发展，可将岛屿与大陆联结起来。

② 岸区地质结构的影响。岸区地质结构和所处地貌环境对岸线改造的控制作用，主要表现在两者确定了沉积物流的补给条件。

由不易磨蚀的完整岩石所组成的海岸，沉积物流由于得不到充分补给而达不到饱和，若其下游相邻岸带为易磨蚀的断裂发育的岩石或松散土石所构成，则将受到侵蚀。而岩性软弱的易磨蚀段会使沉积物得到充分补给达到饱和，其下游就有可能产生堆积。

3. 沿岸建筑物的防护措施

护岸和护港有两方面的目的：一方面是保护岸坡、港口免遭冲刷，以保证岸边建筑物的安全，防止岸坡显著变形或破坏；另一方面是防止边岸、港口遭受淤积，以保证港湾设施及潮汐发电站等正常运行。根据其所依据的原则和作用对象的不同，可将防护措施分为两大类。

(1) 根据海岸侵蚀、堆积的规律设置某些水工建筑物，以改变波浪、岸流的作用方向，使之形成不利于冲刷或淤积的水动力条件。

① 破浪堤。破浪堤是设置在水下岸坡上、与岸线近于平行的水下长堤，如图3.17所示，一般距岸30～50m，堤顶面在水面以下，深度与波浪的波高相近。这样的破浪堤会使波浪破碎，从而使其75%以上的能量消失。波浪还可将堤外的泥沙携入堤内，逐渐形成岸滩，保护岸坡免遭冲蚀。

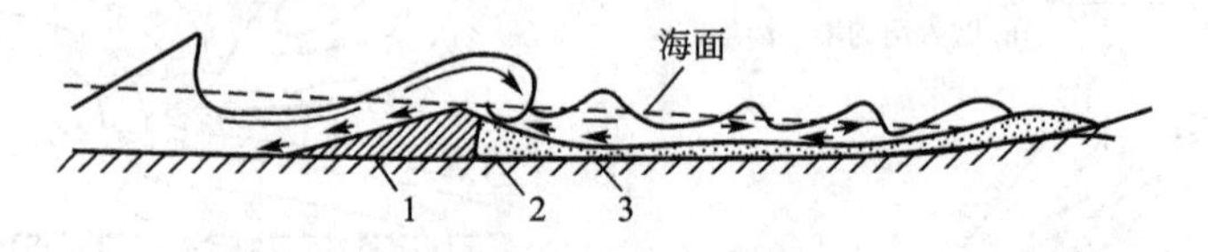

图 3.17 破浪堤工程原理示意图

1—破浪堤；2—原底面；3—破浪堤修筑后淤积的泥沙

② 丁坝。丁坝为垂直边岸的堤坝，如图3.18所示，适宜在纵向沉积物丰富的岸段上采用。它可以截住一定数量的沉积物流，逐渐形成岸滩，保护岸坡不受冲刷。丁坝的长度和间距应根据岸区主导风浪方向与岸线方向的关系确定，既要减少丁坝的数量，也要保证不在两丁坝间岸段出现冲刷［图3.18(b)］。

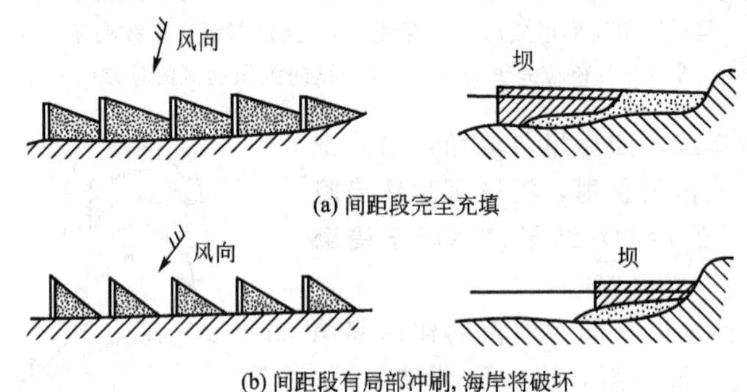

图 3.18 丁坝间距与主导风浪方向的关系

③ 防波堤。防波堤是一种防淤构筑物，它相当于一条人工的岸线或近岸岛屿屏障，利用纵向沉积物流的运动规律，将泥沙截流在港湾之外。防波堤的具体布置，应根据岸区主导风浪方向和岸线形状特征采取不同形式。

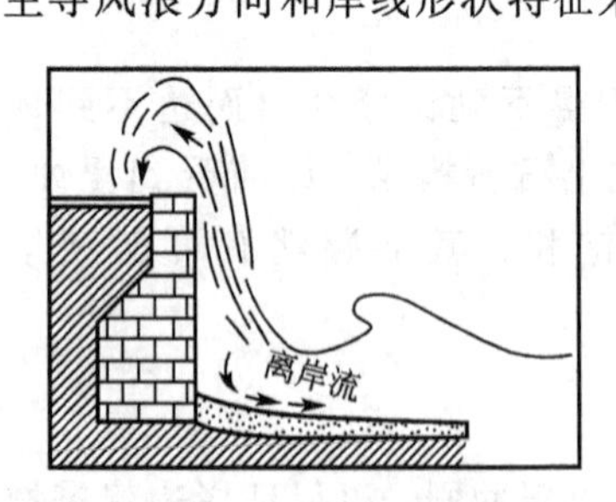

图 3.19 护岸墙

(2) 修建直接保护岸坡免遭冲刷的防护工程。

① 护岸墙。护岸墙是用木头、钢板或混凝土等材料构筑的垂直墙(图3.19)，根据涌浪作用的特点，将护岸墙做成凹面有时效果会更好。护岸墙的设计中应特别注意其地基条件的变化，对墙脚处冲刷的可能性和海滩情况的变化都应给予充分的考虑。

② 抛石或砌石护岸。抛石护岸设计要考虑的主要因素是选择石料尺寸，粗大的块石必须用一层或多层滤石层与土堤隔离。砌石护岸(图3.20)是一种古老的防护工程，它是用块石规整地放置在岸坡上，可用

灌浆或沥青对块石加以胶结。这种护岸形式具有柔性的特点，因此它能够很好地适应岸坡的缓慢沉降。对于严重磨蚀的海岸，岩浆岩砌体是最优良的护岸材料之一，就花岗岩而言，其耐久性约是混凝土的 4 倍。除了天然石料以外，连锁的混凝土块也是一种很好的护岸形式。

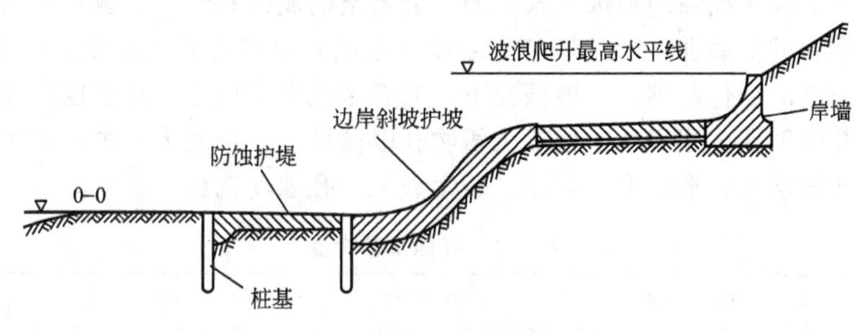

图 3.20　砌石护岸结构示意图

3.2 地下水的地质作用

在土木工程建设中，地下水常常起着重要作用。一方面，地下水是供水的重要来源，特别是在干旱地区，地表水缺乏，供水主要靠地下水；另一方面，地下水的活动又是威胁施工安全，造成工程病害的重要因素，例如发生基坑、隧道涌水、滑坡活动，基础沉陷和冻涨变形等都与地下水活动有直接关系。这些都要求学习和掌握地下水地质作用的基本知识，以便防止地下水的有害方面，应用其有利方面为工程建设服务。

3.2.1　地下水的基本知识

1. 岩土的空隙

地下水存在于岩土的空隙之中，地壳表层 10km 以上范围内，都或多或少存在着空隙，特别是浅部 1～2km 范围内，空隙分布更为普遍。岩土的空隙既是地下水的储存场所，又是地下水的渗透通道，空隙的多少、大小及其分布规律，决定着地下水的分布与渗透的特点。

根据岩土空隙的成因不同，把空隙分为孔隙、裂隙和溶隙三大类(图 3.21)。

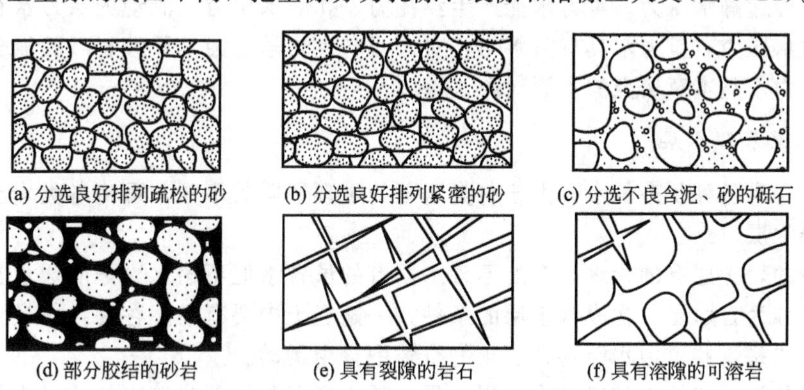

图 3.21　岩土中的空隙示意图

1) 孔隙

松散岩土(如黏土、砂土、砾石等)中颗粒或颗粒集合体之间存在的空隙，称为孔隙。孔隙的发育程度用孔隙度(n)表示。所谓孔隙度是岩土中空隙的体积与岩土总体积之比。

岩土孔隙度取决于孔隙的形成方式，通常受岩土的成因和年代、颗粒排列方式、颗粒形状和方位、颗粒的坚固性、颗粒均匀程度以及胶结程度等因素的影响。表 3-1 给出部分松散岩石孔隙度的变化范围。一般情况下，岩石生成年代愈老，孔隙度愈小；通常岩浆岩和变质岩的孔隙度比沉积岩小，松散沉积物孔隙度更大。颗粒大小愈不均匀，孔隙度愈小；颗粒大小比较均匀，形状愈不规则，棱角愈大，孔隙度就愈大。

表 3-1　孔隙度参考值

名　称	砾　石	砂	粉　砂	黏　土
孔隙度/%	25～40	25～50	35～50	40～70

2) 裂隙

坚硬岩石受地壳运动及其他内外地质应力作用的影响产生的空隙，称为裂隙，如图 3.21(e)所示。裂隙发育程度用裂隙率(K_t)表示，所谓裂隙率是坚硬岩石中各种裂隙的体积与岩石总体积之比。

3) 溶隙

可溶岩(石灰岩、白云岩等)中的裂隙经地下水流长期溶蚀形成的空隙称为溶隙，如图 3.21(f)所示，这种地质现象称为岩溶。溶隙的发育程度可用溶隙率(K_k)表示，所谓溶隙率是溶隙的体积与包括溶隙在内的岩石总体积的比值。

研究岩土的空隙时，不仅要研究空隙的多少，还要研究空隙的大小、空隙间的连通性和分布规律。松散土空隙的大小和分布都比较均匀，且连通性好，所以，孔隙度可以表征一定范围内孔隙的发育程度；岩石裂隙无论其宽度、长度和连通性差异都很大，分布也不均匀，因此，裂隙率只能代表被测定范围内裂隙的发育程度；溶隙大小相差则更大，分布很不均匀，连通性更差，所以，溶隙率的代表性更差。

根据空隙中水存在的物理状态，水与岩土颗粒的相互作用等特征，一般将水在空隙中存在的形式分为五种，即气态水、结合水、重力水、毛细水和固态水。

重力水存在于岩土颗粒之间，结合水层之外，它不受颗粒静电引力的影响，可在重力作用下运动。一般所指的地下水如井水、泉水、基坑水等都是重力水，它具有液态水的一般特征，可传递静水压力。重力水能产生浮托力、孔隙水压力。流动的重力水在运动过程中会产生动水压力。重力水具有溶解力，对岩石产生化学潜蚀，导致岩石的成分和结构发生破坏。重力水是本章研究的主要对象。

2. 含水层和隔水层

岩土中含有各种状态的水，由于各类岩石的水理性质的不同，可将各类岩土层划分为含水层和隔水层。

地壳中的岩土层有的含水，有的不含水，有的虽含水但不透水，把能透水且饱含重力水的岩土层称为含水层。构成含水层的条件，一是岩土中要有空隙存在，并且空隙被地下水所充满；二是这些重力水能够在岩土的空隙中自由运动。

隔水层是指不能给出并透过水的岩土层。隔水层还包括那些给出与透过水的数量是微不足道的岩土层，也就是说，隔水层有的可以含水，但是不具有允许相当数量的水透过自己的性能，例如黏土就是这样的隔水层。表 3-2 是常压下岩土按透水程度的分类。

表 3-2 岩石按透水程度的分类

透水程度	渗透系数 $K/(m/d)$	岩石名称
良透水的	>10	砾石、粗砂、岩溶发育的岩石、裂隙发育且很宽的岩石
透水的	10～1.0	粗砂、中砂、细砂、裂隙岩石
弱透水的	1.0～0.01	黏质粉土、细裂隙岩石
微透水的	0.01～0.001	粉砂、粉质黏土、微裂隙岩石
不透水的	<0.001	黏土、页岩

3. 地下水的物理化学性质

由于地下水在运动过程中与各种岩土相互作用，溶解岩土中可溶物质等原因，使地下水成为一种复杂的溶液。研究地下水的物理性质和化学成分，对于了解地下水的成因与动态，确定地下水对混凝土等的侵蚀性，进行各种用水的水质评价等，都有着实际的意义。

1）物理性质

地下水的物理性质包括温度、颜色、透明度、嗅(气味)、味(味道)和导电性及放射性等。

地下水的温度变化范围很大。地下水温度的差异，主要受各地区的地温条件所控制。通常随埋藏深度不同而异，埋藏越深的，水温越高。

地下水一般是无色、透明的，但当水中含有某些有色离子或含有较多的悬浮物质时，便会带有各种颜色和显得混浊。如含有高铁的水为黄褐色，含腐殖质的水为淡黄色。

地下水一般是无嗅、无味的，但当水中含有硫化氢气体时，水便有臭鸡蛋味，含氯化钠的水味咸，含氯化镁或硫化镁的水味苦。

地下水的导电性取决于所含电解质的数量与性质(即各种离子的含量与离子价)，离子含量越多，离子价越高，则水的导电性越强。

2）化学性质

(1) 地下水中常见的成分。地下水中含有多种元素，有的含量大，有的含量甚微。地壳中分布广、含量高的元素，如 O、Ca、Mg、Na、K 等在地下水中最常见。有的元素如 Si、Fe 等在地壳中分布很广，但在地下水中却不多；有的元素如 Cl 等在地壳中极少，但在地下水中却大量存在。这是因为各种元素的溶解度不同的缘故，所有这些元素是以离子、化合物分子和气体状态存在于地下水中，而以离子状态为主。

地下水中含有数十种离子成分，常见的阳离子有 H^+、Na^+、K^+、Mg^{2+}、Ca^{2+}、Fe^{2+}、Fe^{3+}、Mn^{2+} 等；常见的阴离子有 OH^-、Cl^-、SO_4^{2-}、NO_3^-、HCO_3^-、CO_3^{2-}、SiO_3^{2-}、PO_4^{3-} 等。上述离子中的 Cl^-、SO_4^{2-}、HCO_3^-、K^+、Na^+、Mg^{2+}、Ca^{2+} 七种是地下水的主要离子成分，它们分布最广，在地下水中占绝对优势，它们决定了地下水化学成分的基本类型和特点。

地下水中含有多种气体成分，常见的有 O_2、N_2、CO_2、H_2S 等。

地下水中呈分子状态的化合物(胶体)有 Fe_2O_3、$A1_2O_3$ 和 H_2SiO_3 等。

(2) 氢离子浓度(pH)。氢离子浓度是指水的酸碱度，用 pH 表示。$pH=1g\ [H^+]$。

根据 pH 可将水分为五类，见表 3-3。

表 3-3 水按 pH 的分类

水的分类	强酸性水	弱酸性水	中性水	弱碱性水	强碱性水
pH	<5	5～7	7	7～9	>9

地下水的氢离子浓度主要取决于水中 HCO_3^-、CO_3^{2-}、和 H_2CO_3 的数量。自然界中大多数地下水的 pH 在 6.5～8.5 之间。

氢离子浓度为一般酸性侵蚀指标。酸性侵蚀是指酸可分解水泥混凝土中的 $CaCO_3$ 成分，其反应式为

$$2CaCO_3 + 2H^+ \rightarrow Ca(HCO_3)_2 + Ca^{2+}$$

(3) 总矿化度。水中离子、分子和各种化合物的总量称为总矿化度，以 g/L 为单位。它表示水的矿化程度。通常以在 105～110℃温度下将水蒸干后所得干涸残余物的含量来确定。根据矿化程度可将水分为五类，见表 3-4。

表 3-4 水按矿化度的分类

水的类别	淡水	微咸水(低矿化水)	咸水	盐水(高矿化水)	卤水
矿化度/(g/L)	<1	1～3	3～10	10～50	>50

矿化度与水的化学成分之间有密切的关系：淡水和微咸水常以 HCO_3^- 为主要成分，称为重碳酸盐水；咸水常以 SO_4^{2-} 为主要成分，称硫酸盐水；盐水和卤水则往往以 Cl^- 为主要成分，称为氯化物水。

高矿化水能降低混凝土的强度，腐蚀钢筋，促使混凝土分解，故拌和混凝土时不允许用高矿化水，在高矿化水中的混凝土建筑亦应注意采取防护措施。

(4) 水的硬度。水中 Ca^{2+}、Mg^{2+} 的总含量称为总硬度。将水煮沸后，水中一部分 Ca^{2+}、Mg^{2+} 的重碳酸盐因失去 CO_2 而生成碳酸盐沉淀下来，致使水中 Ca^{2+}、Mg^{2+} 的含量减少，由于煮沸而减少的这部分 Ca^{2+}、Mg^{2+} 的总含量称为暂时硬度。

总硬度与暂时硬度之差称为永久硬度，相当于煮沸时未发生碳酸盐沉淀的那部分 Ca^{2+}、Mg^{2+} 的含量。

我国采用的硬度表示法有两种：一是德国度，每一度相当于 1L 水中含有 10mg 的 CaO 或 7.2mg 的 MgO；一是 1L 水中 Ca^{2+} 和 Mg^{2+} 的毫摩尔数。1 毫摩尔硬度＝2.8 德国度。根据硬度可将水分为五类，见表 3-5。

表 3-5 水按硬度的分类

水的类别		极软水	软水	微硬水	硬水	极硬水
硬度	1L 水中含 Ca^{2+} 和 Mg^{2+} 的毫摩尔数	<1.5	1.5～3.0	3.0～6.0	6.0～9.0	>9.0
	德国度	<4.2	4.2～4.8	8.4～16.8	16.8～25.2	>25.2

3.2.2 地下水的基本类型

为了有效地利用地下水和对地下水某些特征进行深入的研究，必须进行地下水分类。由

于利用地下水和研究地下水的目的和要求不同，有许多不同的地下水分类方法。总的看来有两大分类法：一是根据地下水某一方面或某几方面因素对其进行分类；二是尽可能全面地考虑到影响地下水特征的各种因素对其进行综合分类。地下水按温度分类、按总矿化度分类、按硬度分类及按 pH 分类等属于前者。后者则主要按埋藏条件和含水量性质对地下水进行综合分类。目前，我国工程地质工作中采用的是地下水综合分类，见表 3－6。

表 3－6 地下水按埋藏条件和含水层性质分类

含水介质类型 / 埋藏条件	孔隙水	裂隙水	岩溶水
上层滞水	局部黏性土隔水层上季节性存在的重力水	裂隙岩层浅部季节性存在的重力水及毛细水	裸露的岩溶化岩层上部岩溶通道中季节性存在的重力水
潜　　水	各类松散堆积物浅部的水	裸露于地表的各类裂隙岩层中的水	裸露于地表的岩溶化岩层中的水
承压水(自流水)	山间盆地及平原松散堆积物深部的水	组成构造盆地、向斜构造或单斜断块的被掩覆的各类裂隙岩层中的水	组成构造盆地、向斜构造或单斜断块的被掩覆的岩溶化岩层中的水

由表 3－6 可知，地下水可分为九种基本类型，为叙述方便，分别按埋藏条件及含水层性质讨论其特征。

1. 地下水按埋藏条件分类及其特征

1）上层滞水

埋藏在地面以下包气带中的水，称为上层滞水。上层滞水可分为非重力水和重力水两种。非重力水主要指吸着水、薄膜水和毛细水，又称为土壤水。重力水则指包气带中局部隔水层上的水，如图 3.22 所示。

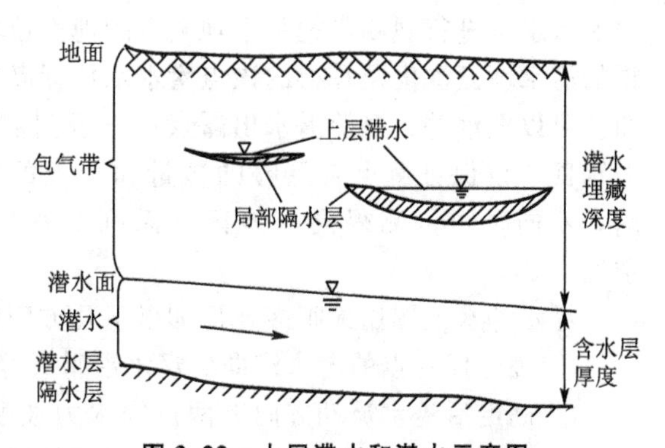

图 3.22 上层滞水和潜水示意图

上层滞水的特征是分布于接近地表的包气带内，与大气圈关系密切；这类水是季节性的，主要靠大气降水和地表水下渗补给，故分布区和补给区一致，以蒸发或逐渐向下渗透到潜水中的方式排泄，雨季水量增加，干旱季节减少甚至重力上层滞水完全消失；土壤水不能直接被人们取出利用，但对农作物和植物有重要作用，重力上层滞水分布面积小，水量也小，季节变化大，容易受到污染，只能用作小型或暂时性供水水源，从供水角度看意义不大，但从工程地质角度看，上层滞水常常是引起土质边坡滑坍、黄土路基沉陷、路基冻胀等病害的重要因素。

2）潜水

埋藏在地面以下、第一个稳定隔水层以上的饱水带的重力水称为潜水，如图 3.23 所示。潜水主要特征如下。

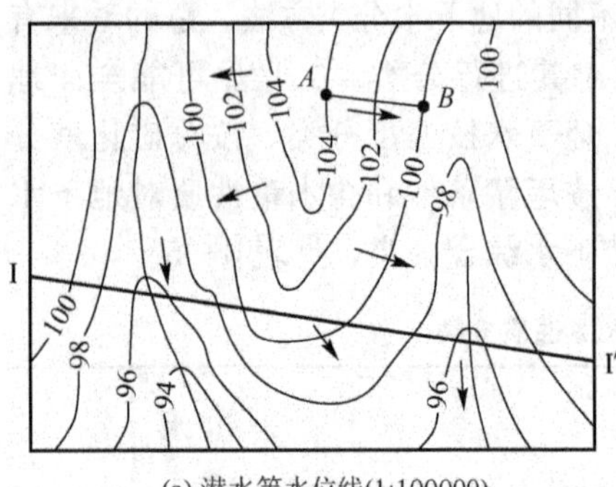

(a) 潜水等水位线(1:100000)

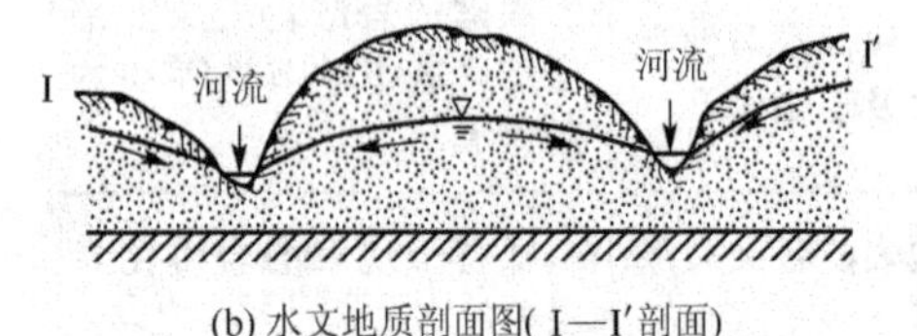

(b) 水文地质剖面图(I—I′剖面)

图 3.23 潜水等水位线图及水文地质剖面图

(1) 潜水的分布及潜水面特征。潜水分布极广，它主要埋藏在第四纪松散沉积物中，在第四纪以前的某些松散沉积物及基岩的裂隙、空洞中也有分布。

潜水有一个无压的自由水面称潜水面。潜水面至地面的垂直距离称潜水埋藏深度(h)。潜水面至下部隔水层顶面的垂直距离称含水层距离或潜水层厚度(H)，潜水面上每一点的绝对标高称潜水位，因此它们之间有以下关系：

潜水位＝地面绝对标高－潜水埋藏深度

当潜水面为一水平面时，潜水静止不流动，形成潜水湖。在一般情况下，潜水面是一个倾斜面，潜水在重力作用下，由潜水位高的地方流向潜水位较低之处，形成潜水流。通常，潜水面不是一个延伸很广的平面，从较大范围看，潜水面是一个有起有伏、有陡有缓的面。影响潜水面形状的因素主要有三个：地表地形、含水量厚度及岩土层的透水性能。潜水面形态一般与地表地形相适应：地面坡度大，地下潜水面相应坡度也大，但总的看来，潜水面坡度比地表地形平缓得多。含水量厚度变大时，潜水面坡度变缓，岩层透水性变大，潜水面也变缓。

潜水面的形状可以用潜水等水位线图表示。潜水等水位线图就是潜水面的等高线图，如图 3.23 所示，其作图方法和地表地形等高线作法相似，而且是在地形等高线图的基础上作出来的。由于潜水面是随时间变化的，在编图时必须在同一时间或较短时间内对测区内潜水水位进行观测，把每个观测点的地面位置准确地绘制在地形图上，并标注该点所测得的潜水埋藏深度及算得的该点潜水水位标高，根据各测点的水位标高画出潜水等水位线图。可以把水井、泉等潜水出露点选作观测点，也可根据需要进行人工钻孔或挖试坑到潜水面，以保证测点有足够的数量和合理的分布。每张潜水等水位图均应注明观测时间，不同时间可测得同一地区一系列等水位线图，表明该地区潜水面随时间变化的情况。

潜水等水位图用途很多，比如以下几方面。

① 确定任一点的潜水流向。潜水沿垂直等水位线方向由高水位流向低水位。

② 确定沿潜水流动方向上两点间水力坡度，即两点潜水位高度差与两点间水平距离之比。水力坡度大小直接影响到该两点间的平均流速。

③ 确定任一点潜水埋藏深度。

④ 确定潜水与地表水之间的补给关系。从图 3.24 中可以看出，潜水流向指向河流的是潜水补给地表水；潜水流向远离河流的则是河流补给潜水。

(2) 潜水的补给、径流和排泄。大气降水通过包气带向下渗透是潜水的主要补给来源。此时，潜水的分布区和补给区是一致的。大气降水下渗补给的水量取决于大气降水性质、地表植被覆盖情况、地面坡度、包气带岩土层的透水性及厚度等因素。

时间短、雨量小的降水，补给量不大，甚至不能下渗达到潜水面，短时间的大暴雨，大部分降水形成地表径流，补给潜水的也不多。只有长时间的连绵细雨，才能把大部分降

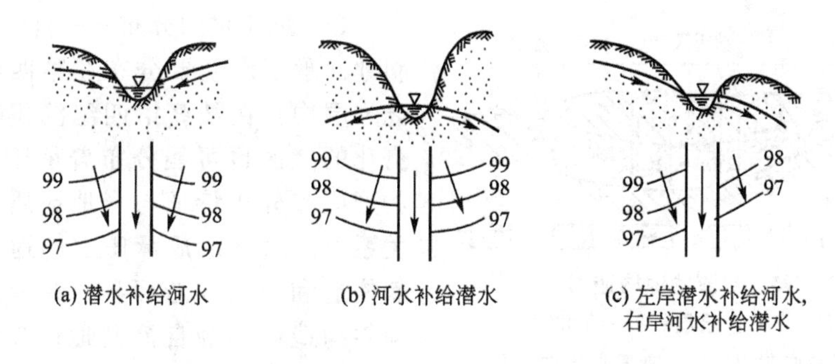

图 3.24 地表水与潜水之间的补给关系

水补给潜水。

植被较多的地方，降水不易流走，有利于下渗补给潜水，地面坡度大小更能直接影响下渗量的多少，地面坡度愈小，愈有利于下渗补给潜水。

包气带岩土层透水性愈大，包气带厚度愈小，则大气降水就能更多、更快地下渗补给潜水。

潜水的分布区与补给区不一致的情况也是存在的。例如，在某些大河的中下游，特别是在洪水季节，河水位高于两岸地区潜水位，此时地表水称为潜水的补给来源。在某些情况下，潜水还可以从承压水得到补给(见下面承压水部分)。在沙漠地区，岩土中气态水凝结而成的液态水，对这种地区潜水的形成及补给有重要意义。

潜水的径流和排泄受含水岩土性质、潜水面水力坡度、地形切割程度及气候条件的影响。岩土透水性好，潜水面水力坡度大，地面被沟谷切割得较深则潜水径流条件好。在山区和河流中下游地区，潜水埋藏较深，通过补给河流或以泉的形式流出地表而排泄，是以水平排泄为主。在平原和河流下游地区，黏性土增多，透水性变差，潜水面平缓，水力坡度减少，潜水埋藏较浅，主要通过潜水面上毛细带向上蒸发进入大气而排泄，是以垂直排泄为主，径流条件较差。气候条件的影响也是明显的，在西北沙漠草原干旱气候区，潜水一般无径流，靠凝结补给，蒸发排泄；在西南、华南及沿海潮湿气候区，潜水径流条件好，是下渗补给、水平排泄。

潜水的水质和水量是潜水的补给、径流和排泄的综合反映。例如，补给来源丰富、径流条件好、以水平排泄为主的潜水，一般水量较大，水质较好；反之，水量小，水质差。在潜水埋藏浅的地区，若以蒸发排泄为主，则随着水分的蒸发，水中所含盐分留在潜水及包气带岩土层内，使潜水矿化度增高，引起包气带土壤的盐渍化。

除上述水质、水量的静态特征外，还应注意研究潜水水质、水量随时间的变化，即研究其动态特征。许多与潜水有关的工程病害，都是在显著的潜水动态变化之后不久发生的。

3）承压水

埋藏并充满在两个隔水层之间的地下水，是一种有压重力水，称为承压水，上隔水层称为承压水的顶板，下隔水层称为底板。由于承压水承受压力，当由地面向下钻孔或挖井打穿顶板时，这种水能沿钻孔或井上升，若水压力较大时，甚至能喷出地表形成自流，故也称自流水，如图 3.25 所示。

承压水的主要特征如下。

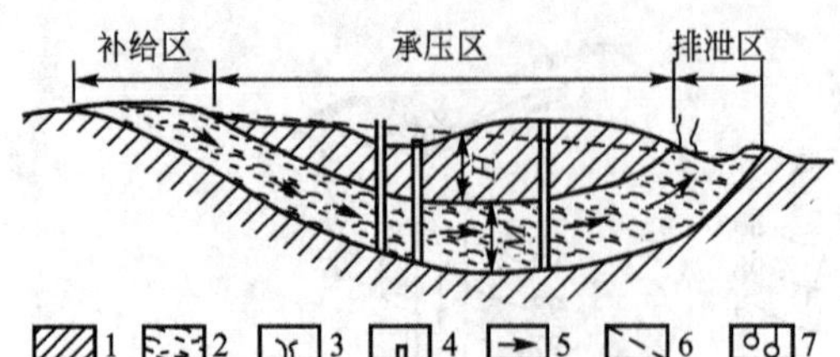

图 3.25 自流盆地构造图

1—隔水层；2—含水层；3—喷水钻孔；4—不自喷钻孔；5—地下水流向；6—测压水位；7—泉

(1) 承压水的分布——自流盆地及自流斜地。承压水主要分布在第四纪以前的较老岩层中，在某些第四纪沉积物岩性发生变化的地区也可能分布着承压水。承压水的形成和分布特征与当地地质构造有密切关系，最适宜形成承压水的地质构造有向斜构造和单斜构造两种。有承压水分布的向斜构造可称为自流盆地；有承压水分布的单斜构造可称为自流斜地。

① 自流盆地。一个完整的自流盆地可分为补给区、承压区和排泄区三部分，如图 3.25 所示。

补给区多处于地形上较高的地区，该区地下水来自大气降水下渗或地表水补给，属于潜水。

承压区分布在自流盆地中央部分，该区含水层全部被隔水层覆盖，地下水充满含水层并具有一定压力。当钻孔打穿隔水层顶板后，水便沿钻孔上升，一直升到该钻孔所在位置的承压水位后稳定不再上升。承压水位到隔水层顶板间的垂直距离，即承压水上升的最大高度，称为承压水头(H)，隔水层顶板与底板间的垂直距离称含水层厚度(M)。承压水头的大小各处不同，通常隔水层顶板相对位置越低，承压水头越高。只有当地面低于承压水位的地方，地下水才具有喷出地面形成自流的压力，在其他地方，地下水的压力只有使其上升到承压水位的高度，而不能喷出地面。

和研究潜水时绘制等水位线图一样，研究承压水要绘制等承压水位线图，简称等压线图。等压线图上除有地形等高线、承压水位等高线，还必须有隔水层顶板等高线，如图 3.26 所示，才能从图上确定承压水的流向、承压水位距地表的深度及承压水头的大小等。若要求得含水层厚度，还必须增加隔水层底板等高线。

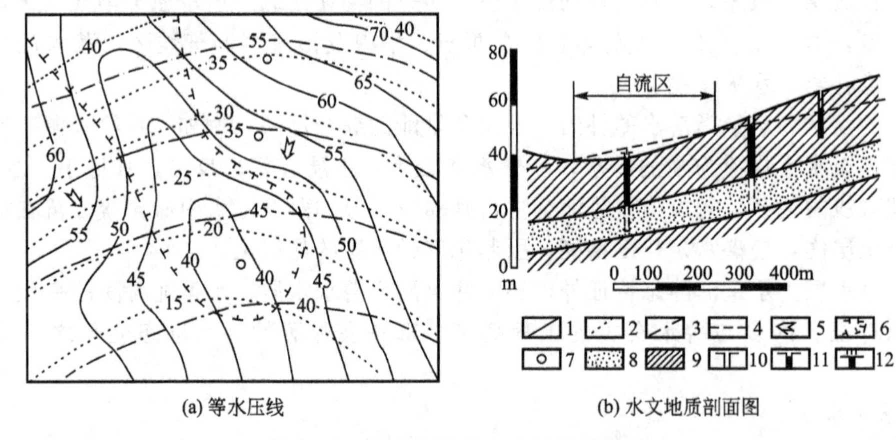

(a) 等水压线

(b) 水文地质剖面图

图 3.26 等水压线及水文地质剖面图

1—地形等高线；2—承压含水层顶板等高线；3—等水压线；4—承压水位线；5—承压水流向；6—自流区；7—井；8—含水层；9—隔水层；10—干井；11—非自流井；12—自流井

排泄区多分布在盆地边缘位置较低的地方，在这里承压水补给潜水或补给地表水，也能以泉的形式出露于地表。承压水深处隔水层顶板之下，不易产生蒸发排泄。

由此可见，在自流盆地中，承压水的补给区、承压分布区及排泄区是不一致的。

构成自流盆地的含水层与隔水层可能各有许多层，因此，承压水也可能不止一层，每个含水层的承压水也都有它自己的承压水位面。各层承压水之间的关系主要取决于地形与地质构造间的相互关系。当地形与地质构造一致，即都是盆地时，下层承压水水位高于上层承压水水位，若上下层承压水间被断层或裂隙连通，两层水就发生了水力联系，下层水向上补给上层水，当地形为馒头状，地质构造仍为盆地状时，情况则相反。

② 自流斜地。自流斜地在地质构造上有两种情况，一种是含水层的一端露出地表，另一端在地下某一深处尖灭，如图 3.27 所示。这种自流斜地常分布在山前地带，含水层多由第四纪洪积物构成。含水层露出地表一端接受大气降水或地表水下渗，是补给区，当补给量超过含水量能容纳的水量时，因下部被隔水层隔断，多余的水只能在含水层出露地带的地势低洼处以泉的形式排泄，故其补给区与排泄区是相邻的。

另一种是断裂构造形成的自流斜地。通常分布在单斜产状的基岩中，含水层一端出露于地表，成为接受大气降水或地表水下渗的补给区，另一端在地下某一深度被断层切断，并与断层另一侧的隔水层接触，如图 3.28 所示。当断层带岩性破碎能够透水时，含水层中的承压水沿断层上升，若断层带出露地表处低于含水层出露地表处，则承压水可沿断层带喷出地表形成自流，以泉的形式排泄，断层带成为这种自流斜地的排泄区。当断层带被不透水岩层充填时，这种自流斜地的特征就与图 3.27 所示的相同了。

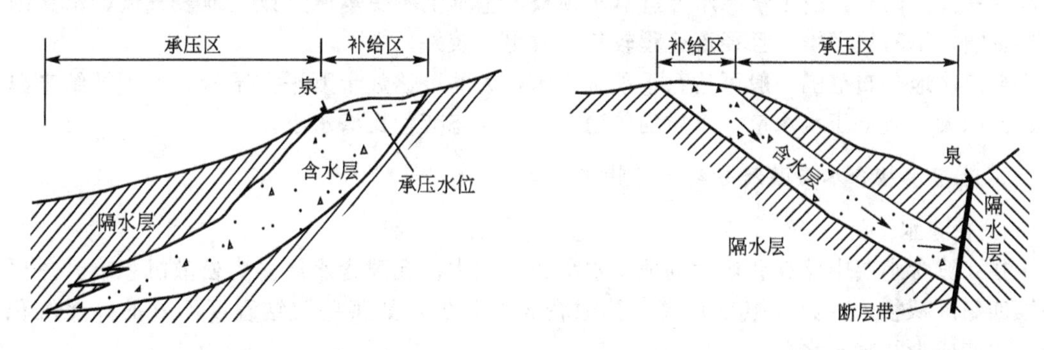

图 3.27 岩性变化形成自流盆地　　图 3.28 断裂构造形成自流盆地

(2) 承压水的补给、径流和排泄。

承压区分布的地下水是承压水，补给区分布的地下水是潜水，因此承压区与补给区分布不一致，承压水主要是通过潜水形式补给的。但补给区一般范围广大，其潜水来源也是各种各样的，可以包括补给区内大气降水下渗、地表水下渗，也可能由补给区外的潜水流入补给区内成为补给承压水的重要来源，如图 3.29 所示。

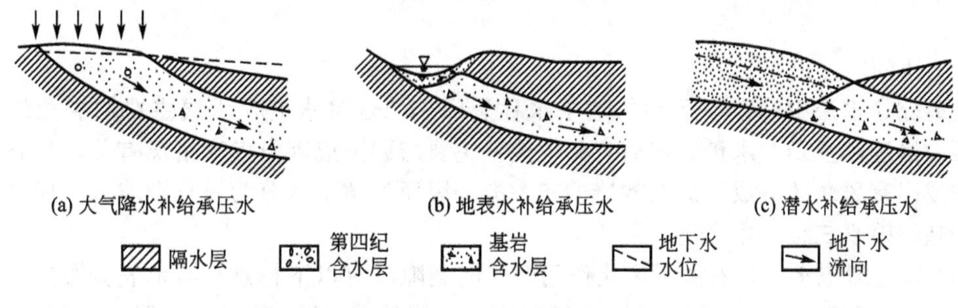

图 3.29 承压水的补给

承压水的径流条件主要取决于补给区与排泄区的高差及两区间的距离，以及含水层的透水性和挠曲程度等因素。一般说来，补给区与排泄区的水位差大、距离短，含水层透水性好、挠曲程度小，则径流条件好；反之，径流条件差。

承压水排泄方式也很多：地面切割使含水层在低于补给区的位置出露于地表，承压水以泉的形式排泄；河谷下切至含水层，则承压水向地表水排泄；当排泄区含水层与潜水含水层连通时，承压水流入潜水，如图 3.30 所示。

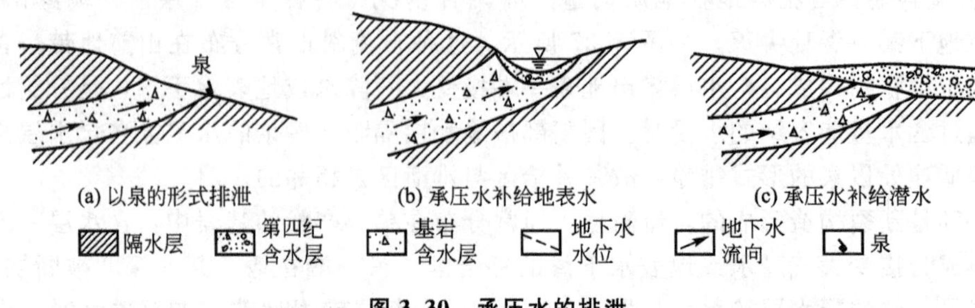

图 3.30　承压水的排泄

承压水的涌水量与含水层的分布范围、厚度、透水性及补给区和补给水源的大小等因素有关。含水层分布范围愈广、厚度愈大、透水性愈好、补给区面积大、补给来源充足，涌水量就大。同时，由于承压水上有隔水顶板，基本上不受承压区以上地表气候、水文因素的影响，不易被污染，且径流途程较长，故水质较好。

自流盆地分布范围一般可达数千平方千米，大的可达数十万平方千米。由于补给来源多、面积大，故承压水水量、水质均较稳定，其动态变化比潜水小。

2. 地下水按含水层性质分类及其特征

1）孔隙水

在孔隙含水层中储存和运动的地下水称为孔隙水。孔隙含水层多为松散沉积物，主要是第四纪沉积物。少数孔隙度较高、孔隙较大的基岩，如某些胶结程度不好的碎屑沉积岩，也能成为孔隙含水层。

根据孔隙含水层埋藏条件的不同，可以有孔隙—上层滞水、孔隙—潜水和孔隙—承压水三种基本类型，常见情况是孔隙—潜水型。

就含水层性质来说，岩土的孔隙性对孔隙水影响最大。例如，岩土颗粒粗大而均匀，就使孔隙较大，透水性好，因此孔隙水水量大、流速快、水质好。其次，岩土的成因和成分及颗粒的胶结情况对孔隙水也有较大影响。所以在研究孔隙水时，必须对含水层岩土的颗粒大小、形状、均匀程度、排列方式、胶结情况及岩土的成因和岩性进行详细研究。

2）裂隙水

在裂隙含水层中储存和运动的地下水称裂隙水。这种水的含水层主要由裂隙岩石构成。裂隙水运动复杂，水量、水质变化较大，主要与裂隙成因及发育情况有关。岩石中的裂隙按成因有风化的、成岩的及构造的三大类，因而裂隙水就分为风化裂隙水、成岩裂隙水和构造裂隙水三种基本类型。

（1）风化裂隙水：岩石由于风化作用形成的裂隙具有以下特点：沿地表分布广泛，无一定方向，密集而均匀，延伸不远，互相连通，发育程度随深度而减弱，一般深 20～

50m，最大可超过100m，因此风化裂隙水常埋藏于地表浅处，含水层厚度不大，水平方向透水性均匀，垂直方向透水性随深度而减弱，逐渐过渡到不透水的未风化岩石。风化裂隙水多为裂隙—潜水型，少量的为裂隙—上层滞水型和裂隙—承压水型。

风化裂隙水多靠大气降水补给，有明显的季节性。一般来说，由于山区地形起伏大，沟谷发育、径流和排泄条件好，不利于风化裂隙水的储存，所以除了短期雨季外，水量不大。

(2) 成岩裂隙水：成岩裂隙是在岩石形成过程中由于冷凝、固结、干缩而形成的，如玄武岩中的柱状节理，页岩中的某些干缩节理等。成岩裂隙的特点是：垂直岩层层面分布，延伸不远，不切层，在同一岩中发育均匀，彼此连通。因此成岩裂隙水多具有层状分布特点。

当成岩裂隙岩层出露于地表，接受大气降水或地表水补给时，则形成裂隙—潜水型地下水，当成岩裂隙岩层被隔水层覆盖时，则形成裂隙—承压水类型地下水。由于同一岩体中不同层位岩层的成岩裂隙发育程度不同，因此成岩裂隙水的分布范围不一定和岩体的分布范围完全一致，成岩裂隙水的分布特点、水量大小及水质好坏主要取决于成岩裂隙的发育程度、岩石性质和补给条件。

在我国西南地区，分布有大面积二叠系峨眉山玄武岩，自四川西部一直向南延伸到云南中部，其中某些地区成岩裂隙很发育，含有丰富的成岩裂隙水，泉流量一般为0.1～0.6L/s。

(3) 构造裂隙水：由地壳的构造运动在岩石中形成的各种断层和节理，统称构造裂隙。不同的构造裂隙所含的构造裂隙水特征不同。在压性、扭性或压扭性的构造裂隙中，裂隙多为密闭型，透水性差，含水量小，可以起隔水作用，逆断层及密闭节理属于此类。在张性或张扭性构造裂隙中，裂隙多为张开型，透水性好，蓄水量大，起良好的含水和过水作用，正断层和某些平移断层及张开节理属于此类。

构造裂隙多具有一定的方向性，沿某一方向很发育，延伸很远；沿另一方向可能很不发育。例如，沿褶皱轴部、断裂带附近裂隙都很发育。因此造成构造裂隙水有下述三种分布特征：

① 脉状分布。多存在于坚硬岩石张开裂隙中，其特点是裂隙分布不均匀，连通性差，所含脉状构造裂隙水各有自己的独立系统、补给源及排泄条件，不能形成统一的水位。水量较小，有的是潜水型，有的是承压水型。

② 带状分布。多分布于断裂破碎带中，一般受大气降水及地表水补给，在一定范围内有统一的补给源及排泄通道，水量大、延伸远、水位一致。由于断裂破碎带均有一定倾斜角度，故地表浅处为潜水型，地下深处则为承压水型。带状构造裂隙水的特征主要取决于断裂破碎带的性质、宽度、长度、充填物及两盘的岩性情况。

③ 层状分布。主要分布在软硬互层的坚硬岩石中。因为构造运动常使软岩变形而不破裂，而使硬岩形成构造裂隙。例如砂岩、页岩互层地带，常在砂岩中形成层状构造裂隙水，而页岩成为隔水层，故这种地下水多属裂隙一承压水型。水量、水质取决于坚硬岩石中裂隙发育程度、岩石性质及埋藏条件。

综上所述，裂隙水的分布、补给、径流、排泄、水量及水质特征受裂隙的成因、性质及发育程度的控制，只有很好地研究裂隙的发生、发展规律，才能更好地掌握裂隙水的规律。

3）岩溶水

埋藏于溶隙中的重力水称为岩溶水(或喀斯特水)。岩溶水可以是潜水，也可以是承压水。一般来说，在裸露的石灰岩分布的岩溶水主要是潜水；当岩溶化岩层被其他岩层所覆盖时，岩溶潜水可以转变为岩溶承压水。

3.2.3 地下水对土木工程的影响

1. 地下水水质评价

在铁路建设中，地下水水质评价的目的主要是为了满足生活用水、机车用水和工程用水等对水质的要求以及了解地下水对混凝土的侵蚀性。

1）供水水质评价

我国2007年7月起修订实施的《生活饮用水卫生标准》，以保证身体健康为主要目的，共计规定35项指标，其中1～4项为物理性质指标，5～15项为化学成分指标。表3-7列出了前12项指标。

表3-7 生活饮用水水质标准(部分)

编号	项目	标准
1	颜色	色度不超过15度，并不得呈现其他异色
2	浑浊度	不超过3度，特殊情况不超过5度
3	嗅觉和味觉	不得有异嗅、异味
4	肉眼可见物	不得含有
5	pH	6.5～8.5
6	总硬度	(以$CaCO_3$计)不超过450mg/L
7	铁	不超过0.3mg/L
8	锰	不超过0.1mg/L
9	铜	不超过1.0mg/L
10	锌	不超过1.0mg/L
11	挥发酚类	不超过0.002mg/L
12	阴离子合成洗涤剂	不超过0.3mg/L

随着生活水平的提高和环境污染的日趋严重，人们对饮用水的要求也越来越高。1976年我国制定的《生活饮用水卫生标准》共有23项指标，1985年制定的标准增加到了35项，2001年制定的标准有96项指标，而从2007年7月开始，《生活饮用水卫生标准》的指标将增到106项。

工程用水主要是施工拌和混凝土用水，其水质标准主要是：pH不得小于4；SO_4^{2-}的含量不超过1500mg/L；此外，不得使用海水或其他含有盐类的水，不得使用沼泽水、泥炭地的水、工厂废水及含矿物质较多的硬水拌和混凝土，含有脂肪、植物油、糖类及游离酸等杂质的水也禁止使用。

2）地下水对混凝土的侵蚀性

土木工程建筑物，如房屋桥梁基础、地下洞室衬砌和边坡支挡建筑物等，都要长期与地下水相接触，地下水中各种化学成分与建筑物中的混凝土产生化学反应，使混凝土中某些物质被溶蚀，强度降低，结构遭到破坏，或者在混凝土中生成某些新的化合物，这些新化合物生成时体积膨胀，使混凝土开裂破坏。

地下水对混凝土的侵蚀有以下几种类型。

（1）溶出侵蚀：硅酸盐水泥遇水硬化，生成氢氧化钙［$Ca(OH)_2$］、水化硅酸钙（$2CaO \cdot SiO_2 \cdot 12H_2O$）、水化铝酸钙（$2CaO \cdot Al_2O_3 \cdot 6H_2O$）等。地下水在流动过程中对上述生成物中的 $Ca(OH)_2$ 及 CaO 成分不断溶解带走，结果使混凝土的强度下降。这种溶解作用不仅和混凝土的密度、厚度有关，而且和地下水中 HCO_3^- 的含量关系很大，因为水中 HCO_3^- 与混凝土中 $Ca(OH)_2$ 化合生成 $CaCO_3$ 沉淀，即

$$Ca(OH)_2+2HCO_3^-=CaCO_3\downarrow+2H_2O+CO_3^{2-}$$

$CaCO_3$ 不溶于水，既可充填混凝土空隙，又可以在混凝土表面形成一个保护层，防止 $Ca(OH)_2$ 溶出，因此 HCO_3^- 含量愈高，水的侵蚀性愈弱，当 HCO_3^- 含量低于 2.0mg/L 或暂时硬度小于 3 度时，地下水具有溶出侵蚀性。

（2）碳酸侵蚀：几乎所有的水中都含有以分子形式存在的 CO_2，常称游离 CO_2。水中 CO_2 与混凝土中 $CaCO_3$ 的化学反应是一种可逆反应，即

$$CaCO_3+CO_2+H_2O \rightleftharpoons Ca(HCO_3)_2 \rightleftharpoons Ca^{2+}+2HCO_3^-$$

当 CO_2 含量过多时，反应向右进行，使 $CaCO_3$ 不断被溶解，当 CO_2 含量过少，或水中 HCO_3^- 含量过高时，反应向左进行，析出固体的 $CaCO_3$。只有当 CO_2 与 HCO_3^- 的含量达到平衡时，生成的和被溶解的 $CaCO_3$ 数量相等，反应相对静止，此时所需的 CO_2 含量称为平衡 CO_2。若游离 CO_2 含量超过平衡时所需含量，则超出的部分称为侵蚀性 CO_2，它使混凝土中的 $CaCO_3$ 被溶解，直到形成新的平衡为止。可见，侵蚀性 CO_2 越多，对混凝土侵蚀性越强。当地下水流量、流速都较大时，CO_2 容易不断得到补充，平衡不易建立，侵蚀作用不断进行。

（3）硫酸盐侵蚀：水中 SO_4^{2-} 含量超过一定数值时，对混凝土造成侵蚀破坏。一般 SO_4^{2-} 含量超过 250mg/L 时，就可能与混凝土中的 $Ca(OH)_2$ 作用生成石膏。石膏在吸收 2 个分子结晶水生成二水石膏（$CaSO_4 \cdot 2H_2O$）过程中，体积膨胀到原来的 1.5 倍。SO_4^{2-}、石膏还可以与混凝土中的水化铝酸钙作用，生成水化硫铝酸钙结晶，其中含有多达 31 个分子的结晶水，又使新生成物比原来的体积增大到 2.2 倍。其化学方程式如下：

$$3(CaSO_4 \cdot 2H_2O)+3CaO \cdot Al_2O_3 \cdot 6H_2O+7H_2O \rightarrow 3CaO \cdot Al_2O_3 \cdot 3CaSO_4 \cdot 31H_2O$$

水化硫铝酸钙的形成使混凝土严重溃裂，现场称为水泥细菌。

当使用含水化铝酸钙极少的抗酸水泥时，可大大提高抗硫酸盐侵蚀的能力；当 SO_4^{2-} 含量低于 3000mg/L 时，就不具有硫酸盐侵蚀性。

（4）一般酸性侵蚀：地下水的 pH 较小时，酸性较强，这种水与混凝土中 $Ca(OH)_2$ 作用生成各种钙盐，若生成物易溶于水，则混凝土被侵蚀。一般认为 pH 小于 5.2 时具有侵蚀性。

（5）镁盐侵蚀：地下水中的镁盐（$MgCl_2$、$MgSO_4$ 等）与混凝土中的 $Ca(OH)_2$ 作用生成易溶于水的 $CaCl_2$ 及易产生硫酸盐侵蚀的 $CaSO_4$，使 $Ca(OH)_2$ 含量降低，引起混凝土中其他水化物的分解破坏。一般认为 Mg^{2+} 含量大于 1000mg/L 时有侵蚀性，通常地下水

中 Mg^{2+} 含量都小于此值。

地下水对混凝土的侵蚀性除与水中化学成分的单独作用及相互影响有密切关系外，还与建筑物所处的环境、使用的水泥品种等因素有关，必须综合考虑。

2. 地下水与工程

地下水是地质环境的重要组成部分，且最为活跃。在许多情况下地质环境的变化常常是由地下水的变化引起的。引起地下水变化的因素很多，可归纳为自然因素和人为因素两大类。自然因素主要是指气候因素，如降水引起的地下水的变化，涉及范围大，且是可预测的。引起地下水变化的人为因素是各种各样的，往往带有偶然性，局部发生，难以预测，对工程危害很大。

在土木工程建设中，地下水常常起着重要作用。地下水对土木工程的不良影响主要有如下几方面。

1）地面沉降

在松散沉积层中进行地下洞室、深基础施工时，往往需要人工降低地下水位。若降水不当，会使周围地基土层产生固结沉降，轻者造成邻近建筑物或地下管线的不均匀沉降；重者使建筑物基础下的土体颗粒流失，甚至淘空，导致建筑物开裂和安全危机。

如果抽水井滤网和砂滤层的设计不合理或施工质量差，则抽水时会将土层中的黏粒、粉粒、甚至细砂等细小土颗粒随同地下水一起带出地面，使周围地面土层很快产生不均匀沉降，造成地面建筑物和地下管线不同程度的损坏。另外，井管开始抽水时，井内水位下降，井外含水层中的地下水不断流向滤管，经过一段时间后，在井周围形成漏斗状的弯曲水面——降水漏斗。在降水漏斗范围内的土层会发生渗透固结而发生固结沉降。由于土层的不均匀性和边界条件的复杂性，降水漏斗往往是不对称的，会使周围建筑物或地下管线产生不均匀沉降，甚至开裂。

城市大面积抽取地下水，将造成大规模的地面沉降。前些年，天津市由于抽水使地面最大沉降速率高达 262mm/a，最大沉降量达 2.16m。

控制地面沉降最好的方法是合理开采地下水，多年平均开采量不能超过平均补给量。如这样做，地下水位不会有多大变化，地面沉降也不会发生或发生很小，不致造成灾害。在地面沉降已经严重发生的地区，对含水层进行回灌可使地面沉降适当恢复，但要想大量恢复是不可能的。

2）流沙

流沙是地下水自下而上渗流时土产生流动的现象，它与地下水的动水压力有密切关系。当地下水的动水压力大于土粒的浮容重或地下水的水力坡度大于临界水力坡度时，使土颗粒之间的有效应力等于零，土颗粒悬浮于水中，随水一起流出就会产生流沙。这种情况的发生常是由于在地下水位以下开挖基坑、埋设地下管道、打井等工程活动而引起的，所以流沙是一种工程地质现象，易产生在细沙、粉沙、粉质黏土等土中。流沙在工程施工中能造成大量的土体流动，致使地表塌陷或建筑物的地基破坏，能给施工带来很大困难，或直接影响建筑工程及附近建筑物的稳定，如果在沉井施工中，产生严重流沙，此时沉井会突然下沉，无法用人力控制，以致沉井发生倾斜，甚至发生重大事故。

在可能产生流沙的地区，若其上面有一定厚度的土层，应尽量利用上面的土层作天然地基，也可用桩基穿过流沙，总之尽可能地避免开挖。如果必须开挖，可用以下方法处理流沙：①人工降低地下水位：使地下水位降至可能产生流沙的地层以下，然后开挖。②打板桩：在土中打入板桩，它一方面可以加固坑壁；另一方面增长了地下水的渗流路程以减小水力坡度。③冻结法：用冷冻方法使地下水结冰，然后开挖。④水下挖掘：在基坑(或沉井)中用机械在水下挖掘，避免因排水而造成产生流沙的水头差，为了增加沙的稳定，也可向基坑中注水并同时进行挖掘。此外，处理流沙的方法还有化学加固法、爆炸法及加重法等。在基槽开挖的过程中局部地段出现流沙时，立即抛入大石块等，可以克服流沙的活动。

3）潜蚀对建筑工程的影响

潜蚀作用可分为机械潜蚀和化学潜蚀两种。机械潜蚀是指土粒在地下水的动水压力作用下受到冲刷，将细粒冲走，使土的结构破坏，形成洞穴的作用；化学潜蚀是指地下水溶解土中的易溶盐分，使土粒间的结合力和土的结构破坏，土粒被水带走，形成洞穴的作用。这两种作用一般是同时进行的。在地基土层内如具有地下水的潜蚀作用时，将会破坏地基土的强度，形成空洞，产生地表塌陷，影响建筑工程的稳定。在我国的黄土层及岩溶地区的土层中，常有潜蚀现象产生，修建建筑物时应予以注意。

对潜蚀的处理可以采用堵截地表水流入土层、阻止地下水在土层中流动、设置反滤层、改造土的性质、减小地下水流速及水力坡度等措施。这些措施应根据当地的具体地质条件分别或综合采用。

4）地下水的浮托作用

当建筑物基础底面位于地下水位以下时，地下水对基础底面产生静水压力，即产生浮托力。如果基础位于粉性土、砂性土、碎石土和节理裂隙发育的岩石地基上，则按地下水位100%计算浮托力；如果基础位于节理裂隙不发育的岩石地基上，则按地下水位50%计算浮托力；如果基础位于黏性土地基上，其浮托力较难确切的确定，应结合地区的实际经验考虑。

地下水不仅对建筑物基础产生浮托力，同样对其水位以下的岩石、土体产生浮托力。所以《建筑地基基础设计规范》(GB 5007—2011)第5.1.3条规定：确定地基承载力设计值时，无论是基础底面以下土的天然重度或是基础底面以上土的加权平均重度，地下水位以下一律取有效重度。

5）基坑突涌

当基坑下伏有承压含水层时，开挖基坑减小了底部隔水层的厚度。当隔水层较薄经受不住承压水头压力作用时，承压水的水头压力会冲破基坑底板，这种工程地质现象被称为基坑突涌。

为避免基坑突涌的发生，必须验算基坑底层的安全厚度 M。基坑底层厚度与承压水头压力的平衡关系式为

$$\gamma M=\gamma_w H \tag{3-4}$$

式中 γ、γ_w——分别为黏性土的重度和地下水的容重；

H——相对于含水层顶板的承压水头值；

M——基坑开挖后黏土层的厚度。

所以，基坑底部黏土层的厚度必须满足下式(图3.31)

$$M>\frac{\gamma_w}{\gamma}H \tag{3-5}$$

如果基坑底层的安全厚度 M 数值不够，为防止基坑突涌，则必须对承压含水层进行预先排水，使其承压水头下降至基坑底能够承受的水头压力(图 3.32)，而且，相对于含水层顶板的承压水头 H_w 必须满足下式

$$H_w<\frac{\gamma}{\gamma_w}M \tag{3-6}$$

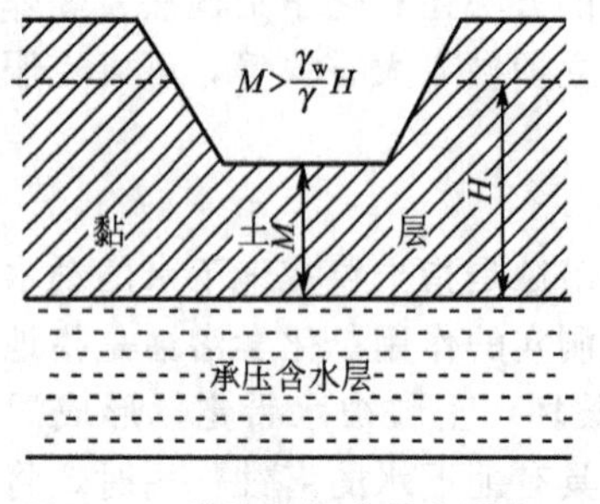

图 3.31 基坑底隔水最小厚度 M

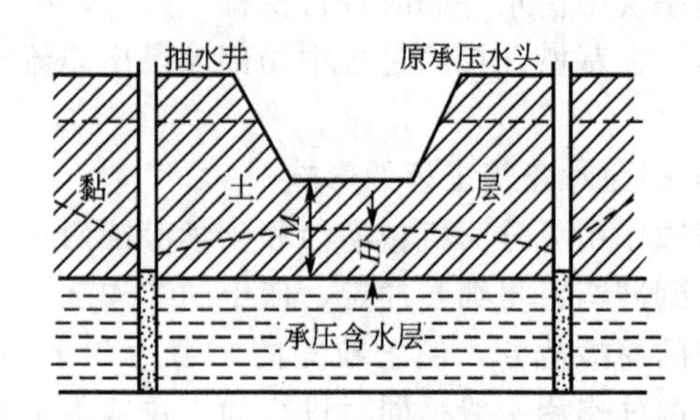

图 3.32 防止基坑突涌的排水降压

知识链接

随着社会经济的快速发展和地下水开发技术的不断提高，我国地下水开发正在向“深、广”发展，开采层不断加深，开采范围不断扩大。全国 660 个城市中，开采地下水的城市有 400 多个；地下水有效灌溉面积 7.48 亿亩，占全国耕地总面积的 40%；过去东南沿海从不开采地下水的地区，现在大量开采地下水；华北平原、长江三角洲等地区，因浅层地下水污染，地下水开采大量转向深层地下水。地下水的开发利用，一方面给社会经济发展提供了水源支撑；另一方面不合理超量开采地下水，诱发了许多环境地质问题。特别是以地下水为主要供水水源的北方城市和地区，掠夺式开采现象严重，引发的环境地质问题突出。

从《中国地下水环境地质问题图》反映出地下水主要环境地质问题有区域地下水降落漏斗、地面沉降、地面塌陷、地裂缝、海水入侵和土壤盐渍化等，主要分布在地下水集中开采和超量开采地区。

1. 地下水降落漏斗

初步统计，全国已形成区域地下水降落漏斗 100 多个，漏斗区总面积达 $15\times10^4\text{km}^2$，主要分布在北方地区。华北平原深层地下水大量开采，形成了跨京、津、冀、鲁的区域地下水降落漏斗群，有近 $7\times10^4\text{km}^2$ 面积的地下水位低于海平面。长江三角洲等地区的深层承压水头下降幅度和范围也在不断扩大。区域地下水位下降还使平原或盆地的湿地萎缩或消失，地表植被破坏，导致生态环境退化。

2. 地面沉降

全国有近 70 个城市因不合理开采地下水诱发了地面沉降，沉降范围 $6.4\times10^4\text{km}^2$，沉降中心最大沉降量超过 2m 的有上海、天津、太原、西安、苏州、无锡、常州等城市，天津塘沽的沉降量达到 3.1m。西安、大同、苏州、无锡、常州等地市的地面沉降同时伴有地裂缝，对城市基础设施构成严重威胁。发生地裂缝的地区还有河北、山东、云南、广

东、海南等地。

3. 地面塌陷

超量开采岩溶地下水造成地面塌陷，主要分布在广西、广东、贵州、湖南、湖北、江西等省(区)，在福建、河北、山东、江苏、浙江、安徽、云南等省份也有分布。昆明、贵阳、六盘水、桂林、泰安、秦皇岛等城市的岩溶塌陷最为典型，湖南、广东的一些矿区矿坑排水产生的塌陷数量最多。全国共发生岩溶塌陷3000多处，塌陷面积300km^{2}以上。

4. 海水入侵

沿海地区的大连、秦皇岛、沧州、烟台、北海和海南新英湾等地的地下水开采诱发了海水入侵，导致地下水水质恶化，全国海水入侵总面积近1000km^2。其中，山东莱州湾南岸和辽东半岛海水入侵最严重，成为制约当地经济发展的重要因素。

5. 土壤盐渍化

天然形成的原生土壤盐渍化问题主要分布于我国东北的松嫩平原和西北地区，黄淮海地区也有分布。主要省份有黑龙江、吉林、内蒙古、宁夏、甘肃、新疆、河北、河南、山东。长期的气候干旱，农业灌溉和工业用水量的不断增加，造成地下水位普遍下降，表层土壤富集的盐分被淋滤到地下，土壤盐渍化程度降低，盐渍化面积缩小，我国现在的土壤盐渍化面积仅为20世纪80年代初分布面积的31.4%。人为活动形成的次生土壤盐渍化问题，主要分布在我国黄河中游和西北内陆盆地大量引用地表水灌溉的农业区。

(资料来源：科学网)

本章小结

(1) 地表水可分为暂时性流水和长期流水；暂时性流水的地质作用有淋滤作用、洗刷作用和冲刷作用；不同的作用形成不同的沉积层，分别为残积层、坡积层和洪积层。

(2) 河流是地表最活跃的外营力，它的侵蚀和淤积作用不仅塑造了河漫滩、阶地等重要的地表形态，而且常对工程建设造成各种危害。

(3) 作用于海岸带的主要动力是波浪，波浪在向岸运动的过程中主要产生破碎和折射，这一过程与海岸带地形的关系极为密切。

(4) 岩土中的空隙包括孔隙、裂隙和溶隙，它们是地下水赋存和运动的通道；地下水根据埋藏条件可以分为上层滞水、潜水和承压水。

(5) 地下水对于工程的影响主要有地基沉降、潜蚀、流沙、浮托作用、基坑突涌以及水对于钢筋混凝土结构的腐蚀等。

思考题

1. 什么是淋滤作用？试说明其地质作用特征。
2. 河流地质作用表现在哪些方面？河流侧蚀作用和公路建设有何关系？
3. 什么是残积层？试说明残积层的工程地质特征。
4. 第四纪沉积物的主要类型有哪几种？

5. 什么是地下水？地下水的物理性质包括哪些内容？地下水的化学成分有哪些？

6. 地下水按埋藏条件可以分为哪几种类型？它们有何不同？试简述之。

7. 试说明地下水与工程建设的关系。

第4章 常见的地质灾害

教学目标

通过本章学习，应达到以下目标。

(1) 掌握常见的地质灾害，如滑坡、崩塌、泥石流、边坡变形破坏、岩溶等的基本概念、形成条件、基本类型、防治原则及措施。

(2) 熟悉地震的成因类型，掌握震级、烈度的概念，正确认识震级与烈度的关系。

(3) 熟悉分析边坡稳定问题的各种方法。

教学要求

知识要点	掌握程度	相关知识
滑坡、崩塌、泥石流、边坡变形破坏、岩溶等的认识与防治	(1) 野外识别滑坡的形态特征；对滑坡进行分类；掌握滑坡的防治原则及措施 (2) 了解崩塌的形成条件与防治措施 (3) 掌握泥石流的形成条件与防护措施 (4) 熟悉岩质边坡变形破坏的基本类型与稳定性分析方法 (5) 岩溶的形成条件与发育规律与防治措施	滑坡、崩塌、泥石流、边坡变形破坏、岩溶等的基本概念、形成条件、基本类型、防治原则及措施
地震的地质作用	(1) 掌握地震波的传播特点 (2) 掌握地震对建筑物的影响	(1) 地震波的分类 (2) 地震震级与地震烈度

基本概念

滑坡、崩塌、泥石流、松弛张裂、岩溶、地震、牵引式滑坡、推动式滑坡、岩堆、休止角、地震震级、地震烈度。

地质灾害是指由于地质作用对人类生存和发展造成的危害。地质灾害包括自然地质灾害和人为地质灾害。自然地质灾害是由于自然地质作用引起的灾害。例如，地球内动力地质作用引起的火山爆发、地震和外力地质作用引起的滑坡、崩塌、泥石流等。传统的工程地质学研究自然地质灾害的特征、类型、地质环境和形成条件、作用机理、对工程建筑的危害和防治措施及原则等内容。人为地质灾害是由于人类工程活动使周围地质环境发生恶化而诱发的地质灾害。例如，工程开挖诱发山体松动、滑坡和崩塌；修建水库诱发地震；城市过度开采地下水引起的地面沉降；水土流失加剧洪涝灾害等。

地质灾害是各种灾害中最重要的一种。据估计我国由地质灾害造成的损失占各种灾害总损失的35%。在地质灾害中，崩塌、泥石流、滑坡及人类工程活动诱发的浅表性地质灾害造成的损失占一半以上，每年约损失200亿元，而且大多集中在我国西部山区和高原地带，这对我国经济建设重点逐渐向中西部转移和开发西部战略有重要的意义和影响，必须予以足够的重视。

本章重点介绍在土木工程建设中最常见的几种地质灾害。

4.1 滑　坡

4.1.1 滑坡及其形态特征

边坡(也称斜坡)上大量的岩体、土体在重力作用下，沿着边坡内部一个或几个滑动面(或滑动带)整体向下滑动，且水平位移大于垂直位移的坡体变形现象称为滑坡。

滑坡是山区交通线路、水库和城市建设中经常碰到的工程地质问题之一，由此造成的损失和危害极大。在进行新线路勘测设计时，如果没有查明滑坡的存在，施工期间开挖边坡后，边坡上的岩、土体就会发生滑动，形成滑坡，规模巨大的一些滑坡，有时迫使正在修建的线路不得不放弃已建工程，重新选线。运营线上因为发生滑坡中断行车的事故，历年都有发生，1981年宝成线北段暴雨成灾，引起大量的滑坡、泥石流、整段路基被毁，桥梁被冲垮，中断行车数月，一些地段不得不进行局部改建，损失巨大，改建工程历时4年之久才结束。

据不完全统计，我国铁路沿线大小滑坡约1000余处，绝大多数分布于西南、中南、华东、西北(陕西、陇东)等地区，大致沿黄河以南，贺兰山、六盘山、横断山脉以东的铁路沿线滑坡比较集中，约占滑坡总数的80%，此线以北和以西的铁路沿线，滑坡分布零散，规模也较小，仅占滑坡总数的20%。受滑坡危害的铁路线有宝成、宝天、成昆、鹰厦、川黔、襄渝等线，滑坡分布平均密度一般每百千米超过10处，个别甚至可达20～30处。

为了正确地识别滑坡，必须知道滑坡的形态特征。一般的，滑坡在滑动过程中，常常在地面留下一系列的滑动后的形态，这些形态特征可以作为判断是否有滑坡存在的可靠标志。

通常一个发育完全、比较典型的滑坡，具有如图4.1所示的形态特征。

(1) 滑坡体：沿滑动面向下滑动的那部分岩、土体，可简称滑体。滑坡体的体积，小的为几百至几千立方米，大的可达几百万甚至几千万立方米。

(2) 滑动面：滑坡体沿其下沿的面。此面是滑动体与下面不动的滑床之间的分界面。有的滑坡有明显的一个或几个滑动面；有的滑坡没有明显的滑动面，而有一定厚度的由软弱岩土层构成的滑动带。大多数滑动面由软弱岩土层层理面或节理面等软弱结构面贯通成面。确定滑动面的性质和位置是进行滑坡整治的先决条件和主要依据。

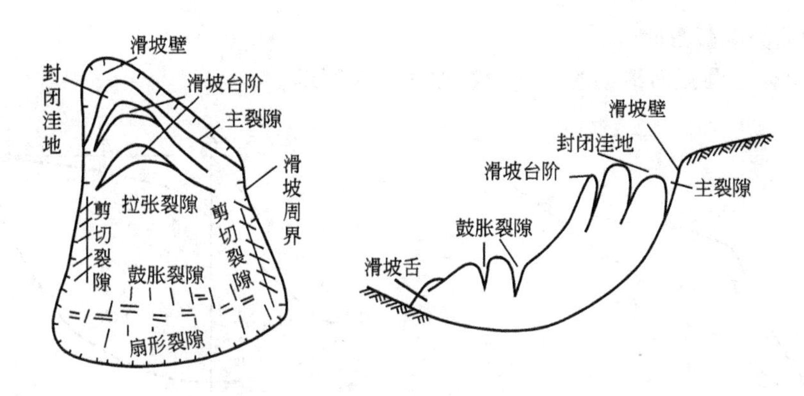

图 4.1 滑坡平面、剖面形态特征

(3) 滑坡床和滑坡周界：滑坡面下稳定不动的岩、土体称为滑坡床；平面上滑坡体与周围稳定不动的岩、土体的分界线称为滑坡周界。

(4) 滑坡壁：滑坡体后缘与不滑动岩体断开处形成高约数十厘米至数十米的陡壁称为滑坡壁，平面上呈弧形，是滑动面上部在地表露出的部分。

(5) 滑坡台阶：滑坡体各部分下滑速度差异或滑体沿不同滑面多次滑动，在滑坡上部形成阶梯状台面称为滑坡台阶。

(6) 滑坡舌：滑坡体前缘伸出部分如舌状称为滑坡舌。由于受滑床摩擦阻滞，舌部往往隆起形成滑坡鼓丘。

(7) 滑坡裂隙：在滑坡体及其周界附近有各种裂隙：滑坡后缘一系列与滑坡壁平行的弧形张拉裂隙，沿滑坡壁向下的张裂隙最深、最长、最宽，称为主裂隙；滑坡体两侧周界生成与周界线斜交的剪切裂隙；滑坡体前缘鼓丘上形成与滑动力方向垂育的张拉裂隙；滑舌处形成与舌前缘垂直的扇形扩散张拉裂隙。

此外，在滑坡体上还常见有各种地貌、地物特征可作为确定滑坡的重要参考。例如，在滑坡体上房屋开裂甚至倒塌；滑坡体上的马刀树和醉林现象；滑坡周界处双沟同源现象；滑坡体表面坡度比周围未滑动斜坡坡度变缓现象等。

4.1.2 滑坡的形成条件及影响因素

1. 滑坡的形成条件

滑坡的发生，是斜坡岩土体平衡条件遭到破坏的结果。由于斜坡岩土体的特性不同，滑动面的形状有各种形式，一般有平面形和圆弧形两种。两者表现虽有不同，但平衡关系的基本原理相同。

1) 滑动面为平面形时

当斜坡岩土体沿平面 AB 滑动时，其力系如图 4.2 所示。

斜坡的平衡条件为由岩土体重力 G 所产生的侧向滑动分力 T 等于或小于滑动面的抗滑阻力 F。通常以稳定系数 K 表示这两力之比，即

$$K=\text{总抗滑力}/\text{总下滑力}=F/T \tag{4-1}$$

很显然，若 $K<1$，斜坡平衡条件将遭破坏而形成滑坡；若 $K\geqslant1$，斜坡处于稳定状态或极限平衡状态。

2）滑动面为圆弧形时

斜坡岩土体沿圆弧面滑动时，其力系如图 4.3 所示。

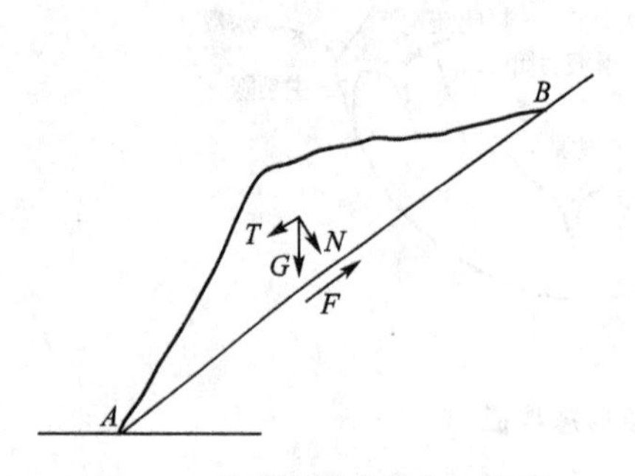

图 4.2 平面滑动的平衡示意图

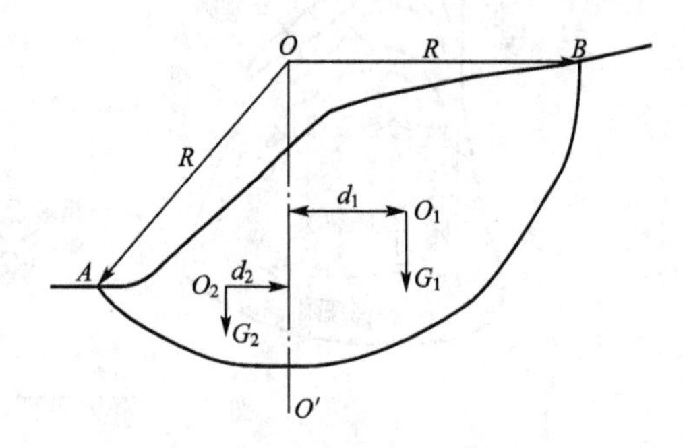

图 4.3 圆弧滑动的平衡示意图

图中圆弧 AB 为假定的滑动圆弧面，其相应的滑动中心为 O 点，R 为滑动圆弧半径。过滑动圆心 O 做一铅直线 OO'，将滑体分为两部分：在 OO'线右侧部分为“滑动部分”，其重心为 O_1，重力为 G_1，它使斜坡岩土体具有向下滑动的趋势，对 O 点的滑动力矩为 G_1d_1；在 OO'线左侧部分为随动部分，起着阻止斜坡滑动的作用，具有与滑动力矩方向相反的抗滑力矩 G_2d_2。因此，其平衡条件为滑动部分对 O 点的滑动力矩 G_1d_1，等于或小于随动部分对 O 点的抗滑力矩 G_2d_2 与滑动面上的抗滑力矩 $\tau \cdot AB \cdot R$ 之和。即

$$G_1d_1 \leqslant G_2d_2 + \tau \cdot AB \cdot R \tag{4-2}$$

式中 τ——滑动面上的抗剪强度。

其稳定系数 K 为

$$K = \frac{\text{总抗滑力矩}}{\text{总滑动力矩}} = \frac{G_2d_2 + \tau \cdot AB \cdot R}{G_1d_1} \tag{4-3}$$

同理，若 $K<1$，斜坡平衡条件遭破坏而形成滑坡；若 $K \geqslant 1$，斜坡处于稳定状态或极限平衡状态。

由上述力学分析得出结论。滑坡形成条件为：①必须形成一个贯通的滑动面；②总下滑力(矩)大于总抗滑力(矩)。

2. 影响滑坡形成和发展的因素

从上述分析可以看出，斜坡平衡条件的破坏与否，也就是说滑坡发生与否，取决于下滑力(矩)与抗滑力(矩)的对比关系。而斜坡的外形基本上决定了斜坡内部的应力状态(剪切力大小及其分布)，组成斜坡的岩土性质和结构决定了斜坡各部分抗剪强度的大小。当斜坡内部的剪切力大于岩土的抗剪强度时，斜坡将发生剪切破坏而滑动，自动地调整其外形来与之相适应。因此，凡是引起改变斜坡外形和使岩土性质恶化的所有因素，都将是影响滑坡形成的因素，这些因素概括起来主要有以下几个方面。

(1) 地形地貌条件。斜坡的高度和坡度与斜坡稳定性有密切关系。通常，开挖的边坡愈高、愈陡，稳定性愈差。力学分析表明，开挖边坡在坡顶出现拉应力，在坡脚出现剪应力集中，边坡愈高、愈陡，拉应力区域和剪应力集中程度愈大。

(2) 地层岩性。坚硬完整岩体构成的斜坡，一般不易发生滑坡，只有当这些岩体中含有向坡外倾斜的软弱夹层、软弱结构面，且倾角小于坡角、能够形成贯通滑动面时，才能

形成滑坡。各种易于亲水软化的土层和一些软质岩层组成的斜坡，则容易发生滑坡。容易产生滑坡的土层有胀缩性黏土、黄土和黄土类土以及黏性的山坡堆积成等。它们有的与水作用容易膨胀和软化；有的结构疏松，透水性好，遇水容易崩解，强度和稳定性极易受到破坏。容易产生滑坡的软质岩层有页岩、泥岩、泥灰岩等遇水易软化的岩层。此外，千枚岩、片岩等在一定条件下也容易产生滑坡。

(3) 地质构造。埋藏于土体或岩体中倾向与斜坡一致的层面、夹层、基岩顶面、古剥蚀面、不整合面、层间错动面、断层面、裂隙面、片理面等，一般都是抗剪强度较低的软弱面，当斜坡受力情况突然变化时，都可能成为滑坡的滑动面。如黄土滑坡的滑动面，往往就是下伏基岩面或是黄土的层面；有些黏土滑坡的滑动面是自身的裂隙面。

(4) 水的作用。水是导致滑坡的重要因素，绝大多数滑坡都必须有水的参与才能发生滑动。水对滑坡的作用主要表现在以下几个方面。

① 增大岩土体质量，从而加大滑坡的下滑力。

② 软化降低滑带土的抗剪强度，主要表现为 c、φ 值的降低。

③ 增大岩土体的地下水动水压力。因滑动面土为相对隔水层，地表水体补给滑体后，多以滑动面为其渗流下限，通过滑体渗流，然后在滑坡前缘地带呈湿地或泉水外泄，当雨水量过大或滑体渗流不畅时，水头上涌形成地下水动水压力，除质量增大外还受水压作用，导致滑体下滑力增大。

④ 冲刷作用。冲刷作用主要是水流对抗滑部分的冲刷，导致斜坡失稳或滑坡复活，这是滑坡预报分析的重要依据。

⑤ 水的浮托作用。水的浮托作用主要是指滑坡前缘抗滑段被水淹没发生减重，削弱其抗滑能力而导致古滑坡复活，在水库和洪水淹没区常发生此类滑坡。但不是所有古滑坡都会因被淹没而复活。

(5) 人为因素及其他因素。人为因素主要指人类工程活动不当，包括工程设计不合理和施工方法不得当造成短期甚至十几年后发生滑坡的恶果。其他因素中主要应考虑地震、风化作用、降雨等可能引发滑坡或对滑坡的发展有影响的因素。

在公路和铁路工程的施工阶段，开挖路堑、堆土筑堤，常常导致边坡滑动。这是由于切坡不当破坏了边坡支撑，或者任意在边坡上堆填土、石方增加荷重，改变了边坡的原始平衡条件等人为因素造成的。据川黔线资料，施工前赶水至贵阳段 51 个地质不良工点滑坡只有三处，施工后赶贵阳段共有滑坡 70 处，这些滑坡绝大多数是施工期间发生的，说明人为因素对滑坡的产生有着十分重大的影响。

我国一些地区，多次地震，都引起大量的滑坡。如 1973 年的四川炉霍地震，沿鲜水河谷发生 133 起滑坡。地震诱发滑坡，是使边坡岩、土体结构在地震的反复振动下破坏，抗剪强度降低，沿着岩、土体中已有软弱面或新产生的软弱面发生滑坡。一般认为，强度在五六级以上的地震就能引起滑坡。

列车振动有时也能促使边坡滑动。1952 年宝天线上一列火车刚通过滑坡地区，边坡就发生了滑动。

4.1.3 滑坡的分类

自然界滑坡数量繁多，发育在各种不同的边坡上，组成的岩土体类型又不尽相同，滑动时表现出各不相同的特点。为了更好地认识和治理滑坡，对滑坡作用的各种环境和现象特征以及形成滑坡的各种因素进行概括，以便反映出各类滑坡的特征及其发生、发展的规律，从而有效地预防滑坡的发生，或在滑坡发生之后有效地治理它，减少它的危害，需要对滑坡进行分类。根据滑坡的不同特征和不同工程的要求，可以有多种滑坡分类方法，现介绍三种常用的分类。

1. 按滑坡力学特征分类

1）牵引式滑坡

滑体下部先失去平衡发生滑动，逐渐向上发展，使上部滑体受到牵引而跟随滑动，大多是因坡脚遭受冲刷和开挖而引起的。

2）推动式滑坡

滑体上部局部破坏，上部滑动面局部贯通，向下挤压下部滑体，最后整个滑体滑动。多是由于滑体上部增加荷载或地表水沿张拉裂隙渗入滑体等原因所引起的。

2. 按滑动面与地质构造特征分类

1）均质滑坡

发生在均质土体或极破碎的、强烈风化的岩体中的滑坡。滑坡面不受岩土体中结构面控制，多为近圆弧形滑面，如图 4.4 所示。

2）顺层滑坡

沿岩层面或软弱结构面形成滑面的滑坡，多发生在岩体层面与边坡面倾向接近，而岩层面倾角小于边坡坡度的情况下，如图 4.5 所示。

3）切层滑坡

滑动面切过岩层面的滑坡，多发生在沿倾向坡外的一组或两组节理面形成贯通滑动面的滑坡，如图 4.6 所示。

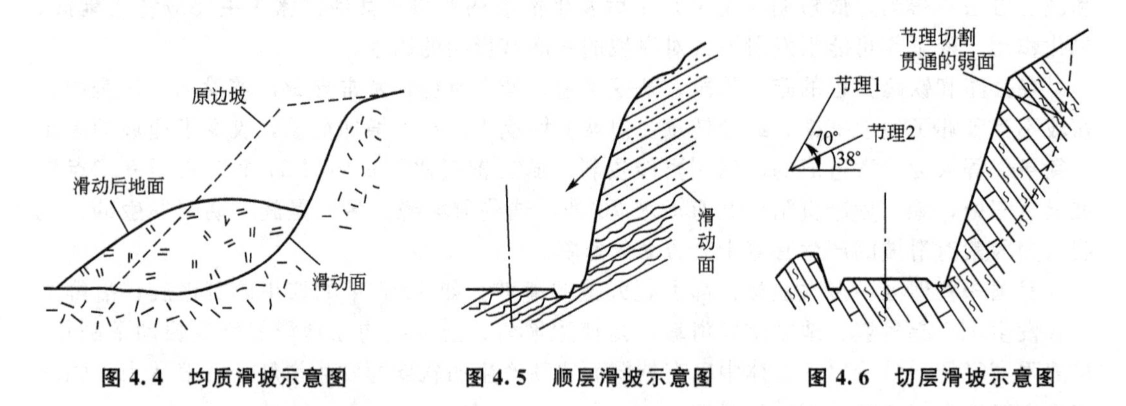

图 4.4 均质滑坡示意图　　图 4.5 顺层滑坡示意图　　图 4.6 切层滑坡示意图

3. 根据滑坡体的主要物质组成分类

1）堆积层滑坡

发生在各种松散堆积层中的滑坡称堆积层滑坡。堆积层滑坡是公路工程中经常碰到的一种滑坡类型，多出现在河谷缓坡地带或山麓的坡积、堆积及其他重力堆积层中。它的产生往往与地表水和地下水直接参与有关。滑坡体一般多沿下伏的基岩顶面，不同地质年代或不同成因的堆积物的接触面，以及堆积层本身的松散层面滑动。滑坡体厚度一般从几米到几十米。

2）黄土滑坡

发生在不同时期的黄土层中的滑坡称为黄土滑坡。它的产生常与裂隙及黄土对水的不稳定性有关，多见于河谷两岸高阶地的前缘斜坡上，常成群出现，且大多为中、深层滑坡。其中有些滑坡的滑动速度很快，变形急剧，破坏力强，是属于崩塌性的滑坡。

3）黏土滑坡

发生在均质或非均质黏土层中的滑坡称为黏土滑坡。黏土滑坡的滑动面呈圆弧形，滑动带呈软塑状。黏土的干湿效应明显，干缩时多张裂，遇水作用后呈软塑或流动状态，抗剪强度急剧降低，所以黏土滑坡多发生在久雨或受水作用后，多属中、浅层滑坡。

4）岩层滑坡

发生在各种基岩岩层中的滑坡属岩层滑坡。它多沿岩层层面或其他构造软弱面滑动。岩层滑坡多发生在由砂岩、页岩、泥岩、泥灰岩以及片理化岩层(千枚岩、片岩等)组成的斜坡上。

此外，滑坡按滑坡体规模的大小，可分为小型滑坡(滑坡体小于 30000m^3)、中型滑坡[滑坡体为(3～5)×10^5 m^3]、大型滑坡[滑坡体为(0.5～3)×10^6 m^3]、巨型滑坡(滑坡体大于 3×10^6 m^3)；按滑坡体的厚度大小分为浅层滑坡(滑坡体厚度小于 6m)、中层滑坡(滑坡体厚度为 6～20m)、深层滑坡(滑坡体厚度大于 20m)。

4.1.4 滑坡的防治

1. 滑坡的防治原则

滑坡的防治原则应当是以防为主、整治为辅；查明影响因素，采取综合整治；一次根治，不留后患。在工程位置选择阶段，尽量避开可能发生滑坡的区域，特别是大型、巨型滑坡区域；在工程场地勘测设计阶段，必须进行详细的工程地质勘测，对可能产生的新滑坡，采取正确、合理的工程设计，避免新滑坡的产生；对已有的老滑坡要防止其复活；对正在发展的滑坡进行综合整治。

(1) 整治大型滑坡，技术复杂、工程量大，时间较长，因此在勘测阶段对于可以绕避且属经济合理的，首先应考虑路线绕避的方案。在必须于滑坡附近通过时，应按后缘、前缘、中间的顺序进行。因后缘安全性大，整治工程小，前缘则应选在缓坡滑面段上通过，不得已再从中部通过。在已建成的路线上发生的大型滑坡，如改线绕避将会废弃很多工程，应综合各方面的情况，作出绕避、整治两个方案比较。对大型复杂的滑坡，常采用多项工程综合治理，应作整治规划，工程安排要有主次缓急，并观察效果和变化，随时修正整治措施。

(2) 对于中型或小型滑坡连续地段，一般情况下路线可不绕避，但应注意调整路线平面位置，以求得工程量小、施工方便、经济合理的路线方案。

(3) 路线通过滑坡地区，要慎重对待，对发展中的滑坡要进行整治，对古滑坡要防止复活，对可能发生滑坡的地段要防止其发生和发展。对变形严重、移动速度快、危害性大的滑坡或崩塌性滑坡，宜采取立即见效的措施，以防止其进一步恶化。

(4) 整治滑坡一般应先做好临时排水工程，然后再针对滑坡形成的主要因素，采取相应措施。

2. 滑坡的防治措施

防治滑坡的工程措施，大致可分为排水、力学平衡及改善滑动面(带)土石性质两类。目前常用的主要工程措施有地表排水、地下排水、减重及支挡工程等。选择防治措施，必须针对滑坡的成因、性质及其发展变化的具体情况而定。

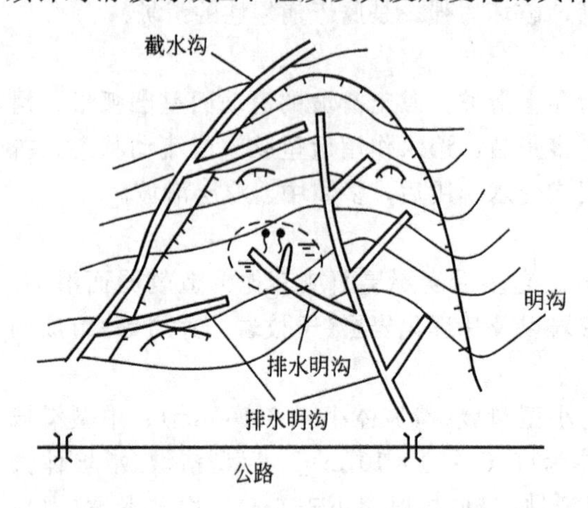

图 4.7　滑坡地表排水系统示意图

1) 排水

排水措施的目的在于减少水体进入滑体内和疏干滑体中的水，以减小滑坡下滑力。

(1) 排除地表水：对滑坡体外地表水要截流旁引，不使它流入滑坡内。最常用的措施是在滑坡体外部斜坡上修筑截流排水沟，当滑体上方斜坡较高、汇水面积较大时，这种截水沟可能需要平行设置两条或三条。对滑坡体内的地表水，要防止它渗入滑坡体内，尽快把地表水用排水明沟汇集起来引出滑坡体外。应尽量利用滑体地表自然沟谷修筑树枝状排水明沟，或与截水沟相连形成地表排水系统，如图 4.7 所示。

地表排水沟要注意防止渗漏，沟底及沟坡均应以浆砌片石防护。图 4.8 所示为截水沟断面的构造及尺寸。

(2) 排除地下水：滑坡体内地下水多来自滑体外，一般可采用截水盲沟引流疏干。对于滑体内浅层地下水，常用兼有排水和支撑双重作用的支撑盲沟截排地下水。支撑盲沟的位置多平行于滑动方向，一般设在地下水出露处，平面上呈 Y 形或 I 形，如图 4.9 所示。盲沟(也称渗沟)的迎水面做成可渗透层，背水面为阻水层，以防盲沟内集水再渗入滑体；沟顶铺设隔渗层，如图 4.10 所示。

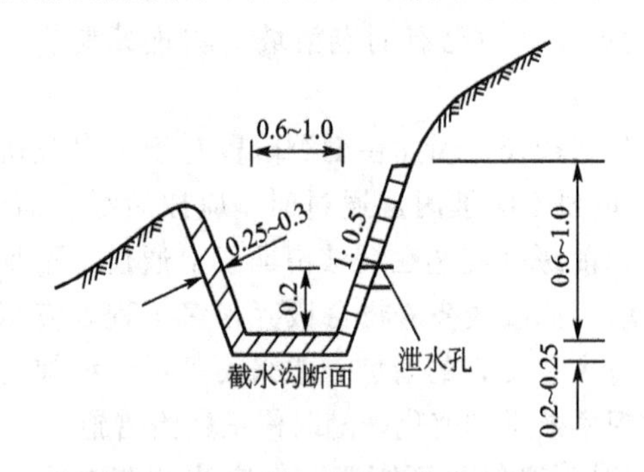

图 4.8　截水沟断面构造图(单位：m)

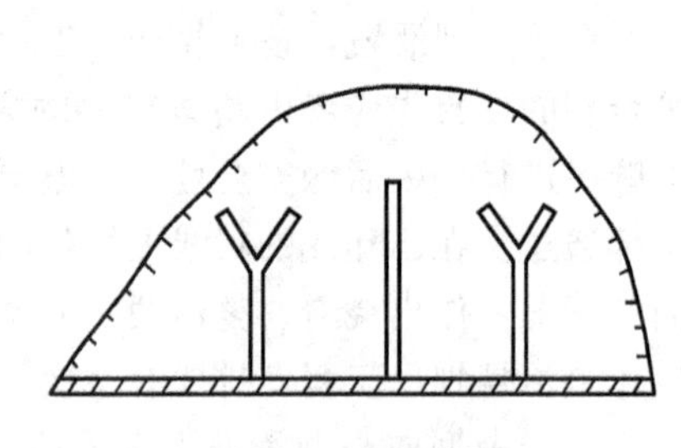

图 4.9　支撑盲沟

2) 力学平衡法

此方法是在滑坡体下部修筑抗滑石垛、抗滑挡土墙、抗滑桩、锚索抗滑桩和抗滑桩板墙等支挡建筑物，以增加滑坡下部的抗滑力。另外，可采取刷方减载的措施以减小滑坡滑动力等。

(1) 修建支挡工程。支挡工程的作用主要是增加抗滑力，使滑坡不再滑动。常用的支挡工程有挡土墙、抗滑桩和锚固工程。挡土墙应用广泛，属于重型支挡工程。采用挡土墙必须计算出滑坡滑动推力、查明滑动面位置，挡土墙基础必须设置在滑动面以下一定深度的稳定岩层上，墙后设排水沟，以消除对挡土墙的水压力，如图 4.11 所示。

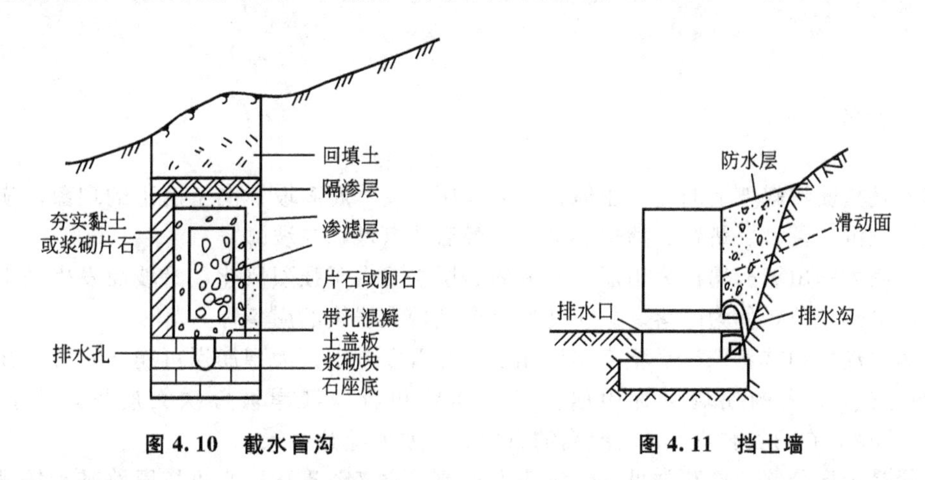

图 4.10 截水盲沟　　图 4.11 挡土墙

抗滑桩(图 4.12)是近 20 多年来逐渐发展起来的抗滑工程，已广为采用。桩材料多为钢筋混凝土，桩横断面可为方形、矩形或圆形，桩下部深入滑面以下的长度应不小于全桩长的 1/4～1/3。平面上多沿垂直滑动方向成排布置，一般沿滑体前缘或中下部布置单排或双排。桩的排数、每排根数、每根长度、断面尺寸等均应视具体滑坡情况而定。已修成的较大滑坡抗滑桩实例为三排共 50 多根，最长的单根桩约 50m，断面 4m×6m。

锚固工程也是近 20 年来发展起来的新型抗滑加固工程，包括锚杆加固和锚索加固。通过对锚杆或锚索预加应力，增大了垂直滑动面的法向压应力，从而增加滑动面的抗剪强度，阻止了滑坡的发生如图 4.13 所示。

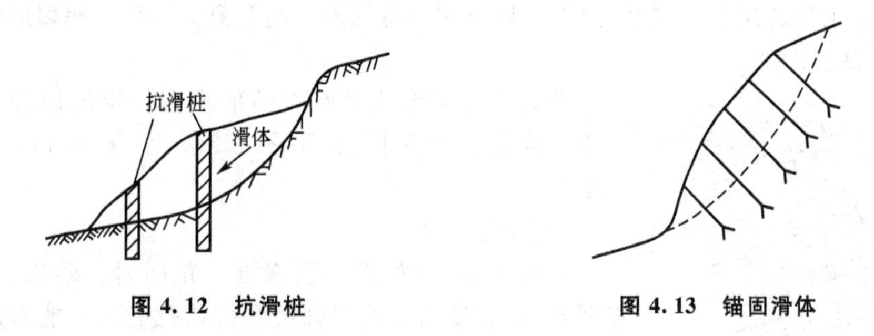

图 4.12 抗滑桩　　图 4.13 锚固滑体

(2)刷方减载。这种措施施工方便、技术简单，在滑坡防治中广泛采用。主要做法是将滑体上部岩、土体清除，降低下滑力；清除的岩、土体可堆筑在坡脚，起反压抗滑作用。

3) 改善滑动面或滑动带的岩土性质

改善滑动面或滑动带岩土性质的目的是增加滑动面的抗剪强度，达到整治滑坡要求。

灌浆法是把水泥砂浆或化学浆液注入滑动带附近的岩土中，凝固、胶结作用使岩土体抗剪强度提高；电渗法是在饱和土层中通入直流电，利用电渗透原理、疏干土体，提高土体强度；焙烧法是用导洞在坡脚焙烧滑带土，使土变得像砖一样坚硬。

改善滑带岩土性质的方法在我国应用尚不广泛，有待进一步研究和实践。

4.2 崩塌及岩堆

4.2.1 崩塌

崩塌是指陡峻斜坡上的岩、土体在重力作用下突然脱离坡体向下崩落的现象。崩落时破碎岩块倾倒、翻滚、跳跃、撞击、破碎，最后坠落堆积在坡脚。

规模巨大的山坡崩塌称为山崩。斜坡的表层岩石由于强烈风化，沿坡面发生经常性的岩屑顺坡滚落现象，称为碎落。悬崖陡坡上个别较大岩块的崩落称为落石。

崩塌的规模相差悬殊，小型崩塌仅几十至几百立方米，大型崩塌可崩下几万至几千万立方米；规模极大的崩塌可称山崩。1967 年四川雅砻江岸坡一次大崩塌，落下岩块 $6800\times10^4 m^3$，在河谷种堆起 175m 高的石堤，江水断流达九天。

崩塌是山区公路、铁路常见的一种病害现象。它来势迅猛，常可摧毁路基和桥梁，堵塞隧道洞门，击毁行车，对道路交通造成直接危害。有时因崩塌堆积物堵塞河道，引起壅水或产生局部冲刷，导致路基水毁。

1. 崩塌的形成条件

崩塌虽发生比较突然，但有它一定的形成条件和发展过程。崩塌形成的基本条件，归纳起来，主要有以下几方面。

1）地形地貌条件

斜坡高、陡是形成崩塌的必要条件，规模较大的崩塌一般多发生在高度大于 30m，坡度大于 45°，尤其是大于 60°的陡坡上。地形切割愈强烈、高差愈大，形成崩塌的可能性愈大，且破坏性愈严重。

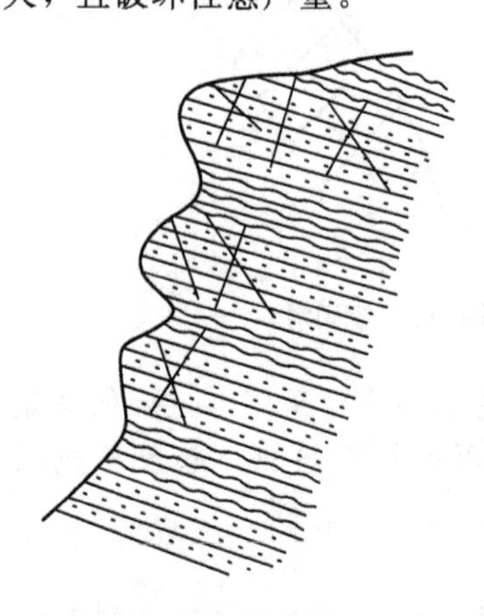

图 4.14 凹凸不平的陡坡

斜坡的外部形状对崩塌的形成有一定的影响，一般在上缓下陡的凸坡和凹凸不平的陡坡上(图 4.14)更易发生崩塌。

2）岩性条件

坚硬的岩石(如厚层石灰岩、花岗岩、砂岩、石英岩、玄武岩)具有较大的抗剪强度和抗风化能力，能形成高峻的斜坡，在外来因素的影响下，一旦斜坡稳定性遭到破坏，即产生崩塌现象，如图 4.15 所示。所以，崩塌常发生在坚硬性脆的岩石构成的斜坡上。此外，由软硬互层(如砂页岩互层、石灰岩与泥灰岩互层、石英岩和千枚岩互层)构成的陡峻斜坡，由于差异风化，斜坡外形凹凸不平，因而也容易产生崩塌，如图 4.16 所示。

3）构造条件

如果斜坡岩层或岩体完整性好，就不易发生崩塌。实际上，自然界的斜坡，经常是由性质不同的岩层以各种不同的构造和产状组合而成的，而且常常为各种构造面所切割，从而削弱了岩体内部的联结，为产生崩塌创造了条件。一般来说，岩层的层面、裂隙面、断层面、软弱夹层或其他的软弱岩性带都是抗剪性能较低的“软弱面”。如果这些软弱面倾向临空且倾角较陡时，当斜坡受力情况突然变化时，被切割的不稳定岩块就可能沿着这些软弱面发生崩塌。

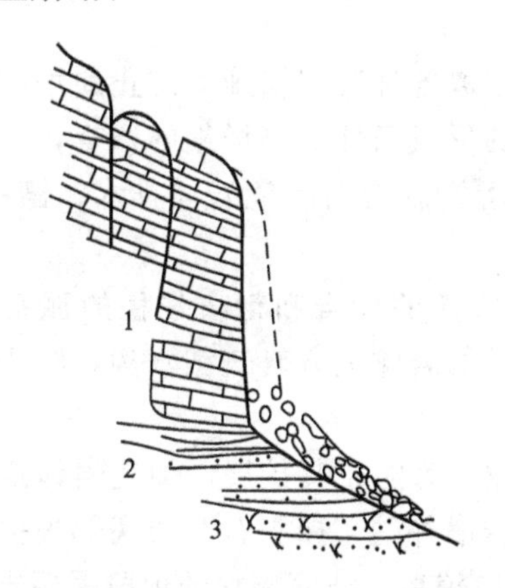

图 4.15　坚硬岩石组成的斜坡前缘卸荷导致崩塌

1—砂岩；2—砂页岩互层；3—石英岩

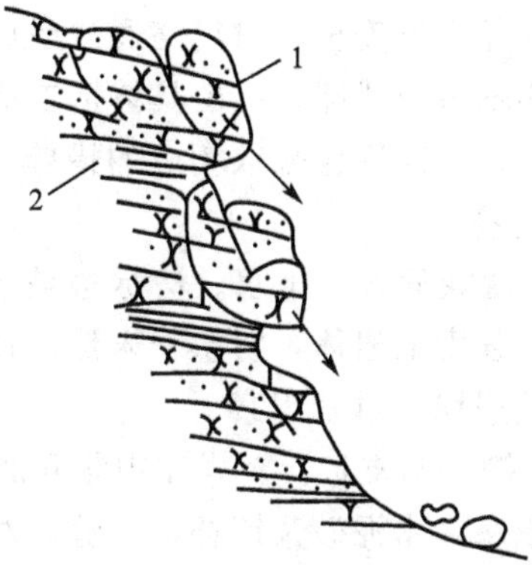

图 4.16　软硬岩性互层的陡坡局部崩塌

1—砂岩；2—页岩

4）其他影响条件

（1）降雨和地下水对崩塌的影响。大规模的崩塌多发生在暴雨或久雨之后。这是因为斜坡上的地下水多数能直接得到大气降水的补给，使其流量大大增加，在这种情况下，地下水和雨水联合作用，使斜坡上的潜在崩塌体更易于失稳。其作用主要是：①充满裂隙中的水及其流动对潜在崩落体产生静水压力和动水压力；②裂隙充填物在水的浸泡下抗剪强度大大降低；③充满裂隙的水对潜在崩落体产生向上的浮托力；④不稳定岩体两侧裂隙中的水降低了它和稳定岩体之间的摩擦力。

（2）地震对崩塌的影响。

由于地震时地壳的强烈振动，位斜坡岩体突然承受巨大的惯性荷载，一方面使斜坡岩体中各种结构面的强度降低；另一方面，因为水平地震力的作用，斜坡岩体的稳定性也大大降低，从而导致崩塌，因此大规模的崩塌往往发生在强震之后。

（3）风化作用对崩塌的影响。

斜坡上的岩体在各种风化应力的长期作用下，其强度和稳定性不断降低，最后导致崩塌。风化作用对崩塌的影响主要表现在以下几个方面。

① 在斜坡坡度、高度等条件相同时，岩石的风化程度越高，岩体就越破碎，发生崩塌的可能性越大。

② 斜坡上不同岩体的差异风化，使岩体局部悬空，可能导致崩塌。

③ 陡坡上有倾向临空面的结构面，当其发生泥化作用或被风化物充填时，将促进不稳定岩体崩塌；高陡的人工边坡如果切割了原山坡的风化壳，可能引起风化壳沿完整岩体表面发生崩塌。

④ 人为因素对崩塌的影响。

不考虑边坡岩体结构的任意挖方，盲目采用大爆破施工等，破坏了岩体原有的结构，岩体松动，结构面张开，造成了崩塌的有利条件。新线施工中发生的崩塌常与此有关。

有时，列车振动也能触发崩塌，京广线永济桥至乐昌的大崩塌就是在列车通过后两三分钟发生的。

2. 防治崩塌的措施

为确保交通安全，对线路通过崩塌地区必须采取各种工程措施，防止崩塌的发生，或使崩落物不危及线路。提出具体措施前，对崩塌的形成条件应作详细的调查，了解崩塌发生的原因，针对问题采取相应的措施，常用的工程措施有清除危岩与排水、镶补与支护、拦挡和绕避。

(1) 清除危岩、排水。清除边坡上可能发生坠落的危岩和行将失稳的孤石及严重风化、丧失强度的岩体，防患于未然；在有崩塌险情的岩体上方修筑截水沟，防止地表水渗入，清除崩塌的触发因素。

(2) 镶补与支护。对岩体中张开的节理、裂隙，为防止其扩展，加速岩体崩塌，可以用片石填塞，水泥砂浆镶补、勾缝。对于突出在悬崖外的“探头石”或底部失去支撑的危石，用废钢轨或浆砌片石垛支撑(图 4.17)；在边坡较高、坡面陡立的地段采用支护墙，既防岩石风化又起支撑作用(图 4.18)。

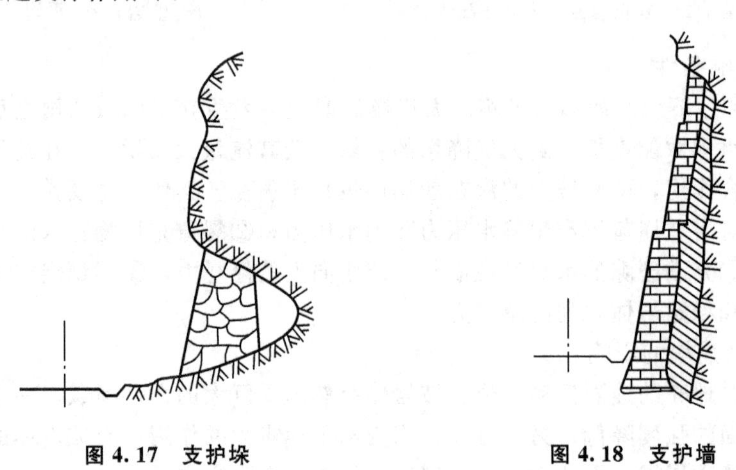

图 4.17　支护垛　　　图 4.18　支护墙

(3) 拦挡。规模较小的崩塌，落石经常砸坏钢轨，掩埋线路，可在山坡上或路基旁设拦石墙(图 4.19)；对于规模较大，发生频繁的崩塌，可以修建明洞、棚洞等遮挡建筑(图 4.20)。

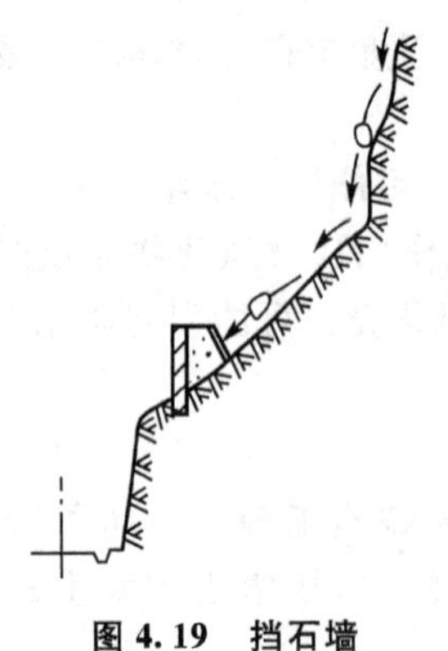

图 4.19　挡石墙

图 4.20　防崩塌明洞

(4) 绕避。对于规模巨大，工程上难以处理的大型崩塌地段，为确保线路运营安全，应予绕避。

例如，成昆线原猴子岩隧道进口前地段，玄武岩沿柱状节理形成大崩塌，因治理困难，将线路内移以隧道通过。

4.2.2 岩堆

岩堆是指边坡岩体主要在物理风化作用下形成的岩石碎屑，由重力搬运到坡脚平缓地带堆积成的锥状体。

1. 岩堆的特征

岩堆内部多为较大的碎石、块石错乱叠置而成，细颗粒的泥沙较少，碎屑物之间没有胶结，或稍有胶结，结构松散，处于“一触即溃”的极不稳定状态。

岩堆体是指松散岩石堆集体。所以岩堆表面的坡度与岩堆组成物的天然休止角大致相近。休止角是散粒体物质在自然状态下保持稳定的极限坡角。它的大小与组成物的形状、粒径大小、岩石性质等有关。表面粗糙的、棱角状的大岩块，休止角就大，一般在30°～40°。不同岩石成分、不同粒径的岩堆天然休止角见表4-1和表4-2。

表4-1 不同岩石岩堆休止角

岩堆组成物质	平均天然休止角	岩堆组成物质	平均天然休止角
砂岩、页岩的碎石、砾石	35°	砂岩组成的岩块、碎石	33°
砂岩组成的岩块、碎石、砾石	32°	页岩组成的碎石、砾石	38°
		石灰岩组成的碎石	34°

表4-2 不同岩块大小岩堆休止角

岩堆组成	岩石粒径/cm	天然边坡坡度
碎屑岩堆	≤1	1∶1.5～1∶2.0
碎石岩堆	1～8	1∶1.25～1∶1.5
石块岩堆	8～20	1∶1.2～1∶1.32
大石岩堆	＞20	1∶1.0～1∶1.2

岩堆多分布在坡脚下，岩堆底部斜靠在倾斜的基岩面上，从剖面看，岩堆顶部坡度大于底部，极易滑移(图4.21)。一旦岩堆体下部稍有外力作用，接近天然休止角的岩堆就有可能沿基底接触面滑移。铁路勘察中，由于把岩堆误认为岩体，将线路或隧道洞门设置在岩堆体中，施工时才发现，而使工程陷于进退维谷境地。因此，在山区线路工程地质勘察中，必须对岩堆进行认真的调查研究。

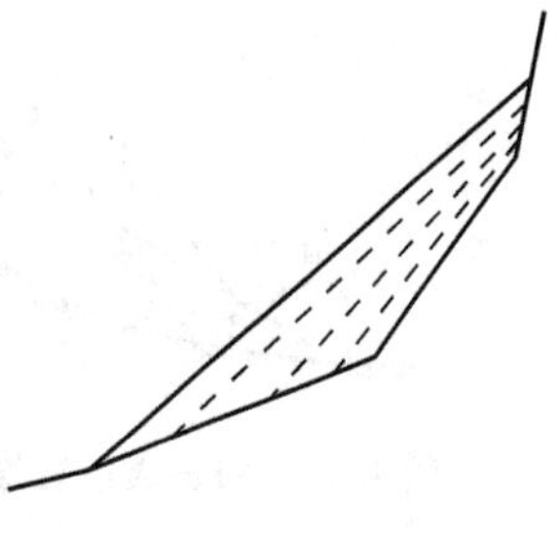

图4.21 岩堆剖面

岩堆大部分分布在近期构造运动强烈上升，物理风化盛行的地区。我国西南成昆线通过大渡河、牛日河峡谷区，两岸坡脚处岩堆接连分布，边坡上时有岩块滚落下来，岩堆大都处于发展增长阶段。

岩堆的发展和停止，主要取决于岩堆物质的供应来源。边坡上方物质来源枯竭时，岩堆就停止发展，根据表 4-3 提供的不同发展阶段的岩堆特征，可做出判断。

表 4-3　不同发展阶段的岩堆特征

特征＼发展阶段	正在发展中	趋于停止	已经停止
山坡情况	基岩裸露破碎，坡面参差不齐，并有新鲜的崩塌和剥落痕迹	基岩大部分已稳定，仅有个别落石现象	基岩已稳定，基岩不稳定的岩块已全部剥落，坡度平缓
岩堆坡面情况	形状呈直线，坡度约等于其休止角	近似凹形，坡面上部的坡度可略陡于休止角	呈凹形，坡面稳定，有水流冲刷痕迹，人工开挖边坡可形成高达 10m 以上的稳定陡坡
堆积情况	表面松散零乱，个别石块滚落至坡脚以外，石块大部分颜色新鲜	石块零散分布，停积在草木之间，越向外侧越稀少；内部结构中等密实，表层仍是松散的；石块灰暗，仅个别地点颜色新鲜	内部结构胶结密实，有少量松散的碎石，但不是上方坠落下来的
植被情况	没有草木生长，仅有很稀少杂草	较多地方已生长草或灌木	已长满草木

2. 岩堆工程问题的防治

线路通过趋于停止发展或已经停止发展的岩堆时，尽量采用少填少挖或上、下设挡的方法通过。

在线路以路堤通过岩堆时，图 4.22 所示的线路Ⅰ的位置最为不利，有可能引起岩堆的活动，线路Ⅲ位于岩堆下部，可以增加岩堆的稳定性。

在陡斜的岩堆坡面上填筑路堤，为防止沿路基基底的滑动或岩堆顺下卧基岩面滑动，在岩堆不厚的情况下，可采用在路基外侧设路肩墙(图 4.23)，把墙基嵌入基岩内，稳定岩堆，防止滑移。

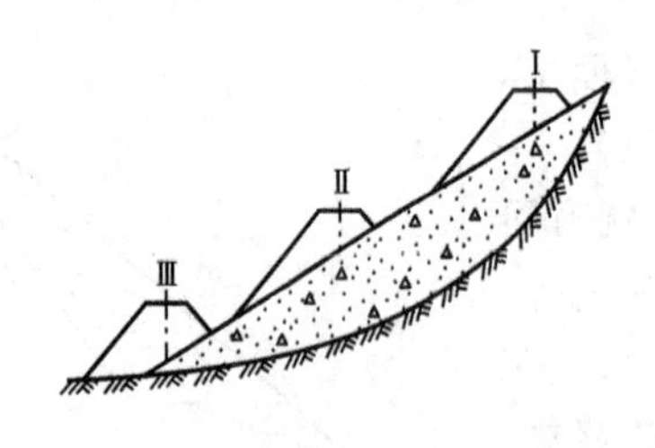

图 4.22　路堤通过岩堆不同部位

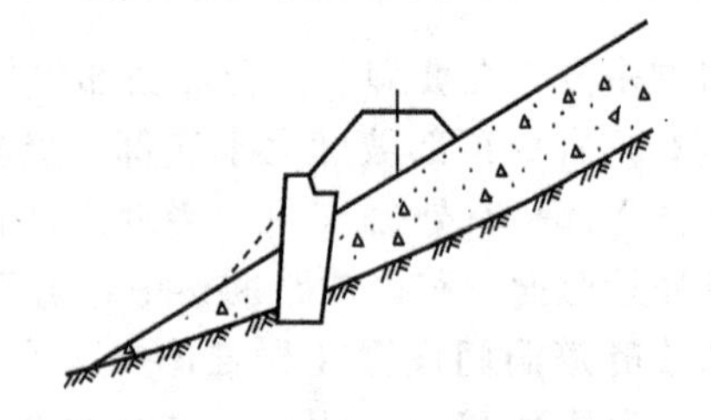

图 4.23　路堤外侧设路肩墙

在以路堑通过岩堆时，图 4.24 中的线路Ⅲ易引起岩堆上部剩余部分向下滑移，线路Ⅰ的位置较好，线路Ⅱ次之。

若边坡挖方切断整个岩堆体，路基面不完全在岩堆内，有一部分落在基岩内(图 4.25)，两者承载力不同，可能发生不均匀沉陷，施工时可将路基面的岩堆部分挖除，换填坚硬的石块，换填深度视岩堆的密度而定。另外，也要考虑到外侧部分受列车动荷载作用后，是否会产生滑动，必要时可在下方修建挡墙加以支挡。

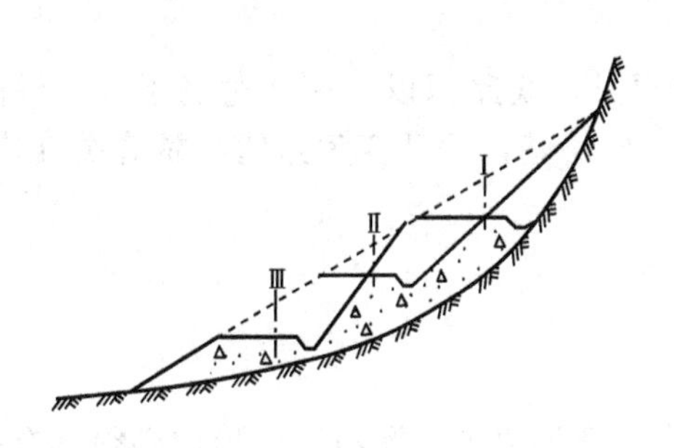

图 4.24 路堑通过岩堆不同部位

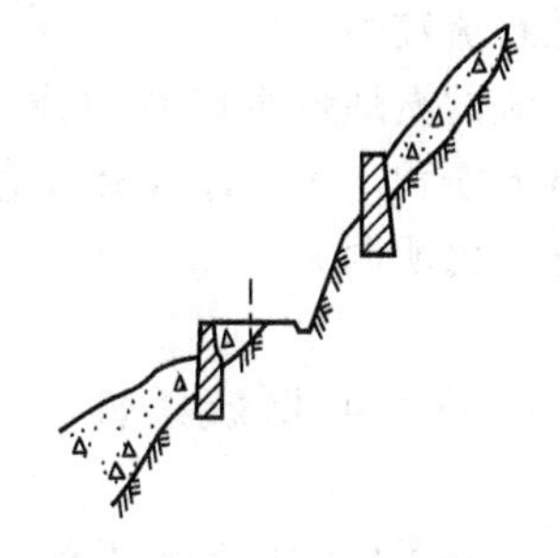

图 4.25 路基面不完全在岩堆上

线路通过岩堆时，在有地表水或地下水活动时，还必须采取拦截地表水、排除岩堆体内的地下水措施。对于规模较大，正在发展中的岩堆，防治困难，最好绕避。

4.3 泥 石 流

4.3.1 泥石流及其分布

泥石流是山区常见的一种自然灾害现象。它是一种含有大量泥沙、石块等固体物质，突然暴发的、具有很大破坏力的特殊洪流。通常在暴风雨或积雪迅速融化时暴发。暴发时大地震动，山谷雷鸣，浑浊的泥石流体，仗着陡峻的山势，沿着深涧的峡谷，短时间内以很高的流速冲出山外，至沟口平缓地段堆积下来。

泥石流暴发时，短时间内从沟里冲出数以十万至百万立方米的泥沙石块，来势凶猛，破坏力强，能摧毁村镇，掩埋农田、道路、桥梁，甚至堵塞江、河形成湖泊，给山区人民带来严重危害，也是山区公路和铁路的主要病害之一。

泥石流主要分布在半干旱和温带山区，以北回归线至北纬 50°间山区最活跃，如阿尔卑斯山-喜马拉雅山系，其次是拉丁美洲、大洋洲和非洲某些山区。法国、奥地利、瑞士、意大利等国和苏联中亚地区都是泥石流频繁活动的地区。据有关资料介绍，奥地利有泥石流沟 4200 条，瑞士环境保险局统计资料表明 1971—1978 年泥石流造成的损失为 2.31 亿瑞士法郎。苏联阿拉木图市历史上多次受到泥石流袭击，1921 年暴发的泥石流，一次堆积了 $350\times10^4 m^3$ 的固体物质。1970 年秘鲁泥石流致使 5 万人丧生，80 万人无家可归。

我国地域辽阔，山区面积达 70%，是世界上泥石流最发育的国家之一。我国泥石流主要分布在西南、西北和华北山区。如云南东川地区，金沙江中、下游沿岸和四川西昌地区都是泥石流分布集中、活动频繁的地区。甘肃东南部山区、秦岭山区、黄土高原也是泥石流泛滥成灾的地区。据初步统计甘肃全省 82 个县(市)，有 40 多个县内有泥石流发育，分布范围约 $7\times10^4 km^2$，占全省面积的 15%。另外，华东、中南部分山地以及东北的辽西山地，长白山区也有零星分布。

我国山区铁路中，除台湾省外，已发现1000余条泥石流沟，主要分布在西南、西北铁路各线，其中成昆沿线分布数量最多，1981年7月9日成昆线利子依达沟暴发泥石流，流速高达13.2m/s，冲毁两跨桥梁，2号桥墩被剪断，442次列车遇难，是我国铁路史上最大的泥石流灾害。

泥石流的淤埋危害以东川线老干沟最为罕见。线路原以桥跨通过老干沟，桥高7m，由于泥石流淤积，桥下净空减小，桥被淤埋变成路基，后又变为路堑，靠清淤维持通车，最后被迫改为明洞。

4.3.2 泥石流的形成条件

含有大量固体物质是泥石流与一般山洪急流不同之处。泥石流的形成必须具有一定的条件，丰富的松散固体物质、足够的突然性水源和陡峻的地形是三个基本条件。有时人为因素对某些泥石流的发生也有不容忽视的影响。

1. 松散的固体物质

泥石流活动频繁，分布集中的地区，都是地质构造复杂，断裂褶皱发育，新构造运动强烈的地区。地表岩层破碎、崩塌、滑坡等不良地质现象屡见不鲜，为泥石流准备了丰富的固体物质来源。如云南东川地区的泥石流沟群，主要是沿着小江深大断裂带发育的，西昌安宁河谷地堑式断裂带集中分布着30多个泥石流，成昆铁路南段有2/3的泥石流位于元谋—绿汁江深大断裂带附近。甘肃武都地区的泥石流与白龙江断裂褶皱带有关。

新构造运动和地震是近代地壳活动的表现，强烈地震使岩层破裂，山体丧失稳定，引起崩塌、滑坡，使泥石流更为活跃，1850年西昌发生7.5级强地震，安宁河中段泥石流频频发生。东川泥石流，在历史上于1733年、1833年两次强地震后，将泥石流的发生、发展引入到活动高潮期。

1966年强震，又一次促使泥石流活动加剧。地震活动还直接为泥石流提供固体物质。东川老干沟泥石流，1963年固体物质储量只有$40\times10^4m^3$，经1966年大地震后，至1977年增加到$1450\times10^4m^3$。

新构造运动可引起泥石流沟床纵坡的相应变化，从而起到加速或抑制泥石流活动的作用。在新构造运动强烈的地区，由于山体急剧上升，各地相应的强烈下切，造成河谷相对高差越来越大，山大沟深，谷地两侧支沟短小，纵坡急陡，这种地形对泥石流的发展是十分有利的。

泥石流的固体物质某种程度上多少与该泥石流流域不良地质现象的发育程度与规模有关。

地层岩性不同，为泥石流提供的固体物质成分不同，泥石流的流态性质与所供给的固体物质成分有关。如果泥石流地区分布的岩层是大量容易风化的含黏土和粉土的岩层，如页岩、泥岩、板岩、千枚岩及黄土，形成的泥石流多为黏性的。如果泥石流区的岩层是含黏土、粉土细粒物质少的，如石灰岩、玄武岩、大理岩、石英岩和砾岩，则形成的泥石流多为稀性的或者是水石流。

2. 水源条件

水是泥石流的组成部分和搬运介质，是促发泥石流的必要条件。由于自然地理环境和气候条件不同，泥石流的水源有暴雨、冰雪融化水、水库溃决等形式。我国广大山地形成泥石流的主要水源是暴雨。在季风影响下，我国大部分地区降雨量集中在5～9月的雨季，雨季降雨量占年降雨量的60%以上，有的地区达90%以上。突发性的暴雨为泥石流的形成提供了动力条件。例如，东川老干沟1966年9月18日夜间，1h内降雨55.2mm，暴发了近50年一遇的泥石流。

有时，暴雨强度并不太大，受前期连续降雨的影响，雨水充分渗入岩、土体内，处于饱和状态，后期暴雨激发引起泥石流。如成昆线三滩泥石流沟，1976年曾连续两次发生泥石流，第一次在6月29日，有效降雨55.1mm，10min雨强达12.2mm，因前期未降雨，泥石流的规模和强度都不大。第二次7月3日，有效降雨86.7mm，10min雨强达11.8mm，由于前期降雨的影响，暴发了接近50年一遇的泥石流。

此外，高寒山区、冰川积雪的强烈消融亦能为泥石流提供大量水源。如西藏南部山区的泥石流为春季积雪融化引起的。

3. 地形条件

泥石流流域的地形条件要求有利于水的汇聚和赋予泥石流巨大的动能。为此，沟上游应有一个面积很大、坡度很陡便于流水汇聚的汇水区，此区域多为三面环山，一面出口的瓢形围谷地形。山坡坡度多为30°～60°，坡面植被稀少，岩层风化强烈，山坡上储存大量固体物质，又利于集中水流。中游多为狭窄而幽深的峡谷，谷壁陡峻，坡度约20°～40°，沟床狭窄，坡降很大，来自上游广大汇水面积内汇集起来的泥石流以很高的速度向下游奔泻。泥石流沟的下游，一般位于山口以外的大河谷地两侧，地形开阔、平坦，是泥石流停积的场所。

典型的泥石流沟从上游到下游可以划分为形成区、流通区和沉积区三个区段，如图4.26所示。

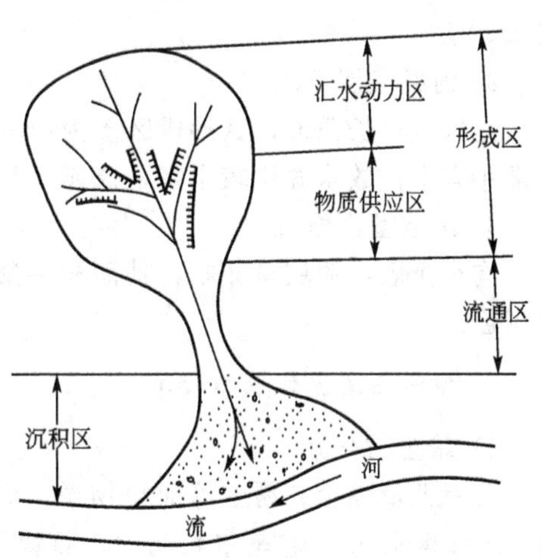

图4.26 典型的泥石流沟分区

(1) 形成区：一般分布在泥石流沟的上游或中游。它又分为汇水动力区及固体物质供给区两部分，汇水区是承受暴雨或冰雪融化水的场所，也是供给泥石流充分水源的地方，固体物质供给区是为泥石流储备与提供大量泥沙石块等松散固体物质的地段，山体裸露，风化严重，分布着大面积的崩塌、滑坡等不良地质现象，水土流失现象十分严重。

(2) 流通区：位于泥石流沟的中、下游地段，泥石流在重力和水动力作用下，沿着陡峻峡谷前阻后拥，穿狭而过。

(3)沉积区：位于沟的下游、一般都在山口以外，地形开阔，泥石流在此扩散、停积，形成扇形或锥形地形。

人类不合理的经济活动可以促使泥石流的发生、发展或加剧其危害作用。无节制的砍伐森林、开垦陡坡，破坏了植被，使山体裸露。开矿、采石、筑路中任意堆放弃渣，都直接、间接地为泥石流提供了物质条件。

4.3.3 泥石流的分类

为了深入研究和有效整治泥石流，必须对泥石流进行合理分类。

1. 按泥石流固体物质组成分类

1）水石流型泥石流

固体物质主要是非常不均匀的粗碎颗粒如块石、漂砾、碎石、岩屑及砂等，黏土质细粒物质含量少，且它们在泥石流运动过程中极易被冲洗掉。所以水石流型泥石流的堆积物常常是很粗大的碎屑物质。

2）泥石流型泥石流

它既含有很不均匀的粗碎屑物质，如块石、漂石、碎石、砾石、砂砾等，又含有相当多的黏土质细粒物质，如黏粒、粉粒，因黏土有一定的黏结性，所以堆积物常形成联结较牢固的土石混合物质。

3）泥流型泥石流

固体物质基本上由细碎屑和黏土物质组成，仅含少量岩屑碎石，黏度大，呈不同稠度的泥浆状。此类泥石流主要分布在我国黄土高原地区。

2. 按泥石流流域的形态特征分类

1）标准型泥石流

为典型的泥石流，流域呈扇形，流域面积较大，能明显的划分出形成区、流通区和堆积区。

2）河谷型泥石流

流域呈狭长条形，其形成区多为河流上游的沟谷，固体物质来源比较分散，沟谷中有时常年有水，故水源比较丰富，流通区和堆积区往往不能明显分出。

3）山坡型泥石流

沟小流短，流域呈斗状，其面积一般小于 $1km^2$，无明显流通区，形成区与堆积区直接相连。

3. 按泥石流流体性质分类

1）黏性泥石流

含有大量黏土和粉土等细粒物质，固体物质含量达 40%～60%，最高可达 80%，重度 16～22kN/m^3。它是水和泥砂、石块混合成一个黏稠的整体，以相同的速度作整体运动，大石块能漂浮在表面而不下沉，运动中能保持原来的宽度和高度不散流，停积后保持原来的结构不变。黏性泥石流有明显的阵流现象，一次泥石流过程中能出现几次或十几次阵流。阵流的前锋称为“龙头”，由大石块组成，可形成几米至十几米高的“石浪”。流经弯道时，有明显的外侧超高和爬高现象以及截弯取直现象。

2）稀性泥石流

固体物质含量占 10%～40%，黏土和粉土等细粒物质含量少，其中水是主要成分，因而不能形成黏稠的整体。稀性泥石流以水为搬运介质，水与泥砂组成的泥浆速度远远大于石块运动的速度，石块在沟底呈滚动式搬运，有一定的分选性，流入开阔地段时发生散流，岔道交错，改道频繁，不易形成阵流现象。

黏性泥石流与稀性泥石流可以互相转化。固体物质的多少，水源条件的变化都直接影响泥石流的性质，对于一定的泥石流流域来说，两种类型的泥石流都可能出现。

4.3.4 泥石流地区的线路位置选择和防治措施

1. 线路位置的选择

山区的公路和铁路选线一般都是利用山坡坡脚至河岸间的坡地或阶地，沿着河谷前进，即所谓的“河谷线”。这种线路一般都要大量的跨越山区或者山前的山间小溪、沟谷，经常受到泥石流的威胁。当公路或者铁路经过泥石流地区时，如何合理的选择路线的位置是十分重要的问题。如选线不当，轻则可能造成很多泥石流病害工点，重则整段线路无法正常使用。从根本上说，选择好线路位置是防治泥石流的最有效措施。

路线通过泥石流地区，一般有下列几种方案，如图 4.27 所示。

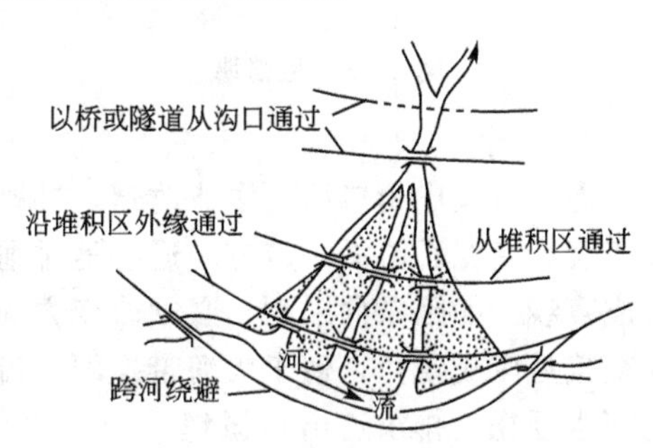

图 4.27 线路通过泥石流沟的不同部位

(1) 线路在泥石流沟的沟口，即在泥石流的流通区通过，这是最好的一种方案。因为这里沟床固定、冲刷淤积都不严重，对线路威胁较小，由于流通区所在的地势较高，线路须爬坡展线，增长线路，在线路走行高度适合时，可以以隧道或者桥通过。

(2) 线路在堆积区通过，这里沟床变迁不定，泥沙石块冲刷、淤积严重，线路在此通过最为不利。当铁路定线困难，必须通过堆积区时，应首先考虑提高线路标高，增大桥下排洪净空，按泥石流沟床分散架桥，不宜改沟、并沟或者压缩沟槽，尽可能使线路与主沟流向正交，并辅以各种防治措施，确保线路安全。

(3) 线路在泥石流洪积扇的边缘通过时，此处冲刷、淤埋情况较泥石流堆积区轻，在流通区方案难以实现时可考虑采用。

(4) 绕避，在泥石流十分严重的地区，线路或靠山作隧道通过或跨河绕避。

2. 泥石流的防治措施

防治泥石流目的是控制泥石流的发生，减少危害程度，主要的工程措施有三类。

1) 水土保持

泥石流是一种极度严重的水土流失现象，开展水土保持工作是防治泥石流的根本。主要工作有：封山育林、植树造林、整平山坡、修筑梯田；修筑排水系统及支挡工程等。因为水土保持工作需长时间见效，往往与其他措施配合使用。

2) 拦挡

流通区防治以拦渣坝为主。在流通区泥石流已经形成，一般采用多道拦渣坝的形式，将泥石流物质拦截在沟中，使其不能到达下游或沟口建筑物场地。拦渣坝常见的有重力式挡墙和格栅坝两种，如图 4.28 和图 4.29 所示。重力式挡墙抗冲击能力强，一般间隔不远，使墙内拦挡物质能够停积到上游墙体下部，起到防冲护基作用。挡墙的数量和高度，以能全部拦截或大部分拦截泥石流物质为准，以减轻泥石流对下游建筑物的危害。格栅坝则既能截留泥石流物质。又能排走流水，已越来越多地被采用，但注意应使其具有足够的抗冲击能力。

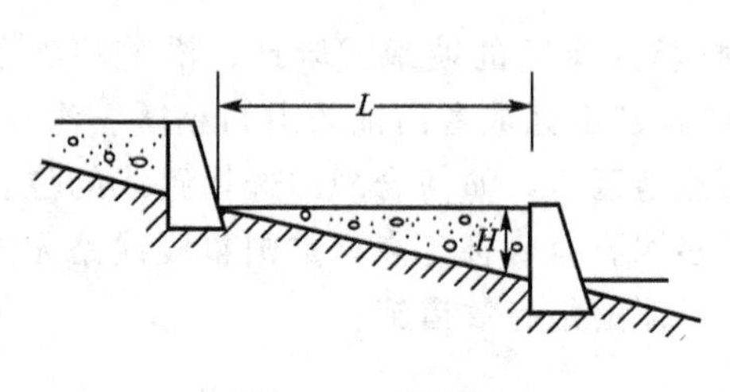

图 4.28　拦挡墙

图 4.29　格栅坝

3）排导

泥石流流出山口后，漫流改道，冲刷淤埋破坏性极大。采用的防治措施主要是修建排导工程，使泥石流沿一定方向通畅地排泄。排导工程包括排洪道和导流堤。排洪道一般布置成直线，如因条件限制，必须改变方向时，弯道半径应比洪水渠道大。排洪道出口与大河交接处应成锐角，便于大河带走泥石流的固体物质，排洪道口标高应高出大河水位，避免河水顶托，排洪道出口淤埋。导流堤可以把泥石流引到规定方向排泄，确保建筑物安全，导流堤必须从泥石流出口处筑起。

4.4 边坡变形破坏的基本类型

边坡形成过程中，边坡岩土体内原始应力重新分布，导致岩土体原有平衡状态发生变化，在此条件下，坡体将发生不同程度的局部或整体的变形，以达到新的平衡。边坡变形与破坏的发展过程，可以是漫长的，也可以是短暂的。边坡变形与破坏的形式和过程是边坡岩土体内部结构、应力作用方式、外部条件综合影响的结果，因此边坡变形与破坏的类型是多种多样的。对边坡变形与破坏的基本类型的划分，是边坡研究的基础。

4.4.1　土质路堑边坡的变形破坏类型

土质路堑边坡一般高度不大，多为数米到二三十米，也有个别的边坡高达数十米。边坡在动静荷载、地下水、雨水、重力和各种风化营力的作用下，可能发生变形破坏。根据观察和分析，变形破坏现象可分为两大类；一类是小型的坡面局部破坏；一类是较大规模的边坡整体性破坏。

1. *坡面局部破坏*

坡面局部破坏包括剥落、冲刷和表层滑塌等类型。表层土的松动和剥落是这类变形破坏的常见现象。它是由于水的浸润与蒸发、冻结与融化、日光照射等风化营力对表层土产生复杂的物理化学作用所导致。边坡冲刷是当雨水在边坡面上形成的径流，因动力作用带走边坡上较松散的颗粒，形成条带状的冲沟。表层滑塌是由于边坡上有地下水出露，形成点状或带状湿地，产生的坡面表层滑塌现象，这类破坏由雨水浸湿、冲刷也能产生。上述这些变形破坏往往是边坡更大规模的变形破坏的前奏。因此，应对轻微的变形破坏及时进行整治，以免进一步发展。对于因径流引起的冲刷，应作好地面排水，使边坡水流量减至最低程度。对已形成的冲沟，应在维修中予以嵌补，以防继续向深处发展。对因地下水引起的表层滑塌，应做好截断地下水或疏导地下水工程，疏干边坡，以制止边坡变形的发展。

2. 边坡整体性破坏

边坡整体崩塌和滑坡均属这类边坡破坏形式。土质边坡在坡顶或上部出现连续的拉张裂缝并下沉，或边坡中、下部出现鼓胀现象，都是边坡整体性破坏和滑动的征兆。一般地区这类破坏多发生在雨季中或雨季后。对于有软弱基底的情况，边坡破坏常与基底的破坏连同在一起。对于这类破坏，在征兆期应加强预报，以防措手不及；一旦发生事故，在处理前必须查明产生破坏的原因，切忌随意清挖，以免进一步坍塌，造成破坏范围扩大。当边坡上层为土，下层为基岩，且层间接触面的倾向与边坡方向一致时，有时由于水的下渗使接触面润滑造成上部土质边坡沿接触面滑动的破坏。因此，在勘测、设计过程中必须要对水体在边坡中可能引起的不良影响予以充分重视。

由上述可知，第一类边坡变形破坏，只要在养护维修过程中，采用一定措施就可以制止或减缓它的发展，其危害程度远不如第二类边坡。第二类变形破坏，危及行车安全、有时造成线路中断，处理起来也较费事。因此，在勘测设计阶段和施工阶段，应分析边坡可能发生的变形和破坏，防患于未然。对于高边坡更应给予重视。

4.4.2　岩质边坡变形破坏的基本类型

我国是一个多山的国家，地质条件十分复杂。在山区，道路、房屋多傍河而建或穿越分水岭，因而会遇到大量的岩质边坡稳定问题。边坡的变形和破坏，会影响工程建筑物的稳定和安全。

岩质边坡的变形是指边坡岩体只发生局部位移或破裂，没有发生显著的滑移或滚动，不致引起边坡整体失稳的现象。而岩质边坡的破坏是指边坡岩体以一定速度发生了较大位移的现象，例如，边坡岩体的整体滑动、滚动和倾倒。变形和破坏在边坡岩体变化过程中是密切联系的，变形可能是破坏的前兆，而破坏则是变形进一步发展的结果。边坡岩体变形破坏的基本形式可概括为松动、松弛张裂、蠕动、剥落、滑坡、崩塌落石等。

1. 松动

边坡形成初始阶段，坡体表层往往出现一系列与坡向近于平行的陡倾角张开裂隙，被这种裂隙切割的岩体便向临空方向松开、移动，这种过程和现象称为松动。它是一种斜坡卸荷回弹的过程和现象。

存在于坡体的这种松动裂隙，可以是应力重分布中新生的(见下文“松弛胀裂”)，但大多是沿原有的陡倾角裂隙发育而成。它仅有张开而无明显的相对滑动，张开程度及分布密度由坡面向深处逐渐变小。当保证坡体应力不再增加和结构强度不再降低的条件下，斜坡变形不会剧烈发展，坡体稳定不致破坏。

边坡常有各种松动裂隙，实践中把发育有松动裂隙的坡体部位，称为边坡卸荷带。

边坡松动使坡体强度降低，又使各种营力因素更易深入坡体。加大坡体内各种营力因素的活跃程度，是边坡变形与破坏的初始表现。因此，划分松动带(卸荷带)，确定松动带范围，研究松动带内岩体特征，对论证边坡稳定性，特别是对确定开挖深度或灌浆范围，都具有重要意义。

边坡松动带的深度，除与坡体本身的结构特征有关外，主要受坡形和坡体原始应力状态控制。显然，坡度愈高、愈陡，地应力愈强，边坡松动裂隙便愈发育，松动带深度也愈大。

2. 松弛张裂

松弛张裂是指边坡岩体由卸荷回弹而出现的张开裂隙的现象。它与上述边坡岩体松动现象并无十分严格的区别。它是在边坡应力调整过程中的变形。例如，由于河谷的不断下切，在陡峻的河谷岸坡上形成的卸荷裂隙；路堑边坡的开挖可使岩体中原有的卸荷裂隙得到进一步发展，或者由于开挖形成了新的卸荷裂隙。这种裂隙通常与河谷坡面、路堑边坡面相平行(图 4.30)。而在坡顶或堑顶，则由于卸荷引起的拉应力作用形成张裂带。边坡愈高愈陡，张裂带也愈宽。如通过大渡河谷的成昆铁路，有的路堑边坡堑顶紧接着高陡的自然山坡，分布在其上的张裂带宽度可达一二百米，自地表向下的深度也可达百米以上。一般来说，路堑边坡的松弛张裂变形多表现为顺层边坡层间结合的松弛、边坡岩体中原有节理裂隙的进一步扩展以及岩块的松动等现象。

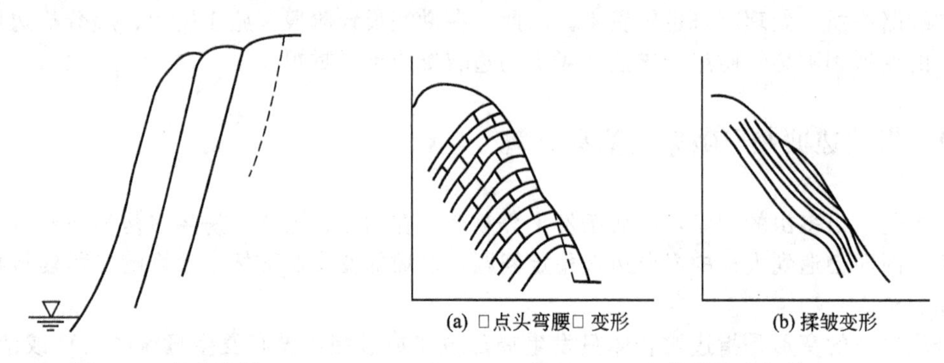

图 4.30　松弛张裂

(a) □点头弯腰□ 变形　(b) 揉皱变形

图 4.31　弯曲型蠕动变形

3. 蠕动

蠕动是指边坡岩体在重力作用下长期缓慢的变形。这类变形多发生于软弱岩体(如页岩、千枚岩、片岩)或软硬互层岩体(如砂页岩互层、页岩灰岩互层)，常形成挠曲型变形。如反坡向的塑性薄层岩层，向临空面一侧发生弯曲，形成“点头弯腰”，很少折断[图 4.31(a)]，如贵昆线大海哨一带就有这种岩体变形。边坡岩体为顺坡向的塑性岩层时，在边坡下部常产生揉皱形弯曲，甚至发生岩层倒转，如成昆线铁西滑坡附近就有这种变形[图 4.31(b)]。由于这种变形是在地质历史时期中长期缓慢形成的，因此，在边坡上见到的这类变形都是自然山坡上的变形。当人工边坡切割山体时，边坡上的变形岩体在风化作用和水的作用下，某些岩块可能沿节理转动，出现倾倒式的蠕动变形或牵引式大规模堆塌变形现象。变形进一步发展，可使边坡发生破坏。

边坡蠕动大致可分为表层蠕动和深层蠕动两种基本类型。

1）表层蠕动

边坡浅部岩土体在重力的长期作用下，向临空方向缓慢变形构成一剪变带，其位移由坡面向坡体内部逐渐降低直至消失，这便是表层蠕动。

破碎的岩质边坡及疏松的土质边坡，表层蠕动甚为常见。当坡体剪应力还不能形成连续滑动面时，会形成一剪变带，出现缓慢的塑性变形。

岩质边坡的表层蠕动，常称为岩层末端“挠曲现象”，系岩层或层状结构面较发育的岩体在重力长期作用下，沿结构面滑动和局部破裂而成的挠曲现象。图 4.32(a)所示为阿尔卑斯山谷反倾岩层中的蠕动；图 4.32(b)所示为湖南五强溪板溪群轻度变质砂岩、石英岩、板岩中的蠕动，深达 40～50m。

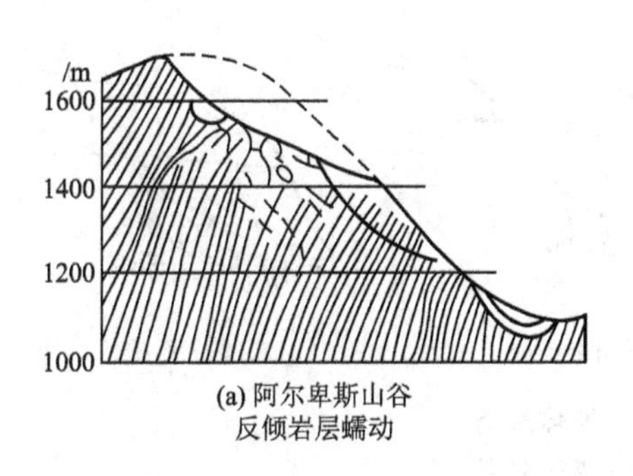

(a) 阿尔卑斯山谷反倾岩层蠕动

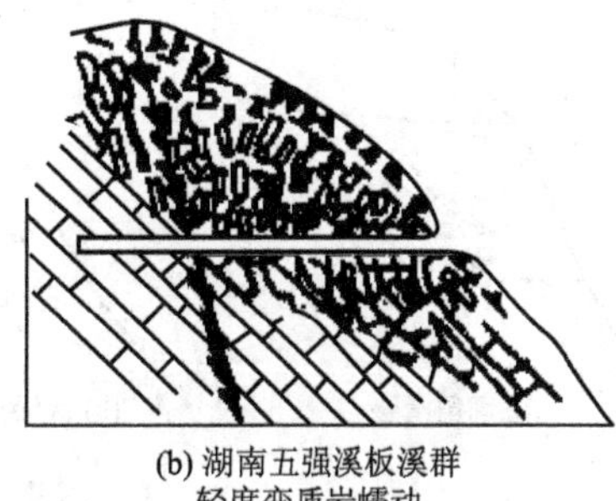
(b) 湖南五强溪板溪群轻度变质岩蠕动

图 4.32　岩质边坡表层蠕动

表层蠕动的岩层末端挠曲，广泛分布于页岩、薄层砂岩或石灰岩、片岩、石英岩，以及破碎的花岗岩体所构成的边坡上。软弱结构面愈密集，倾角愈陡，走向愈近于坡面走向时，其发育尤甚。表层蠕动使松动裂陷进一步张开，并向纵深发展，影响深度有时竟达数十米。

2）深层蠕动

深层蠕动主要发育在边坡下部或坡体内部，按其形成机制特点，深层蠕动有软弱基座蠕动和坡体蠕动两类。

坡体基座产状较缓且有一定厚度的相对软弱岩层，在上覆层重力作用下，致使基座部分向临空方向蠕动，并引起上覆层的变形与解体，是“软弱基座蠕动”的特征。软弱基座塑性较大，坡脚主要表现为向临空方向蠕动、挤出(图 4.33)；而软弱基座中存在脆性夹层，它可能沿张性裂隙发生错位。软弱基座蠕动只引起上覆岩体变形与解体。上覆岩体中软弱层会出

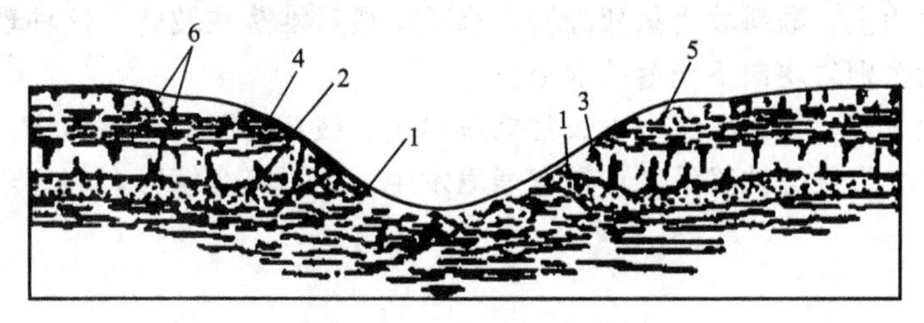

图 4.33　软弱基座挤出

1—软岩基座；2—砂岩层；3—脆性石灰岩层；4—软弱岩层；5—脆性岩层；6—张裂隙

现“揉曲”，脆性层又会出现张性裂隙；当上覆岩体整体呈脆性时，则产生不均匀断陷，使上覆岩体破裂解体。上覆岩体中裂隙由下向上发展，且其下端因软弱岩层向坡外牵动而显著张开。此外，当软弱基座略向坡外倾斜时，蠕动更进一步发展，使被解体的上覆岩体缓慢地向下滑移，且被解体成的岩块之间可完全丧失联结，如同漂浮在下伏软弱基座上。

坡体沿缓倾软弱结构面向临空方向缓慢移动变形，称为坡体蠕动。它在卸荷裂隙较发育并有缓倾结构面的坡体中比较普遍(图 4.34)；当缓倾结构面的岩体又发育有其他陡倾裂隙时，构成坡体蠕动的基本条件。若缓倾结构面夹泥，抗滑力很低，便会在坡体重力作用下产生缓慢的移动变形。这时，坡体必然发生微量转动，使转折处首先遭到破坏，此处首先出现张性羽裂，将转折端切断(切角滑移)；继续破坏，形成次一级剪面，并伴随有架空现象；进一步便会形成连续滑动面(滑面形成)。滑面一旦形成，其推滑力超过抗滑力，便导致边坡破坏。

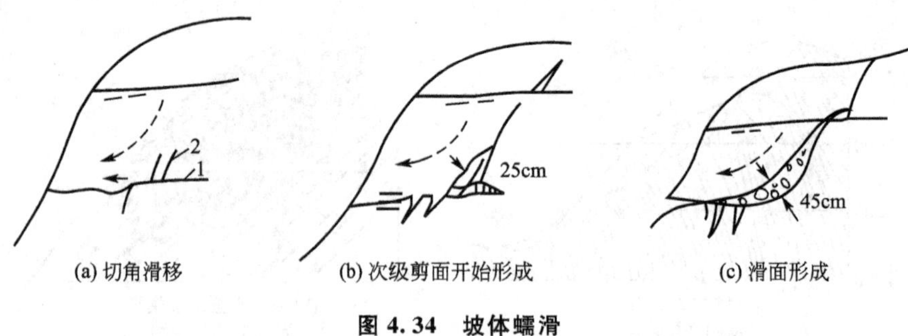

(a) 切角滑移　　(b) 次级剪面开始形成　　(c) 滑面形成

图 4.34　坡体蠕滑

1—层面；2—羽裂

4. *剥落*

剥落是指边坡岩体在长期风化作用下，表层岩体破坏成岩屑和小块岩石，并不断向坡下滚落，最后堆积在坡脚，而边坡岩体基本上是稳定的。产生剥落的主要原因是各种物理风化作用使岩体结构发生破坏。如阳光、温度、湿度的变化、冻胀等，都是表层岩体不断风化破碎的重要因素。对于软硬相间的岩石边坡，软弱易风化的岩石常常先风化破碎，首先发生剥落，从而使坚硬岩石在边坡上逐渐突出，这时，突出的岩石可能发生崩塌。因此，风化剥落在软硬互层边坡上可能引起崩塌。

5. *崩塌落石*

斜坡岩土体中被陡倾的张性破裂面分割的块体，突然脱离岩体从陡倾的斜坡上崩落下来，以垂直运动为主，顺斜坡为猛烈翻转、跳跃，最后堆落在坡脚，这种现象和过程称为崩塌。落石是指个别岩块向下崩落的现象。

崩塌因发生急剧、短促和猛烈，故常摧毁建筑、破坏道路、堵塞河道，危害很大。如我国宝成、成昆、贵昆等铁路沿线，常有崩塌发生。据不完全统计，它占全部路基病害的50%以上。

6. *滑坡*

滑坡是指边坡上的岩体沿一定的面或带向下滑动的现象，它是岩质边坡岩体常见的变形破坏形式之一。在边坡中的具体破坏形式多为顺层滑动和双面楔形体滑动。

4.4.3 影响岩质边坡稳定的因素

1. 构成岩体的岩石性质

各类岩石的物理力学性质不同，所以影响边坡岩体的稳定性及所能维持岩体稳定最大坡角的程度也不同。

岩浆岩一般岩性均一，力学指标较高，新鲜完整者均能使边坡保持陡立并处于稳定状态。但其中流纹岩和玄武岩常因原生节理发育而影响边坡稳定。凝灰岩则因易风化或有夹层存在而对边坡稳定不利。

沉积岩中一般厚层且含硅质较多的砂岩、砾岩、石灰岩等的边坡稳定性较好，而含黏土矿物成分多的黏土岩、页岩、泥灰岩等，常发生边坡失稳现象。

变质岩中片麻岩、石英岩等坚硬岩石均较稳定，而云母片岩、绿泥石片岩、千枚岩、板岩等稳定性较差。在绢云母片岩、滑石片岩中还常见到蠕变现象。

2. 岩体的结构特征

岩质边坡的失稳破坏多数是沿各种软弱结构面发生，此外在河谷边坡上，有时两侧被冲沟切割而形成三面临空的岩体时，则常由一组倾向河床的软弱结构面称为滑动面。

3. 风化作用活跃的程度

风化作用活跃的地方：一是在坡体中温度和湿度变化频繁的部位，如坡面附近的湿度变化带、高寒地区的昼夜或季节冻融带、地下水位季节变动带等；二是坡体中抗风化能力相对薄弱的部位。

在寒冷地区，坡面附近温度昼夜的变化，常使渗入裂隙中的水反复冻融，从而扩展裂隙，使岩体碎裂，成为可能发生滑塌式滑坡的重要因素。

风化作用沿易风化岩石或断裂破碎深入坡体、造成风化夹层或囊状风化带，它们常是导致斜坡变形破坏的主导因素。

4. 地下水的作用

坡体中发育有强烈溶蚀，渗透变形或泥化作用等地下水作用的活动带时，这些部位常成为导致边坡变形破坏的控制带。

边坡在风化过程中，由于强风化层和残积土层的透水性能差，因而在强弱风化带接触部位可形成一个承压的地下水活跃带，具有较高孔隙水压力，常常加大了在此软弱结构面的下滑力而导致坡体的滑动。

5. 人为因素

在边坡上部修建工程，一般增加了变形体的荷载，也增加了变形体的滑动力；在边坡岩体内或附近进行爆破，往往有与地震相似的影响，成为触发边坡破坏的诱因；在边坡岩体坡脚处开挖，会使变形体的抗滑力削弱，而造成变形体的失稳。

4.4.4 边坡稳定分析方法

边坡稳定性分析，目的在于查明工程地段天然边坡是否可能产生危害性的变形与破坏，论证其变形与破坏的形式、方向和规模；并事先采取防治措施，减轻地质灾害，采取经济合理的工程措施使人工边坡的设计达到安全、经济的目的，以保证边坡在工程运营期间不致发生危害性的变形与破坏。

边坡工程地质研究的目的是查明边坡基本工程地质条件，评价和预测其稳定性，提出相应有效的防治措施。在边坡工程地质研究中，应对边坡稳定性做专门评价。边坡稳定性的评价方法可归纳为三种：①工程地质分析法；②理论计算法（公式计算、图解及数值分析）；③试验及观测方法。前两种方法应用很普遍，这些方法常是互为补充和共同采用的。

1. 边坡应力分布特征

边坡的变形与破坏，决定于坡体中的应力分布和岩土体的强度特点。了解坡体中的应力分布特征，对认识边坡变形与破坏机制很有必要，对正确评价边坡稳定，制定切合实际的设计和整治方案有指导意义。

边坡开挖以后，上部岩体一部分被挖掉，由于卸荷作用，使岩体内的应力重新调整，从而出现应力重分布的现象。在靠近边坡面附近，最大主应力方向近于平行临空面。在陡峻边坡的坡面和坡顶则会出现拉应力，并形成拉应力带。在坡脚附近形成剪应力集中带，愈近坡脚应力集中程度愈高。

边坡应力分布特征主要与边坡的坡形密切相关。通常，边坡的坡形是指边坡横断面的形状。边坡的坡形主要有直线坡(一坡到顶)、折线坡(下陡、上缓和上陡、下缓两种)和台阶坡。在不同坡形的边坡中，应力分布特征如图 4.35 所示。

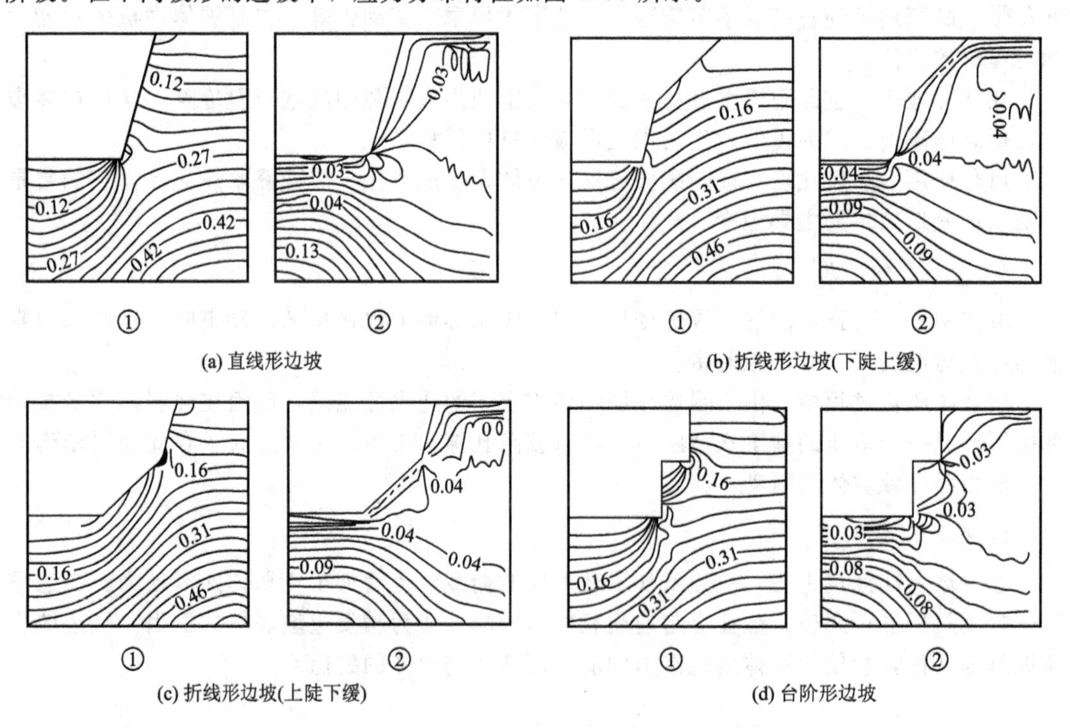

图 4.35　边坡主应力等值线图

注：①最大应力图；②最小应力图。

理论分析和实际调查表明，边坡坡脚处的集中应力可能导致边坡的剪切破坏，边坡坡顶的拉张区可能引起平行坡面的拉张裂缝，因此，应力集中区和拉张区的分布是边坡分析中最值得注意的问题。

不论边坡采用何种坡形，其坡脚的应力状态是边坡研究设计的重点。但坡形不同，各自的应力状态不同。直线坡的应力集中区在坡脚处。折线坡有两个重点应力区：坡脚和变坡点。当坡形为下陡、上缓时，坡脚是应力集中区，变坡点是拉张区；当坡形为上陡、下缓时，应力集中区在变坡点，消除了坡脚的应力集中。同时由于应力集中点向坡顶上移，降低了它的埋深，使集中的应力值下降，对边坡稳定有利。但是当坡脚需要防护时，在坡腰处修建支挡防护工程是不方便的，也给下部缓坡增加了额外荷载，所以，在实际工程中不宜采用这种坡形。

台阶坡的应力状态表现为台阶上、下坡脚的集中应力和平台坡顶的拉张。虽然平台的设置降低并分散了应力在坡脚的集中，改善了边坡力学特征。但是在平台处，由于平台后缘的剪切和平台前缘的拉张相互交叉，使该处的应力分布十分复杂，容易产生破坏。因此，要求平台应达到一定宽度。

2. 工程地质分析法

工程地质分析法最主要的内容是比拟法，是生产实践中最常用、最实用的边坡稳定性分析方法。它是将所研究边坡或拟设计的人工边坡与已经研究过的或已有经验的边坡进行类比，以评价其稳定性，并提出合理的坡高和坡角。

对比边坡要有一个原则可循。不同的边坡在有的情况下可以对比，而有时就没有对比的根据。对比的根据首先是那些需要对比的边坡的“相似性”。相似性包括两个主要方面：一是边坡岩性、边坡所处的地质构造部位和岩体结构的相似性；一是边坡类型的相似性。在这种基础上，对比影响边坡稳定性的营力因素和边坡成因。

边坡岩性相似性又称成岩条件的相似性。陆相砂岩与海相砂岩，在岩性上便有差别。岩石形成的地质年代不同，岩性也有所不同。所以岩性对比不能忽略岩石的成岩环境、条件和年代。

边坡所处的地质构造部位的不同，对边坡稳定性评价及边坡设计具有重大影响。处于地质构造复杂部位(如断层破碎带、褶曲轴部)的边坡，其稳定性及设计与处在地质构造简单部位的边坡是有很大不同的。

岩体结构的相似性，应特别注意结构面及其组合关系的相似性。要在构成边坡的相似结构面和相似结构面组合条件下对比。以相同成因、性质和产状的结构面所构成的边坡相互对比；以一组结构面构成的某边坡与一组结构面构成的另一边坡相对比；以多组结构面构成的某边坡与多组结构面构成的另一边坡相对比。

边坡类型的相似性，应在边坡岩性、岩体结构相似性基础上来对比。水上边坡可与河流岸坡对比；水下边坡可与河流水下边坡部分对比；一般场地边坡可与已有公路和铁道路堑边坡对比。如此对比相似的边坡，才可作为选择稳定坡角的依据。

一般情况下，在工程地质比拟所要考虑的因素中，岩石性质、地质构造、岩体结构、水的作用和风化作用是主要的，其他如坡面方位、气候条件等是次要的。在边坡工程地质条件相似的情况下，其稳定边坡便可作为确定稳定坡角的依据。

边坡的坡度与岩性关系极为密切，坚硬或半坚硬的岩石常形成直立陡峻的边坡；抵抗风化能力弱的岩石，边坡较平缓；层状岩石由于抵抗风化能力不同，常形成阶梯形山坡；均一岩石，如黏土质岩石为凹状缓坡。所以在进行对比时，要查清自然边坡的形态及陡缓，以及它们与岩性的关系。

进行边坡对比时，分析边坡的结构类型非常重要。首先应分清岩体结构类型的特点，并结合岩石边坡结构类型进行对比；其次应考虑结构面与边坡坡向的关系。

有关水的作用，主要是注意水在岩体中的埋藏条件、流量及动态变化，同时要注意在边坡上水下渗的条件。当岩体表层裂隙发育时，地表水沿裂隙下渗，致使岩体湿度增高，结构面软化，影响边坡岩体的稳定性。

对于风化作用，主要分析风化层厚度的变化与自然山坡坡度的关系，以便进行对比。一般沿河谷边坡的风化层厚度由坡脚向坡顶逐渐变厚，随之坡角也由下向上逐渐变缓。

其他如边坡方位、地震作用、气候作用等，在进行对比时，都是应该考虑的因素。因此，采用工程地质比拟法进行对比时，要从上述这些因素进行分析，以便合理确定边坡的坡角及其稳定性。

在工程实践中，对影响边坡稳定性关系重大的边坡坡度，通常列出若干影响因素，在此基础上总结出稳定坡度的经验数据，以便采用。目前，国内各部门的工程地质规范和手册均对岩、土边坡坡度值列出了一些经验数据参考表，供在工程地质比拟法中应用。从某种角度看，通过经验数据表确定边坡坡度的过程，也是对边坡及其稳定性对比分析的过程。

岩坡优势面理论是研究岩坡稳定性问题的一种新观点。所谓优势面是指对岩体稳定性起控制作用的结构面。优势面观点认为，优势面控制着岩坡变形的边界；优势面组合决定了岩体的变形和破坏模式。因此，一方面，优势面具有控制边坡稳定性的作用；另一方面，各种敏感因素和影响因素是通过优势面起作用的，所以各种处理措施都是在消除优势面的导滑作用后方可奏效，这即是优势面控灾和减灾防灾原理。目前关于土坡失稳优势面的研究也取得了一定进展，土体接触面、间断面、裂隙面、风化面都可构成失稳优势面。

运用优势面理论研究边坡稳定问题的基本思路如下。

(1) 通过对边坡岩体中结构面的地质分析和统计分析，分别确定地质优势面和统计优势面，再经综合评定，找出影响岩坡稳定性的真正优势面。

(2) 通过优势面的组合分析，获得研究边坡稳定性的地质模型、物理模型和系统分析模型，在此基础上综合得出反映岩坡变形破坏规律的工程地质模型，根据边坡变形破坏的工程地质模型建立相应的分析边坡稳定性的数学模型。

上述一系列模型的建立为边坡稳定性的正确评价提供了必要的保证。

3. 力学计算法

边坡稳定性力学分析法是一种应用很广的方法，它对边坡稳定性进行定量分析，常为工程所必需。力学分析法多以岩土力学理论为基础，有的运用松散体静力学的基本理论和方法进行运算；也有的采用弹塑性理论或刚体力学的某些概念，分析边坡稳定性。这些方面的基本假定尚不能在理论上完全解决，同时因影响边坡的天然营力因素很复杂，实际上它通常只能进行一些近似估算。重要的是，力学分析法的可靠性，很大程度上取决于计算参数的选择和边界条件的确定，特别是对结构面抗剪指标的选择，至关重要。因此，力学分析法必须以正确的地质分析为基础。

目前，边坡稳定的力学计算，通常建立在静力平衡的基础上，按不同边界条件考虑力的组合，核算滑动面上推滑力和抗滑力的大小，进行稳定计算。

土质边坡通常是在假定沿坡体中某一弧状面滑动的基础上，进行稳定性计算。对于岩质边坡，影响稳定的主要因素是结构面，而其他各种营力因素只能通过结构面才能对稳定性发生作用。自然界大多数岩质边坡均受多组结构面相互切割，形成复杂的滑体。判定这种边坡的稳定性，显然较为复杂，而其计算方法与分析方法，基本上与简单类型岩质边坡并无太大差异。

1）土质路堑边坡稳定性的检算方法

对于土质路堑边坡的滑动破坏可以在上述影响因素的分析基础上，进行稳定性计算。滑动破坏的滑面通常有平面、圆弧面及曲面三种形态。滑面的形状主要取决于土质的均匀程度、土的性质、土层的结构和构造。

(1) 砂性土的土坡的稳定性计算。

根据实际观测，由均质砂性土构成的土坡，破坏时滑动面大多近似于平面，成层的非均质的砂类土构成的土坡，破坏时的滑动面也往往近于一个平面，因此在分析砂性土的土坡稳定时，一般均假定滑动面是平面，如图 4.36 所示。通过计算土楔体下滑面上的抗滑力和作用于楔体上的滑动力之比(滑动稳定安全系数 K)来验算土坡的稳定性。

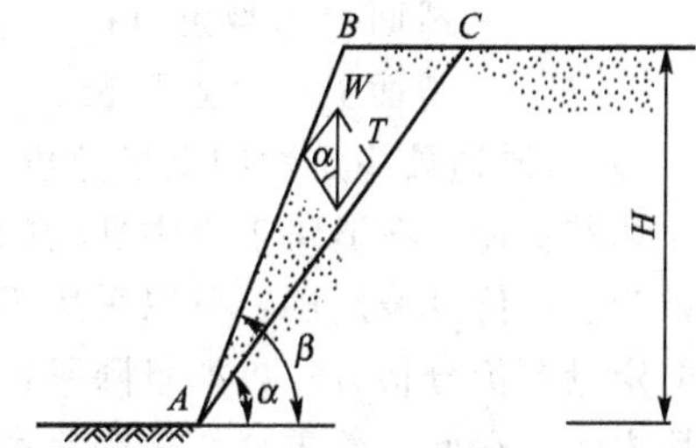

图 4.36 砂性土地坡稳定分析

这一比值越大，边坡越稳定；反之，越不稳定。其稳定性计算详见土力学或路基教材中的有关部分。

(2) 黏性土的土坡的稳定性计算。

均质黏性土土坡失稳破坏时常假定破坏面是圆弧面，圆弧形滑面土坡稳定计算常采用的方法有瑞典条分法、毕肖普法、泰勒摩擦圆法等。用这些方法计算土坡稳定性，通过试算或根据经验找出最危险滑动圆弧中心。土坡的稳定系数 K 为沿圆弧滑面的抗滑力矩和滑动力矩之比。

实践表明，均质土坡的滑面近似圆弧形。故用条分法计算均质土稳定时，比较接近实际。但由于计算时做了一些简化，如把滑体看成均质刚体，滑面简化为圆弧面，空间问题简化为平面问题处理，因此，在这种简化条件下计算得到的稳定系数实际上仍属于定性或半定量评价，必须根据边坡的工程地质条件作出综合分析。对于非均质土坡的滑面形状则取决于土的性质和土的结构，分析更为复杂。下面以条分法为例介绍黏性土的土坡的稳定性计算，如图 4.37 所示。

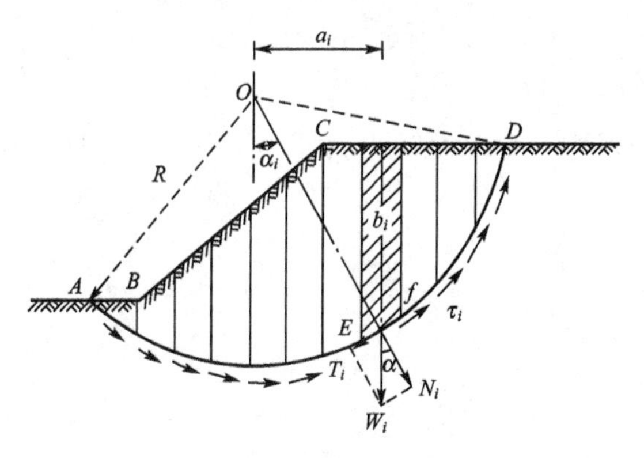

图 4.37 条分法

条分法是将滑动圆弧上的滑动土体分成若干个土条，忽略土条之间的相互作用力的影响，分别计算各土条对滑动圆弧圆心产生的滑动力矩和稳定力矩，将所有土条的稳定力矩之和除以滑动力矩之和即可得到整个土坡相应于某个可能滑动面的稳定安全系数 K。对于整个土坡的稳定，需要试算多个可能的滑动圆弧面，找出最危险的滑动面即相应于最小稳定安全系数 K_{min} 的滑动面。可用下式计算滑动土体的稳定性系数

$$K=\frac{M_r}{M_s}=\frac{\sum_{i=1}^{i=n}(W_i\cos\alpha_i\tan\varphi_i+c_il_i)}{\sum_{i=1}^{i=n}W_i\sin\alpha_i} \tag{4-4}$$

式中 W_i——作用在每个小条底面上的重力；

M_r——抗滑力矩；

M_s——滑动力矩；

c_i——滑面上的凝聚力；

l_i——滑面上的分条弧长。

2) 岩质边坡稳定性的定量分析方法

如前所述，在道路工程中遇到的岩质边坡的失稳，主要是岩体的崩落和滑动类型的破坏，为了评价其稳定性，可以采用不同的计算方法。但是目前除对滑动破坏有一些比较成熟的定量评价分析方法，如极限平衡理论、有限元法等外，对于崩塌落石，尚缺乏有效的计算方法。在此，着重介绍极限平衡理论的几种计算分析方法。

许多实例充分说明。进行岩石边坡的定量计算，必须要在深入分析和充分掌握边坡岩体的工程地质条件的基础上，并应正确地确定不稳定体的边界条件，合理选择计算参数，才能获得满意的效果。

(1) 单滑面型滑动破坏的稳定性计算。

对于局部不稳定岩体的平面滑动或边坡岩体的顺层滑动破坏，可视不稳定岩体的边界条件和受力状态，选用滑坡中滑面为平面时的稳定性计算公式。

当不稳定岩体以上有垂直张裂缝时，地表水就可能从张裂隙渗入后，仅沿滑动面渗流并在坡脚 a 点出露，这时地下水将对滑动体产生静水压力，如图 4.38 所示。可采用下式计算：

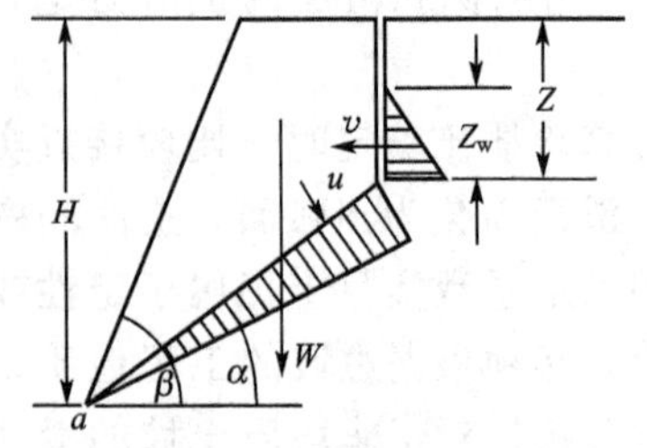

图 4.38 有裂隙水作用的平面滑动计算

$$K=\frac{(W\cos\alpha-u-v\sin\alpha)\tan\phi+CL}{W\sin\alpha+v\cos\alpha} \tag{4-5}$$

$$u=\frac{1}{2}\gamma_w Z_w(H-Z)\csc\alpha \tag{4-6}$$

$$v=\frac{1}{2}\gamma_w Z_w^2 \tag{4-7}$$

$$W=\frac{1}{2}\gamma H^2(\cot\alpha-\cot\beta)-\frac{1}{2}\gamma Z^2\cot\alpha \tag{4-8}$$

式中 u——滑动面上裂隙水产生的浮压力；

γ_w——水的重度；

v——垂直裂隙中的静水压力；

W——滑动岩体的重力；

γ——滑动岩体的重度；

C——滑动面上的凝聚力；

L——滑面长。

其他符号意义如图 4.38 所示。

(2) 楔形双滑面滑移破坏的稳定性计算。

对于边坡上不稳定的楔形滑动体，如为两组滑面(F_1 和 F_2)、坡顶面(假设为一水平面)及坡面(假设为一垂直面)构成的一个不稳定的四面体(图 4.39)，假设滑动体内不存在结构面，视滑动体为刚体，其稳定性可由下式计算

$$K=\frac{\gamma H\overline{AC}\cdot h_0\cos\alpha(\sin\alpha_2\tan\phi_1+\sin\alpha_1\tan\phi_2)+3L(C_1h_1+C_2h_2)\sin(\alpha_1+\alpha_2)}{\gamma H\overline{AC}h_0\sin\alpha\sin(\alpha_1+\alpha_2)} \quad (4-9)$$

式中 ϕ_1、ϕ_2——分别为两个滑面的摩擦角；

C_1、C_2——分别为两个滑面的凝聚力；

α_1、α_2——两个滑面各自的倾角；

α——两个滑面交线的倾角；

L——两个滑面交线的长度；

其他符号意义如图 4.39 所示。

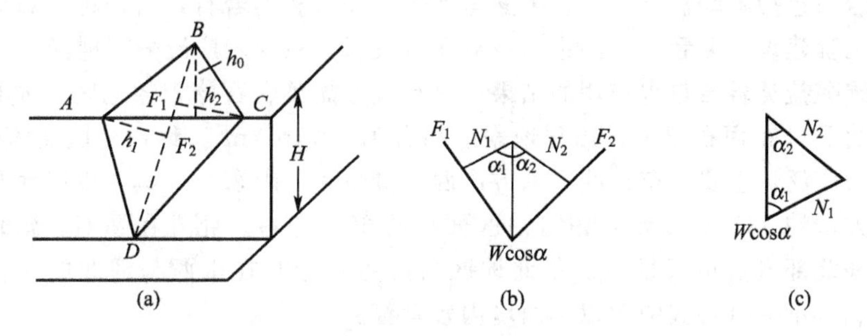

图 4.39 楔形双滑面稳定性计算

(3) 确定岩石边坡稳定坡度的经验公式。

根据对公路、铁路近 200 个岩石边坡多年设计和修建的实践经验，边坡稳定坡度可由以下经验公式确定

$$\alpha=14.7\ln(\gamma_w R\lg D)+13 \quad (4-10)$$

式中 α——设计坡度,(°)；

γ_w——地下水折减系数；

R——用 75 型回弹仪测得的岩石回弹值；

D——边坡岩体块度，cm。

地下水折减系数 γ_w 取值见表 4-4。

表 4-4 地下水作用的折减系数 γ_w

地下水状态	干燥	湿润	滴水	流水
γ_w	1.00	0.85	0.70	0.60

对坡高超过 30m 的道路岩石边坡的坡度，按表 4-5 进行坡度折减。

表 4-5 坡高分段的坡度折减率 γ_H

坡高/m	20～30	30～40	40～50	50～60	60～80	80～100	>100
γ_H	1.00	0.96	0.90	0.86	0.83	0.80	0.80

4.5 岩　溶

4.5.1 岩溶及其形态特征

在可溶性岩石地区，地下水和地表水对可溶岩进行化学溶蚀作用、机械侵蚀作用以及与之伴生的迁移、堆积作用，总称为岩溶作用；在岩溶作用下所产生的地貌形态，称为岩溶地貌。在岩溶作用地区所产生的特殊地质、地貌和水文特征，称为岩溶现象。岩溶即岩溶作用及其所产生的一切岩溶现象的总称。在南斯拉夫的喀斯特地区，岩溶现象十分发育并最早被人们注意和研究，故岩溶又称为“喀斯特”(Karst)。

可溶性岩石包括碳酸盐类岩石、硫酸盐类岩石和岩盐类岩石，后两种岩石地表分布范围不广。从工程建设角度看，岩溶重点应放在石灰岩、白云岩广泛分布地区。

岩溶是碳酸盐类岩石与水作用的结果，只有碳酸盐类岩石分布的地区，才有岩溶。我国碳酸盐类岩石分布面积很大，出露地表的约有 $120\times10^4 km^2$，约占全国面积的1/8，埋藏地下的更为广泛，主要分布在我国南方广西、贵州和云南东部，其中以广西壮族自治区出露面积最大，约 $12\times10^4 km^2$，占自治区面积的60%左右。此外在湖南、湖北西部以及广东的西部和北部岩溶也很发育。华北地区岩溶主要分布在山西与河北的太行山、太岳山、吕梁山和燕山一带，其中尤以山西境内较发育。

岩溶与工程建设的关系很密切。在水利水电建设中，岩溶造成的库水渗漏是水工建设中主要的工程地质问题。在岩溶地区修建隧洞，一旦揭穿高压岩溶管道水时，就会造成大量突水，有时夹有泥沙喷射，给施工带来严重困难，甚至淹没坑道，造成机毁人亡事故。在地下洞室施工中遇到巨大溶洞时，洞中高填方或桥跨施工困难，造价昂贵，有时不得不另辟新道，因而延误工期。在岩溶地区修筑公路时，由于地下岩溶水的活动，导致路基基底冒水，水淹路基、水冲路基及隧道涌水等。

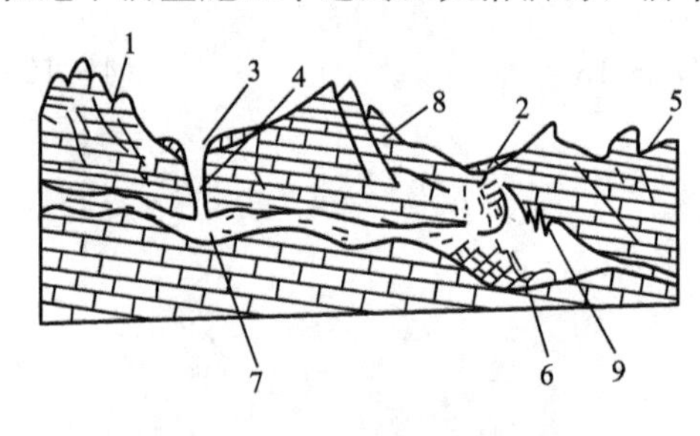

图4.40　岩溶形态示意图

1—石芽、石林；2—塌陷洼地；3—漏斗；4—落水洞；5—溶沟、溶槽；6—溶洞；7—暗河；8—溶蚀裂隙；9—钟乳石

在可溶性岩石分布地区，溶蚀作用在地表和地下形成了一系列溶蚀现象，称为岩溶的形态特征。这些形态既是岩溶区所特有的，使该地区地表形态奇特，景致优美别致，常被开发为旅游景点，如广西桂林山水和云南路南石林；同时，这些形态，尤其是地下洞穴、暗河，也是造成工程地质问题的根源。常见的岩溶形态有以下几种(图4.40)。

1. 溶沟、石芽和石林

地表水沿地表岩石低洼处或沿节理溶蚀和冲刷，在可溶性岩石表面形成的沟槽称为溶沟。其宽深可由数十厘米至数米不等。在纵横交错的沟槽之间，残留凸起的牙状岩石称为石芽。如果溶沟继续向下溶蚀，石芽逐渐高大，沟坡近于直立，且发育成群，远观像石芽林，称为石林。云南路南石林发育完美，堪称世界之最。

2. 漏斗及落水洞

地表水顺着可溶性岩石的竖直裂隙下渗，最先产生溶隙。待顶部岩石溶蚀破碎及竖直溶隙扩大，岩层顶部塌落形成近乎圆形坑。圆形坑多具向下逐渐缩小的凹底，形状酷似漏斗称为溶蚀漏斗。在漏斗底部常堆积有岩石碎屑或其他残积物。

如果岩石的竖直溶隙连通大溶洞或地下暗河，溶隙可能扩大成地面水通向地下暗河或溶洞的通道称落水洞。其形态有垂直的、倾斜的或弯曲的，直径也大小不等，深度可达数百米。

3. 溶蚀洼地和坡立谷

由溶蚀作用为主形成的一种封闭、半封闭洼地称为溶蚀洼地。溶蚀洼地多由地面漏斗群不断扩大汇合而成，面积由数十平方米至数万平方米。坡立谷是一种大型封闭洼地，也称溶蚀盆地。面积由数平方千米至数百平方千米，进一步发展则成溶蚀平原。坡立谷谷底平坦，常有较厚的第四纪沉积物，谷周为陡峻斜坡，谷内有岩溶泉水形成的地表流水至落水洞又降至地下，故谷内常有沼泽、湿地或小型湖泊。

4. 峰丛、峰林和孤峰

此三种形态是岩溶作用极度发育的产物。溶蚀作用初期，山体上部被溶蚀，下部仍相连通称为峰丛；峰丛进一步发展成分散的、仅基底岩石稍许相连的石林称为峰林；耸立在溶蚀平原中孤立的个体山峰称孤峰，它是峰林进一步发展的结果。

5. 干谷

原来的河谷，由于河水沿谷中漏斗、落水洞等通道全部流入地下，使下游河床干涸而成干谷。

6. 溶洞

地下水沿岩石裂隙溶蚀扩大而形成的各种洞穴。溶洞形态多变，洞身曲折、分岔，断面不规则。地面以下至潜水面之间，地表水垂直下渗，溶洞以竖向形态为主；在潜水面附近，地下水多水平运动，溶洞多为水平方向迂回曲折延伸的洞穴。地下水中多含碳酸盐，在溶洞顶部和底部饱和沉淀而成石钟乳、石笋和石柱(图 4.41)。规模较大的溶洞，长达数十千米，洞内宽处如大厅，窄处似长廊。水平溶洞有的不止一层，例如轿顶山隧道揭穿的溶洞共有上、下 4 层，溶洞长 80m，宽 50～60m，高 20～30m。

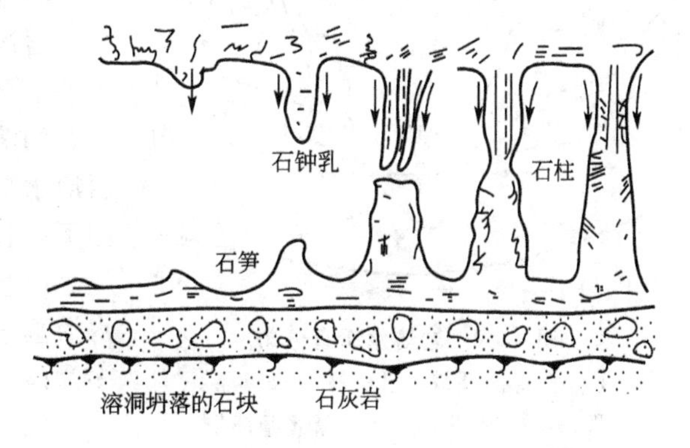

图 4.41　石钟乳、石笋和石柱生成示意图

7. 暗河

岩溶地区地下沿水平溶洞流动的河流称为暗河。溶洞和暗河对各种工程建筑物特别是地下工程建筑物造成较大危害，应予特别重视。

4.5.2 岩溶的形成条件及其发育规律

1. 岩溶的形成条件

1) 岩石的可溶性

可溶性岩石是岩溶发育的物质基础，它的成分和结构特征影响岩溶的发育程度。

可溶性岩石分为碳酸盐类岩石(石灰岩、白云岩、大理岩及泥灰岩等)、硫酸盐类岩石和氯化盐类岩石。这三种岩石中碳酸盐类岩石溶解度最低，氯化盐类岩石的溶解度最大。但是，在可溶性岩石中，以碳酸盐类岩石分布最广，其矿物成分均一，可以全部被含有 CO_2 的水溶解，是发育岩溶的最主要的地层。晶粒粗大、岩层较厚的岩石比晶粒细小、岩层较薄的岩石容易溶解；矿物成分中方解石比白云石易溶解，岩石中若含有黄铁矿时，则加速岩石溶解。

2) 岩石的透水性

岩石的透水性越高，岩溶发育越强烈。而岩石的透水性又取决于岩体的裂隙、孔隙的多少和连通情况，所以，岩石中裂隙的发育情况往往控制着岩溶的发育情况。一般在断层破碎带，背斜轴部等地段，岩溶比较发育。此外，在地表附近，由于风化裂隙增多，有利于地下水的运动，岩溶一般比深部发育。

3) 水的溶蚀能力

水对碳酸盐类岩石的溶解能力，主要取决于水中侵蚀性 CO_2 的含量。水中侵蚀性 CO_2 的含量越高则溶蚀性越强。水中 CO_2 的来源，主要是雨水溶解空气中所含有的 CO_2。土壤和地表附近强烈的生物化学作用，也是水中 CO_2 的重要来源之一。当水呈酸性时或含有氯离子和硫酸根离子时，水对碳酸盐类岩石的溶解能力也将增强。由此可见，水的物理化学性质与岩溶的发育有着密切的关系。此外随着水温增高，进入水中的 CO_2 扩散速度增大，使岩溶加强，故热带石灰岩溶蚀速度比温带、寒带快。

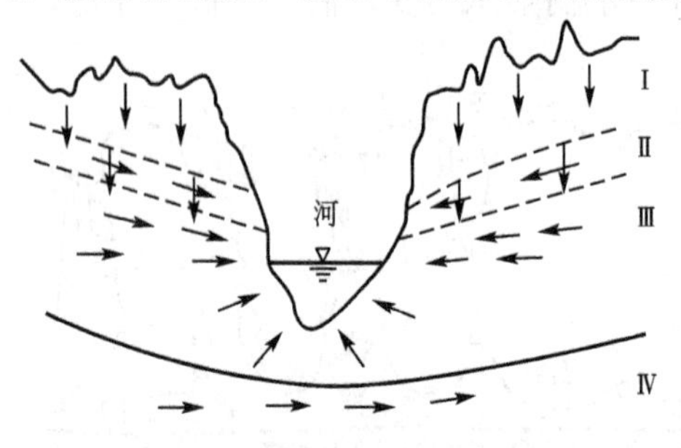

图 4.42 岩溶水垂直分带

Ⅰ—垂直循环带；Ⅱ—季节循环带；
Ⅲ—水平循环带；Ⅳ—深部循环带

4) 岩溶水的运动与循环

岩溶地区地下水的循环交替运动是造成岩溶的必要条件。因为，停滞不动的地下水，对岩石的溶解很快达到饱和，失去继续溶蚀能力。岩溶水随深度不同，有不同的运动特征，分述如下(图 4.42)。

(1) 垂直循环带：位于地面以下包气带内。水沿垂直裂隙及垂直洞穴下渗，此带岩溶形态多为落水洞等垂直洞穴。

(2) 季节循环带：此带介于地下潜水最高水位与最低水位之间。高水位时地下水水平运动为主，低水位时垂直运动为主，因此，此带内既有垂直溶洞也有水平溶洞发育。

(3) 水平循环带：此带位于最低地下水位之下，常年充满地下水，地下水作水平运动，多向河谷排泄，故多形成水平溶洞或暗河。若深层承压地下水，由四面向上往河谷中排泄，则形成放射状溶洞。

(4) 深部循环带：此带位于地下深处，与当地地表水无关，主要取决于地质构造，向较远处排泄。此带地下水交替运动缓慢，岩溶发育程度轻，多为蜂窝状溶孔。

2. *岩溶发育规律*

在岩溶发育地区，各种岩溶形态在空间的分布和排列是有一定规律的，它们主要受岩性、地质构造、地壳运动、地形和气候等因素的控制和影响。

1) 岩性的影响

可溶岩层的成分和岩石结构是岩溶发育和分布的基础。成分和结构均一且厚度很大的石灰岩层，最适合岩溶的发育和发展。所以许多石灰岩地区的岩溶规模很大，形态也比较齐全。广西桂林附近有很多大规模的溶洞，多发育在层厚质纯的石灰岩岩体中。白云岩略次于石灰岩。含有泥质和其他杂质的石灰岩或白云岩，溶蚀速度和规模都小得多。在石灰岩或白云岩发育的地区进行道路选线，必须随时注意岩溶的影响。

2) 地质构造的影响

褶曲、节理和断层等地质构造控制着地下水的流动通道，地层构造不同，岩溶发育的形态、部位及程度都不同。

背斜轴部张节理发育，地表水沿张节理下渗，多形成漏斗、落水洞、竖井等垂直洞穴。向斜轴部属于岩溶水的聚水区，两翼地下水集中到轴部并沿轴向流动，故水平溶洞及暗河是其主要形态。此外，向斜轴部也有各种垂直裂隙，故也会形成陷穴、漏斗、落水洞等垂直岩溶形态。褶曲翼部是水循环强烈地段，岩溶一般均较发育，尤以邻近向斜轴部时为最甚。

一般张性断裂受拉张应力作用，破碎带宽度并不太大，但断层角砾大小混杂，结构疏松，缺乏胶结，裂隙率高，有利于地下水的渗透溶解，沿断裂带岩溶强烈发育。

压性断裂带由于断裂带内常发育有较厚的断层泥或糜棱岩，一般呈致密胶结状态，裂隙率低，不利于地下水流动，岩溶作用弱，岩溶程度轻。

在逆断层组成的叠瓦式断裂带，除地表水有些小型漏斗和溶沟外，断层带内几乎没有岩溶现象。

但是，在压性断裂带的主动盘(一般为上升盘)上，也可能有强烈岩溶化现象，只是因为主动盘影响规模较大，次一级小断层与裂隙较发育，而且多张开，有利于岩溶发育。

扭性断裂的情况介于张性和压性断裂之间，这与扭性断裂有时是隔水的，有时是富水的有关，在一些张扭性断裂带岩溶也可以强烈发育。

3) 地壳运动的影响

正如河流的侵蚀作用受侵蚀基准面控制一样，地下水对可溶岩的溶蚀作用同样受侵蚀基准面的控制。而侵蚀基准面的改变则是由于地壳升降运动所决定。因此，地壳相对上升、侵蚀基准面相对下降时，岩溶以下蚀作用为主，形成垂直的岩溶形态；而地壳相对稳定、侵蚀基准面一段时间也相对不变时，地下水以水平运动为主，形成较大水平溶洞。地壳升降和稳定呈间歇交替变化，垂直和水平溶洞形态也交替变化。水平溶洞成层发育，每层溶洞的水平高程与当地河流阶地高程相对应，是该区地壳某个稳定时期的产物。

4) 地形的影响

在岩层裸露、坡陡的地方，因地表水汇集快、流动快且渗入量少，多发育溶沟、溶槽或石芽；在地势平缓，地表径流排泄慢，向下渗流量多的地方，常发育漏斗、落水洞和溶洞；一般斜坡地段，岩溶发育较弱，分布也较少。

岩溶发育的程度，在地表和接近地表的岩层中最强烈，往下愈深愈减弱。在岩层倾角较大的纯石灰岩层深部，偶可见到岩溶发育，在富有 CO_2 和循环较快的承压水地区，也可能有深层的岩溶发育。

5）气候的影响

降水多，地表水体强度就大，气候也潮湿，地下水也能得到补给，岩溶发育就较快，因此，在气候炎热、潮湿、降水量大的情况下，地下水充沛且流量大，并在分布有碳酸盐岩层的地区，岩溶发育和分布较广，岩溶形态也比较齐全。我国广西属典型的热带岩溶地区，以溶蚀峰林为主要特征；长江流域的川、鄂、湘一带，属亚热带气候，岩溶形态以漏斗和溶蚀洼地为主要特征；黄河流域以北属温带气候，岩溶一般多不发育，以岩溶泉和干沟为主要特征。

4.5.3 岩溶地区工程地质问题及防治措施

1. 主要工程地质问题

在岩溶发育的地方，气候潮湿多雨，岩石的富水性和透水性都很强，岩溶作用使岩体结构发生变化，以致岩石强度降低。在岩溶发育地区修建公路、桥梁或隧道，常会给工程设计或施工带来许多困难，如果不认真对待，还可能造成工程失败或返工。

在岩溶发育地区进行工程建设，经常遇到的工程地质问题主要是地基塌陷、不均匀下沉和基坑、洞室涌水等。

各种岩溶形态都造成了地基的不均匀性，因而引起基础的不均匀变形。

在建筑物基坑或地下洞室的开挖中，若挖穿了暗河或地表水下渗通道，则会造成突然涌水，给工程施工和使用造成重大损失和灾难。

在岩溶发育地区修建工程建筑物时，首先，必须在查清岩溶分布、发育情况的基础上，选择工程建筑物的位置，尽可能避开危害严重的地段；其次，由于岩溶发育的复杂性，特别是不可能在施工之前全部查清地下岩溶的分布，一旦施工时揭露出来，则必须有针对性地采取必要的工程措施。

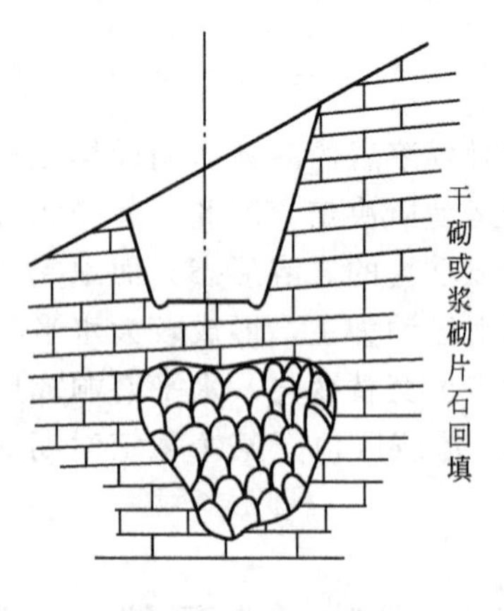

图 4.43　回填溶洞

一般认为，对于普通建筑物地基，若地下可溶岩石坚硬、完整，裂隙较少，则溶洞顶板厚度 H 大于溶洞最大宽度 b 的 1.5 倍时，该顶板不致塌陷；若岩石破碎、裂隙较多，则溶洞顶板厚度 H 应大于溶洞最大宽度 b 的 3 倍时，才是安全的。对于地质条件复杂或重要建筑物的安全顶板厚度，则需进行专门的地质分析和力学验算才能确定。

2. 常用防治措施

对于在建筑物下地基中的岩溶空洞，可以用灌浆、灌注混凝土或片石回填的方法，必要时用钢筋混凝土盖板加固，以提高基底承载力，防止洞顶坍塌(图 4.43)。

隧道穿过岩溶区，视所遇溶洞规模及出现部位采取相应措施。若溶洞规模不大且出现于洞顶或边墙部位时，一般可采用清除充填物后回填堵塞(图 4.44)；若出现在边墙下或洞底可采用加固或跨越的方案(图 4.45)；若溶洞规模较大，甚至有暗河存在时，可在隧道内架桥跨越。

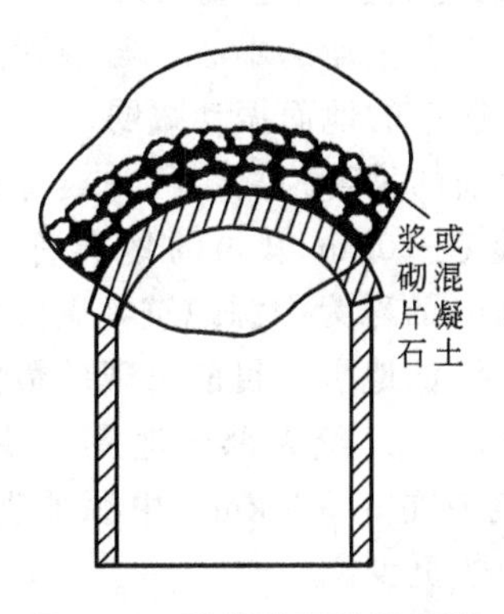

图 4.44 隧道拱顶溶洞回填

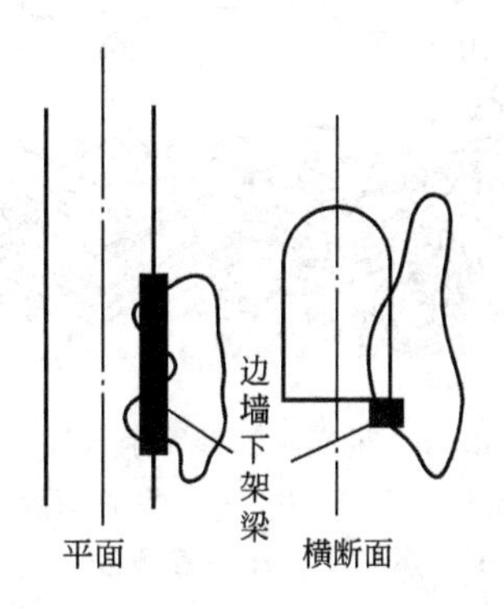

图 4.45 隧道边墙下溶洞处理

对于岩溶地区的防排水措施应予慎重处理，主要原则是既要有利于工程修建，减轻岩溶发展和危害，又要考虑有利于该区的环境保护，不能由于排水、引水不当，造成新的环境问题。在岩溶区的隧道工程中常遇到岩溶水问题，若岩溶水水量较小，可采用注浆堵水，也可用侧沟或中心沟将水排出洞外；若水量较大，可采用平行导坑作排水坑道。总之，对岩溶一般宜用排堵结合的综合处理措施，不宜强行拦堵，且应做好由于长期排水造成的地面环境问题(如地面塌陷或地表缺水干涸)的处理补救措施。

4.6 地　　震

4.6.1 地震概述

1. 地震的概念

地震是一种破坏性极强的自然灾害。据不完全统计，地壳上每年发生地震约有 500 万次以上，人们能够感觉到的约有 5 万次。其中，能够造成破坏作用的约有 1000 次，7 级以上大地震约有十几次。

世界上已发生的最大地震震级为 8.9 级，如 1960 年 5 月 22 日发生在南美智利的地震。我国新中国成立后发生的地震有：1966 年河北邢台地震；1975 年辽宁海城地震；1976 年河北唐山发生了 7.8 级或相近的大地震；2008 年 5 月 12 日，四川汶川大地震的震级达到 8.0 级，强烈的地震造成巨大毁灭性的灾害，使人民的生命财产遭到巨大的损失。因此，在工程活动中，必须考虑地震这个主要的环境地质因素，并采取必要的防震措施。

地震是一种地质现象，是地壳构造运动的一种表现。地下深处的岩层，由于某种原因突然破裂、塌陷以及火山爆发等而产生振动，并以弹性波的形式传递到地表，这种现象称为地震。海底发生的地震称为海啸。

图 4.46　地震名词解释示意图

F—震源；C—震中；H—震源深度；
D—震中距；IL—等震线

2. 地震波及其传播

地壳或地幔中发生地震的地方称为震源(图4.46)。震源在地面上的垂直投影称为震中。震中可以看做地面上振动的中心，震中附近地面振动最大，远离震中的地面振动减弱。

震源与地面的垂直距离，称为震源深度。通常把震源深度在70km以内的地震称为浅源地震，70～300km的称为中源地震，震源深度大于300km的称为深源地震。目前出现的最深的地震震源深度为720km。绝大部分地震是浅源地震，震源深度多集中在5～20km，中源地震比较少，而深源地震为数更少。

同样大小的地震，当震源较浅时，波及范围较小，破坏性较大；当震源深度较大时，波及范围较大，但破坏性相对较小。多数破坏性地震都是浅震。深度超过100km的地震，在地面上不会引起灾害。

地面上某一点到震中的直线距离，称为该点的震中距。震中距在1000km以内的地震，通常称为近震，大于1000km的称为远震。引起灾害的一般都是近震。

围绕震中的一定面积的地区，称为震中区，它表示一次地震时震害最为严重的地区。强烈地震的震中区往往又称为极震区。

在同一次地震影响下，地面上破坏程度相同各点的连线，称为等震线。

地震发生时，震源处产生强烈的振动，以弹性波方式向四周传播，此弹性波称为地震波。

地震波在地下岩土介质中传播时称为体波，体波到达地表后，引起沿地表传播的波称为面波。

体波包括纵波和横波。纵波又称为压缩波或P波，它是由于岩土介质对体积变化的反应而产生的，靠介质的扩张和收缩而传播，质点振动的方向与传播方向一致。纵波传播速度最快，平均为7～13km/s。纵波既能在固体介质中传播，也能在液体或气体中传播。横波又称为剪切波或S波，它是由于介质形状变化反应的结果，质点振动方向与传播方向垂直，且各质点间发生周期性剪切振动。横波传播速度平均为4～7km/s，比纵波慢。横波只能在固体介质中传播。

面波只限于沿地表面传播，一般可以说它是体波经地层界面多次反射形成的次生波，它包括沿地面滚动传播的瑞利波和沿地面蛇形传播的乐甫波两种。面波传播速度最慢，平均速度为3～4km/s。

地震对地表面及建筑物的破坏是通过地震波实现的。纵波引起地面上下颠簸，横波使地面水平摇晃，面波则引起地面波状起伏。纵波先到，横波和面波随后到达，由于横波、面波振动更剧烈，造成的破坏也更大。随着与震中距离的增加，振动逐渐减弱，破坏逐渐减小，直至消失。

3. 地震的成因类型

地震按其成因可分为构造地震、火山地震、陷落地震和人工触发地震四大类。

1）构造地震

地壳运动引起的地震。地壳运动使组成地壳的岩层发生倾斜、褶皱、断裂、错动或大规模岩浆侵入活动等，与此同时，地壳也就随之发生地震，称为构造地震。其中，最普遍、最重要的是由地壳运动造成岩层断裂、错动引起的地震。在某些地区地壳中，由于应力不断积累，超过了岩石强度极限，使沿岩石中薄弱处发生破裂和位移，同时迅速、急剧地释放出积累的能量，以弹性波的形式引起地壳的振动。这种由于断裂活动引起的地震，在地壳中最常见，占地震中的大多数。构造地震占地震总数的90％。

2）火山地震

火山喷发引起的地震。火山地震占地震总数的7％。

3）陷落地震

山崩、巨型滑坡或地面塌陷引起的地震。地面塌陷多发生在可溶岩分布地区，若地下溶蚀或潜蚀形成的各种洞穴不断扩大，上覆地表岩、土层顶板发生塌陷，就会引发地震。陷落地震约占地震总数的3％。

4）人工触发地震

人类工程活动引起的地震。由于大型水库的修建，大规模人工爆破，大量深井注水及地下核爆炸试验等都能引起地震。由于近几十年来人类工程活动规模愈来愈多、愈来愈大，人工触发地震问题已日益引起人们的关注。

上述四种地震中，构造地震影响范围最大，破坏性也最大，是地震研究的重点。全世界发生构造地震的地区分布并不均匀，主要受地质构造条件控制，多发生在近代造山运动和地壳的大断裂带上，即形成于地壳板块的边缘地带。因此，构造地震主要分布在环太平洋地震活动带和地中海—中亚地震活动带两个地带。环太平洋带西部边缘包括日本、马里亚纳群岛、中国台湾地区、菲律宾、印尼，直至新西兰。它的东部边缘是南、北美洲的西海岸，包括美国、墨西哥、秘鲁、智利等国。该带地震占全世界地震总数的80％以上。地中海—中亚带大致呈东西走向，与山脉延伸方向一致，从亚速尔群岛经过地中海、喜马拉雅地区，至我国云南、四川西部和缅甸等地，与环太平洋带相接。此带地震占全世界地震总数的15％左右。

4.6.2 地震震级与地震烈度

1. 地震震级

地震震级是指一次地震时，震源处所释放能量的大小，它用符号M表示。震级是地震固有的属性，与所释放的地震能量有关，释放的能量越大，震级越大。一次地震所释放的能量是固定的，因此，无论在任何地方测定都只有一个震级，其数值是根据地震仪记录的地震波图确定的。

我国使用的震级是国际上通用的里氏震级，将地震震级划分为10个等级，目前记录到的最大地震尚未超过8.9级。震级与震源发出的总能量之间的关系为

$$\lg E=11.8+1.5M \tag{4-11}$$

式中，E 的单位是尔格(erg)，地震震级和能量的关系见表 4-6。

表 4-6　地震震级与能量关系表

地震震级	能量/erg	地震震级	能量/erg
1	2.0×10^{13}	6	6.31×10^{20}
2	6.31×10^{14}	7	2.0×10^{22}
3	2.0×10^{16}	8	6.31×10^{23}
4	6.31×10^{17}	8.5	3.55×10^{24}
5	2.0×10^{19}	8.9	1.41×10^{25}

注：erg 为尔格，$1erg=10^{-7}J$。

从表 4-4 可以看出，震级相差一级，能量相差 32 倍。一次大地震所释放的能量是十分惊人的。到目前为止，世界上发生的最大地震是 1960 年智利 8.9 级大地震，其释放的能量转化为电能，相当于一个 122.5×10^4kW 电站 36 年的总发电量。

一般认为，小于 2 级的地震，称为微震；2～4 级的地震为有感地震；5～6 级以上的地震称为破坏性地震；7 级以上的地震，称为强烈地震或大地震。

2. *地震烈度*

地震烈度是指地震时受震区的地面及建筑物遭受地震影响和破坏的程度。一次地震只有一个震级，而地震烈度却在不同的地区有不同的烈度。震中烈度最大，震中距愈大，烈度越小。地震烈度的大小除了与地震震级、震中距、震源深度有关外，还与当地地质构造、地形、岩土性质等因素有关。根据我国 1911 年以来 152 次浅震资料统计，震级(M)和震中烈度(I_0)有如下关系

$$M=0.66\ I_0+0.98 \tag{4-12}$$

划分具体烈度等级是根据人的感觉、家具和物品所受振动的情况、房屋、道路及地面的破坏现象等因素综合分析而进行的。世界各国划分的地震烈度等级不完全相同，我国使用的是十二度地震烈度表。也就是将地震烈度根据不同地震情况划分为Ⅰ～Ⅻ度，每一烈度均有相应的地震加速度和地震系数，以便烈度在工程上的应用。地震烈度小于Ⅴ度的地区，具有一般安全系数的建筑物是足够稳定的；Ⅵ度地区，一般建筑物不必采取加固措施，但应注意地震可能造成的影响；Ⅶ～Ⅸ度地区，能造成建筑物损坏，必须按照工程规范规定进行工程地质勘察，并采取相应的防震措施；Ⅹ度以上地区属灾害性破坏，其勘察要求须做专门研究，选择建筑物场地时应尽量避开。

为了把地震烈度应用到工程实际中，地震烈度本身又可分为基本烈度、建筑场地烈度和设计烈度。

基本烈度是指该地区在一百年内能普遍遭受的最大地震烈度。地震基本烈度大于或等于Ⅶ度的地区为高烈度地震区。

建筑场地烈度也称为小区域烈度，它是指在建筑场地范围内，由于地质条件、地形地貌条件及水文地质条件不同而引起对基本烈度的提高或降低，通常可提高或降低半度至一度。但是，在新建工程的抗震设计中，不能单纯用调整烈度的方法来考虑场地的影响，而应针对不同的影响因素采用不同的抗震措施。

设计烈度是指抗震设计中实际采用的烈度，又称为计算烈度或设防烈度，它是根据建

筑物的重要性、永久性、抗震性及工程经济性等条件对基本烈度的调整。对于特别重要的建筑物，经国家批准，可提高烈度一度，如特大桥梁、长大隧道、高层建筑等；对于重要建筑物，可按基本烈度设计，如各种铁道工程建筑物、活动人数众多的公共建筑物等；对于一般建筑物可降低烈度一度，如一般工业与民用建筑物。但是，为保证属于大量的Ⅶ度地区的建筑物都有一定抗震能力，基本烈度为Ⅶ度时，不再降低。对于临时建筑物，可不考虑设防。

4.6.3 地震对建筑物的影响

在地震作用下，地面会出现各种震害和破坏现象，也称为地震效应，即地震破坏作用。它主要与震级大小、震中距和场地的工程地质条件等因素有关。地震破坏作用可分为以下几个方面。

1. 地震力对建筑物的破坏作用

地震力是由地震波直接产生的惯性力。它作用于建筑物使建筑物变形和破坏。地震力的大小取决于地震波在传播过程中质点简谐振动所引起的加速度。地震力对地表建筑物的作用可分为垂直方向和水平方向两个振动力。垂直力使建筑物上下颠簸；水平力使建筑物受到剪切作用，产生水平扭动或拉、挤。两种力同时存在、共同作用，但水平力危害较大，地震对建筑物的破坏，主要是由地面强烈的水平晃动造成的，垂直力破坏作用居于次要地位。因此，在工程设计中，通常主要考虑水平方向地震力的作用。

地震时质点运动的水平最大加速度可按下式求得

$$a_{\max}=\pm A\left(\frac{2\pi}{T}\right)^2 \tag{4-13}$$

如果建筑物的质量为 Q，作用于建筑物的最大地震力 P 为

$$P=\frac{Q}{g}a_{\max}=\frac{a_{\max}}{g}Q=K_c Q \tag{4-14}$$

式中 P——最大地震力，N；

T——振动周期，s；

A——振幅，cm；

g——重力加速度，m/s^2；

K_c——地震系数，以分数表示。

地震系数是一个很重要的参数，可以查相关表取得，也可由 $K_c=0.001a_{\max}$求得。由于 $a_{\max}$是最大水平加速度，所以 K_c 是水平地震系数。当 $K_c=1/100$ 时，建筑物开始破坏；$K_c=1/20$ 时(相当于Ⅷ～Ⅸ度)，建筑物严重破坏。

此外，地震对建筑物的破坏作用，还与振动周期有关。如果建筑物振动周期与地震振动周期相近，则引起共振，使建筑物更易被破坏。

2. 地变形的破坏作用

地震时地表产生的地变形主要有断裂错动、地裂缝及地倾斜等。

断裂错动是浅源断层地震发生断裂错动时在地面上的表现。地震造成地面断裂和错动，能引起断裂附近及跨越断裂的建筑物发生位移或破坏。1976 年河北唐山大地震，地

面产生断裂错动现象，错断公路和桥梁，水平位移达1m多，垂直位移达数十厘米。

地裂缝是地震时常见的现象。按一定方向规则排列的构造地裂缝多沿发震断层及其邻近地段分布。它们有的是由地下岩层受到挤压、扭曲、拉伸等作用发生断裂，直接露出地表形成；有的是由地下岩层的断裂错动影响到地表土层产生的裂缝。1973年四川炉霍地震，沿发震断层的主裂缝带长为90km，带宽为20～150m，最大水平扭矩为3.6m，最大垂直断距为0.6m，沿裂缝形成无数鼓包，清楚地说明它们是受挤压而产生的。裂缝通过处，地面建筑物全部倾倒，山体开裂，崩塌、滑坡现象很多。1975年辽宁海城地震，位于地裂缝上的树木也被从根部劈开，显然，这是张力作用的结果。

地倾斜是指地震时地面出现的波状起伏。这种波状起伏是面波造成的，不仅在大地震时可以看到它们，而且在震后往往有残余变形留在地表。1906年美国旧金山大地震，使街道严重破坏，变成波浪起伏的形状，就是地倾斜最显著的例子。这种变形主要发生在土、砂和砾、卵石等地层内，由于振幅很大、地面倾斜等原因，它们对建筑物有很大的破坏力。

由于出现在发震断层及其邻近地段的断裂错动和构造型地裂缝，是人力难以克服的，对公路工程的破坏无从防治，因此，对待它们只能采取两种方法：一是尽可能地避开；二是不能避开时本着便于修复的原则设计公路，以便破坏后能及时修复。

3. 地震促使软弱地基变形、失效的破坏作用

软弱地基一般指可发生触变的软弱黏性土地基以及可液化的饱和砂土地基。它们在强烈地震作用下，由于触变或液化，可使地基承载力大大降低甚至完全消失，这种现象通常称为地基失效。软弱地基失效时，可发生很大的变位或流动，不但不能支承建筑物，反而对建筑物的基础起推挤作用，因此会严重地破坏建筑物。除此之外，软弱地基在地震时容易产生不均匀沉陷，振动的周期长，振幅大，这些都会使其上的建筑物易遭受破坏。

4. 地震激发滑坡、崩塌与泥石流的破坏作用

地震使斜坡失去稳定，激发滑坡、崩塌与泥石流等各种斜坡变形和破坏。如震前久雨，则更易发生。在山区，地震激发的滑坡、崩塌与泥石流所造成的灾害和损失，常常比地震本身所直接造成的还要严重。规模巨大的崩塌、滑坡、泥石流，可以摧毁道路和桥梁，掩埋居民点。峡谷内的崩塌、滑坡，可以阻河成湖，淹没道路和桥梁。一旦堆石溃决，洪水下泄，常可引起下游水灾。水库区发生大规模的滑坡、崩塌时，不仅会使水位上升，且能激起巨浪，冲击水坝，威胁坝体安全。

地震激发滑坡、崩塌、泥石流的危害，不仅表现在地震当时发生的滑坡、崩塌、泥石流，以及由此引起的堵塞河道、淹没、溃决所造成的灾害，而且表现在因岩体震松、山坡裂缝，在地震发生后相当长一段时间内，滑坡、崩塌、泥石流连续不断，由于它们对公路工程的危害极大，所以地震时可能发生大规模滑坡、崩塌的地段为抗震危险的地段，线路应尽量避开。

知识链接

我国的地质灾害与经济损失

我国领土辽阔、人口众多、气候多变，地形、地貌和地质条件复杂，而且火山作用、

岩浆与地壳断裂活动分布普遍，所以地质灾害的类型多、分布广、频度高、损失也巨大。现将我国多发的地质灾害扼要介绍如下。

(1) 地震：它是破坏性最大的一种地质灾害，我国是世界上最大的一个大陆地震区，全国有32%的国土和45%的大中城市处在Ⅶ度以上的高地震烈度区，川滇藏与西北各省、渤海湾周围为强震区。据统计，我国历史上记载的地震达4000多次，21世纪发生6级以上的地震655次，7～9.9级地震98次，8级以上地震9次，其中7级以上地震约占全球同级地震的10%。地震死亡人数超过50万人，与世界各国地震死亡总人数相等。仅1949年以来，我国地震死亡人数就高达27.4万人，伤残76.5万人，直接经济损失数百亿元。我国地震灾害死亡人数平均每年为2000～3000人，经济损失年均10亿～20亿元。

(2) 地面沉降与地面塌陷：由于东北平原、长江三角洲、珠江三角洲、沿海与湘、云、贵岩溶地区的人口、工业、采矿业迅猛发展，超量开采地下水等原因，在矿区和大中城市产生了地面沉降和地面塌陷，我国因超量抽水而引起地面沉降的有上海、天津、常州、无锡等36个城市，上海、天津最大沉降幅度已超过2m。天津市因地面沉降而造成污水倒灌、积水淹没工厂、交通阻塞、海河泄洪能力降低，天津市多次加高塘沽新港海堤，损失巨大，仅盐场坨地码头每年就需填土$10\times10^4m^2$，耗资达50万元。我国的桂、黔、湘等18个省区已发现岩溶地面塌陷点800多处，有塌陷坑30000多个，使大批的房屋倒塌，农田、水库、山塘毁坏，河流改道，每年造成的经济损失达十几亿元。

(3) 崩塌、滑坡和泥石流：我国是一个多山国家，山地、高原和丘陵占国土面积的69%，每年都产生大量的崩塌、滑坡和泥石流等地质灾害。它们主要分布在我国的中部山区，即祁连山、川西高原一线东部，太行山、鄂西山地、武陵山一线西北、长城以南地区。这些地区因人口和工农业迅速发展，山区资源大量开发，森林和植被破坏严重，生态环境日趋恶化，造成崩塌、滑坡和泥石流等严重灾害。我国近百年死于崩塌、滑坡和泥石流的已达万人，仅1949年以后就在5500人以上，平均每年造成的直接经济损失至少可达40亿～50亿元。我国西南各铁路沿线受崩塌、滑坡和泥石流灾害的有近万千米，占全国铁路总长近20%，致使铁路运输中断1000～2000h，直接经济损失1.7亿元。整治费用1.5亿元。近年来，我国部分山区铁路整治崩塌、滑坡和泥石流等灾害的费用已超过10亿元。

(4) 地裂缝：我国已在陕、甘、宁、晋、苏、皖等10多个省区的200多个县市发现有746处地裂缝，大型地裂缝有1000多条，其中以西安、大同、榆次、运城等处的地裂缝规模与危害最大，所造成的经济损失每年约有数亿元。如西安市地裂缝总长达35km，使40座厂房、70处住宅、200余间平房和百余处道路遭到破坏，到1984年经济损失达2000万元，每年并以100万元的速度递增。

(5) 水土流失：我国水土流失主要在西北黄土高原和长江上游等地区。黄河上游与沿岸每年有16×10^4t的泥沙进入黄河。长江上游和沿岸每年有5×10^8t的泥沙进入长江。我国水土流失面积目前已达$150\times10^4km^2$，约占国土总面积的15.6%，流失泥沙50×10^4t，其中含有的氮、磷、钾肥相当于4000×10^4t化肥，折合经济损失达24亿元。

(6) 沙漠化：我国是沙漠化危害最严重的国家之一。陕甘青、宁夏、新疆、内蒙等“三北”地区沙漠化土地面积达$17.6\times10^4km^2$，另外还有$15.8\times10^4km^2$的土地有发生沙漠化的危险。全国各类沙漠化每年损失养分13.39×10^8t，相当于损失肥料46.7×10^8t。

全国受沙漠化危害的6000万亩农田每年损失粮食二十多万吨，价值1亿元以上；7000万亩草场每年减产牧草350×10^4t，价值1.4亿元；清理受风沙危害的2000km长的铁路与公路，每年耗资1000多万元。

(7) 煤田地下火灾：我国煤炭资源丰富，由于自燃或人为原因而导致煤田地下火灾，几乎燃遍了全国。这种灾害不仅浪费资源，而且污染大气和水源，危害人畜健康和植物生长，腐蚀建筑物与金属材料，还产生地面塌陷。新疆的煤炭资源占全国的32%，居全国第一，全疆煤田有45～180多个地下火区，白天浓烟滚滚，夜晚火光密布，面积达数百平方千米，每年烧煤炭约1×10^8t，经济损失达30亿元。

上述地震、地面沉降与地面塌陷、崩塌、滑坡与泥石流、地裂缝、水土流失、沙漠化、煤田地下火灾等地质灾害，对我国所造成的直接经济损失平均每年在100亿元以上。

(资料来源：数字中国网站. 作者：朱济成)

本章小结

(1) 滑坡、崩塌、泥石流、岩溶以及地震是最常见的地质灾害；滑坡是斜坡上大量土体或岩体在重力作用下，沿一定的滑动面(带)整体向下滑动的现象。

(2) 崩塌是指边坡上的岩体受重力的影响，突然脱离坡体崩落的现象。崩落过程中岩块翻滚、跳跃，互相撞击、破碎，最后堆积在坡脚；岩堆是指边坡岩体主要在物理风化作用下形成的岩石碎屑，由重力搬运到坡脚平缓地带堆积成的锥状体。

(3) 泥石流是山区常见的一种自然灾害现象。它是一种含有大量泥沙石块等固体物质，突然暴发的、具有很大破坏力的特殊洪流。通常在暴风雨或积雪迅速融化时暴发。

(4) 土坡失稳是土体内部应力状态发生显著改变的结果。对砂土土坡，其滑动面可假设为平面，通过滑动平面上的受力平衡条件导出其土坡稳定安全系数的验算公式；对均质黏土土坡可以采用圆弧滑动面假设用整体稳定分析方法进行验算；对成层土黏土土坡，一般可采用条分法进行分析计算。土坡稳定验算安全系数与滑动面位置有关，故需要求出最危险圆心位置对应的最小安全系数。

(5) 岩石边坡的定量计算，必须要在深入分析和充分掌握边坡岩体的工程地质条件的基础上，并应正确地确定不稳定体的边界条件，合理选择计算参数，并结合相应的计算方法，才能获得满意的效果。

(6) 岩溶即岩溶作用及其所产生的一切岩溶现象的总称。在可溶性岩石地区，地下水和地表水对可溶岩进行化学溶蚀作用、机械侵蚀作用以及与之伴生的迁移、堆积作用，总称为岩溶作用；在岩溶作用下所产生的各种地表和地下的地貌形态，称为岩溶地貌。在岩溶作用地区所产生的特殊地质、地貌和水文特征，称为岩溶现象。

(7) 地震是一种地质现象，是地壳构造运动的一种表现。地下深处的岩层，由于某种原因突然破裂、塌陷以及火山爆发等而产生振动，并以弹性波的形式传递到地表，这种现象称为地震；地震震级是指一次地震时，震源处所释放能量的大小；地震烈度是指地震时受震区的地面以及建筑物遭受地震影响和破坏的程度。

思 考 题

1. 什么是滑坡？它的主要形态特征有哪些？
2. 形成滑坡的条件是什么？影响滑坡发生的因素有哪些？
3. 滑坡的防治原则是什么？滑坡的防治措施有哪些？
4. 什么是崩塌？形成崩塌的基本条件是什么？
5. 崩塌的防治原则和防治措施有哪些？
6. 岩堆有哪些工程地质特征？岩堆的处理原则和防治措施是什么？
7. 什么是泥石流？泥石流的形成条件是什么？其发育有何特点？
8. 土质路堑边坡的变形破坏类型有哪些？
9. 岩质边坡变形破坏的基本类型有哪些？
10. 影响岩质边坡稳定的因素有哪些？
11. 防治岩质边坡变形破坏的处理措施有哪些？
12. 简述边坡应力分布特征与边坡变形破坏的关系。
13. 什么是岩溶？岩溶主要有哪些形态？
14. 岩溶发育的基本条件是什么？
15. 岩溶地区的主要工程地质问题有哪些？常用的防治措施是什么？
16. 什么是地震？什么是地震等级和地震烈度？震级和烈度之间有什么关系？
17. 地震对工程建筑物的影响和破坏表现在哪些方面？

第5章 地下建筑工程地质问题

教学目标

通过本章学习，应达到以下目标。

(1) 掌握岩体、结构面、结构体、地应力的概念，岩体结构主要类型。

(2) 掌握地下洞室变形及破坏基本类型和地质问题。

(3) 了解国内外主要的围岩分级方法。

教学要求

知识要点	掌握程度	相关知识
岩体、结构面、结构体、地应力、岩体结构	(1) 野外识别岩体结构五大类型；掌握结构面的划分 (2) 了解地应力的分类	岩体、结构面、结构体、地应力的概念，岩体结构主要类型
地下洞室变形及破坏	(1) 掌握围岩应力引起的变形和破坏类型 (2) 掌握洞室涌水预测方法，了解洞室腐蚀、地温、瓦斯、岩爆等现象	(1) 地下洞室变形及破坏基本类型 (2) 地下洞室特殊地质问题
围岩分级	熟悉地下洞室围岩分级目的；掌握国标法和 N. Barton 岩体分类	围岩分级方法

基本概念

岩体、结构面、结构体、原生结构面、次生结构面、地应力、天然应力、岩体结构、岩爆、水均衡法、围岩分级、岩石质量指标。

5.1 概　　述

地下工程是与地质条件关系最密切的工程建筑。地下工程位于地表下一定深度。修建在各种不同地质条件的岩土体内，所遭到的工程地质问题比较复杂。从工程实践来看，地下工程的工程地质问题是围绕着工程岩体的稳定而出现的。因此，研究地下工程围岩稳定性的主要影响因素有岩体物理力学性质、岩体结构状态和类型、地应力和岩体含水状况等。预测可能发生的地质灾害，并采取相应的防治措施，是地下工程建设中非常重要的一个环节。本章在概述中主要介绍岩体、岩体结构和地应力的概念，在其他各节中，将对洞室变形及破坏类型、洞室常见特殊地质问题、围岩分级及其应用等进行叙述。

5.1.1 岩体及岩体结构的概念

1. 岩体

从地质观点出发，岩体通常是指由各种岩石块体自然组合而成的“岩石结构物”，具有不连续性、非均质性和各向异性的特点。从工程观点出发，将与工程建筑有关的那部分岩体称作工程岩体，有时简称为岩体。岩体中各岩块被不连续界面分割，这些不连续界面称为岩体的结构面，岩块称为结构体，结构面与结构体的组合关系称为岩体结构，其组合类型称为岩体结构类型。图 5.1 所示为二滩电站右坝肩岩体结构示意图。岩石的工程性质取决于组成它的矿物成分、结构和构造。岩体的工程性质不仅取决于组成它的岩石，更重要的是取决于它的不连续性。按工程性质，又可把岩体分为地基岩体、边坡岩体和洞室围岩岩体等。本章主要研究洞室围岩岩体。

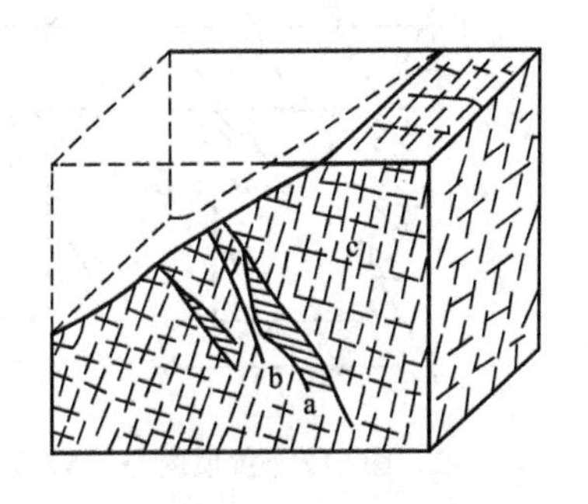

图 5.1 二滩电站右坝肩岩体结构示意图

a—软弱岩体；b—断层；c—节理网络

2. 结构面

结构面是指岩体中的不连续界面，通常没有或只有较低的抗拉强度。结构面是指岩体中的各种破裂面、夹层、充填矿脉等，如岩层层面、层理、片理、软弱夹层、节理、断层、不整合接触界面等。结构面按成因可分为原生结构面、构造结构面和次生结构面。

1）原生结构面

指岩石形成过程中产生的结构面。又可分为沉积结构面、火成结构面和变质结构面。

(1) 沉积结构面：指沉积岩形成时产生的结构面。如层理、层面、软弱夹层等。

(2) 火成结构面：指岩浆岩形成时产生的结构面。如冷缩节理、侵入岩的流线、流面、侵入接触面等。

(3) 变质结构面：指变质岩形成时产生的结构面。如片理面等。

2）构造结构面

指地壳运动引起岩石变形破坏，形成的破裂面。如构造节理、断层、破劈理等。

3）次生结构面

指地表浅层因风化、卸荷、爆破、剥蚀等作用形成的不连续界面。如风化裂隙、卸荷裂隙、爆破裂隙、泥化夹层、不整合接触面等。

一般情况下，结构面在岩体中是力学强度相对薄弱的部位。因此，岩体的力学性质及岩体的稳定性，很大程度上取决于岩体中结构面的工程性质。结构面工程性质的影响因素主要有结构面的类型、组数、密度、产状、结构面粗糙度和结构面壁强度、结构面长度、张开度、充填物性质及厚度、含水情况等。

3. 结构体

岩体中被结构面切割而产生的单个岩石块体称为结构体。受结构面组数、密度、产状、长度等影响，结构体可以形成各种形状。常见的有块状、柱状、板状、锥状、楔形体、菱面体等。结构体形状、大小、产状和所处位置不同，其工程稳定性大不一样。当结构体形态、大小相同，但产状不同时，在同一工程位置，其稳定性不同，如图 5.2 所示。当结构体形状、大小、产状都相同，在不同工程位置，其稳定性也不相同，如图 5.3 所示。

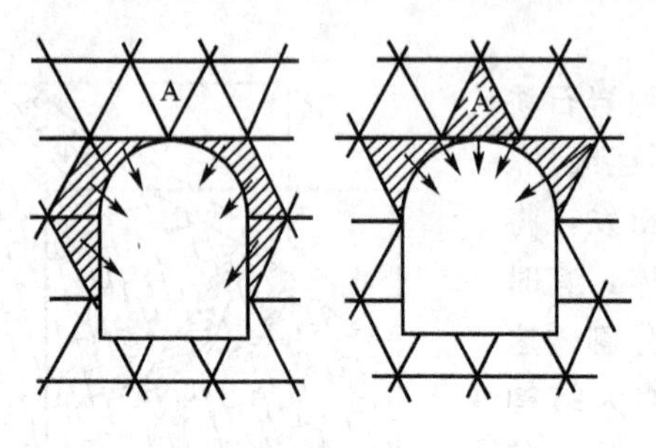

图 5.2　拱顶中心岩块 A 的稳定性

图 5.3　水平板状岩块在拱顶和边墙部位的稳定性

4. 岩体结构及类型

岩体中结构面和结构体的组合关系称为岩体结构，其组合形式称为岩体结构类型，见表 5-1。不同结构类型的岩体，其力学性质有明显差别。

表 5-1　岩体按结构类型分类

岩体结构类型	岩体地质类型	主要结构体形状	结构面发育情况	岩土工程特征	可能发生的岩土工程问题
整体状结构	均质、巨块状岩浆岩、变质岩、巨厚层沉积岩、正变质岩	巨块状	以原生构造节理为主，多呈闭合型。裂隙结构面间距大于 1.5m，一般不超过 1～2 组，无危险结构面组成的落石掉块	整体强度高，岩体稳定，可视为均质弹性的各向同性体	不稳定结构体的局部滑动或坍塌，深埋洞室的岩爆
块状结构	厚层状沉积岩、正变质岩、块状岩浆岩、变质岩	块状 柱状	只有少量贯穿性较好的节理裂隙，裂隙结构面间距 0.7～1.5m，一般为 2～3 组，有少量分离体	整体强度较高，结构面互相牵制，岩体基本稳定，接近弹性各向同性体	—
层状结构	多韵律的薄层及中厚层状沉积岩、副变质岩	层状 板状 透镜体	有层理、片理、节理，常有层间错动面	接近均一的各项异性体，其变形及强度特征受层面及岩层组合控制，可视为弹塑性体，稳定性较差	不稳定结构体可能产生滑塌，特别是岩层的弯张破坏及软弱岩层的塑性变形

续表

岩体结构类型	岩体地质类型	主要结构体形状	结构面发育情况	岩土工程特征	可能发生的岩土工程问题
碎裂状结构	构造影响严重的破碎岩层	碎块状	断层、断层破碎带、片理、层理及层间结构面较发育，裂隙结构面间距0.25～0.5m。一般在3组以上，由许多分离体形成	完整性破坏较大，整体强度很低，并受断裂等软弱结构面控制，多呈弹塑性介质，稳定性很差	易引起规模较大的岩体失稳，地下水加剧岩体失稳
散体状结构	构造影响剧烈的断层破碎带、强风化带、全风化带	碎屑状颗粒状	断层破碎带交叉，构造及风化裂隙密集，结构面及组合错综复杂，并多充填黏性土，形成许多大小不一的分离岩块	完整性遭到极大破坏，稳定性极差，岩体属性接近松散体介质	易引起规模较大的岩体失稳，地下水加剧岩体失稳

通常，可将岩体应力-应变曲线分为四种形态，如图5.4所示。Ⅰ为直线形曲线，属坚硬岩石组成的完整岩体的特征；Ⅱ为上凹形曲线，属坚硬岩石组成的裂隙岩体的特征；Ⅲ为下凹形曲线，属软弱岩石组成的完整岩体的特征；Ⅳ为S形(上凹转下凹)曲线，属软弱岩石组成的裂隙岩体的特征。

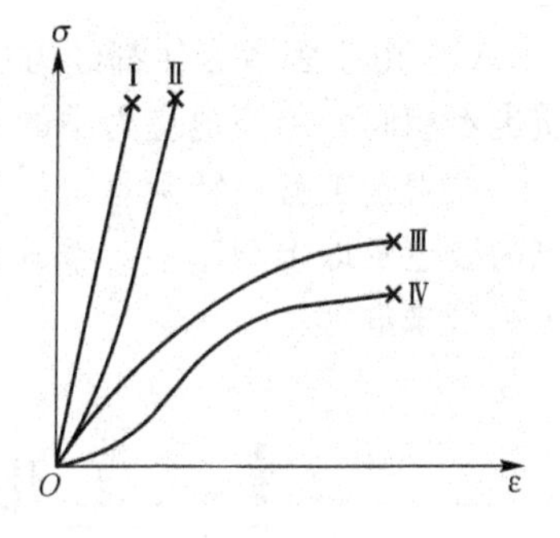

图5.4 岩体应力-应变曲线类型

由上述曲线可以看出，硬岩岩体主要为脆性破坏，软岩岩体主要为塑性破坏，硬岩岩体破坏强度大大高于软岩岩体。并且在硬岩岩体中，结构面力学强度通常大大低于结构体力学强度。因此，硬岩岩体的变形破坏首先是沿结构面的变形破坏，岩体工程性质主要取决于结构面的工程性质；在软岩岩体中，因结构体力学强度较低，有时与结构面强度相差无几，甚至低于结构面强度，所以软岩岩体的工程性质主要取决于结构体的工程性质。

此外，岩体应力-应变曲线形态还与外部荷载大小有关。当外部荷载足够大时，坚硬完整岩体的直线形曲线常变为下凹形曲线；坚硬裂隙岩体的上凹形曲线常变为S形曲线。

岩体变形的另一个显著特点是各向异性。当结构面发育时，通常垂直结构面方向的变形大于平行结构面方向的变形；垂直结构面方向的变形模量小于平行结构面方向的变形模量；垂直结构面方向的抗压强度也小于平行结构面方向的抗压强度。

5.1.2 地应力

地应力也称天然应力、原岩应力、初始应力、一次应力，是指存在于地壳岩体中的应力。由于工程开挖，使一定范围内岩体中的应力受到扰动而重新分布，则称为二次应力或扰动应力，在地下工程中称为围岩应力。

岩体是天然状态下长期、复杂的地质作用过程的产物，岩体中的地应力场是多种不同成因、不同时期应力场叠加综合的结果。地应力包括岩体自重应力、地质构造应力、地温应力、地下水压力以及结晶作用、变质作用、沉积作用、固结脱水作用等引起的应力。在通常情况下，构造应力和自重应力是地应力中最主要的成分和经常起作用的因素。从实测地应力结果中减去岩体自重应力场，便可用来评价地质构造应力特性。构造应力场多出现在新构造运动比较强烈的地区。根据国内外实测地应力资料，最大测深已超过 3km，但大部分测点位于地下 1km 范围之内。我国测点最深的已超过 800m，一般在 200m 以内。

从实测地应力资料分析，地应力的基本规律可归结如下。

(1) 在浅部岩层，地应力垂直分量 σ_v 值接近于岩体自重应力；大约 3/4 实测资料表明，水平分量 σ_h 大于垂直分量 σ_v。

(2) 在深部岩层，如 1km 以下，两者渐趋一致，甚至 σ_v 大于 σ_h。

(3) 水平分量 σ_h 有各向异性。中国华北地区实测结果表明比值 $\sigma_{h\,min}/\sigma_{h\,max}=0.19\sim0.27$ 的占 17%，比值为 0.43～0.64 的占 60%，比值为 0.66～0.78 的约占 20%。

(4) 最大主应力在平坦地区或深层受构造方向控制，而在山区则和地形有关，在浅层往往平行于山坡方向。

(5) 由于多数岩体都经历过多次地质构造运动，且组成岩石的各种矿物的物理力学性质也不相同，因而地应力中的一部分以“封闭”或“冻结”状态存在于岩石中。

在岩土工程，特别是地下工程建设中，地应力有十分重要的意义。在高地应力地区修筑的隧道及地下洞库中，常遇到坚硬岩层中的岩爆现象和软弱岩层中的流变现象，给工程施工带来危害。

5.2 地下洞室变形及破坏的基本类型

隧道及其他地下工程围岩的稳定性，是多种因素的综合效应，主要包括：岩石(体)的物理力学性质、岩体结构特征、含水状况、地应力状态等地质因素，以及工程所承受的荷载、工程类型、工程尺寸及施工方法等工程因素。下面就几种常见的洞室围岩变形和破坏类型作简要的阐述。

5.2.1 围岩应力引起的变形与破坏

在土木工程中，将地下洞室开挖后洞室周围应力变化范围内的岩体称为围岩，变化后的应力称为围岩应力或二次应力。围岩应力引起的变形与破坏，主要指相对较完整岩体在围岩应力为主作用下产生的变形和破坏。

1. 围岩应力的变化规律

地下洞室开挖后，破坏了岩体中原有的地应力平衡状态，岩体内各质点在回弹应力作用下，力图沿最短距离向消除了阻力的临空面方向移动，直到达到新的平衡，这种位移现象称为卸荷回弹。随着岩体质点的位移，岩体内一些方向上的质点由原来的紧密状态逐渐松胀，另一些方向上的质点反而挤压程度更大，岩体应力的大小和主应力方向也随之发生变化。这种岩体应力变化，一般发生在地下洞室横剖面最大尺寸的3～5倍范围内。在此范围以外，岩体依然处于原来的地应力状态。

地下洞室开挖使围岩内主应力产生强烈分异现象，愈接近临空面，应力差值愈大，到洞室周边达最大值。因此，在围岩范围内，洞室周边为最不利应力条件。洞室开挖后，只要洞壁各点的应力值均未超过岩体强度，则整个围岩是稳定的；相反，围岩则产生变形或破坏。并且，任何围岩的变形或破坏必将首先从洞室周边开始，然后沿半径方向向岩体内部发展。因此，研究洞室周边应力，对评价围岩稳定性有十分重要的意义。

洞室周边围岩应力的变化规律主要随洞室形状和侧压力系数($N=\sigma_h/\sigma_v$)而变化。以铁路直墙圆拱形隧道为例，当侧压力系数较低时，拉应力主要出现在拱顶和洞底，并且洞底的拉应力常大于拱顶的拉应力；压应力主要出现在拱脚和边墙中部，并且边墙中部压应力最大。随着侧压力系数增加，拱顶和洞底由拉应力转为压应力，拱顶压应力大于洞底压应力并逐步接近于拱脚压应力；边墙中部压应力增加，并仍为最大压应力区。

2. 围岩应力引起的变形和破坏类型

在围岩应力作用下，围岩变形和破坏的主要类型有张裂塌落、劈裂剥落、碎裂松动、弯折内鼓、岩爆、塑性挤出、膨胀内鼓等。

1）张裂塌落

在厚层状或块体状围岩的洞室拱顶部，当产生拉应力集中，其值超过围岩抗拉强度时，拱顶围岩将发生垂直张裂破坏。尤其是当有近于垂直的构造节理发育时，拱顶张拉裂缝易沿垂直节理发展，使被裂缝切割的岩体在自重作用下变得不稳定。此外，当岩石在垂直方向抗拉强度较低，或近于水平方向的软弱结构面发育，往往也造成拱顶塌落。

傍河隧洞或越岭隧洞进出口段，常因岩体侧向卸荷影响，岩体内侧压力系数较低，加之这些地段节理通常发育，所以，拱顶经常发生严重张裂塌落，有时甚至一直塌到地表。故在这类地区，隧洞应尽量避开卸荷影响带。

2）劈裂剥落

过大的切向压应力可使厚层或块体状围岩表部发生平行洞室周边的破裂。一些平行破裂将围岩切割成几厘米到几十厘米厚的薄板，这些薄板常沿壁面剥落，其破裂范围一般不超过洞室的半径。当切向压应力大于劈裂岩板的拉弯强度时，这些劈裂板还可能被压弯、折断，并造成塌方，如图5.5所示。

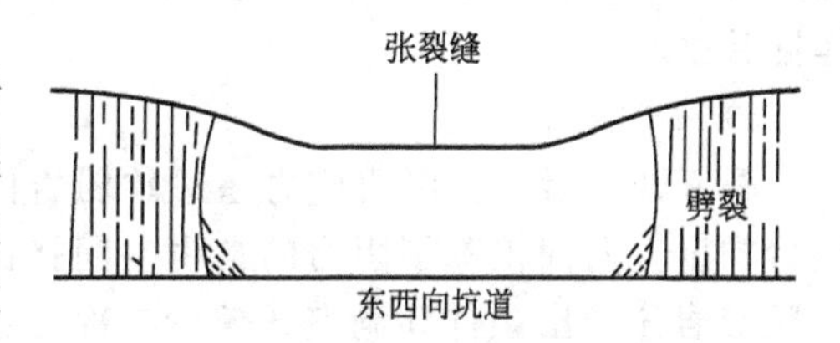

图5.5 矿坑围岩的劈裂剥落

3）碎裂松动

碎裂松动是硬质岩因多组节理发育呈镶嵌碎裂状时围岩变形、破坏的主要形式。洞室开挖后，如果围岩应力超过围岩的屈服强度，这类围岩就会沿已有的多组节理发生剪切错动而松弛，并围绕洞室形成一个碎裂松动带或松动圈。这类松动带本身是不稳定的，当有地下水活动参与时，极易导致拱顶坍塌和边墙失稳。松动带的厚度会随时间的推移而逐步增大。因此，该类围岩开挖后应及时支护加固。

4) 弯折内鼓

在薄层脆性围岩中，岩体变形、破坏主要表现为层状岩层以弯折内鼓的方式破坏。破坏成因有两种，一是卸荷回弹；二是切向压应力超过薄层岩层的抗弯强度所造成的。

在卸荷回弹造成的破坏中，破坏主要发生在地应力较高的岩体内(如深埋洞室或水平应力高的洞室)，并且总是与岩体内初始最大应力垂直相交的洞壁上表现最强烈。故当薄层状岩层与初始最大应力近于垂直时，在洞室开挖后，就会在回弹应力作用下发生如图 5.6 所示的弯曲、拉裂和折断，最终挤入洞内而坍倒。当垂直应力为主时，水平岩层在洞顶易产生弯折[图 5.6(a)]，水平应力为主时，竖直岩层在洞壁易产生弯折[图 5.6(b)]。

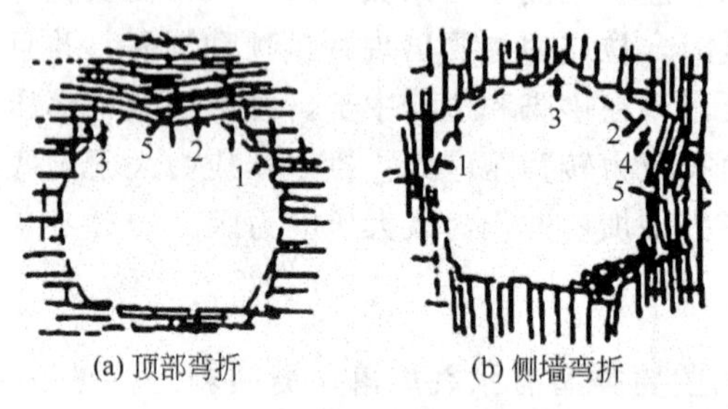

(a) 顶部弯折　　(b) 侧墙弯折

图 5.6　走向平行于洞轴的薄层状围岩的弯折内鼓破坏

1—设计断面轮廓线；2—破坏区；3—崩塌；
4—滑动；5—弯曲、张裂及折断

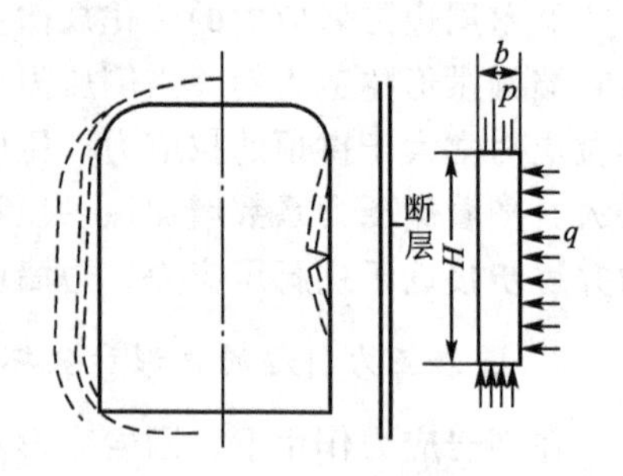

图 5.7　有利于产生弯折内鼓破坏的局部构造条件

当洞室侧壁有平行断层通过时(图 5.7)，将加强洞壁与断层之间薄层岩体内的应力集中，从而更易产生弯折内鼓。

5) 岩爆

岩爆是高地应力区修建于脆性岩中的隧道及其他地下工程中常见的一种地质灾害。在高地应力区地下洞室开挖中，围岩在局部集中应力作用下，当应力超过岩体强度时，发生突然的脆性破坏，并导致应变能突然释放造成岩石的弹射或抛出现象，称为岩爆。弹射或抛出岩体小者数立方厘米，大者可达 $10m^3$ 以上，岩爆发生时，常伴有入耳可闻的爆裂声，详见后述。

6) 塑性挤出

洞室开挖后，当围岩应力超过软弱岩体的屈服强度时，较弱的塑性物质就会沿最大应力梯度方向向消除了阻力的自由空间挤出。在软、硬岩体相间时，软弱岩体的塑性挤出还受岩体产出条件和洞室开挖所在部位控制。产生塑性挤出的围岩主要有固结程度较低的泥质粉砂岩、泥岩、页岩、泥灰岩等软弱岩体。此外，散体结构的围岩也存在塑性挤出的问题。通常，挤出变形的发展都有一个时间过程，一般要几周至几个月后才达到稳定。

7) 膨胀内鼓

洞室开挖后，往往促使水分由围岩内部高应力区向围岩表部低应力区转移，常使某些含大量膨胀矿物、易于吸水膨胀的岩体发生强烈的膨胀内鼓变形，造成洞室设计空间不足，围岩表部膨胀开裂，并进一步风化，甚至解体。除水分重分布外，这类岩体开挖后也会从空气中吸收水分而自身膨胀。

遇水后易于膨胀的岩石主要有两类：一类是富含蒙脱石、伊利石的黏土岩类；另一类是富含硬石膏的地层。隧洞围岩中若含有遇水体积增加2.9%的岩石，就会给开挖造成困难。而有些富含蒙脱石的岩体，遇水后体积可增加14%～25%。据挪威水工隧洞的调查，有70%的隧洞衬砌开裂和破坏与此有关。围岩遇水膨胀后，会产生很大的围岩压力，给隧洞施工和运营带来很大的困难。与围岩塑性挤出相比，围岩吸水膨胀是一个更为缓慢的过程，往往需要相当长的时间才能达到稳定。

5.2.2 围岩构造控制的变形与破坏

受构造控制而变形、破坏的围岩，主要是脆性围岩。对于厚层状或块状结构的围岩，在构造控制下主要以沿结构面剪切滑移为主。

在厚层状或块状结构围岩中，当侧压力系数 $N>1$ 时，洞室拱顶压应力集中程度较高，此时拱顶若有斜向断裂存在(图5.8)，在断裂面上将形成较大的剪应力分量，沿断裂面作用的剪应力往往会超过其抗剪强度，引起岩体沿断裂面的剪切滑移。这种滑移还会引起次生拉应力(大体垂直于图5.8中的虚线)，从而使断裂面与虚线间的三角形岩体因滑移拉裂而坠落。

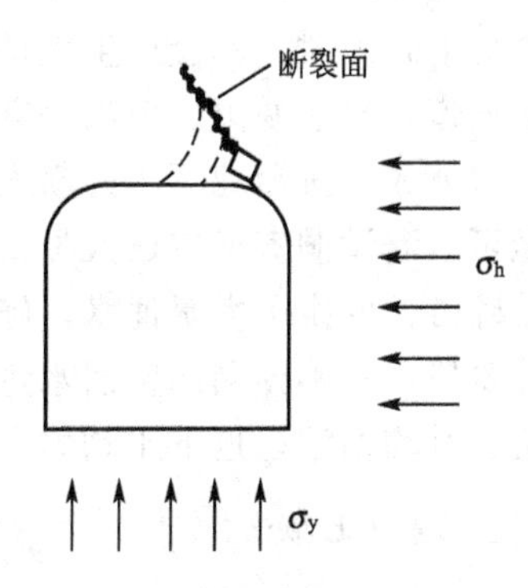

图5.8 滑移拉裂引起的拱顶冒落

当侧压力系数 $N<1$ 时，洞室边墙上压应力集中程度较高，此时若有陡倾角断裂在边墙发育，常造成断裂面上剪应力超过其抗剪强度，使围岩沿断裂面发生剪切滑移，造成边墙失稳。

此外，厚层状或块状结构的软弱岩体，当围岩表部压应力集中时，有时也会沿两组密集共轭节理面发生剪切错动，造成拱顶坍塌或边墙失稳。

5.2.3 松散围岩的变形与破坏

松散围岩指具有散体结构的围岩，如断层破碎带、风化破碎带、节理极发育岩体、第四纪松散沉积等。其变形与破坏主要是在二次应力和地下水作用下发生。主要类型有重力坍塌和塑流涌出。

1. 重力坍塌

在松散岩体中开挖洞室，因岩体固结程度差或没有固结，并且大多数松散岩体地下水含量较高，导致结构面强度低，开挖后岩块在重力作用下自由坍落，形成较高的坍塌拱，有时甚至可以坍通地表。施工时必须采用边挖边砌的办法。完工后还应对衬砌背后与围岩之间的空洞成空隙进行灌浆加固。

2. 塑流涌出

当开挖揭穿饱水的断层破碎带内的松散物质时，在压力下松散物质和水常形成泥浆碎屑流突然涌入洞中，有时甚至可以堵塞坑道，给施工造成很大困难，应提前做好应变准备。

5.3 地下洞室特殊地质问题

除前述围岩变形、破坏等地质问题外，洞室开挖中还经常遇到涌水、腐蚀、地温、瓦斯、岩爆等特殊地质问题。

5.3.1 洞室涌水

在富水的岩体中开挖洞室，开挖中当遇到相互贯通又富含水的裂隙、断层带、蓄水洞穴、地下暗河时，就会产生大量的地下水涌入洞室内；已开挖的洞室，如有与地面贯通的导水通道，当遇暴雨、山洪等突发性水源时，也可造成地下洞室大量涌水。这样，新开挖的洞室就成了排泄地下水的新通道。若施工时排水不及时，积水严重时会影响工程作业，甚至可以淹没洞室，造成人员伤亡。大瑶山隧道通过斑谷坳地区石灰岩地段时，曾遇到断层破碎带，发生了大量涌水，施工竖井一度被淹的情况，不得不停工处理。因此，在勘察设计阶段，正确预测洞室涌水量是十分重要的问题。常见的隧道涌水量预测方法有相似比拟法、水均衡法、地下水动力学法等。

1. 相似比拟法

相似比拟法是通过开挖导坑时的实测涌水量，推算隧道涌水量，或用隧道已开挖地段涌水量来推算未开挖地段涌水量。相似比拟法适用于岩层裂隙比较均匀，比拟地段的水文地质条件相似，涌水量与坑道体积成正比的条件。

1）由实测导坑涌水量推算

根据开挖导坑时的实测涌水量推算隧道涌水量，其计算公式为

$$Q=\frac{F}{F_0}\cdot\frac{S}{S_0}\cdot Q_0 \tag{5-1}$$

式中 Q——隧道涌水量，m^3/h；

Q_0——导坑涌水量，m^3/h；

F_0——导坑过水断面面积(导坑洞身长度乘以断面周长)，m^2；

S_0——导坑地下水水位降低值，m；

F——隧道过水断面面积，m^2；

S——隧道地下水位降低值，m。

2）由已开挖地段涌水量推算

根据隧道已开挖地段涌水量推算未开挖地段涌水量，其计算公式为

$$Q=\frac{L}{L_0}\cdot Q_0 \tag{5-2}$$

式中 Q——未开挖地段涌水量，m^3/h；

L——未开挖地段长度，m；

Q_0——已开挖地段涌水量，m^3/h；

L_0——已开挖地段长度，m。

2. 水均衡法

水均衡法是计算某一地区或一个地下水流域，在某一时期内水的流入量与流出量之间的数量关系的方法。选择进行均衡计算的地区，称为均衡区，进行均衡计算的时间称为均衡期。

用水均衡法计算隧道涌水量，主要考虑大气降水量、隧道吸引范围的集水面积、大气降雨渗入系数以及大气降雨渗入地下后到达隧道涌水处所需的渗流时间四个因素。根据均衡原理，其关系式如下

$$Q=\frac{1000\cdot F\cdot \alpha\cdot A}{T} \tag{5-3}$$

式中 Q——隧道涌水量，m^3/h；

F——集水面积，km^2；

A——降雨量，mm；

α——大气降雨渗入系数；

T——渗流时间，d。

上述四个因素可在现场观测的基础上，经过统计分析加以选定，然后根据式(5-3)就可计算出隧道涌水量。

3. 地下水动力学法

用地下水动力学法计算隧道涌水量的公式，是由地下水运动基本微分方程导出的。边界条件不同，导出的公式也不同。一般按含水层在水平方向上的分布和补给条件，把隧道含水层分为无限补给和有限补给两种情况。然后考虑隧道位置与含水层隔水底板间的相互关系，又分完整型隧道和非完整型隧道两种形式。下面以含水层为无限补给时的完整型隧道涌水量的计算为例进行说明。

(1) 当隧道通过的隔水层底板为水平的潜水含水层时(图 5.9)，由一侧流入隧道的涌水量为

$$Q=B\cdot K\cdot \frac{H^2-h_0^2}{2R} \tag{5-4}$$

式中 Q——由一侧流入隧道的涌水量，m^3/h；

B——隧道长度，m；

K——渗透系数，m/h；

H——含水层厚度，m；

h_0——隧道边沟处潜水含水层厚度，m；

R——影响半径，m，视含水层性质其取值在 80～500m。

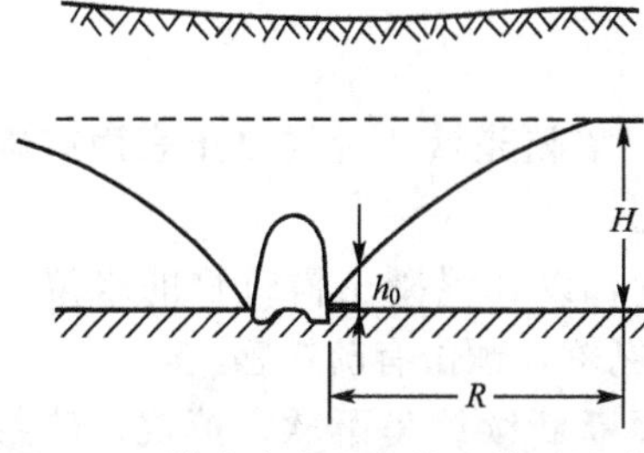

图 5.9 潜水含水层中的完整型隧道

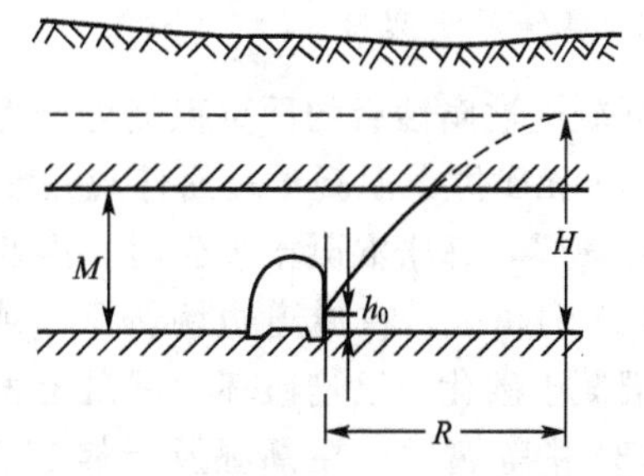

图 5.10 承压含水层中的完整型隧道

(2) 当隧道通过承压含水层时(图 5.10),由一侧流入隧道的涌水量为

$$Q=B\cdot K\cdot\frac{[M(2H-M)h_0^2]}{2R} \tag{5-5}$$

式中 M——承压含水层厚度,m;

H——承压含水层的静止水位,m;

其他符号含义同前。

上述计算中,含水层渗透系数(K)和影响半径(R),主要通过现场渗水试验、注水试验、抽水试验、压水试验等方法确定。

地下水动力学法应用广泛,其主要精确程度取决于 K 的取值。各种现场试验方法费时费钱,但重要工程必须试验取值。一般工程则可参考已有经验选用 K 值。

5.3.2 腐蚀

地下洞室围岩的腐蚀主要是指岩、土、水、大气中的化学成分和气温变化对洞室混凝土的腐蚀。地下洞室的腐蚀性可对洞室衬砌造成严重破坏,从而影响洞室稳定性。成昆铁路百家岭隧道,由三叠系中、上统石灰岩、白云岩组成的围岩中含硬石膏层($CaSO_4$),开挖后,水渗入围岩使石膏层水化,膨胀力使原整体道床全部风化开裂,地下水中 [SO_4^{2-}] 高达 1000mg/L,致使混凝土腐蚀得像豆腐渣一样。

1. 腐蚀类型

岩、土、水中混凝土的化学腐蚀类型,主要有结晶类腐蚀、分解类腐蚀和结晶分解复合类腐蚀。在我国,结晶类腐蚀常见的有芒硝型腐蚀、石膏型腐蚀和钙矾型腐蚀;分解类腐蚀常见的有一般酸型腐蚀、碳酸型腐蚀;结晶分解复合类腐蚀常见于冶金、化工工业废水污染地带。此外,物理风化中因气温变化引起的冰劈作用和盐类结晶作用也可对混凝土形成结晶类腐蚀。

2. 腐蚀标准

建筑场地根据气候区、岩土层透水性、干湿交替情况分为三类环境,同一浓度的盐类在不同的环境中对混凝土的腐蚀强度是不同的。各种化学成分在不同环境中对混凝土腐蚀性的评价标准,国际上首推苏联建筑结构防腐蚀设计标准;国内主要有《岩土工程勘察规范》(GB 50021—2009)规定的标准。具体作业时,应取地下水位以下的水样和土样分别作腐蚀成分及含量测定,对测定数据按规范进行等级评价。如各项指标腐蚀等级不一致时,宜取高者为腐蚀等级。

3. 腐蚀严重程度

混凝土被腐蚀后的严重程度可分为四级。

(1) 无腐蚀:混凝土表面外观完整,模板印痕清晰,在隧道滴水处混凝土表面有碳酸钙结晶薄膜,锤击混凝土表面时,声音清脆,有坚硬感。

(2) 弱腐蚀:在隧道边墙脚下,或出水的孔洞周围,以及混凝土构筑物的水位波动段,混凝土碳化层已遭破坏,混凝土表层局部地方砂浆剥落,锤击有疏松感。

(3) 中等腐蚀:在潮湿及干燥交替段,混凝土表面断断续续呈酥软、掉皮、砂浆松

散、骨料外露，但内部坚硬，未有变质现象。

(4) 强腐蚀：混凝土表面膨胀隆起，大面积自动剥落，有些地方呈豆腐渣状。侵蚀深度达 2cm 以上，深处混凝土也受到侵蚀而变质。

4. 腐蚀易发生地区

腐蚀多发地区主要在下列地质环境中。

(1) 第三纪、侏罗纪、白垩纪等红层中含有芒硝、石膏、岩盐的含盐红层，三叠纪的海相含膏地层，以及此类岩层地下水浸染的土层，其结晶类腐蚀严重。

(2) 泥炭土、淤泥土、沼泽土、有机质及其他地下水中含盐较多的游离碳酸、硫化物和亚铁，对混凝土具有分解类腐蚀。

(3) 我国广东、广西、福建、海南、台湾诸省、区沿海，有红树林残体的冲积层及其地下水，具强酸性，对混凝土有腐蚀。

(4) 我国长江以南高温多雨的湿热地区，酸性红土、砖红土，以及各地潮湿森林酸性土，pH 一般在 4～6 之间，对混凝土有一般酸性腐蚀。

(5) 硫化矿及含硫煤矿床地下水及其浸染的土层，对混凝土有强酸性腐蚀。

(6) 采矿废石场、尾矿场、冶炼厂、化工厂、废渣场、堆煤场、杂填土、垃圾掩埋场，及其地下水浸染的土层，对混凝土有腐蚀。

长期保持干燥状态的地质环境，土中虽然含盐，但无吸湿及潮解现象时，对混凝土一般无腐蚀性。

5.3.3 地温

对于深埋洞室，地下温度是一个重要问题，铁路规范规定隧道内温度不应超过 25℃，超过这个界线就应采取降温措施。隧道温度超过 32℃时，施工作业困难，劳动效率大大降低。欧洲辛普伦隧道施工时，遇到高达 56℃的高温，严重影响了施工速度。所以深埋洞室必须考虑地温影响。

地壳中温度有一定的变化规律。地表下一定深度处的地温常年不变，称为常温带。常温带以下，地温随深度增加，地热增温率 G 约为 1℃/33m。可由下式估算洞室埋深处的地温

$$T=T_0+(H-h)G \tag{5-6}$$

式中 T——隧道埋深处的地温，℃；

T_0——常温带温度，℃；

H——洞室埋深，m；

h——常温带深度，m；

G——地热增温率，1℃/33m。

除了深度外，地温还与地质构造、火山活动、地下水温度等有关。岩层层状构造方向导热性好，所以，陡倾斜地层中洞室温度低于水平地层中洞室温度；在近代岩浆活动频繁地区，受岩浆热源影响，地温较高；在地下热水、温泉出露地区，地温也较高。成昆铁路嘎立一号隧道处于牛日河大断裂影响带内，地热能沿着断裂上升，施工时洞内温度达 30℃以上。莲地隧道内有 40℃温泉，施工时洞内温度也居高不下。

5.3.4 瓦斯

地下洞室穿过含煤地层时，可能遇到瓦斯。瓦斯能使人窒息致死，甚至可以引起爆炸，造成严重事故。

瓦斯是地下洞室有害气体的总称，其中以甲烷为主，还有二氧化碳、一氧化碳、硫化氢、二氧化硫和氮气等。瓦斯一般主要指甲烷或甲烷与少量有害气体的混合体。当瓦斯在空气中浓度小于5%～6%时，能在高温下燃烧；当瓦斯浓度由5%～6%到14%～16%时，容易爆炸，特别是含量为8%时最易爆炸；当浓度过高，达到42%～57%时，使空气中含氧量降到9%～12%，足以使人窒息。

瓦斯爆炸必须具备两个条件：一是洞室内空气中瓦斯浓度已达到爆炸限度；二是有火源。通常在洞内温度、压力下，各种爆炸气体与正常成分空气合成的混合物的爆炸限度，见表5-2。

表5-2 常温、常压下各种爆炸气体与空气合成的混合物的爆炸限度

气体名称	爆炸限度含量/%	气体名称	爆炸限度含量/%
甲烷(沼气)	5～16	一氧化碳	12.5～74
氢气	4.1～74	乙烯	3
乙烷	3.2～12.5	苯	1.1～5.8

由于甲烷为空气重量的0.55倍，常聚积在洞室顶部，并极易沿岩石裂隙或孔隙流动。所以，瓦斯在煤系地层中的分布也有一定规律。例如，穹隆构造瓦斯含量高，背斜核部瓦斯含量比翼部高，向斜则相反；地表有较厚覆盖层的断层或节理发育带，瓦斯含量都较高；含煤地层愈深，煤层厚度愈大，煤层碳化程度愈高，瓦斯含量愈大；地下水愈少，瓦斯含量也愈大。

地下洞室一般不宜修建在含瓦斯的地层中，如必须穿越含瓦斯的煤系地层，则应尽可能与煤层走向垂直，并呈直线通过。洞口位置和洞室纵坡要利于通风、排水。施工时应加强通风，严禁火种，并及时进行瓦斯检测，开挖时工作面上的瓦斯含量超过1%时，就不准装药放炮；超过2%时，工作人员应撤出，进行处理。

5.3.5 岩爆

地下洞室在开挖过程中，围岩突然猛烈释放弹性变形能，造成岩石脆性破坏，或将大小不等的岩块弹射或掉落，并常伴有响声的现象称作岩爆。发现岩爆虽已有200多年历史，但只在20世纪50年代以来才逐渐认清了岩爆的本质和发生条件。

轻微的岩爆仅使岩片剥落，无弹射现象，无伤亡危险。严重的岩爆可将几吨重的岩块弹射到几十米以外，释放的能量可相当于200多吨TNT炸药。岩爆可造成地下工程严重破坏和人员伤亡。严重的岩爆像小地震一样，可在100多千米外测到，现测到的最大震级为里氏4.6级。

岩爆有如下一些特点。

(1) 岩爆是岩石内部弹性应变能积聚后而突然释放的结果，故高地应力区的坚硬岩石最易出现岩爆，软弱岩石当弹性应变还不太大时，便产生塑性变形，不能形成岩爆。

(2) 岩爆发生时，常伴有声音，有的岩爆虽然不闻其声，但通过埋入岩石或与岩石面耦合的声接收器，仍可发现有声发射现象。

(3) 岩爆的发生有一个过程。通常可分为三个阶段，即启裂阶段、应力调整阶段和岩爆阶段。从岩石内形成很多单个微型隙，到微裂隙贯通形成张性裂隙丛，再到裂隙丛扩展造成较大裂隙，当应力调整超过岩石强度时发生岩爆。岩爆活动过程可能较短，如在距离开挖掌子面一倍洞径处，可能在24h内活动频繁。但有时在开挖爆破扰动下，岩爆可能断断续续，持续1～2月，有时甚至1～2年。

(4) 岩爆分级。岩爆发生的临界深度约为200m，埋深越大时发生岩爆可能性越大。陶振宇根据Barton、Russenes、Turchaninov等人的分类，并结合国内工程经验提出岩爆分级，见表5-3。

表5-3 岩爆分级

岩爆分级	σ_c/σ_1	说 明
Ⅰ	＞14.5	无岩爆发生，也无声发射现象
Ⅱ	14.5～5.5	低岩爆活动，有轻微声发射现象
Ⅲ	5.5～2.3	中等岩爆活动，有较强的爆裂声
Ⅳ	＜2.3	高岩爆活动，有很强的爆裂声

注：σ_c为岩石单轴抗压强度；σ_1为地应力的最大主应力。

施工过程中主要采用超前钻孔、超前支撑及紧跟衬砌、喷雾洒水等方法防治岩爆。锚栓—钢丝网—喷混凝土支护(即新奥法施工)也可收到较好效果。

5.4 围岩分级及其应用

5.4.1 围岩分级

洞室开挖在不同性质的岩体中，表现出不同的稳定性。在坚硬岩石的整体块状结构的岩体中，岩体完整性好，强度高，洞室围岩稳定，可不用支护；在碎裂状和散体状岩体中，洞室围岩极易坍方，需要及时支护才能保持稳定。洞室围岩稳定性分级，就是把稳定性相近的围岩划归同一级，根据围岩稳定类别确定洞室施工法、支护类型、衬砌形式和厚度。所以，洞室围岩分级，是正确进行洞室设计、施工的基础。

工程岩体分级(分类)因目的不同，分级的方法也不同。国内外主要的围岩分级方法，均以评价围岩稳定和确定支护形式为目的进行分级。国外应用较为广泛的围岩分级主要有：美国Dree按金刚钻采取的修正的岩芯率RWD为指标的岩体质量分级(1969年)，挪威岩土工程研究所N. Barton等人提出的以岩石质量指标Q的分类(NGI分类)(1984年)，南非Bieniawski提出的岩体的地质力学分级(CSIR)(1973年)，G. E. Wickham等人提出的岩体结构评价分类法(RSR 法)(1972 年),日本的弹性波分类法及苏联的普氏分类法等。国内各相关行业先后都提出了自己的围岩分级(分类)标准。20 世纪 50—60 年代,大多采用普氏分类方法,60 年代末至 70 年代,铁道部提出隧道围岩分类。近 20 多年来,随着各类地下工程大量修建以及勘探和测试技术的改进,国内许多部门都先后提出了定性指标和定量指标相结合的围岩分级方法,如总参工程兵第四研究设计院提出的坑道围岩分类法(1985 年),铁道部科学研究院西南分院提出的工程岩体(围岩)质量分级法(1986 年),水电部昆明勘测设计院提出的大型水电站地下洞室围岩分类(1988 年),东北大学提出的围岩稳定性动态分级等,此外还提出了按工程施工方法要求提出的《锚杆喷射混凝土支护技术规范》(GB 50086—2001)。1994 年,由多部门组成编写组提出了《工程岩体分级标准》(GB 50218—1994),同期铁路、公路、建筑、煤炭等系统也修改或提出了各自的围岩分类行业标准。下面介绍几种常用的围岩分级方法。

1. 围岩质量分级

目前国内外岩土工程规范中,普遍采用围岩质量分级。根据我国国家标准 GB 50218—1994,围岩质量分级应根据岩体基本质量的定性特征和岩体基本质量指标 BQ,两者综合按表 5-4 来确定。

表 5-4 岩体基本质量分级

基本质量级别	岩体基本质量的定性特征	岩体基本质量指标 BQ
Ⅰ	坚硬岩,岩体完整	>550
Ⅱ	坚硬岩,岩体较完整 较坚硬岩,岩体完整	550~451
Ⅲ	坚硬岩,岩体较破碎 较坚硬岩或软硬岩互层,岩体较完整 较软岩,岩体完整	450~351
Ⅳ	坚硬岩,岩体破碎 较坚硬岩,岩体较破碎至破碎 较软岩软硬岩互层,且以软岩为主 岩体较完整至较破碎 软岩,岩体完整至较完整	350~251
Ⅴ	较软岩,岩体破碎 软岩,岩体较破碎至破碎 全部极软岩及全部极破碎岩	≤250

注:1. 岩石坚硬程度可按表 1-11 划分。

2. 岩体完整程度定量指标应采用实测的岩体完整性系数 K_v,其值按表 5-5 划分;当无条件取得实测值时,也可用岩体体积节理数 J_v,按表 5-6 确定 K_v 值。

表 5-5 岩体完整性程度

K_v	>0.75	0.75~0.55	0.55~0.35	0.35~0.15	<0.15
完整程度	完整	较完整	较破碎	破碎	极破碎

注:岩体完整性系数 K_v 是指岩体声波纵波速度与岩石声波纵波速度之比的平方。

表 5-6 J_v 与 K_v 对照表

J_v/(条/m^3)	<3	3~10	10~20	20~35	>35
K_v	>0.75	0.75~0.55	0.55~0.35	0.35~0.15	<0.15

注：岩体体积节理数 J_v 是单位岩体体积内的节理(结构面)数目。

表 5-4 中，岩体基本质量指标 BQ 由下式确定

$$BQ=90+2R_c+250K_v \tag{5-7}$$

其中，当 $R_c>90K_v+30$ 时，按 $R_c=90K_v+30$ 计算；当 $K_v>0.04R_c+0.4$ 时，按 $K_v=0.04R_c+0.4$ 计算。

当洞室围岩中有软弱结构面、或有地下水、或处于高地应力区时，岩体基本质量指标应进行修正。修正值按下式计算，并据修正值 [BQ] 按表 5-4 进行围岩质量分类

$$[BQ]=BQ-100(K_1+K_2+K_3) \tag{5-8}$$

式中 K_1——地下水影响修正系数，按表 5-7 确定；

K_2——主要软弱结构面产状影响修正系数，按表 5-8 确定；

K_3——地应力状态影响修正系数，按表 5-9 确定。

表 5-7 地下水影响修正系数 K_1

地下水出水状态	BQ			
	>450	450~351	350~251	≤250
潮湿或点滴状出水	0	0.1	0.2~0.3	0.4~0.6
淋雨状或涌流状出水，水压≤0.1MPa 或单位出水量≤10L/(min·m)	0.1	0.2~0.3	0.4~0.6	0.7~0.9
淋雨状或涌流状出水，水压>0.1MPa 或单位出水量>10L/(min·m)	0.2	0.4~0.6	0.7~0.9	1.0

表 5-8 主要软弱结构面产状影响修正系数 K_2

结构面产状及其与洞轴线的组合关系	结构面走向与洞轴线夹角<30°、结构面倾角 30°~75°	结构面走向与洞轴线夹角>60°、结构面倾角>75°	其他组合
K_2	0.4~0.6	0~0.2	0.2~0.4

表 5-9 地应力状态影响修正系数 K_3

地应力状态	BQ				
	>550	550~451	450~351	350~251	≤250
极高应力区	1.0	1.0	1.0~1.5	1.0~1.5	1.0
高应力区	0.5	0.5	0.5	0.5~1.0	0.5~1.0

注：极高应力区指 $R_c/\sigma_{max}<4$，高应力区指 $R_c/\sigma_{max}=4\sim7$。σ_{max} 为垂直洞轴线方向的最大地应力。

2. N. Barton岩体分类

挪威岩土工程研究所N. Barton等人提出的隧道开挖岩体质量指标分类(NGI分类)。它考虑了岩石质量指标(RQD)(%)、节理组影响系数(J_n)、节理面粗糙度系数(J_r)、节理面蚀变度系数(J_a)、节理水折减系数(J_w)和地应力影响系数(SRF)六项因素，按式(5-9)算出围岩岩体质量指标Q值，按表5-10进行围岩质量分类，并根据Q值大小和类似工程经验，确定相应的施工方法和支护类型：

$$Q=\left(\frac{\mathrm{RQD}}{J_n}\right)\cdot\left(\frac{J_r}{J_a}\right)\cdot\left(\frac{J_w}{\mathrm{SRF}}\right) \tag{5-9}$$

表5-10　岩体质量分类

岩石质量	特别好	极好	良好	好	中等	不良	坏	极坏	特别坏
Q	400～1000	100～400	40～100	10～40	4～10	1～4	0.1～1.0	0.01～0.1	0.001～0.01

式(5-9)中岩石质量指标RQD的确定见表5-11。

表5-11　岩石质量指标RQD

岩石质量指标	RQD/%	备　注
坏的	0～25	(1) 当调查或量测的RQD≤10%(包括0)时用以代入式(5-9)计算Q值，可采用标称值10 (2) RQD每级差用5%，即100%、95%、90%已有足够精度
不良	25～50	
中等	50～75	
良好	75～90	
优良	90～100	

3. 铁路隧道围岩分级

铁路隧道围岩分级见表5-12。

表5-12　铁路隧道围岩的基本分级

级别	岩体特征	土体特征
Ⅰ	极硬岩，岩体完整	
Ⅱ	极硬岩，岩体较完整 硬岩，岩体完整	
Ⅲ	极硬岩，岩体较破碎 硬岩或软硬岩互层，岩体较完整 较软岩，岩体完整	
Ⅳ	极硬岩，岩体破碎 硬岩，岩体较破碎至破碎 较软岩软硬岩互层，且以软岩为主；岩体较完整或较破碎 软岩，岩体完整至较完整	具压密或成岩作用的黏土、粉土及砂类土，一般钙质、铁质胶结的碎、卵石土、大块石土，Q_1、Q_2黄土

续表

级别	岩体特征	土体特征
Ⅴ	软岩，岩体较破碎至破碎 全部极软岩及全部极破碎岩(包括受构造影响严重的破碎带)	一般第四系坚硬、硬塑黏性土，稍密及以上、稍湿、潮湿的碎、卵石土、圆砾土、角砾土、粉土及 Q_3、Q_4 黄土
Ⅵ	受构造影响很严重呈碎石角砾及粉末、泥土状的断层带	软塑状黏性土，饱和的粉土，砂类土等

表 5-12 中岩石坚硬程度的划分参见表 1-11；岩体完整性程度的划分参见表 5-5。

隧道围岩受地下水影响时，按表 5-13 进行分级修正。

隧道围岩受高地应力影响时，按表 5-14 进行分级修正。

隧道洞身埋藏较浅，应根据围岩受地表影响情况进行分级修正。当围岩为风化层时应按风化层的围岩基本分级考虑；仅洞身埋藏较浅、围岩受地表影响，应较相应围岩降低 1～2 级。

根据表 5-12、表 1-11、表 5-5 初步确定的铁路隧道各段围岩的基本分级，再按表 5-13 和表 5-14 进行两次修正后得到各段围岩的最后分级。Ⅰ级围岩最稳定，Ⅵ级围岩最不稳定。按不同围岩的级别确定相应的开挖稳定性、施工方法和支护类型。

表 5-13　地下水对隧道圆岩的分级修正

基本分级 / 修正分级 / 地下水情况	Ⅰ	Ⅱ	Ⅲ	Ⅳ	Ⅴ	Ⅵ
干燥	Ⅰ	Ⅱ	Ⅲ	Ⅳ	Ⅴ	Ⅵ
有少量水或水量较大	Ⅰ或Ⅱ①	Ⅱ或Ⅲ②	Ⅳ	Ⅴ	Ⅵ	—

① 水量较大时，围岩分级采用Ⅱ；有少量水时，围岩分级采用Ⅰ。

② 水量较大时，围岩分级采用Ⅲ；有少量水时，围岩分级采用Ⅱ。

表 5-14　高地应力影响对隧道围岩的分级修正

基本分级 / 修正分级 / 应力状态	Ⅰ	Ⅱ	Ⅲ	Ⅳ	Ⅴ	Ⅵ
极高应力	Ⅰ	Ⅱ	Ⅲ或Ⅳ①	Ⅴ	Ⅵ	—
高应力	Ⅰ①	Ⅱ	Ⅲ	Ⅳ或Ⅴ②	Ⅵ	—

① 围岩岩体为较破碎的极硬岩、较完整的硬岩时，定为Ⅲ级；围岩岩体为完整的较软岩、较完整的软硬互层时，定为Ⅳ级。

② 围岩岩体为破碎的极硬岩、较破碎及破碎的硬岩时，定为Ⅳ级；围岩岩体为完整及较完整软岩、较完整及较破碎的较软岩时，定为Ⅴ级。

5.4.2 围岩稳定性分析方法

根据地下洞室所在岩体的性质，又可将地下洞室分为土体洞室和岩体洞室两大类。土体和岩体的工程性质差别较大，两类洞室的变形破坏形式、影响因素以及稳定性评价方法等，均有所不同。

与大部分岩体洞室相比，土体洞室的稳定性要低得多。一般情况下，土体洞室如果不给予支护，通常不能保持长期稳定。影响土体洞室稳定性的因素，主要是土体类型及工程性质、地下水状态、洞室断面尺寸、形态、洞室埋深等。在坚硬和较坚硬的土层中，洞室稳定性较好；在淤泥层、砂层、黏土层及遇水软化的黏土岩、膨胀土层中，洞室稳定性很差，常给施工带来巨大困难。土体洞室的稳定性和土压力的评价，通常采用土力学的分析方法进行。

岩体洞室的稳定性主要取决于岩体中的岩体质量、地下水状态、地应力状态、洞室断面尺寸、形状以及埋深等。岩体洞室围岩稳定性评价常采用以下四种方法。

1. 围岩分级评价法

对洞室围岩进行工程分级、从而定性评价其稳定性，是普遍采用的一种方法。它是以岩体质量评价为基础，结合已建工程的实践经验进行。洞室围岩分级评价法，在各类洞室建设中均被使用。对于普通的小型洞室，一般仅采用围岩分级评价即可；对于大中型洞室，则常在围岩分级基础上进行岩体稳定性理论分析(解析法和图解法)；对于大型洞室或重点工程还需进行各种模型试验，以预测洞室围岩的稳定性。

2. 解析法

1) 连续介质力学分析方法

连续介质力学分析方法，是利用弹性理论、弹塑性理论以及各种数值分析方法，评价围岩的稳定性。该方法主要根据地应力大小、洞室形态和尺寸，检算相对完整岩体的洞室周边最大压应力和最大拉应力集中部位，检查该应力集中部位的压应力和拉应力是否超过岩体抗压强度和抗拉强度，是否能引起洞室周边的变形与破坏。因洞室围岩的变形和破坏，一般都是从洞室周边开始，然后向围岩内部扩展，所以，洞室周边围岩应力检算有着重要作用。

2) 极限平衡分析方法

对于主要由结构面控制下的围岩变形、破坏，主要用极限平衡分析法进行检算。一般分为两种情况：一种是有较弱结构面穿过洞室，造成洞壁围岩沿结构面剪切滑移或在结构面附近脱落；另一种是多组节理将围岩切割成分离块体，如图 5.11 所示。可通过研究结构面处岩块重力在结构面上的各个分量和结构面的抗剪强度及抗拉强度，确定结构面处岩块的稳定性。

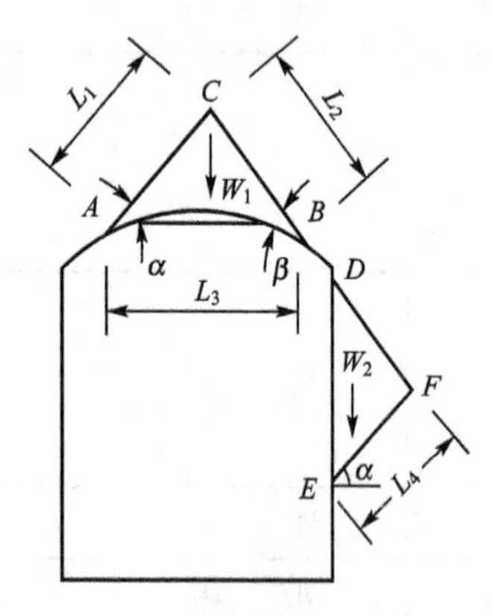

图 5.11 洞壁危岩稳定性分析

3. 图解分析法

图解法主要用赤平极射投影分析法，即通过将围岩中各组结构面产状投影到赤平极射图上，通过结构面产状在赤平极射图上的组合形态，分析洞室不稳定岩块的位置和滑动方向，并可确定洞室延伸部位和方向。但该方法确定的不稳定岩块的稳定性，尚需按块体极限平衡理论进行检算。

4. 模型、模拟试验法

该方法主要有光弹性模拟试验、相似材料模型试验和离心模拟试验等。主要通过室内模型受力变形过程，推演洞室开挖过程中，围岩可能出现的变形和破坏方式及物理机制，从而判定围岩稳定性。

光弹法主要利用某些透明的光学敏感材料，在受力变形时产生光学各向异性的特点，根据偏振方向不同的光线的光程差，确定主应力差值，利用反映出来的等色线和等倾线，确定模型中应力分布状态。

相似材料法主要用重晶石粉、石膏、水泥、砂等材料按一定相似比例制成模型，在模型架上施加双向或三向荷载，根据模拟洞室的平面应力状态和平面应变状态，并进行模拟开挖以预测洞室的变形和破坏。

离心模拟法主要采用一般原型材料，按原型密度和几何比例制作模型，在模型中埋置各种传感器，并放入离心机中，用增加离心加速度的方法增加离心力，从而增加模型中的重力，达到模型与原型几何相似及应力相似，模拟一定时间内原型的变形和破坏。

由于地下工程围岩岩体变形、破坏过程非常复杂，目前对其发生、发展机理尚未完全清楚，因此，围岩岩体稳定分析方法仍在不断发展、完善之中。

知 识 链 接

世界海底隧道工程概况与中国台湾海峡通道构想

1. 世界海底隧道工程简述

1) 日本

日本是较早修建海底隧道的国家。20世纪40年代修建的关门海峡隧道是世界上最早的海峡隧道。第二次世界大战后，又开始了1940年就曾调查过的青函隧道的建设工作。青函隧道主要通过第三系火山堆积岩，部分火山岩透水性甚高。海峡宽约23km，水深达140m，隧道又在海床下100m，故总长达53.85km。该项目施工时间前后长达24年，于1988年竣工。以此为契机，日本及各国又提出了日韩海底隧道工程等构想。

日韩海底隧道从日本壹岐海峡(最短距离22km，最大水深60m)，经东对马海峡(49km,水深120m)，最后到西对马海峡(49km，水深200m)。经过十几年的勘察及方案设计，在日本侧已开挖试验斜井，了解地质地形状况。日韩隧道方案在土木工程史上遇到了未曾经历过的很深的海底施工操作方面的问题。有专家认为在这种情况下采用沉埋管隧道施工法的未知因素和风险要比采用山岭隧道和盾构隧道施工法少一些，希望通过采用海底油田所发展的海上作业平台，工作船上的操作技术，造船设施等去克服采用沉管法所涉及的最大困难。日韩隧道现仍处在勘测研究阶段。

2) 英国

英国也是个岛国，已经在河流入海口、海湾、海峡建造了若干桥隧，还计划在苏格兰和赫布里底群岛、奥克尼群岛之间建设海底隧道。

英法海峡隧道是连接英格兰和法国，即英国和欧洲大陆之间的固定陆岛通道。英法海峡海面宽约 37km，水深最深处约 40m。1994 年 5 月正式运营。英法海峡隧道由 3 条长 51km 的平行隧道组成，其中两条直径 7.6m，供列车通行，称为运行隧道；中间一条直径 4.8m，供管理、维修等使用，称为服务隧道。每隔 375m 设一条联络横通道，联通运行隧道和服务隧道。该项目采用成熟的先进技术，通过充分的地质工作找到理想的岩层，设计安全，较好地解决了某些特殊的工程技术问题。

3）挪威

挪威有较长的海岸线及大量的狭湾与岛屿，大多数人生活在海岸附近，因此修建了较多的海底隧道。20 世纪 70 年代末以来已建成 20 多座海底隧道，总长约 13km，主要是公路隧道，其次是油/气管线隧道及输水隧洞，而且均采用钻爆法施工。挪威的海底隧道位于各种地质构造中，从典型的硬岩(如前寒武系的片麻岩)到不坚实的千枚岩和质量不良的片岩和页岩。所有隧道均穿过海底明显的软弱地带。

4）丹麦

丹麦是扼波罗的海通往北海口的岛国，由贯德兰(Jutland)半岛、富嫩(Funen)岛、蔡伦(Zealand)岛及其余小岛所组成。其主要海峡——大带海峡位于富嫩岛及蔡伦岛之间，峡宽 18km，中有斯拔罗哥(Sprogo)小岛分海峡为东西两槽，西槽宽约 6.6km，建以公铁预应力混凝土梁结构，桥跨 110.4m。东槽水深 50m 处，隧道埋深 78m。该项目 1997 年完成。丹麦大带海峡把丹麦和欧洲本土连接起来，从而使欧洲范围内几乎都能陆路相通。此外，丹麦和德国还设想通过海面下深约 50m 的一条长 19km 的铁路隧道或一条桥隧组合来跨越两国之间的费马恩海峡。

5）其他

直布罗陀海峡在欧洲西班牙和非洲摩洛哥之间。直布罗陀海峡东西长约 87km，南北宽窄不同，水深也不同。主要选线方案：东 A 线自西班牙的肯拿莱斯角(Pointe Cannals)到摩洛哥的锡尔莱斯角(Punta Cirles)(CC 线)。这一海峡宽约 14km，最大水深 950m。西 B 线自帕洛马角(Punta Paloma)到马拉巴塔角(Punta Malabata)(PP 线)。海峡宽约 26km，最大水深 300m。窄处水深，宽处水浅。桥梁方案在技术上十分困难。隧道方案有半潜、沉管和深埋等方案。相比之下，桥梁与隧道结合方案的手段显示出其优越性。直布罗陀海峡的跨海工程，是目前世界上最为艰巨的工程项目。

在亚洲，跨越爪哇岛和苏门答腊岛之间宽 40km，深 200m 的巽他海峡通道，以及跨越马六甲海峡的通道等也都是引人注目的设想。随着各国国力增长，将来都可能修建跨海工程。

2. 中国台湾海峡通道构想

1）通道的形式

海峡通道的主要形式有滚装轮渡、桥梁、隧道以及桥隧混合形式。滚装轮渡的投资较小、但由于通行时间较长、轮渡空间利用率低、受气候影响大等，其运营效率与安全性对货运来说不如海运，对客运来说不如空运。桥梁虽然是海峡通道的理想形式，运营费用也低，但其技术难度较大、建设周期长，更主要的是投资巨大，经济可行性难以达到。隧道是海峡通道中常用的形式，通行时间与桥梁相当，投资比桥梁小许多，但其运营费用高。对于长隧道，通风、防渗和防灾问题非常突出。

中国台湾海峡较宽，即使最窄处的直线距离也有 120km 左右，因此宜采用以隧道为主、桥隧结合的形式。在两端利用岛屿修建大桥，以尽量缩短隧道的长度。中间段则需利用岛屿或修筑人工岛或短桥，将海底隧道分成数段，以解决隧道过长施工和运营无法克服的问题。这一方案由于隧道占主要地位，有时仍称为台湾海峡隧道。

2）线路选择

台湾海峡长约330km，宽约140～250km，峡中平均水深仅约50m，可以利用沿海的岛屿修建跨海工程。台湾海峡最窄的地段是从福建福州市附近的平潭到中国台北附近的新竹(称为北线)，直线距离约为120km，海峡深度普遍在80m之内。计及隧道在两岸的延伸，总长可能达150km。这条线路的两端均靠近中国台湾和福建的政治、经济、文化中心，在福建端公路可与正在建设之中的国家沿海公路主干线和将要建设的“北京—福州”公路主干线相接，铁路可与外福线相接，并由此与全国公路网和铁路网相连。

另一条线路是由福建的厦门经金门、澎湖到中国台湾的台南以北(称为南线)。在台澎之间，中国台湾已在兴建跨海工程，则余下的跨海线路距离约为145km，水深约为50m。这条线路的两端均有较大的城市，经济发达，尤其厦门是经济特区，又是闽南金三角的龙头，对内延伸交通也较方便。除此之外，在南北线之间的其他线路，有的中间虽有些岛屿可资利用，但由于两端的城市规模较小，向内延伸交通不甚便捷，且线路较长，暂可不作考虑。

3. 工程问题

中国台湾海峡通道，国际上称为“超级工程”(super infrastructure)。其特点是所需投资巨大、技术复杂、对环保的影响深远、研究工作的长期性以及其对社会政治、经济等方面的重大影响。

台湾海峡地层处于较新的地质活动年代，而且地震比较频繁，这需要对其工程地质作充分的勘测和论证。中国台湾海峡隧道很长，约为欧洲隧道的3倍，在通风设计、施工掘进设备方面也会提出一些需要专门研究的工程技术问题，建造台湾海峡隧道，按目前价格就可能需要数千亿元人民币。建设如此宏大而又复杂的工程，应进行前期研究以满足科学决策的需要。在工程技术方面，较为突出的问题有开挖方法、地质勘探、通风设备等。

迄今为止已修建的海底或水下隧道大都是采用沉埋管段法，如美国、荷兰、日本等国家。这种方法被认为是横穿河流或作为船舰航道的港湾，或者在水底的地质条件不适应于开挖隧道时的一种好方法，特别值得强调的是沉管隧道能够成功地提高抗地震破坏能力。盾构开挖法也是一种引人注意的方法，而在深水区暗挖法则更加有利。中国台湾海层处于地震多发地区，修建隧道水深约为50～80m，该如何选择既能保证安全又经济的开挖方法，是一个值得重视和探讨的问题。

无论采用哪种开挖方法，地质情况将直接影响到方案能否完成。因此，要尽可能地保证地质勘探的准确性。除在大海波涛汹涌或涨大潮时外，深水测量是比较容易的，而深海区的地质勘探则花费巨大，甚至需要借助于大船或海面钻探平台用以钻取岩芯。超声波和地震勘探法是了解地质构造的可行方法，可以提高地质勘探的准确性。同时，在考虑海底长隧道通风与开挖面间的距离时，必须预先制定一个深思熟虑的通风和出渣计划。

4. 结语

1948年在台湾省一个青年集会上出现了“修建海峡隧道，以利两岸和平”的想法。

此后，由于历史原因，这一问题再无人提起。1998年，桥梁专家唐寰澄同志曾建议修建长春至三亚的沿海国家公路主干线，且在福州和厦门两处横跨海峡至中国台湾。修建中国台湾海峡通道的设想此后不断有人提及，但又都感到此事为时尚早。1998年11月，在热心于此项工程的吴之明等教授和有关部门的努力下，“台海峡隧道工程论证学术会议”在福建厦门召开，中国台湾海峡通道再次引起了社会的广泛关注和学术界的争鸣。

中国台湾海峡通道工程实际上还处于一个设想的阶段。无论该工程的可行与否，最终工程的实现与否，只要是以科学的态度、负责任的精神、扎扎实实的工作作风开展研究，它对海峡两岸的学术交流、对中国台湾海峡地区的地理、地质、环境、生态、地震等自然现象的了解，对促进我国跨海工程的科技进步都是有益的。

（资料来源：陈宝春，刘织，林涵斌．世界海底隧道工程概况与台湾海峡通道构想[J]．福州大学学报(自然科学版)，2000，28.）

本章小结

(1) 地下工程是与地质条件关系最密切的工程建筑。研究地下工程围岩稳定性的主要影响因素有：岩体物理力学性质、岩体结构状态和类型、地应力和岩体含水状况等。预测可能发生的地质灾害，并采取相应的防治措施，是地下工程建设中非常重要的一个环节。

(2) 岩体的工程性质不仅取决于组成它的岩石，更重要的是取决于它的不连续性。按工程性质，又可把岩体分为地基岩体、边坡岩体和洞室围岩岩体等。结构面按成因可分为原生结构面、构造结构面和次生结构面。岩体中结构面和结构体的组合关系称做岩体结构，其组合形式称作岩体结构类型。不同结构类型的岩体，其力学性质有明显差别。

(3) 地应力也称天然应力、原岩应力、初始应力、一次应力，是指存在于地壳岩体中的应力。从实测地应力资料分析，地应力具有基本分布规律。

(4) 地下洞室开挖后，破坏了岩体中原有的地应力平衡状态，岩体应力变化一般发生在地下洞室横剖面最大尺寸的3～5倍范围内。在围岩范围内，洞室周边为最不利应力条件；在此范围以外，岩体依然处于原来的地应力状态。

(5) 在围岩应力作用下，围岩变形和破坏的主要类型有张裂塌落、劈裂剥落、碎裂松动、弯折内鼓、岩爆、塑性挤出、膨胀内鼓等；松散围岩的变形与破坏主要类型有重力坍塌和塑流涌出。

(6) 洞室开挖中还经常遇到涌水、腐蚀、地温、瓦斯、岩爆等特殊地质问题。常见的隧道涌水量预测方法有相似比拟法、水均衡法、地下水动力学法等；地下洞室围岩的腐蚀主要指岩、土、水、大气中的化学成分和气温变化对洞室混凝土的腐蚀，地下洞室的腐蚀性可对洞室衬砌造成严重破坏，从而影响洞室稳定性；对于深埋洞室，地下温度是一个重要问题，铁路规范规定隧道内温度不应超过25℃，超过这个界线就应采取降温措施；地下洞室穿过含煤地层时，可能遇到瓦斯。瓦斯能使人窒息致死，甚至可以引起爆炸，造成严重事故。地下洞室如必须穿越含瓦斯的煤系地层，则应尽可能与煤层走向垂直，并呈直线通过。洞口位置和洞室纵坡要利于通风、排水。施工时应加强通风，严禁火种，并及时进行瓦斯检测；地下洞室在开挖过程中，围岩突然猛烈释放弹性变形能，造成岩石脆性破坏，或将大小不等的岩块弹射或掉落，并常伴有响声的现象称做岩爆。岩爆的发生发展具有一定的规律。

(7) 洞室围岩分级，是正确进行洞室设计、施工的基础。国内外主要的围岩分级方法，均以评价围岩稳定和确定支护形式为目的进行分级。围岩质量分级应根据岩体基本质量的定性特征和岩体基本质量指标 BQ，两者综合来确定。当洞室围岩中有软弱结构面、或有地下水、或处于高地应力区时，岩体基本质量指标应进行修正，并据修正值进行围岩质量分类。

(8) 影响土体洞室稳定性的因素，主要是土体类型及工程性质、地下水状态、洞室断面尺寸、形态、洞室埋深等。岩体洞室的稳定性主要取决于岩体中的岩体质量、地下水状态、地应力状态、洞室断面尺寸、形状及埋深等。岩体洞室围岩稳定性评价常采用围岩分级评价法、解析法、图解分析法和模型、模拟试验法等方法。

思 考 题

1. 什么是结构面？结构面按成因可分为哪几种？

2. 什么是岩体结构？岩体结构类型有哪几种？

3. 什么是地应力？从实测地应力资料分析，简述地应力基本规律。地应力对地下工程建设有什么影响？

4. 简述围岩应力引起的变形和破坏类型。

5. 简述洞室开挖中经常遇到哪些特殊地质问题。

6. 修建隧道及地下工程为什么要对隧道围岩进行分级？

7. 铁路隧道围岩分为几级？主要考虑因素有哪些？

8. 简述岩体洞室围岩稳定性评价常采用的四种方法。

第6章 特殊土的工程性质

教学目标

通过本章学习，应达到以下目标。

(1) 掌握黄土的成因、分布、工程性质以及工程地质防治措施。

(2) 掌握膨胀土的成因、分布、工程性质以及工程地质防治措施。

(3) 掌握软土的成因、分布、工程性质以及工程地质防治措施。

(4) 掌握冻土的成因、分布、工程性质以及工程地质防治措施。

教学要求

知识要点	掌握程度	相关知识
黄土的成因、分布、工程性质以及工程地质防治措施	(1) 野外能识别黄土的地貌特征；掌握黄土的概念 (2) 熟悉黄土的崩解性、湿陷性以及处理方式	(1) 黄土的分类、形成年代 (2) 黄土的崩解性、湿陷性
膨胀土的成因、分布、工程性质以及工程地质防治措施	(1) 野外能识别膨胀土的地貌特征；掌握膨胀土的概念 (2) 熟悉膨胀土的强亲水性、多裂隙性、强度衰减性、强胀缩性和超固结性及处理方式	(1) 膨胀土的地貌特征 (2) 膨胀土的病害问题
软土的成因、分布、工程性质以及工程地质防治措施	(1) 掌握软土的概念与分类 (2) 熟悉软土的触变性、流变性、低强度、高压缩性和低透水性以及处理方式	(1) 软土的沉积类型 (2) 软土的变形破坏问题
冻土的成因、分布、工程性质以及工程地质防治措施	(1) 掌握冻土的冻胀性分类分级 (2) 掌握冻土病害的防治措施	(1) 季节冻土和多年冻土的展布特征 (2) 冻土的病害问题

基本概念

黄土、膨胀土、软土、季节冻土、多年冻土、触变性、湿陷性。

6.1 黄土及其工程性质

6.1.1 黄土的特征及其分布

黄土是第四纪干旱和半干旱气候条件下形成的一种特殊沉积物。颜色多呈黄色、淡灰黄色或褐黄色。颗粒组成以粉土粒(0.075～0.005mm)为主，占60%～70%，粒度大小比较均匀，黏粒含量较少，一般仅占10%～20%；黄土中含有多种可溶盐，特别富含碳酸盐，含量可达10%～30%，局部密集形成钙质结核，又称为姜结石；结构疏松，孔隙多，有肉眼可见的大孔隙或虫孔、植物根孔等各种孔洞，孔隙度一般为33%～64%；质地均一无层理，但具有柱状节理和垂直节理，天然条件下能保持近于垂直的边坡(图6.1)；黄土湿陷性是引起黄土地区工程建筑破坏的重要原因。并非所有黄土都具有湿陷性。具有湿陷性的黄土称为湿陷性黄土。

图6.1 直立的黄土边坡

黄土在世界上分布很广，欧洲、北美、中亚均有分布。我国是世界上黄土分布面积最大的国家，西北、华北、山东、内蒙古及东北等地区均有分布，面积达64万平方公里，占国土面积的6.7%。黄河中上游的陕、甘、宁及山西、河南一带黄土面积广，厚度大，地理上有黄土高原之称。陕甘宁地区黄土厚100～200m，某些地区可达300m，渭北高原厚50～100m，山西高原厚30～50m，陇西高原厚30～100m，其他地区一般厚几米到几十米，很少超过30m。

6.1.2 黄土的成因及形成年代

黄土按照生成过程及特征，可分为风积、坡积、残积、洪积、冲积等成因类型。

(1) 风积黄土分布在黄土高原平坦的顶部和山坡上，厚度大，质地均匀，不具有层理。

(2) 坡积黄土多分布在山坡坡脚及斜坡上，厚度不均匀，基岩出露区常夹有基岩碎屑。

(3) 残积黄土多分布在基岩山地上部，由表层黄土及基岩风化而成。

(4) 洪积黄土主要分布在山前沟口地带，一般有不规则的层理，厚度不大。

(5) 冲积黄土主要分布在河流阶地上，如黄河及其支流的阶地上。阶地越高，黄土厚度一般越大，具有明显层理，常夹杂有粉砂、黏土、砂卵石等，大河阶地下部常有厚度达数米到数十米的砂卵石层。

按照成因分类，黄土分为原生黄土和次生黄土，一般认为不具层理的风积黄土为原生黄土，而原生黄土经过流水冲刷、搬运和重新沉积，形成次生黄土。次生黄土包括坡积黄土、残积黄土、洪积黄土和冲积黄土等多种类型，它一般不完全具有黄土的所有特征，因此又称为黄土状土。

我国黄土堆积时代包括整个第四纪，按照形成年代的早晚，可以分为老黄土和新黄土。形成于距今70万～120万年之间的早更新世(Q_1)午城黄土和形成于距今10万～70万年之间的中更新世(Q_2)离石黄土称为老黄土，土质密实，颗粒均匀，无大孔结构或略具大孔结构。

新黄土包括形成于距今0.5万～10万年晚更新世(Q_3)的马兰黄土和形成于距今5000年以来的全新世早期(Q_4^1)的次生黄土，它广泛覆盖在老黄土之上的河岸阶地，结构疏松，大孔和虫孔发育，具垂直节理，这类黄土与工程建设关系最为密切。

在全新世上部，部分地段还有新近堆积Q_4^2黄土存在，形成历史较短，一般只有几十到几百年的历史，多分布于河漫滩、低阶地、山间洼地的表层及洪积、坡积地带，厚度一般只有几米，大孔排列杂乱，多虫孔，结构松散，承载力较低。

6.1.3 黄土的工程性质及工程地质问题

1. 黄土的主要工程性质

1) 崩解性

黄土在天然状态下一般土质坚硬、压缩性小、强度较高，但是遇水后易于崩解。黄土试样在水中崩解的速度受到各种因素的影响，一般可以在十几秒内到数天内崩解。黄土的崩解性是导致黄土边坡浸水后大规模崩塌的重要原因。

2) 湿陷性

有些地区的黄土浸水后，结构迅速破坏、强度明显降低，并发生显著附加下沉现象，这种性质称为黄土的湿陷性，而有些地区的黄土并不发生湿陷，非湿陷性黄土的工程性质接近一般黏性土。湿陷性黄土可分为自重湿陷性和非自重湿陷性黄土两种类型，黄土受水浸湿后，在其上覆土的自重应力作用下发生湿陷的，称为自重湿陷性黄土；而在其自重应力与附加应力共同作用下才发生湿陷的，称为非自重湿陷性黄土。

一般情况下，午城黄土与离石黄土的大部分没有湿陷性，而新黄土及马兰黄土上部具有湿陷性，因此湿陷性黄土一般多位于地表以下数米到十余米，很少超过20m厚。通常可以采用浸水压缩试验方法在规定压力(一般为0.2MPa)下测定的湿陷系数δ_s来定量地评价黄土湿陷性。天然黄土试样在规定压力下压缩稳定后测得试样高度h_1，然后加水浸湿再测下沉稳定后高度为h_2，则湿陷系数为

$$\delta_s=\frac{h_1-h_2}{h_1} \tag{6-1}$$

当$\delta_s>0.015$时定为湿陷性黄土。根据湿陷系数大小可判定黄土湿陷性强弱：当$0.015<\delta_s<0.03$时，为弱湿陷性黄土；当$0.03<\delta_s<0.07$时，为中等湿陷性黄土；当$\delta_s>0.07$时，为强湿陷性黄土。

2. 黄土的工程地质问题

在黄土地区修建道路桥梁和其他建筑物时，黄土的崩解性和湿陷性将会引起很多工程地质问题。对于这些工程地质问题，需要采取相应的防治措施和黄土地基处理方法。

1) 黄土湿陷

湿陷性黄土作为路堤填料时，受水后将产生局部严重坍塌，影响道路交通。作为建筑

物地基，则将可能严重影响建筑物的正常使用和安全，导致上部结构墙体开裂甚至破坏。在黄土地区修筑水渠，初次放水时就会产生地表沉陷，两岸出现与渠道平行的裂缝。天然条件下，黄土被浸湿有两种情况：一种是地表水下渗；另一种是地下水位升高，而且前者引起的湿陷要大一些。

防治黄土湿陷的措施可以分为两个方面：一方面是通过机械的或物理化学的方法提高黄土的强度，降低孔隙比，加强内部连接，如重锤表层夯实、强夯法、土垫层法、挤密法、化学灌浆加固法等；另一方面应该排除地表水和地下水的影响。

2）黄土陷穴

黄土地区地下常有各种洞穴，有由于湿陷和地表水下渗潜蚀造成的天然洞穴，以及各种人工洞穴，这些洞穴容易导致上覆土层陷落，称为黄土陷穴。黄土陷穴能造成路基塌陷、地基失稳，对黄土区工程建设产生非常严重的影响。

防治黄土陷穴的措施有两个方面：对已查明的陷穴采用开挖回填、夯实方法，洞穴较小可灌注砂或水泥砂浆充填；对于地表水，可在工程建筑物附近设置截水沟、排水沟等地表排水设施，防止地表水流进建筑场地或渗入建筑物地下，阻止潜蚀作用继续发展。

6.2 膨胀土及其工程性质

6.2.1 膨胀土的特征及其分布

膨胀土是一种非饱和的、结构不稳定的区域性特殊土，土中含有大量亲水矿物，吸水急剧膨胀软化，失水显著收缩开裂，湿度变化时有较大体积变化，能产生较大膨胀压力，是一种具有反复胀缩变形的高塑性黏性土。它具有以下特征。

(1) 颜色呈黄、黄褐、灰白、花斑(杂色)和棕红等色。

(2) 粒度成分中以黏土颗粒为主，一般在50%以上，最少也超过30%。

(3) 矿物成分中黏土矿物占优势，多以伊利石、蒙脱石为主，少量为高岭土，前两类矿物具有强烈的亲水性，吸收水分后强烈膨胀，失水后收缩，多次胀缩后，强度迅速降低，导致修筑在膨胀土上的工程建筑物开裂乃至失稳。

(4) 近地表部位常有不规则的网状裂隙。裂隙面光滑，呈蜡状或油脂光泽，时有擦痕或水迹，并有灰白色黏土(主要为蒙脱石或伊利石矿物)充填，在地表部位常因失水而张开，雨季又因浸水而重新闭合。

膨胀土分布广泛，分布范围遍及六大洲约40个国家和地区。膨胀土在我国也有着广泛的分布，在我国二十多个省(区)的180多个市、县先后发现膨胀土，总面积在$10\times10^4 km^2$以上。主要集中分布在珠江、长江、黄河中下游以及淮河、海河流域的广大平原、盆地、河谷阶段、河间地块以及平缓丘陵地带，与道路建设关系极为密切。尤其以云南、广西、安徽和湖北等省分布较多，并且有代表性。膨胀土的地质成因多以残积-坡积、冲积-洪积、湖积和冰水沉积为主。一般位于盆地内垅岗、山前丘陵地带和二、三级阶地上。形成时代自晚第三纪末期的上新世 N_2 开始到更新世晚期 Q_3，各地不一。

一般来讲，黏性土都有一定的膨胀性，只是膨胀量小，没有达到危害程度。为了正确评价膨胀土与非膨胀土，必须测定其膨胀收缩指标。一般采用自由膨胀率 F_s 来衡量膨胀土的膨胀性，即人工制备的烘干土吸水后体积增量与原体积之比，一般以百分数表示

$$F_s=\frac{V_w-V_0}{V_0}\times 100\% \tag{6-2}$$

式中　V_0、V_W——分别是土样吸水前和吸水后的体积。

一般来讲，$F_s>40\%$ 为膨胀土。

我国范围内的膨胀土，按其成因及特征基本分为三类：第一类为湖相沉积及其风化层，黏土矿物中以蒙脱石为主，自由膨胀率、液限、塑性指数都较大，土的膨胀、收缩性最显著；第二类为冲积、冲洪积及坡积物，黏土矿物中以伊利石为主，自由膨胀率和液限较大，土的膨胀、收缩性也显著；第三类为碳酸盐类岩石的残积、坡积及洪积的红黏土，液限高，但自由膨胀率常小于40%，故常被定为非膨胀土，但其收缩性很显著。

6.2.2　膨胀土的工程性质

1. 强亲水性

膨胀土的粒度成分以黏粒为主，黏粒粒径很小，比表面积大，颗粒表面由具有游离价的原子或离子组成，因而具有表面能，在水溶液中能够吸引极性水分子和水中离子，呈现出强亲水性。

2. 多裂隙性

膨胀土中裂隙十分发育，是区别于其他土的明显标志。膨胀土的裂隙按照成因可以分为原生裂隙和次生裂隙。原生裂隙多闭合，裂面光滑，常有蜡状光泽，暴露在地表后受风化影响裂面张开；次生裂隙多以风化裂隙为主，在水的淋滤作用下，裂面附近蒙脱石含量明显增加，呈白色或灰白色，构成膨胀土的软弱面，是引起膨胀土边坡失稳滑动的主要原因。

3. 强度衰减性

天然状态下，膨胀土结构紧密，孔隙比小，天然含水量较小，一般为18%～26%，与其塑限比较接近，所以膨胀土常处于硬塑或坚硬状态，强度较高，压缩性中等偏低，故常被误认为是较好的天然地基。当含水量增加和结构扰动后，力学性能明显衰减。已有的国内外研究资料表明，膨胀土被浸湿后，其抗剪强度将降低1/3～2/3；而由于结构被破坏，将使其抗剪强度减小2/3～3/4，有的甚至接近饱和淤泥的强度，压缩性增大，压缩系数可增大1/4～2/3。

4. 强胀缩性

膨胀土具有强烈的膨胀性和收缩性。天然状态下膨胀土的吸水膨胀率为23%以上，在干燥状态下吸水膨胀率可达40%以上，而膨胀土的失水收缩率更是高达50%以上。膨胀土的这种强胀缩性会导致建筑物开裂和损坏；导致斜坡建筑场地崩塌和滑坡。

5. 膨胀土具有超固结性

所谓超固结性是指在膨胀土受到的应力史中，曾受到比现在土的上覆自重压力更大的压力，因而孔隙比小，压缩性低。但是一旦开挖，遇水膨胀，强度降低，造成破坏。成昆线的狮子山滑坡就是由具有超固结性的成都裂隙土组成的，施工后几年发生滑动，表明土强度随着时间的推移，强度衰减，导致滑坡。

6.2.3 膨胀土的工程地质问题及防治措施

膨胀土的成因、性质不同，其所造成的工程地质问题也是各种各样的，所以应在正确认识膨胀土的工程性质和病害发生机理的基础上，根据土的胀缩等级、当地材料及施工工艺并结合本地区的工程实践经验，采取经济而有效的防治措施。

1. 膨胀土地区的路基病害

膨胀土地区的路基随着行车密度与速度的提高，由于膨胀土抗剪强度的衰减以及基床土体承载力的降低，将会引起路基长期不均匀下沉，翻浆冒泥现象尤其突出，造成路面开裂，路基溜坍失稳，影响行车安全，如图 6.2 所示。

在膨胀土地区修筑铁路、公路，首先必须掌握该地区膨胀土的工程地质条件，判定其膨胀类别。然后根据这些资料进行正确的路基设计，确定其边坡形式、高度和坡度，解决好防水保湿的关键问题，保持土中水分的相对稳定。除路面、路基横断面的设计应满足防水保湿的基本要求外，主要的工程措施有：①完善各种路基排水设施，保证其排水功能，铺砌、加固以防止冲刷和下渗；②采用石灰、水泥等无机结合料改良、加固路基；③采取路基压实等必要施工措施。如图 6.3 所示为石灰土夹层、土工格栅包边法。

图 6.2 翻浆冒泥的泥化道床

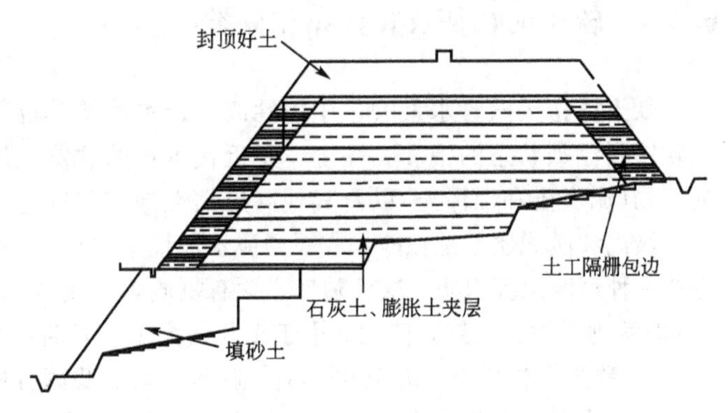

图 6.3 石灰土夹层、土工格栅包边法

2. 膨胀土地区的地基病害

在膨胀土地基上修建的桥梁及房屋等建筑物，随地基土的胀缩变形而发生不均匀变形，导致修筑在膨胀土地基上的工程建筑物开裂乃至失稳。因此，膨胀土地基问题既有地基承载力问题，也有引起建筑物变形的问题，除了考虑其强度衰减之外，还得考虑湿胀干缩变形。

常用的防治措施有两大类：一类是防水保湿措施，即注意建筑物周围的防水排水，可以通过进行合理绿化、设置隔水层防止水分流失，并尽量避免挖填方改变土层自然埋藏条件；另一类是地基土改良措施，即建筑物基础应适当加深，相应减小膨胀土的厚度，或采用换填土、土垫层、桩基础及采用石灰或水泥进行化学固化处理等。换填土法是挖除地基土上层约 1.5m 厚的膨胀土，回填非膨胀土，如砂土、砾石等。石灰加固法是将生石灰掺水压入膨胀土内，石灰与水相互作用产生氢氧化钙，吸收土中水分，而氢氧化钙与二氧化碳接触后形成坚固稳定的碳酸钙，起到胶结土粒的作用。

3. 膨胀土地区的边坡病害

我国大多数膨胀土为裂隙极为发育的裂隙黏土，土体被大大小小、方向各异的剪切裂隙所分割，尤其在斜坡地带，由于土体卸荷松弛，致使裂隙更为发育。由于剪切裂隙的发育，雨季雨水的渗入，导致膨胀土边坡很不稳定，极易产生滑坡现象。而且，在膨胀土边坡开挖过程中，由于其强度衰减，在雨季常常导致大小滑坡的频繁发生，清除处理后经常出现再次破坏现象，即膨胀土滑坡通常具有浅表层反复破坏的特点。所谓浅表层是指膨胀土滑坡滑床深度一般为 3～5m 和滑体厚 1～1.5m 的表层溜坍破坏。

膨胀土边坡的防护措施主要包括：设置天沟、边坡平台排水沟、侧沟及支撑渗沟等排水系统；采用挡土墙、抗滑桩、片石垛等支挡工程；采用植物防护、浆砌块石骨架护坡、片石护坡、路堑坡面快速封闭等措施来加固路堤及路堑边坡，如黏土包边方法、土工格栅包边法以及石灰土夹层等方法。图 6.3 给出了采取石灰土夹层、土工格栅包边法处理的路基断面图。

6.3 软土及其工程性质

6.3.1 软土的特征及其分布和分类

软土泛指天然含水量大、压缩性高、透水性差、抗剪强度低、灵敏度高、承载力低的呈软塑到流塑状态的饱和黏性土，是近代沉积的软弱土层。它包括淤泥、淤泥质土、有机沉积物(泥炭土和沼泽土)以及其他高压缩性饱和黏性土、粉土等。

淤泥和淤泥质土是在静水或缓慢流水环境中沉积，经生物化学风化作用形成的以黏粒为主的一种第四纪沉积物。这种黏性土含有机质，天然含水量大于液限。当天然孔隙比 e 大于 1.5 时称为淤泥；天然孔隙比 e 小于 1.5 而大于 1.0 时，称为淤泥质土；当土的烧失量大于 5%时，称为有机质土；大于 60%时，称为泥炭。我国各地区的软土一般具有以下特征。

(1) 软土的颜色多为灰绿、灰黑色，手摸有滑腻感，能染指，有机质含量高时，有腥臭味。

(2) 软土的粒度成分主要为黏粒及粉粒，黏粒含量高达 60%～70%。

(3) 软土的矿物成分除了粉粒中的石英、长石、云母外，黏粒中的黏土矿物主要是伊利石，高岭石次之。

(4) 软土具有典型的海绵状或蜂窝状结构，这是软土孔隙比大、含水量高、透水性差、抗剪强度低、压缩性大的主要原因之一。

(5) 软土在天然状态下具有不均匀性。由于沉积环境的变化，软土层中具有良好的层理构造，层中常局部夹有厚薄不等的粉土或砂土层，使水平和垂直方向分布上有所差异，作为建筑物地基则易产生差异沉降。

软土在我国沿海地区分布广泛，内陆平原和山区也有分布。沿海、平原地带软土多位于大河下游入海三角洲或冲积平原处，如长江、珠江三角洲地带，天津塘沽，浙江温州、宁波以及闽江口平原等地带；内陆湖盆、洼地则以洞庭湖、洪泽湖、太湖、鄱阳湖以及昆明的滇池地区、贵州六盘水地区的洪积扇等地为有代表性的软土发育地区；山间盆地及河流中下游两岸漫滩、阶地、废弃河道等处也常有软土分布；沼泽地带则分布有富含有机质的软土和泥炭。

软土按照沉积环境可分为下列几种类型。

1）滨海沉积

（1）滨海相。常与海浪暗流及潮汐的水动力作用形成较粗的颗粒（粗、中、细砂）相掺杂，使其不均匀和极疏松，增强了淤泥的透水性能，易于压缩固结。

（2）泻湖相。沉积物颗粒微细、孔隙比大、强度低、分布范围较宽阔，常形成海滨平原。在泻湖边缘，表层常有厚约0.3～2.0m的泥炭堆积，底部含有贝壳和生物残骸碎屑。

（3）溺谷相。溺谷相软土孔隙比大、结构疏松、含水量高，有时甚于泻湖相。分布范围略窄，在其边缘表层也常有泥炭沉积。

（4）三角洲相。由于河流及海潮的复杂交替作用，使淤泥与薄层砂交错沉积，受海流与波浪的破坏，分选程度差，结构不稳定，多交错成不规则的尖灭层或透镜体夹层，结构疏松，颗粒细小。如上海地区深厚的软土层中夹有无数的极薄的粉砂层，为水平渗流提供了良好的通道。

2）湖泊沉积

湖泊沉积是近代淡水盆地和咸水盆地的沉积。其物质来源与周围岩性基本一致，为有机质和矿物质的综合物，在稳定的湖水期逐渐沉积而成。沉积物中夹有粉砂颗粒，呈现明显的层理。淤泥结构松软，呈暗灰、灰绿或暗黑色，表层的硬壳层不规律，厚为0～4m，时而有泥炭透镜体。湖相沉积淤泥软土厚度一般为10m左右，最厚者可达25m。

3）河滩沉积

河滩沉积主要包括河漫滩相和牛轭湖相。成层情况较为复杂，成分不均一，走向和厚度变化大，平面分布不规则。一般常呈带状或透镜状，间与砂或泥炭互层，其厚度不大，一般小于10m。

4）沼泽沉积

沼泽沉积分布在地下水、地表水排泄不畅的低洼地带，多以泥炭为主，且常出露于地表。下部分布有淤泥层或底部与泥炭互层。

6.3.2 软土的工程性质

1. 触变性

软土受到振动，海绵状结构破坏，土体强度降低，甚至呈现流动状态，称为触变，也称振动液化。触变使地基土大面积失效，对建筑物破坏极大。一般认为，触变是由于吸附在土颗粒周围的水分子的定向排列受扰动破坏，使土粒好像悬浮在水中，出现流动状态，因而强度降低，静置一段时间，土粒与水分子相互作用，重新恢复定向排列，结构恢复，土的强度又逐渐提高。常用灵敏度表示触变性大小，灵敏度指天然结构下软土的抗剪强度与结构扰动后的抗剪强度之比。软土一般在3～4之间，个别可达8～9。灵敏度越大，强度降低越明显，因此当软土地基受振动荷载后，易产生侧向滑动、沉降及基底面两侧挤出等现象。若经受大的地震力作用，容易产生较大的震陷。

2. 流变性

软土除排水固结引起变形外，在剪应力作用下，土体还会发生缓慢而长期的剪切变形。这对建筑物地基的沉降有较大的影响，对斜坡、堤坝、码头及地基稳定性不利。

3. 低透水性

软土透水性能很差，竖直向渗透系数一般在 $10^{-6} \sim 10^{-8}$cm/s 量级之间，对地基排水固结不利，建筑物沉降延续时间长。同时，在加载初期，地基中常出现较高的孔隙水压力，影响地基的强度。

4. 高压缩性

软土的压缩系数较大，这类土的大部分压缩变形发生在竖向压力为 100kPa 左右，从而导致修建在其上的建筑物的沉降量大。但是由于软土的低透水性，在荷载作用下排水不畅，固结很慢，因此完成整个沉降所需的时间很长。

5. 低强度

由于软土具有以上特征，因此软土地基一般强度很低，其不排水抗剪强度一般在 25kPa 以下，地基承载力达不到工程的要求，需要进行地基处理。

6.3.3 软土的变形破坏和地基加固措施

1. 软土的变形破坏问题

软土地区所遇到的主要工程地质问题是承载力低和地基沉降与变形过大。上覆荷载稍大，就会发生沉陷，甚至出现地基被挤出的现象。修建在软基上的建筑物变形破坏的主要形式是不均匀沉降，使建筑物产生裂缝，影响其正常使用。修建在软土地基上的公路、铁路路堤受软土强度的控制，不但路堤高度受到限制，而且易产生侧向滑移。在路基两侧常产生地面隆起，形成坍滑或沉陷。

2. 软土地基的加固措施

软土地基处理的方法很多，而且很多新技术、新方法正在不断出现，但大致可以归结为三大类。

1) 换填土

将软土挖除，换填强度较高的黏性土、砂、砾石、卵石等，分层夯实成为符合要求的持力层，这一方法从根本上改善地基土的性质，但是只适合于处理浅层软土，并且软土层不是很厚的情况。

2) 排水固结法

基本原理是软土地基在荷载作用下，土中孔隙水慢慢排出，地基发生固结变形，同时超静孔隙水压力逐渐消散，土的有效应力增大，地基土的强度逐渐增长。根据排水和加压系统的不同，排水固结法可分为下述几种。

(1) 预压法：分为堆载预压法和真空预压法两种。堆载预压法是在建造建筑物之前，通过临时堆载土石等方法对地基加载预压，达到预先完成部分或大部分地基沉降，并通过地基土的固结，提高地基土的承载力，然后撤除荷载，开始建造工程建筑物。真空预压法是以通过在地基中形成真空而产生的负压力来代替临时堆载，可以与堆载预压法联合使用。

(2) 强夯法：夯实加固地基是一种古老、行之有效的方法，但一般的夯实方法加固软土地基，容易导致“弹簧土”且效果极差。对于加固软土地基，需要选择强夯法，采用10～20t的重锤，从10～40m高处自由落下，夯实土层。强夯法产生很大的冲击能，使土体局部液化，夯实点周围产生裂隙，形成良好的排水通道，土体迅速固结，最大加固深度可达11～12m，如图6.4所示。

图6.4 强夯法

(3) 砂垫层：由于软土渗透性差，常采用一些措施来加速排水固结。当软土层较薄、底部具有砂砾层时，可以在路堤底部铺设砂垫层。砂垫层宽度应大于路堤底部宽度，利于排水。

(4) 砂井法：在软土地基中开挖直径为0.4～2m的井眼，置入砂土，在砂井之上铺设砂垫或砂沟，人为增加土层固结排水通道，从而加速固结。工程中目前广泛采用在软基中插入塑料排水板的方法来加快地基排水。

3) 置换及拌入法

以砂、碎石等材料置换软土地基中的部分软土体，形成复合地基，或在软基中部分土体内掺入水泥、水泥砂浆以及石灰等，形成加固体，然后与未加固部分一起形成复合地基，以提高地基承载力，减少沉降量。其方法有如下几种。

(1) 碎石桩法：利用一种能产生水平向振动的管状机械设备，在高压水泵下边振边冲，在软土地基中成孔，然后在孔内分批填入碎石等材料，制成一根根桩体，这些桩体和原来的软土一起构成复合地基。

(2) 石灰桩法：在软基中采用机械成孔，填入生石灰并加以搅拌或密实，形成桩体。利用生石灰的吸水、膨胀、放热作用，和土与石灰的离子交换反应、凝硬反应等作用，改善桩体周围土体的物理力学性质。石灰桩和周围被改良的土体一起，形成复合地基。

(3) 旋喷注浆法：将带有特殊喷嘴的注浆管置入土层的预定深度，以20MPa左右的高压向土体中旋喷水泥砂浆或水玻璃和氯化钙的混合液，强力冲击土体，使浆液与土搅拌混合，经凝结固化，在土中形成固结体，从而提高土体强度，改善土的性质。

另外，在道路工程建设中，对于软土路基进行加固的方法还有桩基法、加筋土、反压护道等方法。

6.4 冻土及其工程性质

冻土是指温度等于或低于零摄氏度，并含有冰的各类土。冻土可分为多年冻土和季节冻土。多年冻土是指冻结状态持续三年以上的土。季节冻土是随着季节变化周期性冻结融化的土。

6.4.1 季节冻土及其冻融现象

我国季节冻土主要分布在华北、西北和东北地区。随着纬度和地面高度的增加，冬季气温越来越低，季节冻土厚度增加。季节冻土对建筑物的危害表现在冻胀和融沉两个方面。冻胀是冻结时水分向冻结部位转移、集中、体积膨胀，对建筑物产生危害。融化时，地基土局部含水量增加，土呈软塑或流塑状态，出现融沉，严重时导致建筑物开裂变形。

季节冻土的冻胀融沉程度取决于土的颗粒组成及含水量。按照土的颗粒成分可将土的冻胀性分为不冻胀土、稍冻胀土、中等冻胀土和极冻胀土四类，见表6-1。按照土中含水量大小将土的冻胀性分为不冻胀、弱冻胀、冻胀和强冻胀四级，见表6-2。

表6-1 土的冻胀性分类

分类	土的名称	冻胀		融化后土的状态
		冻结期内胀起/cm	为2m冻土层厚的百分比/%	
不冻胀土	碎石-砾石层、胶结砂砾层			固态外部特征不变
稍冻胀土	小碎石、砾石、粗砂、中砂	3～7以下	1.5～3.5以下	致密的或松散的，外部特征不变
中等冻胀土	细砂、粉质黏土、黏土	10～20以下	5～10以下	致密的或松散的，可塑结构常被破坏
极冻胀土	粉土、粉质黄土、粉质黏土、泥炭土	30～50以下	15～25以下	塑性流动，结构扰动，在压力下变为流砂

表6-2 土的冻胀性分级

土的名称	天然含水量 w/%	潮湿程度	冻结期间地下水位低于冻深的最小距离 h_w/m	冻胀性分级
粉、黏粒含量≤15%的粗颗粒土	$w \leqslant 12$	稍湿、潮湿	不考虑	不冻胀
	$w > 12$	饱和		弱冻胀
粉、黏粒含量>15%的粗颗粒土，细砂、粉砂	$w \leqslant 12$	稍湿	$h_w > 1.5$	不冻胀
	$12 < w \leqslant 17$	潮湿		弱冻胀
	$w > 17$	饱和		冻胀
黏性土	$w < w_p$	半坚硬	$h_w > 2.0$	不冻胀
	$w_p < w \leqslant w_p + 7$	硬塑		弱冻胀
	$w_p + 7 < w \leqslant w_p + 15$	软塑		冻胀
黏性土	$w > w_p + 15$	流塑	不考虑	强冻胀

注：w_p 为塑限含水量。

从表 6-1 和表 6-2 可以看到，土的细颗粒(粉粒和黏粒)含量越多，含水量越大，冻胀越严重，对建筑物的危害越大。在地下水埋藏较浅时，季节冻土能得到地下水的不断补充，地面明显冻胀隆起，形成冻胀土丘，又称为冰丘，是冻土区的一种不良地质现象。季节冻土冬季膨胀使路基隆起，春季融化使路基下沉，甚至发生翻浆冒泥。这种冻胀融沉会导致路面结构开裂，严重影响行车安全，甚至导致路堤滑坍。

季节冻土的结构类型决定于土的物质成分和冻结条件，根据有无析出冰体及其形态、分布特征，可分为三种结构类型，如图 6.5 所示。

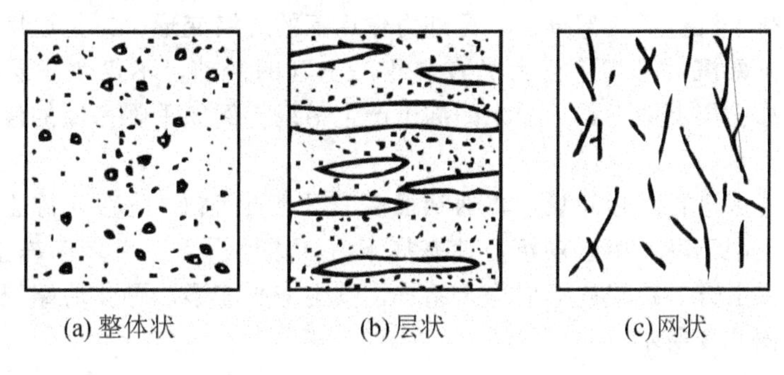

(a)整体状　　(b)层状　　(c)网状

图 6.5　冻土结构

1）整体结构（块状结构）

具有整体结构的冻土，冰晶散布于土粒间，肉眼甚至看不出冰晶，冰与土粒成整体状态。其形成是由于地温下降很快，土中水冻结很快，来不及迁移即冻结。具有整体结构的冻土，其特点是具有较高的冻结强度，融化后仍保持原骨架结构，其工程性质变化不大。

2）层状结构

具层状结构的冻土，是潮湿的细分散土，在冻结速度较慢的单向冻结条件下，伴随着水分迁移及外界水的补给，形成透镜体或薄层状冰夹层，土中出现冰与土粒的离析。冰夹层垂直于热流方向，层状分布于土体之中，冰、土呈互层状。融化后，骨架受到破坏，冻土的工程性质变化较大。

3）网状结构

网状结构是在有水分迁移及水分补给的多向冻结条件下，形成不同形状和方向的分凝冰，交错成网分布于土体之中，融化后呈可塑、流塑状态，工程地质性质变化较大。

6.4.2　多年冻土及其工程性质

我国多年冻土按地区分布不同可分为高原冻土和高纬度冻土。高原冻土主要分布在青藏高原和西部高山(如天山、阿尔泰山及祁连山)地区。高纬度冻土主要分布在大、小兴安岭，满洲里—牙克石—黑河一线以北地区。多年冻土埋藏在地表面以下一定深度。从地表到多年冻土之间常有季节冻土存在。

多年冻土的强度和变形主要反映在抗压强度、抗剪强度和压缩系数等方面。由于多年冻土中冰的存在，使冻土的力学性质随温度和加载时间而变化的敏感性大大增加。在长期荷载作用下，冻土强度明显衰减，变形显著增大。

多年冻土的冻胀和融沉是其重要的工程性质，可以按照冻土的冻胀率和融沉情况对其

分类。冻胀率 n 是土在冻结过程中土体积的相对膨胀量，以百分数表示

$$n=\frac{h_2-h_1}{h_1}\times 100\% \tag{6-3}$$

式中 h_1，h_2——分别为土体冻结前后的高度。

按照冻胀率 n 的大小，可将多年冻土分为四类：当 $n\leqslant 2\%$ 时，属于不冻胀土；当 $2\%<n\leqslant 3.5\%$ 时，属于弱冻胀土；当 $3.5\%<n\leqslant 6\%$ 时，属于冻胀土；当 $n>6\%$ 时，属于强冻胀土。

多年冻土融化下沉包括两部分：一是外力作用下的压缩变形；二是温度升高引起的自身融陷。多年冻土融沉，是指由于人类在多年冻土区的活动，不仅使表层季节冻土层融化，而且使多年冻土层上限下移，原来的冻土产生融沉。例如采暖房屋的修建，使地基多年冻土融沉。

在多年冻土地区进行工程建设，将遇到很多工程地质问题。在多年冻土区开挖道路路堑，使多年冻土上限下降，由于融沉可使基底下沉，边坡滑塌。在多年冻土区修筑路堤，则使多年冻土上限上升，路堤内形成冻土结核，发生冻胀变形，融化后路堤外部沿冻土上限局部滑塌，如图 6.6 所示。

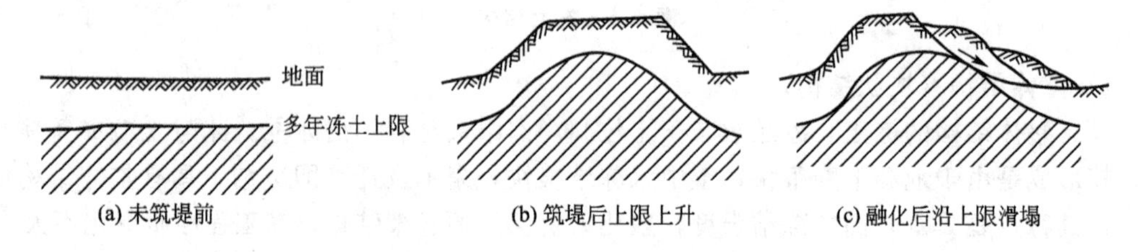

图 6.6 多年冻土区修筑路堤

多年冻土区的冰丘、冰锥与季节冻土区类似，也是一种主要的不良地质现象，但是规模更大，而且可能延续数年不融。例如，青藏高原昆仑山口洪积扇前缘有一个多年生大冰丘，高 20m，长 40～50m，宽 20m 以上。多年冻土区的舌形冰锥，一般长约百米至数千米。它们对于路基及其他工程建筑物危害严重，尤其对于路堑及基坑工程危害更大，容易导致大量地下水涌进路堑或基坑，因此应尽量绕避。冻土具有瞬时的高强度和低变形，所以在多年冻土区修建房屋、桥梁等建筑物时，所遇到的主要工程地质问题包括冻胀、融沉及长期荷载作用下的流变，以及人为活动引起的热融下沉等问题。因此在选择线路和建筑场地时，应该尽量避开冰丘、冰锥发育区，选择坚硬岩石或粗粒土分布地段，地下水埋藏较深、冰融时工程性质变化较小的地基。

6.4.3 冻土病害的防治措施

冻土病害的防治原则是根据自然条件和工程设计、使用条件尽可能保持一种状态，即要么长期保持其冻结状态，要么使其经常处于消融状态。因此，必须做到合理选址和选线，尽量避免或最大限度减轻冻害的发生。在不能避免时，则需要采取必要的地基处理措施，消除或减弱冻土病害。

1）排水

水是影响冻胀融沉的重要因素，必须严格控制土中的水分。在地面修建一系列的排水

沟、排水管，用以拦截地表周围流来的水；汇集、排除建筑物地面及内部的水，防止这些水渗入地下。在地下修建盲沟、渗沟等拦截周围流来的地下水；降低地下水位，防止地下水向地基土中积聚。

2）保温措施

应用各种保温隔热材料，防止地基土温度受人为因素和地表建筑物的影响，最大限度防止冻胀融沉。在基坑或路堑的底部和边坡上、在填土路堤底面上铺设一定厚度的草皮、泥炭、苔藓、炉渣或黏土，都有保温隔热作用，防止多年冻土上限上下波动，使其保持相对稳定。

3）土质改良

一般分为两种方法，换填土法和物理化学法。换填土法是用粗砂、砾石、卵石等不冻胀土代替天然地基的细颗粒冻胀土，是一种广泛采用的防治冻害的有效措施。一般基底砂垫层厚度为0.8～1.5m，基侧面为0.2～0.5m。在铁路路基下常用这种砂垫层，但在砂垫层上要设置0.2～0.3m厚的隔水层，以免地表水渗入基底。物理化学方法是在土中加某种化学物质，使土粒、水和化学物质相互作用，降低土中水的冰点，使水分转移受到影响，从而削弱和防止土的冻胀。如加入氯化钠、氯化钙等无机盐类使冻胀土变成人工盐渍土，从而降低冻结温度，将冻胀变形限制在允许范围内；在土中掺入厌水性物质或表面活性剂等使土粒之间牢固结合，削弱土粒与水之间的相互作用，减弱或消除水的运动。

知识链接

公路领域的“哥德巴赫猜想”

青藏高原是世界上中低纬度海拔最高、面积最大的多年冻土分布区。简单地说，冻土活动层在冬季就像冰一样冻结，体积膨胀，建在上面的路基和路面就会被“发胖”的冻土顶得凸起；到了夏季，融化的冻土体积缩小，路基和路面又会随之凹陷下去。冻土的冻结和融化反复交替地出现，公路就会出现冻胀、翻浆、鼓包、开裂、不均匀沉陷等病害，对公路交通的安全和畅通构成很大威胁。

低纬度、高海拔的青藏高原多年冻土的温度主要在－1.5～－0.5℃，稳定性差。而国外西伯利亚、阿拉斯加等高纬度多年冻土的温度主要在零下2.5℃以下，相对比较稳定。国外多年冻土区公路大都采用砂石路面，美国阿拉斯加城市近郊局部沥青路面也仅在试验阶段。因此，在青藏高原腹地昆仑山、唐古拉山600多千米多年冻土区大面积成功铺筑沥青路面是公认的世界级难题，曾被国际工程界称为公路领域的“哥德巴赫猜想”。

随着西藏经济发展和国防建设的需要，破解这一难题显得日益迫切。据统计，作为唯一全天候的进藏公路，青藏公路承担了85％以上的进出藏货运量和90％的进出藏客运量，是一条政治、国防、经济生命线。到1999年，青藏公路的重载车比例已经由原来的30％提升到70％，交通量大增也迫切需要等级更高的沥青路面以保证青藏公路的安全和畅通。

从1973年到2007年的34年间，交通部投入5.5亿元科研经费，国内56家单位的658名专家学者合作研究，艰辛探索、无私奉献，终于创立了我国多年冻土区公路建设养护体系，创建了公路冻土工程理论，突破了国际工程界关于多年冻土区不能铺筑黑色路面的“科学禁区”，攻克了这一公路领域的“哥德巴赫猜想”。

(资料来源：刘兴增.“多年冻土青藏公路建设和养护技术”入围国家科技进步奖特等奖[J]. 中国交通报，2008.)

本章小结

特殊土是具有特殊成分、状态、结构特征且具有特殊工程性质的土，在分布上也有区域性特点。黄土具有湿陷性，主要分布在西北、华北等干旱、半干旱气候区。膨胀土具有强胀缩性，主要分布在我国南方和中南地区。软土具有触变性、低强度，是在各种静水环境中沉积形成的。冻土具有冻融性，主要分布在高纬度和高海拔地区。在各种特殊土地区进行工程建设，必须对其工程性质有足够的了解和分析，然后因地制宜地采用相应的设计、施工和地基处理方法。

思考题

1. 常见的特殊土有哪些？简述它们的主要工程性质。
2. 在软土地基上修筑公路所遇到的主要工程地质问题有哪些？相应的处理措施有哪些？
3. 简述黄土的主要工程地质问题及其防治措施。
4. 膨胀土地区开挖后所形成的边坡可能出现哪些主要病害？

第7章 工程地质勘察

教学目标

通过本章学习，应达到以下目标。

(1) 了解各个勘察阶段的任务和要求。

(2) 了解工程地质勘察的基本方法。

(3) 掌握现场原位测试的常用试验方法及适用范围。

(4) 掌握勘察资料内业整理的一般步骤，能够正确阅读和使用工程地质勘察报告。

教学要求

知识要点	掌握程度	相关知识
工程地质勘察的任务与勘察阶段的划分	(1) 掌握工程地质勘察的主要任务 (2) 熟悉工程地质勘察的三个阶段主要内容和要求	可行性研究勘察阶段、初步勘察阶段、详细勘察阶段
工程地质调查与测绘、勘探、原位测试、现场检验与监测	(1) 熟悉工程地质测绘主要内容 (2) 了解工程地质测绘两种方法 (3) 了解钻探与物探主要方法与原理；原位测试的主要方法与原理 (4) 了解现场检验与监测的主要内容	(1) 工程地质测绘比例尺 (2) 相片成图法、实地测绘法、路线法、布点法、追索法 (3) 钻探、井探、槽探、钻探编录、RQD、地球物理勘探、电法勘探、地震勘探法、静力载荷试验、静力触探试验、标准贯入试验、十字板剪切试验 (4) 基槽检验、沉降监测、地下水监测
勘察资料的内业整理、工程地质图及勘察报告的编制与编写	(1) 了解主要工程地质图件的类型 (2) 了解勘察报告的编制与编写组成部分	(1) 现场和室内试验数据的整理和统计方法 (2) 工程地质图件的编制以及工程地质报告书的编写要求

基本概念

勘察、勘探、选址勘察、初步勘察、详细勘察、工程地质测绘、钻探编录、RQD、地球物理勘探、电法勘探、地震勘探法、静力载荷试验、静力触探试验、圆锥动力触探试验、标准贯入试验、十字板剪切试验。

7.1 工程地质勘察任务和勘察阶段的划分

7.1.1 工程地质勘察的任务

所有土木工程都是修建在地壳的表层，工程的稳定性、结构形式、施工方案和造价与其所在场地的工程地质条件密切相关。工程地质勘察是工程建设之前首先开展的基础性工作，是运用工程地质理论和各种勘察测试技术的手段和方法，为解决工程建设中的地质问题而进行的调查研究工作。其任务从总体上来说是为工程建设规划、设计、施工提供可靠的地质依据，以充分利用有利的自然和地质条件，避开或改造不利的地质因素，保证建筑物的安全和正常使用。其主要任务有以下几点。

(1) 查明区域和建筑场地的工程地质条件，指出场地内不良地质现象的发育情况及其对工程建设的影响，对区域稳定性和场地稳定性作出评价。

(2) 分析评价与建筑有关的工程地质问题，为建筑物的设计、施工和运行提供可靠的地质依据。

(3) 选择地质条件优良的建筑场址，对建筑总平面布置、建筑物的结构、尺寸及施工方法提出合理建议。

(4) 拟定改善和防治不良地质条件的方案措施，包括作出岩土体加固处理等建议。

(5) 预测工程施工和运营过程对地质环境和周围建筑物的影响，并提出保护措施。

7.1.2 工程地质勘察的阶段划分

工程地质勘察阶段的划分与设计阶段的划分一致。一般的建筑工程设计分为可行性研究、初步设计和施工图设计三个阶段。为了提供各设计阶段所需的工程地质资料，勘察工作也相应地划分为可行性研究勘察(选址勘察)、初步勘察和详细勘察三个阶段。对于工程地质条件复杂或有特殊施工要求的重要建筑物地基，还要进行预可行性研究及施工勘察；对于已有较充分的工程地质资料或工程经验的工程，可简化勘察阶段或简化勘察工作内容。

1. 可行性研究勘察阶段

可行性研究勘察工作对于大型工程是非常重要的环节，其目的在于从总体上判定拟建场地的工程地质条件能否适宜工程建设。一般通过取得几个待选场址的工程地质资料进行对比分析，对拟选场址的稳定性和适宜性作出工程地质评价。选择场址阶段应进行下列工作。

(1) 搜集区域地质、地形地貌、地震、矿产、当地的工程地质和建筑经验等资料。

(2) 在充分收集和分析已有资料的基础上，通过踏勘了解场地的地层、构造、岩性、不良地质作用及地下水等工程地质条件。

(3) 对拟建场地工程地质条件复杂，已有资料不能满足要求时，应根据具体情况进行工程地质测绘及必要的勘探工作。

在选址时，宜避开下列地段。

(1) 不良地质现象发育且对场地稳定性有直接危害或潜在威胁的地段。

(2) 地基土性质严重不良的地段。

(3) 对建筑抗震不利的地段，如设计地震烈度为Ⅷ度或Ⅸ度且附近存在活动断裂带的场区。

(4) 洪水或地下水对场地有严重不良影响且又难以有效控制的地段。

(5) 地下有未开采的有价值矿藏、文物古迹或未稳定的地下采空区上的地段。

2. 初步勘察阶段

初步勘察阶段是在选定的建设场地上进行的。根据选址报告书了解建设项目的类型、规模、建筑物的高度、基础的形式及埋置深度和主要设备等情况。初步勘察的目的是：对场地内建筑地段的稳定性作出评价；为确定建筑总平面布置、主要建筑物地基基础设计方案以及不良地质现象的防治工程方案作出工程地质论证。本阶段的主要工作如下。

(1) 搜集拟建工程的有关文件、工程地质和岩土工程资料以及工程场地范围的地形图。

(2) 初步查明地层结构、地质构造、岩石和土的性质，地下水埋藏条件、冻结深度、不良地质现象的成因和分布范围及其对场地稳定性的影响程度和发展趋势。当场地条件复杂时，应进行工程地质测绘与调查。

(3) 对抗震设防烈度为Ⅶ度或Ⅶ度以上的建筑场地，应判定场地和地基的地震效应。

初步勘察应在搜集分析已有资料的基础上，根据需要进行工程地质测绘、勘探及测试工作。

3. 详细勘察阶段

在初步设计完成之后进行详细勘察，为施工图设计提供资料。此时场地的工程地质条件已基本查明。所以详细勘察的目的是提出设计所需的工程地质条件的各项技术参数，对建筑地基作出岩土工程评价，为基础设计、地基处理和加固、不良地质现象的防治工程等具体方案作出论证和结论。详细勘察阶段的主要工作要求如下。

(1) 取得附有坐标及地形的建筑物总平面布置图，各建筑物的地面整平标高、建筑物的性质和规模，可能采取的基础形式与尺寸和预计埋置的深度，建筑物的单位荷载和总荷载、结构特点和对地基基础的特殊要求。

(2) 查明不良地质现象的成因、类型、分布范围、发展趋势及危害程度，提出评价与整治所需的岩土技术参数和整治方案建议。

(3) 查明建筑物范围各层岩土的类别、结构、厚度、坡度、工程特性，计算和评价地基的稳定性和承载力。

(4) 对需进行沉降计算的建筑物，提出地基变形计算参数，预测建筑物的沉降、差异沉降或整体倾斜。

(5) 对抗震设防烈度大于或等于Ⅵ度的场地，应划分场地土类型和场地类别。对抗震设防烈度大于或等于Ⅶ度的场地，尚应分析预测地震效应，判定饱和砂土和粉土的地震液化可能性，并对液化等级作出评价。

(6) 查明地下水的埋藏条件，判定地下水对建筑材料的腐蚀性。当需基坑降水设计时，尚应查明水位变化幅度与规律，提供地层的渗透性系数。

(7) 提供为深基坑开挖的边坡稳定计算和支护设计所需的岩土技术参数，论证和评价基坑开挖、降水等对邻近工程和环境的影响。

(8) 为选择桩的类型、长度，确定单桩承载力，计算群桩的沉降以及选择施工方法提供岩土技术参数。

详细勘察的主要手段以勘探、原位测试和室内土工试验为主，必要时可以补充一些地球物理勘探、工程地质测绘和调查工作。详细勘察的勘探工作量应按照场地类别、建筑物特点及建筑物的安全等级和重要性来确定。对于复杂场地，必要时可选择代表性地段布置适量的探井。

7.2 工程地质测绘和调查

工程地质测绘和调查是通过搜集资料、调查访问、地质测量、遥感解译等方法，来查明场地的工程地质要素，并绘制相应的工程地质图件的一种工程地质勘察方法。对岩石出露的地貌，地质条件复杂的场地应进行工程地质测绘，在地质条件简单的场地，可用调查代替工程地质测绘。工程地质测绘宜在可行性研究或初步勘察阶段进行。在详细勘察阶段可对某些专门地质问题作补充调查。

7.2.1 工程地质测绘和调查的主要内容

1. 工程地质测绘与调查范围

工程地质测绘与调查范围要求包括场地及其附近地段。一般情况下，测绘范围应大于建筑占地面积，但也不宜过大，以解决实际问题的需要为前提。一般情况下应考虑以下因素。

1) 建筑类型

对于工业与民用建筑，测绘范围应包括建筑场地及其邻近地段；对于渠道和各种线路，测绘范围应包括线路及轴线两侧一定宽度范围内的地带；对于洞室工程的测绘，不仅包括洞室本身，还应包括进洞山体及其外围地段。

2) 工程地质条件复杂程度

主要考虑动力地质作用可能影响的范围。例如，建筑物拟建在靠近斜坡的地段，测绘范围则应考虑到邻近斜坡可能产生不良地质现象的影响地带。

2. 工程地质测绘比例尺

(1) 可行性研究勘察阶段、城市规划或工业布局时，可选用 1∶5000～1∶50000 的小比例尺；在初步勘察阶段可选用 1∶2000～1∶10000 的中比例尺；在详细勘察阶段可选用 1∶200～1∶2000 的大比例尺。

(2) 工程地质条件复杂时，比例尺可适当放大；对工程有重要影响的地质单元体(如滑坡、断层、软弱夹层、洞穴)，必要时可采用扩大比例尺表示。

(3) 建筑地基的地质界线和地质观测点的测绘精度在图上的误差不应超过 3mm。

3. 工程地质测绘主要内容

1) 地貌条件

查明地形、地貌特征及其与地层、构造、不良地质作用的关系，并划分地貌单元。

2) 地层岩性

查明地层岩性是研究各种地质现象基础，评价工程地质的一种基本因素。因此应调查地层岩土的性质、成因、年代、厚度和分布，对岩层应确定其风化程度，对土层应区分新近沉积土、各种特殊土。

3) 地质构造

主要研究测区内各种构造形迹的产状、分布、形态、规模及结构面的力学性质，分析所属构造体系，明确各类构造岩的工程地质特性。分析其对地貌形态，水文地质条件，岩体风化等方面的影响，还应注意新构造活动的特点及其与地震活动的关系。

4) 水文地质条件

查明地下水的类型，补给来源、排泄条件及径流条件，井、泉的位置、含水层的岩性特征、埋藏深度、水位变化、污染情况及其与地表水体的关系等。

5) 不良地质现象

查明岩溶、土洞、滑坡、泥石流、崩塌、冲沟、断裂、地震震害和岸边冲刷等不良地质现象的形成、分布、形态、规模、发育程度及其对工程建设的影响；调查人类工程活动对场地稳定性的影响，包括人工洞穴、地下采空、大挖大填、抽水排水及水库诱发地震等；监测建筑物变形，并搜集临近工程的建筑经验。

7.2.2 工程地质测绘方法

工程地质测绘有相片成图法和实地测绘法。

1. 相片成图法

像片成图法是利用地面摄影或航空(卫星)摄影的相片，在室内根据判释标志，结合所掌握的区域地质资料，把判明的地层岩性、地质构造、地貌、水系和不良地质现象等，调绘在单张相片上，并在相片上选择需要调查的若干地点和线路，然后据此作实地调查，进行核对、修正和补充，将调查的结果转绘在地形图上形成工程地质图。

2. 实地测绘法

当该地区没有航测等像片时，工程地质测绘主要依靠野外工作，即实地测绘法。常用的实地测绘法有三种。

(1) 路线法：它是沿着一定的路线穿越测绘场地，将沿线所观测或调查的地层界线、构造线、地质现象、水文地质现象、岩层产状和地貌界线等填绘在地形图上。路线可为直线形或折线形。观测路线应选择在露头及覆盖层较薄的地方。观测路线方向大致与岩层走向、构造线方向及地貌单元相垂直，这样就可以用较少的工作量获得较多的工程地质资料。

(2) 布点法：它是根据地质条件复杂程度和测绘比例尺的要求，预先在地形图上布置一定数量的观测路线和观测点。观测点一般布置在观测路线上，但要考虑观测目的和要求，如为了观察研究不良地质现象、地质界线、地质构造及水文地质等。布点法是工程地质测绘中的基本方法，常用于大、中比例尺的工程地质测绘。

(3) 追索法：它是沿地层走向或某一地质构造线，或某些不良地质现象界线进行布点追索，主要目的是查明局部的工程地质问题。追索法通常是在布点法或线路法基础上进行的，是一种辅助方法。

工程地质测绘的精度是指在工程地质测绘中对地质现象观察描述的详细程度，以及工程地质条件各因素在工程地质图上反映的详细程度和精确程度。为了保证工程地质图的质量，测绘精度必须与工程地质图的比例尺相适应。

观察描述的详细程度是以单位测绘面积上观察点的数量和观察线路的长度控制的，通常不论其比例尺多大，一般以图上每 $1cm^2$ 范围内有一个观察点来控制观察点的平均数。观察点的分布一般不是均匀的，应该在工程地质条件复杂的地段多一些，简单的地段少一些，应该布置在最能反映工程地质条件的关键位置上。为了保证工程地质图的详细程度，还要求工程地质条件各因素的单元划分与比例尺相适应。一般规定岩层厚度在图上的最小投影宽度大于 2mm 者，均应按照比例尺反映在图上。厚度或宽度小于 2mm 的重要地质单元，如软弱夹层、滑坡、溶洞或崩塌等，则应该采用扩大比例尺表示。地质界线、地质点的测绘精度，在图上的误差不应超过 3mm。

7.3 工程地质勘探

当地表缺乏足够的、良好的露头，不能对地下一定深度内的地质情况作出有充足根据的判断时，就必须进行适当的地质勘探工作。工程地质勘探是探明深部地质情况的一种可靠方法，一般在工程地质测绘的基础上进行，它可以直接或间接深入地下岩土层取得所需要的工程地质资料。勘探的方法主要有钻探、井探、槽探和地球物理勘探等。

7.3.1 工程地质钻探

钻探是指采用一定的设备、工具来破碎地壳岩石或土层，从而在地壳中形成一个直径较小、深度较大的钻孔，通过采集岩芯或观察孔壁来探明深部地层的工程地质资料，补充和验证地面测绘资料的勘探方法。钻探是工程地质勘察中应用最为广泛的一种勘探手段。

1. 工程地质钻探的目的

钻探是用钻机在地层中钻孔，以鉴别和划分地层以及查明地下水的埋藏分布特征，并可以沿孔深取样以进行岩土的室内物理力学性质试验或者直接在钻孔中进行原位试验或观测。其目的如下。

(1) 通过钻探所采取的岩芯标本、钻进速度及回水情况，可了解不同深度处岩石性质、地层构造、裂隙构造、断层破碎带及风化破碎情况。

(2) 可对在钻孔中所取的保持原状结构的试样进行岩石的物理力学性质试验。

(3) 在钻孔中可以观察地下水的水位及其动态变化，还可以在孔中进行所需的水文地质试验。

(4) 随着科技的发展，可以在钻孔中进行孔壁摄影与钻孔电视，以帮助勘察工作者直接观察地层情况。在钻孔中还可以采用电测井等地球物理勘探工作，由该处岩层的电学性质推断出它的物理力学性质。

(5) 每个钻孔最后得到一个钻孔柱状图，可以反映出钻孔点各深度处的岩石性质、岩层界线、风化程度界线、基岩面高程、断层等构造线高度、软弱结构面的产状等。如在一条勘探线上布置若干个钻孔，然后将各钻孔柱状图的相同岩层、地层及构造线连接起来，即构成一个二维的工程地质剖面图。若在场地布置相互平行的数条钻孔勘探线，就可得出地质剖面图，再将垂直于此剖面方向的各勘探线上的钻孔柱状图的地质界线相连，构成在该方向的地质剖面图。由这两个方向的地质剖面就可以综合成一个三维的立体地质构造。

2. 钻进方法

钻探过程包含三个基本程序：破碎岩土，采取岩土芯或排除破碎岩土，保全孔壁。根据破碎岩土的方法不同，钻探可以分为回转钻进、冲击钻进、振动钻进和冲洗钻进四种方法。

(1) 回转钻进：回转钻进是指通过钻杆将旋转力矩传递至孔底钻头，同时施加一定的轴向力实现钻进。回转钻进根据钻头的主要类型和功能可以分为螺旋钻进、环状钻进和无岩芯钻进。

(2) 冲击钻进：冲击钻进是使用钢绳等工具将钻具提升到一定高度，利用钻具自重产生的冲击动能破碎岩土。破碎后的岩屑等由循环液冲出地面或由带活门的提筒提出地面。

(3) 振动钻进：振动钻进是将振动器产生的振动通过钻杆及钻头传递到钻头周围的土中，使土的抗剪强度急剧减小，同时钻头依靠钻具的重力及振动器重力切削土层进行钻进。

(4) 冲洗钻进：冲洗钻进是通过高压射水破坏孔底土层从而实现钻进，土层破碎后由水流冲出地面。该方法适用于砂层、粉土层和不太坚硬的黏性土层，是一种简单快捷、成本低廉的钻探方法。

钻孔的直径、深度、方向等根据工程要求、地质条件和钻探方法综合确定。为了鉴别和划分地层，钻孔直径不宜小于 33mm；为了采取原状土样，取样段的孔径不宜小于 108mm；为了采取岩石试样，取样段的孔径对于软质岩不宜小于 108mm，对于硬质岩不宜小于 89mm。作孔内试验时，试验段的孔径应按试验要求确定。钻孔深度由数米至上百米不等，一般工业与民用建筑工程地质钻探深度在数十米以内。钻孔的方向一般为垂直的，也有打成倾斜的。在地下工程中有打成水平的，甚至直立向上的钻孔。钻孔的基本要素如图 7.1 所示。

在地基勘察中，对岩土层的钻探有如下具体要求。

(1) 钻进深度、岩土分层深度的量测误差范围应为±0.05m。

(2) 非连续取芯钻进的回次进尺，对螺旋钻探应在 1m 以内，对岩芯钻探应在 2m 以内。

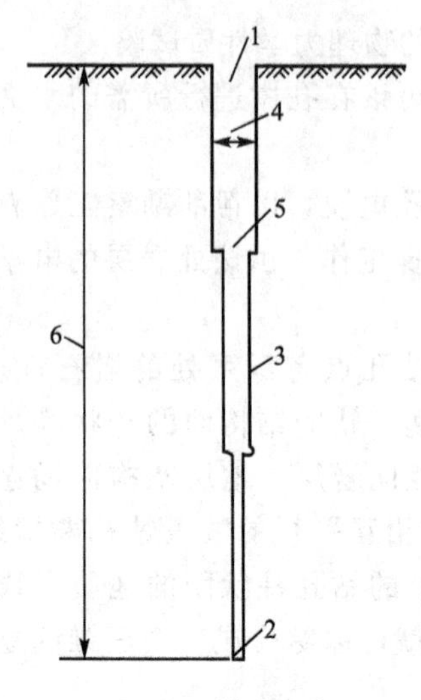

图 7.1 钻孔要素

1—孔口；2—孔底；3—孔壁；4—孔径；5—换径；6—孔深

(3) 对鉴别地层天然湿度的钻孔，在地下水位以上应进行干钻。当必须加入或使用循环液时，应采用双层岩芯管钻进。

(4) 岩芯钻探的岩芯采取率，对完整和较完整的岩体不应低于80%，对较破碎和破碎岩石不应低于65%。定向钻进的钻孔应分段进行孔斜测量，倾角和方位的测量精度应分别为±0.1°和±3.0°，对需重点查明的部位(滑动带、软弱夹层等)应采用双层岩芯管连续取芯。当需确定岩石质量指标 RQD 时，应采用 75mm 口径(N型)双层岩芯管，且宜采用金刚石钻头。RQD 的意义是：岩芯中长度为 100mm 以上的分段长度总和与该回次钻进深度之比，以百分数表示。国际岩石力学学会建议，量测时应以岩芯中心线为准。RQD 值是对岩体进行工程评价广泛应用的指标。显然，只有在钻进操作统一标准的条件下测出的 RQD 值才具有可比性，才是有意义的。

一般地说，各种钻探的钻孔直径与钻具规格均应符合现行国家标准的规定，尤其注意成孔直径应满足取样、测试和钻进工艺的要求。

勘探浅部地层可采用小口径麻花钻钻进、小口径勺形钻钻进、洛阳铲钻进等。

3. 岩土试样的选取

岩土的工程特性与其所处的天然状态有关，要使土工试验得到的土性指标比较可靠，在取样过程中应该是保留天然结构的原状试样。若试样的天然结构遭到破坏，则称为扰动样。

对于岩芯试样，由于其坚硬性，它的天然结构难于破坏，而土样则相对容易受到扰动，并且由于采样时取土器的切入，采样过程中土体应力状态的改变等原因，使得土样受到不同程度的扰动。因此在实际工程地质钻探中，不可能取得完全不受扰动的原状土样。为此，在取土样过程中，应该力求使试样的扰动程度降至尽可能小的程度。按照取样的方法和试验目的，岩土工程勘察规范将土样的扰动程度分成四个等级，各级试样可进行的试验项目见表 7-1。

表 7-1 土样质量等级划分

级别	扰动程度	试验内容
Ⅰ	不扰动	土类定名、含水量、密度、强度试验、固结试验
Ⅱ	轻微扰动	土类定名、含水量试验、密度
Ⅲ	显著扰动	土类定名、含水量
Ⅳ	完全扰动	土类定名

注：1. 不扰动是指原位应力状态虽已改变，但是土的结构、密度、含水量变化很小，能满足室内试验各项要求。

2. 除了地基基础设计等级为甲级外，如确无条件采取Ⅰ级试样，在工程技术要求允许的情况下可用Ⅱ级土样进行强度和固结试验，但宜先对土样受扰动程度作抽样鉴定，判定用于试验的适宜性，并结合地区经验使用试验结果。

在取原状土样时，为了保证土样少受扰动，主要应考虑以下几点原则。

(1) 选择合理的钻进方法，在结构性敏感土层和较疏松砂层中需要采用回转钻进，而不得采用冲击钻进，并以泥浆护孔，可以减少扰动。

(2) 合理选择取土器和取样方法，一般宜采用标准薄壁取土器，也可以用束节式取土器取代薄壁取土器。

(3) 取土钻孔的孔径要适当，取土器与孔壁之间要有一定的空隙，避免取土器切削孔壁，挤进过多的废土。

(4) 取土前的一次钻进不宜过深，以免下部拟取土样部位的土层受扰动。

(5) 在土样封存、运输和开土样做试验时，都应避免扰动，严防振动、日晒、雨淋和冻结。

4. 钻探的编录工作

为了及时发现问题及总结规律，从钻探开始就要注意钻进的动态和分段采取岩芯，详细观察、描述及编录，主要包括以下工作。

(1) 每个钻孔都应准备一个钻探记录本，记录该钻孔的编号、位置、孔口高程，该孔勘探的主要内容，预计钻进深度、钻进时间，采用的钻探设备、钻杆及钻头直径等。

(2) 必须详细、全面而及时地分段采取和观察描述岩芯，一般钻进 50m 左右即应采取该段岩芯。每段岩芯所有块数，不论大小、长短，均应按照顺序放置于特制的岩芯箱中，每段附一岩芯牌，牌上注明该段的深度、取样时间。地质勘探人员应及时对各段岩芯进行观察描述，内容为岩石中的矿物及颗粒成分、结构和构造，初步定名、坚硬及风化程度、岩芯块数及大小、层理以及结构面的产状，裂隙条数及倾角等。

(3) 对钻进动态的观察和记录，如进尺速度的变化及变化位置、孔壁塌块的位置，各段冲洗液消耗情况等。

(4) 记录进行力学试验取样、作水文地质试验以及钻孔摄影、地球物理勘探的位置等。

(5) 钻孔完成后即可将上述取得的各种资料进行分析，整理得出一张较全面的钻孔柱状图。

7.3.2 井探、槽探

1. 井探、槽探的特点

井探与槽探是查明地下地质情况的最直观有效的勘探方法。当钻探难以查明地下地层岩性、地质构造时，可采用井探、槽探进行勘探。探井、探槽主要适用于土层中，可用机械或人力开挖，开挖深度受地下水位的影响。在交通不便的丘陵、山区或场地狭窄处，大型勘探机械难以就位，采用人力开挖方便灵活，可以获得翔实准确的地质资料，编录直观，勘探成本低。

探井深度受地下水位影响，以 5～10m 较多，通常小于 20m。其横断面可以为圆形，也可以为矩形，圆形井壁应力状态比较有利于井壁稳定，而矩形井壁则相对有利于人力挖掘。为了减少开挖方量，断面尺寸不宜过大，能容一人下井工作即可。一般圆形探井直径为 0.8～1.2m，矩形探井断面尺寸为 0.8m×1.2m。当施工场地许可，需要放坡或分级开挖时，探井断面尺寸可增大。

探槽开挖断面为长条形，宽度为0.5～1.2m，深度一般为3～5m。在场地允许和勘探需要的情况下，也可进行分级开挖。

探井、探槽开挖过程中，应根据地层情况、开挖深度、地下水位情况采取井壁支护、排水、通风等措施，尤其在疏松、软弱土层中或无黏性的砂、卵石层中，必须进行支护。此外，探井口部保护也很重要，在多雨季节施工应该设防雨棚，修建排水沟，防止雨水流入或浸润井壁。土石方不能随意弃置于井口边缘，一般应布置在下坡方向距离井口边缘不少于2m的安全距离。

探井、探槽开挖方量大，对场地的自然环境会造成一定程度的改变甚至破坏，还有可能对于以后的施工造成不良影响。勘探结束后，探井、探槽必须妥善回填。

2. 井探、槽探的编录工作

1) 现场观察、描述

(1) 量测探井、探槽的断面形态尺寸和掘进深度。

(2) 详尽观察和描述四壁与底部的地层岩性，地层接触关系、产状、结构与构造特征、裂隙及充填情况，基岩风化情况，并绘出四壁与底部的地质素描图。

(3) 观察和记录开挖期间及开挖后井壁、槽壁、洞壁岩土体的变形动态，如膨胀、裂隙、风化、剥落及塌落等现象，并记录开挖速度和方法。

(4) 观察和记录地下水动态，如涌水量、涌水点、涌水动态与地表水的关系等。

2) 绘制展示图

展示图是井探、槽探编录的主要成果资料。绘制展示图就是沿探井、探槽的壁和底把地层岩性、地质构造展示在一定比例尺的地质断面图上。井探、槽探展示图的绘制方法和表示内容各有不同，所用比例尺一般为1∶25～1∶100。探槽展示图分为以坡度展开法绘制和以平行展开法绘制两种，其中平行展开法使用广泛，更适用于坡度直立的探槽。探井展示图也分为两种：一种是四壁辐射展开法；另一种是四壁平行展开法。其中，四壁平行展开法使用较多，避免了四壁辐射展开法因探井较深而存在的不足。

7.3.3 地球物理勘探

地球物理勘探简称为物探，是利用专门仪器探测地壳表层各种地质体的物理场，包括电场、磁场、重力场、弹性波应力场等，通过测得的物理场特性和差异来判明地下各种地质现象，获得某些物理性质参数的一种勘探方法。因为组成地壳的各种不同岩层介质的密度、导电性、磁性、弹性、放射性及导热性等方面存在差异，这些差异将引起相应的地球物理场的局部变化，通过测量这些物理场的分布和变化特性，结合已知的地质资料进行分析和研究，就可以推断地质体的性状。与钻探相比，物探具有设备轻便、成本低、效率高和工作空间广的优点，但是这类方法往往受到非探测对象的影响和干扰以及仪器测量精度的局限，其分析解释的结果就显得较为粗略，且具有多解性。为了获得较确切的地质成果，在物探工作之后，还常利用钻探、井探或槽探来验证。

物探按照利用岩土物理性质的不同，可以分为电法勘探、地震勘探、重力勘探、磁法勘探、钻孔电视、声波探测及放射性勘探等方法。其中，应用最广泛的物探方法是电法勘探和地震勘探，并常在初期的工程地质勘察中使用，配合工程地质测绘，初步查明勘察区的地下地质情况，此外常用于查明古河道、洞穴、地下管线等具体位置。

1. 电阻率法勘探

1）电阻率法勘探的基本原理

电法勘探的种类很多，其中比较常用的是电阻率法勘探，是研究地下地质体电阻率差异的一种物探方法。该法通常是通过电测仪测定人工或天然电场中岩土地质体的导电性大小及其变化，再经过与专门量板对比分析，从而区分地层、构造以及覆盖层和风化层厚度、含水层分布和深度、古河道、主导充水裂隙方向等。

电阻率是岩土的一个重要电学参数，它表示岩土的导电特性。电阻率在数值上等于电流在材料里均匀分布时该种材料单位立方体所呈现的电阻，单位一般采用欧姆·米，记作Ω·m。影响岩土电阻率大小的因素很多，主要是岩石成分、结构、构造、空隙、含水性等。如第四系的松散土层中，干的砂砾石电阻率高达几百至几千欧姆·米，饱水的砂砾石电阻率只有几十欧姆·米，电阻率显著降低。在同样的饱水条件下，粗颗粒的砂砾石电阻率比细颗粒的细砂、粉砂高。潜水位以下的高阻层位反映粗颗粒含水层的存在，作为隔水层的黏土电阻率远比含水层低。正是因为存在电阻率的差异，才能采用电阻率法来勘探砂砾石层与黏土层的分布。

勘探时的设备布置如图7.2所示，供电极A、B与电源及安培表连接，测定电流I。电极M、N与电位计连接，测量电位差ΔU_{MN}。四个电极（铜棒）以测点O为中心对称地打入地表地层，在地表勘探线上的各个点进行测量，即得到不同岩层的电阻率值。

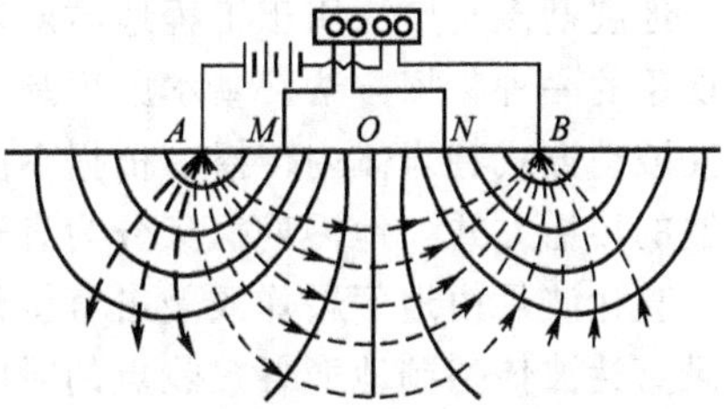

图7.2 电阻率法勘探原理图

岩层的电阻率值可按下式计算

$$\rho=K\frac{\Delta U_{MN}}{I} \tag{7-1}$$

式中 ρ——地层电阻率，Ω·m；

ΔU_{MN}——M、N两极电位差（$\Delta U_{MN}=U_M-U_N$）；

I——测得电流值；

K——装置系数（与供电和测量电极间距有关）。

对于图7.2所示的对称测深和对称剖面，K可以按照下式进行计算

$$K=\pi\frac{AM\cdot AN}{MN} \tag{7-2}$$

根据电阻率值，绘制电测剖面曲线或电阻变化表，进行分析，即得电测结果。应该指出，在各向同性的均质岩层中测量时，无论电极装置如何，所得的电阻率应当相等，即地层的真电阻率。但实际工作中所遇到的地层既不同性、又不均质，所得电阻率并非真电阻率，而是非均质体的综合反映，所以称这个所得的电阻率为视电阻率。

2）电阻率法勘探的分类

由于电极布置的方法不同，所反映的地质情况也不同，可将电阻率法分为电测深法、电剖面法及中间梯度法等。

(1) 电测深法：电测深法是指在地表以某一点（此点称为常测点）为中心，用不同供电

极距测量不同深度岩层的视电阻率值，以获取该点处的地质断面的方法。

以图7.2为例，选定中心点O的位置后，逐渐加大A、B的间距和相应加大M、N的间距来测定中心点O下不同深度处的电阻率值。A、B间的距离越大，输送电流的入地深度越深，因而测量深度越大。连续测量后，用得到的资料绘制测深曲线。将测深曲线和理论曲线(量板)进行对比，就能推断出岩土层的深度、厚度或有无地下水存在。

(2) 电剖面法：电剖面法是指测量电极和供电电极的装置不变，而测点沿某一方向移动，用于探测一定深度处岩层视电阻率值的水平变化规律的方法。

在图7.2中，将具有固定供电极距和测量极距的$AMNB$装置，沿规定的测绘线方向移动，每变换一个测点，量测一次电阻率，从而得到某深度处岩土层电阻率值在平面上的分布情况。当需要了解岩土层的不均匀程度时，在平面上应测量若干剖面。

(3) 中间梯度法：中间梯度法是指将供电电极A、B的间距固定不变，电极M、N在其中部约1/3的地段沿AB线或平行于AB线测量，这样的电场被认为是均匀的。若测量范围内有高低电阻不均匀地质体时，则电阻率反映出极大或极小值。一般用来探测陡倾角高阻的带状构造，测线应垂直带状构造布置。

2. *地震勘探法*

地震勘探是广泛用于工程地质勘探的方法之一。它是利用地质介质的波动性来探测地质现象的一种物探方法。基本原理是利用爆炸或敲击方法向岩体内激发地震波，地震波以弹性波动方式在岩体内传播。根据不同介质弹性波传播速度的差异来判断地质现象。按弹性波的传播方式，地震勘探又分为直达波法、反射波法和折射波法。

直达波是由地下爆炸或敲击直接传播到地面接收点的波，直达波法就是利用地震仪器记录直达波传播到地面各接收点的时间和距离，然后推算地基土的动力参数。

反射波或折射波则是由地面产生激发的弹性波在不同地层的分界面发生反射或折射而返回到地面的波，反射波法或折射波法就是利用反射波或折射波传播到地面各接收点的时间，并研究波的振动特性，确定引起反射或折射的地层界面的埋深、产状、岩性等。

地震勘探可以用于了解地下地质构造，如基岩面、覆盖层厚度、风化层、断层等。根据要了解的地质现象的深度和范围的不同，可以采用不同频率的地震勘探方法。一般来讲，地震勘探较其他物探方法准确，而且能探测地表以下很大深度。

3. *声波探测*

声波探测属于弹性波勘探的一种方法。它与地震勘探的区别主要是：地震勘探用的是低频弹性波，频率范围从几赫兹到几百赫兹；主要是利用反射波和折射波勘探大范围地下较深处的地质情况。声波探测用的是高频振动，常用频率为几千赫兹到20kHz；主要是利用直达波的传播特点，了解较小范围岩体的结构特征，研究节理、裂隙发育情况，评价隧道围岩稳定性等，以便解决岩体工程地质力学等方面的一些问题。根据岩体弹性纵波速度v_{pm}和岩石弹性纵波速度v_{pr}，得到的岩体完整性系数K_v，是判定岩体质量和围岩分级的重要指标。因此，对于重要工程应尽量开展地震勘探和声波探测。

4. *磁法勘探*

是以测定岩石磁性差异为基础的方法。可以用这种方法确定岩浆岩体的分布范围，确定接触带的位置，寻找岩脉、断层等。

5. 测井

是在钻孔中进行各种物探的方法，有电测井、磁测井之分。正确应用测井法有助于降低钻探成本，提高钻孔使用率，验证或提高钻探质量，充分发挥物探与钻探相结合的良好效果。

7.4 工程地质原位测试

由于岩石和土的形成年代、成因、物质组成、结构与构造不同，使得不同种类的岩石和土表现出不同的物理力学特征。查明岩石和土的物理力学性质，是从事各种工程设计与施工的基本前提。岩石和土的物理力学性质指标的测试包括室内试验及原位测试。有关岩石和土的室内试验等相关内容可参见其他岩石力学或土力学教材，本节主要介绍现场原位测试的一些主要方法。

现场原位测试是在工程地质勘察现场，在不扰动或基本不扰动地层的情况下对岩土体进行测试，以获得所测岩土体的物理力学性质指标及划分地层的一种勘察方法。和室内试验相比，原位测试具有以下优点：可在拟建工程场地进行测试，不需取样，因而可以测定难以取得不扰动样的土(如淤泥、饱和砂土、粉土)的有关力学性质；涉及的岩土体范围远远大于室内的岩土试样，因而相对更具有代表性；很多原位测试方法可以连续进行，因而可得到完整的地层剖面及其物理力学性质；一般具有速度快、经济的优点，能大大缩短工程地质勘察的周期。但是原位测试也存在着许多不足之处，如难于控制边界条件，许多原位测试技术所得参数和岩土工程性质指标之间的关系是建立在大量统计的经验关系上，成果的影响因素复杂，使得对测定值的准确判断造成了一定的困难等。因此，岩土的原位测试和室内试验应该相辅相成。

土体原位测试的主要方法有静力载荷试验、触探试验、剪切试验和地基土动力特性试验等。选择现场原位测试方法时，应考虑勘察阶段、建筑类型、岩土条件、设计要求、地区经验成熟程度和测试方法适用性等因素。

7.4.1 静力载荷试验

载荷试验是指在一定面积的承压板上向地基逐级施加荷载，并观测每级荷载下地基的变形特性，从而评定地基的承载力、计算地基的变形模量并预测实际基础的沉降量。静力载荷试验一般包括平板载荷试验和螺旋板载荷试验。平板载荷试验适用于埋深等于或大于3m和地下水位以上的地基土，螺旋板载荷试验适用于深层地基土或地下水位以下的地层。载荷试验所反映的是承压板以下1.5～2.0倍承压板直径或边长范围内地基土强度、变形的综合性状。

1. 载荷试验装置和基本技术要求

静力载荷试验的主要设备有三个部分，即加荷与传压装置、沉降观测装置及承压板，如图7.3所示。承压板一般为刚性圆形板或方形板，其面积为0.25～0.50m^2。对于软土，可采用尺寸较大的承压板。加荷与传压装置包括压力源、载荷台架或反力架；沉降观测装置包括百分表、沉降传感器和水准仪等。试验时将试坑挖到基础的预计埋置深度，整平坑底，放置承压板，在承压板上施加荷载来进行试验。试坑宽度不应小于承压板宽度或直径的三倍，注意保持试验土层的原状结构和天然温度。

一般采用分级维持荷载沉降相对稳定法(常规慢速法)作为加荷方式，加荷等级不应少于8级，最大加载量不少于荷载设计值的两倍。每级加载后按时间间隔10min、10min、10min、15min、15min测读沉降量，以后每隔30min测读一次沉降量。当连续两个小时内，每小时的沉降量小于0.1mm时，则认为已趋稳定，可加下一级荷载。当出现下列情况之一时，即可终止加载。

(1) 承压板周围的土明显侧向挤出，周边岩土出现明显隆起或径向裂缝持续发展。

(2) 本级荷载的沉降量大于上一级荷载沉降量的五倍，荷载-沉降曲线($p-s$ 曲线)出现陡降段。

(3) 在某一级荷载下，24h内沉降速率不能达到相对稳定标准。

(4) 总沉降量 s 与承压板直径或宽度 b 之比值超过0.06，即 $s/b \geqslant 0.06$。

根据试验结果绘制荷载-沉降曲线，即 $p-s$ 曲线，由此来判断土的承载力和变形指标等，如图7.4所示。

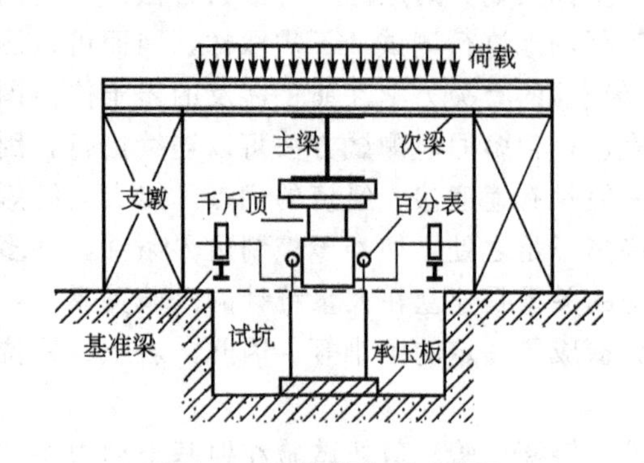

图7.3 地基载荷试验装置

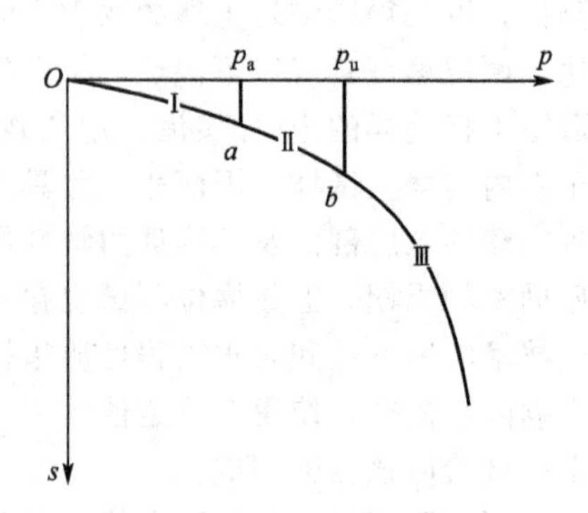

图7.4 地基载荷试验 $p-s$ 曲线

2. 试验资料的应用

1) 确定地基承载力

根据静力载荷试验成果绘制出的 $p-s$ 曲线，如图7.4所示，按照下述方法确定地基承载力。

(1) 当 $p-s$ 曲线上有明显的比例界限压力 p_a 时，取该比例界限所对应的荷载值。

(2) 当极限荷载 p_u 能够确定，且该值小于对应的比例界限荷载 p_a 的两倍时，取极限荷载值的1/2。

(3) 不能按上述两点确定时，如承压板面积为0.25～0.50m^2，对于低压缩性土和砂土，可取 $s/b=0.01 \sim 0.015$ 所对应的荷载；对于中高压缩性土，可取 $s/b=0.02$ 所对应的荷载，但其值不应大于最大加载量的1/2。

静力载荷试验时，同一土层参加统计的试验点不应少于三点。当实验实测值的极差不超过平均值的30%时，取此平均值作为该土层地基承载力特征值。

2) 确定地基土的变形模量

土的变形模量 E_0 一般根据载荷试验结果求得，即根据 $p-s$ 曲线中的直线段或接近于

直线段的试验数据，按照下式计算

$$E_0=(1-\mu^2)\frac{\pi b}{4}\frac{\Delta p}{\Delta s} \tag{7-3}$$

式中 $\Delta p/\Delta s$——$p-s$ 曲线直线段的斜率；

μ——地基土的泊松比，砂土和粉土 $\mu=0.33$，可塑至硬塑黏性土 $\mu=0.38$，软塑至流塑黏性土和淤泥质黏性土 $\mu=0.41$；

b——承压板直径，当为方形板时可取换算直径。

当 $p-s$ 曲线直线段不明显时，可将按照前述方法确定的地基承载力与相应的沉降量代入式(7-3)计算土的变形模量 E_0。但此时应与其他原位测试资料比较，综合考虑确定 E_0 值。

3）估算软黏土地基的不排水抗剪强度

对于饱和的软黏土层，可按式(7-4)用快速法载荷试验(不排水条件)确定的极限承载力 p_u 估算土的不排水抗剪强度 C_u，即

$$C_u=\frac{p_u-\sigma_0}{N_c} \tag{7-4}$$

式中 p_u——快速载荷试验所得的极限荷载；

σ_0——承压板周边外的超载或土的自重应力；

N_c——承压板系数，对于圆形或方形承压板，$N_c=6.15$，当承压板埋深大于等于4倍承压板直径或边长时，$N_c=9.4$，当承压板埋深小于4倍承压板直径或边长时，N_c 值由线性内插法确定。

4）估算地基土的基床反力系数

根据 $p-s$ 曲线，按照经验公式估算载荷试验基床反力系数 K_{v1}（$K_{v1}=\Delta p/\Delta s$），即 $p-s$ 曲线直线段的斜率。进而按照式(7-5)来计算基准基床反力系数 K_v，即

黏性土
$$K_v=3.28bK_{v1} \tag{7-5a}$$

砂性土
$$K_v=\left(\frac{2b}{b+0.305}\right)^2K_{v1} \tag{7-5b}$$

再根据基准基床反力系数可确定地基土的基床反力系数 K_s，即

黏性土
$$K_s=\frac{0.305}{B_F}K_v \tag{7-6a}$$

砂性土
$$K_s=\left(\frac{B_F+0.305}{2B_F}\right)^2K_v \tag{7-6b}$$

式中 b——载荷板的宽度或直径；

B_F——基础的宽度。

在应用静力载荷试验资料确定地基土的承载力和变形模量、估算软土地基的不排水抗剪强度和地基土的基床反力系数时，必须注意两个问题：①静力载荷试验的加载面积比较小，加载后受影响的深度不会超过两倍承压板边长或直径，而且加载时间比较短，因此不能通过静力载荷试验提供建筑物的长期沉降资料；②沿海软黏土地区地表往往有一层“硬壳层”，当用小尺寸的承压板时，常常受压范围主要在地表硬壳层内，其下软弱土层尚未受到较大附加应力的影响。而对于实际建筑物的大尺寸基础，下部软弱土层对建筑物的沉降起着主要影响。因此，静力载荷试验资料的应用是有条件的，要充分估计试验影响范围

的局限性，注意分析试验成果与实际建筑物地基之间可能存在的差异。

7.4.2 静力触探试验

静力触探试验是通过一定的机械装置，用静力将某种规格的金属探头以一定速率压入土中，同时用压力传感器测试土层对探头的贯入阻力，以此来判断、分析、确定地基土的物理力学性质。静力触探具有测试连续、快速高效、兼有勘探与测试双重作用的优点，而且测试数据精度高、再现性好。特别是对于不易钻探取样的饱和砂土、高灵敏度软土以及土层竖向变化复杂而不能密集取样测试以查明土层性质变化的情况下，静力触探具有独特的优势。它的缺点是对于碎石类土和密实砂土难以贯入，也不能直接观测土层。静力触探试验适用于软土、一般黏性土、粉土和砂土，主要用于划分土层、估算地基土的物理力学参数、评定地基土的承载力、估算单桩承载力及判定砂土地基的液化等级等。

1．试验的仪器设备和技术要求

静力触探试验使用的静力触探仪主要由三部分组成：①贯入系统，包括加压装置和反力装置，作用是将探头匀速、垂直地压入土层中；②量测系统，用来测量和记录探头所受的阻力；③阻力传感器，一般位于静力触探头内。常用的静力触探探头分为单桥探头和双桥探头，如图 7.5 所示。

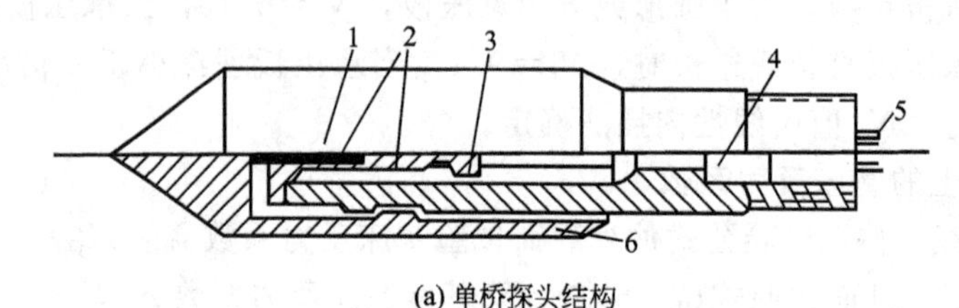

(a) 单桥探头结构

1—顶柱; 2—电阻应变计; 3—传感器; 4—密封垫圈套; 5—四芯电缆; 6—外套筒

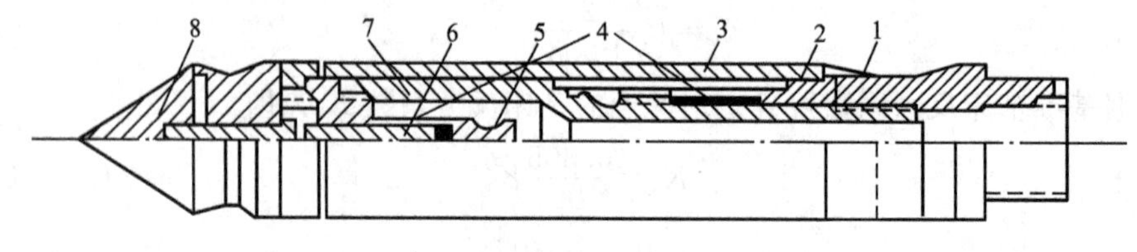

(b) 双桥探头结构

1—传力杆; 2—摩擦传感器; 3—摩擦筒; 4—电阻应变片; 5—顶柱; 6—锥尖传感器; 7—钢珠; 8—锥尖头

图 7.5 静力触探探头示意图

在静力触探的整个过程中，探头应匀速，垂直地压入土层中，贯入速率一般控制在(1.2±0.3)m/min。静力触探探头传感器连同仪器、电缆必须事先进行标定，室内标定传感器的非线性误差、重复性误差、温度飘移、归零误差范围应小于 1%。在现场试验时，现场的归零误差不得超过 3%。触探时，深度记录误差不应大于触探深度的±1%。当贯入深度大于 30m，或穿过厚层软土后再贯入硬土层时，应量测触探孔的偏斜度，校正土的分层界线。

2. 试验成果及应用

1) 单桥探头成果

单桥探头将锥头和摩擦筒连接在一起，因而只能测出一个参数，即比贯入阻力 p_s，该参数的含义如下

$$p_s=\frac{P}{A} \tag{7-7}$$

式中 P——总贯入阻力；

A——探头锥尖底面积。

通过试验可得到比贯入阻力与深度的关系曲线，即 p_s-h 曲线，如图 7.6 所示。

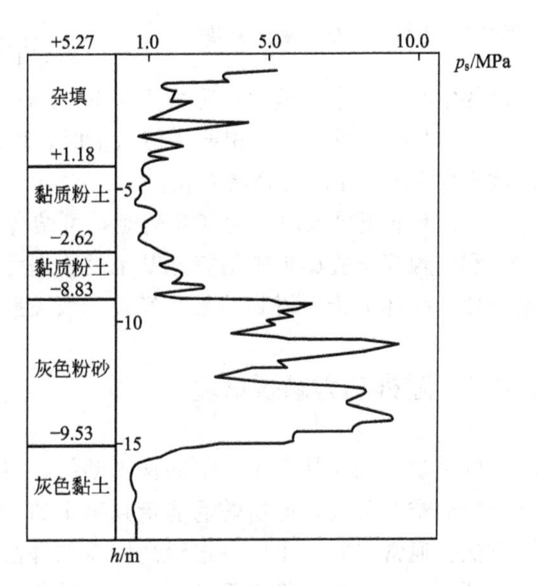

图 7.6 静力触探 p_s-h 曲线

2) 双桥探头成果

双桥探头将锥头和摩擦筒分开，可以同时测定锥尖阻力和侧壁摩阻力两个参数。锥尖阻力 q_c 和侧壁摩阻力 f_s 分别定义如下

$$q_c=\frac{Q_c}{A} \tag{7-8}$$

$$f_s=\frac{P_f}{A_f} \tag{7-9}$$

式中 Q_c、P_f——分别为锥尖总阻力和侧壁总摩阻力；

A、A_f——分别为锥尖底面积和摩擦筒表面积。

根据测得的锥尖阻力和侧壁摩阻力，可以按照下式计算摩阻比 R_f，即

$$R_f=\frac{f_s}{q_c}\times 100\% \tag{7-10}$$

通过试验可得到锥尖阻力与深度的关系(q_c-h)曲线、侧壁摩阻力与深度的关系(f_s-h)曲线及摩阻比与深度的关系(R_f-h)曲线。

3) 成果应用

静力触探试验成果的应用主要有以下几个方面：①划分土层；②判别土的塑性状态或密实度；③确定地基土的承载力；④确定土的变形模量；⑤确定土的抗剪强度参数；⑥估算单桩承载力。

在划分土层的界线时，应注意以下两个问题。

(1) 在探头贯入不同工程性质的土层界线时，p_s 或 q_c 及 f_s 值的变化一般是显著的，但并不是突变的，而是在一段距离内逐渐变化的。如图 7.7 中的 p_s-h 曲线 ABC 段所示，探头由软土层向硬土层贯入时测得的 p_s 值有提前和滞后现象，即当探头离硬土层面一定距离时，p_s 开始逐渐增大，并且当探头贯入硬土层一定深度才达到其最大值。同理，当探头通过硬土层而贯入软土层时的情形也是如此，只不过 p_s 值由最大值逐渐变小。因此，软土层与硬土层的分界线应为 B 点和 E 点。

(2) 工程实践中经常发现，当触探深度不大时，静力触探所划分的土层界线与实际分

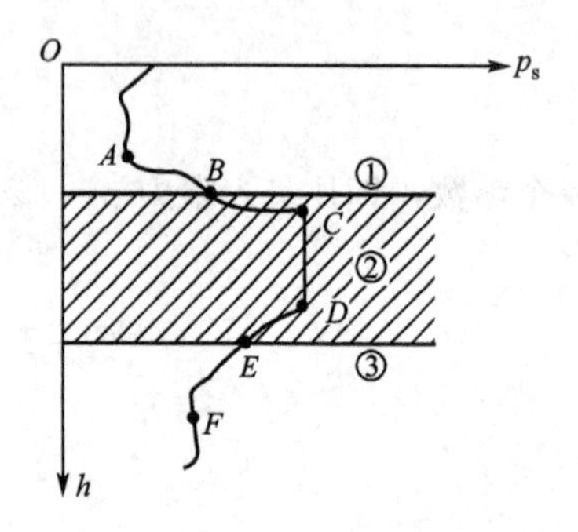

图 7.7　土层界面处的超前和滞后

界线相差不多。但当触探深度超过30m以上，而且下部有硬土层存在时，静力触探定出的分层深度往往比钻探所定的分层深度大。产生这种误差的原因是在触探中深度记录误差过大和细长的探杆发生挠曲，探杆弯曲后就沿弯曲方向继续贯入，使触探深度大于实际深度。产生深度误差的这两个因素，通过严格认真的操作，并在探头内附设测斜装置，是能够将误差控制在规定的范围内的。

综上所述，用静力触探曲线划分土层界限的方法原则如下。

(1) 上下层贯入阻力相差不大时，取超前深度和滞后深度的中心，或中心偏向小阻力土层5～10cm处作为分层界线。

(2) 上下层贯入阻力相差一倍以上时，取软土层最后一个(或第一个)贯入阻力小值偏向硬土层10cm处作为分层界线。

(3) 上下层贯入阻力无甚变化时，可结合 f_s 或 R_f 的变化确定分层界线。

利用触探试验成果来估算地基土的物理力学性质指标，主要是根据对于大量的测试数据经数理统计分析而得到的某些经验函数关系式，这部分内容请参阅相关规范或专著。

7.4.3　圆锥动力触探试验

圆锥动力触探是利用一定的锤击动能，将一定规格的探头打入土中，根据打入土中一定深度的难易程度，即所需的能量判定土的工程性质，并对地基土进行分层的一种原位测试方法。通常以打入土中一定距离所需的锤击数来表示土的阻力。

圆锥动力触探的优点是设备简单、操作和测试方法简便、适应性广。对难以取样的砂土、粉土、碎石类土以及对静力触探难以贯入的土层，动力触探是一种非常有效的勘探测试手段。它的缺点是不能对土进行直接鉴别描述，试验误差较大。

1. 试验的仪器设备和技术要求

圆锥动力触探根据锤击能量的大小分为轻型、重型和超重型三种，设备规格和适用范围见表7-2。

表 7-2　圆锥动力触探类型

类型		轻型	重型	超重型
落锤	锤的质量/kg	10	63.5	120
	落距/cm	50	76	100
探头	直径/mm	40	74	74
	锥角/(°)	60	60	60
探杆直径/mm		25	42	50～60
指标		贯入30cm的读数 N_{10}	贯入10cm的读数 $N_{63.5}$	贯入10cm的读数 N_{120}
适用土类		浅部的填土、砂土、粉土、黏性土	砂土、中密以下的碎石土、极软岩	密实和很密实的碎石土、软岩、极软岩

对试验的技术要求是：采用自动落锤装置，如抓勾式、偏心轮式、钢球式、滑销式和滑槽式等。锤的脱落方式可分为碰撞式和缩径式两种，前者动作可靠，但如操作不当易反向撞击，影响实验结果；后者无反向撞击，但导向杆易被磨损发生故障。

触探杆连接后最初5m的最大倾斜度不应超过1%；大于5m后的最大倾斜度不应超过2%。实验开始时应保持探头与探杆有很好的垂直导向，必要时可以预先钻孔作为垂直导向。锤击贯入应连续进行，不能间断，锤击速度一般为每分钟15～30击。在砂土和碎石类土中，锤击速度对实验结果影响不大，锤击速率可增加到每分钟60击。锤击过程应防止锤击偏心、探杆歪斜和探杆侧向晃动。每贯入1m应将探杆旋转一圈半，使触探杆能保持垂直贯入，并减少探杆的侧向阻力，当贯入深度超过10m时每贯入0.2m即应旋转探杆。实验过程中锤击间歇时间，应做记录。对于轻型动力触探，当$N_{10}>100$或贯入15cm锤击数超过50时，可停止试验；对于重型动力触探，当连续三次$N_{63.5}>50$时，可停止试验或改用超重型动力触探。N_{10}和$N_{63.5}$的正常范围为3～50击；N_{120}的正常范围为3～40击。当锤击数超过正常范围，如遇软黏土，可记录每击得到的贯入度；如遇硬土层，可记录一定锤击数下的贯入度。

2. 试验成果及应用

圆锥动力触探试验的主要成果是锤击数N_{10}、$N_{63.5}$、N_{120}和锤击数随深度变化的关系曲线。根据圆锥动力触探试验指标和地区经验，可将试验成果应用于：①对土层进行力学分层；②评定土的均匀性和塑性状态或密实度；③确定地基土的承载力和变形模量；④确定单桩承载力标准值；⑤查明土洞、滑动面、软硬土层界面；⑥检测地基处理效果和确定地基持力层。

7.4.4 标准贯入试验

标准贯入试验是利用一定的锤击动能，将一定规格的对开管式贯入器打入钻孔孔底的土层中，根据打入土层中的贯入阻力来评定土层的变化和土的物理力学性质。贯入阻力用贯入器贯入土层中30cm的锤击数$N_{63.5}$表示，也称标贯击数。

标准贯入试验实质上仍属于动力触探类型之一。它和圆锥动力触探试验的区别主要是，其触探头不是圆锥形探头，而是标准规格的圆筒形探头(由两个半圆管合成的取土器，也称为贯入器)，且其测试方式有所不同，采用间歇贯入方法。标准贯入试验的优点是设备简单，操作简便，适用的土层广，且贯入器能取出扰动土样，从而可以直接对土进行鉴别。

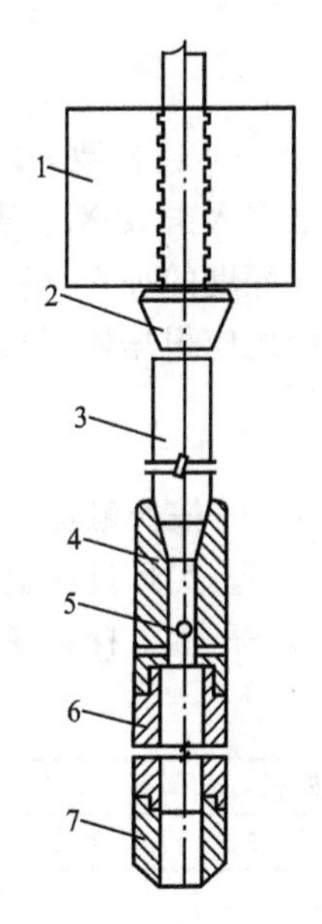

图7.8 标准贯入设备

1—穿心锤；2—锤垫；3—钻杆；4—贯入器头；5—出水孔；6—两半圆形管合成的贯入器身；7—贯入器靴

1. 试验的仪器设备和技术要求

标准贯入试验设备主要由贯入器、贯入探杆和穿心锤三部分组成。如图7.8所示。它应满足表7-3中的要求。

对于试验的技术要求是：①标准贯入试验用钻孔应采

用回转钻进,尽可能减少对孔底土的扰动;②应采用自动脱钩的自由落锤法,并减小导向杆与锤间的阻力。锤击时应避免偏心和侧向晃动,锤击速率应小于每分钟30击;③标准贯入试验分两个阶段进行,即预打阶段和试验阶段。在预打阶段,先将贯入器打入15cm,若锤击数已达50击,贯入度未达到15cm,记录实际贯入度。在试验阶段,将贯入器再打入30cm,记录每打入10cm所需的锤击数,累计打入30cm的锤击数即为标准贯入击数 $N_{63.5}$。当累计击数已达50击,而贯入深度未达30cm时,应终止试验,记录实际贯入深度 ΔS(cm)及累计锤击数 n,按照式(7-11)换算成贯入30cm的锤击数。

表7-3 标准贯入试验设备规格

<table>
<tr><td colspan="2" rowspan="2">落 锤</td><td>锤的质量/kg</td><td>63.5</td></tr>
<tr><td>落距/cm</td><td>76</td></tr>
<tr><td rowspan="6">贯入器</td><td rowspan="3">对开管</td><td>长度/mm</td><td>>500</td></tr>
<tr><td>外径/mm</td><td>51</td></tr>
<tr><td>内径/mm</td><td>35</td></tr>
<tr><td rowspan="3">管 靴</td><td>长度/mm</td><td>50~76</td></tr>
<tr><td>刃口角度/(°)</td><td>18~20</td></tr>
<tr><td>刃口单刃厚度/mm</td><td>2.5</td></tr>
<tr><td colspan="2" rowspan="2">钻 杆</td><td>直径/mm</td><td>42</td></tr>
<tr><td>相对弯曲</td><td><1/1000</td></tr>
</table>

$$N_{63.5}=30\times\frac{n}{\Delta S} \tag{7-11}$$

式中 ΔS——锤击数 n 时对应的贯入度,cm。

标准贯入击数 $N_{63.5}$ 表示探头贯入土中的难易程度,因此根据这个值来判别土的性质。随着触探深度的加大,所得标准贯入击数 $N_{63.5}$ 实际上受到了触探杆质量及杆壁摩擦力的影响,因此应根据探杆长度对锤击数进行修正

$$N=\alpha N_{63.5} \tag{7-12}$$

式中 N——按照触探杆长度修正后的标贯击数;

$N_{63.5}$——实际贯入土中30cm所需锤击数;

α——触探杆长度校正系数,见表7-4。

表7-4 标准贯入试验杆长修正系数

触探杆长/m	≤3	6	9	12	15	18	21
校正系数 α	1.00	0.92	0.86	0.81	0.77	0.73	0.70

2. 试验成果及应用

标准贯入试验具体应用在以下几方面:①评定砂土密实度;②评定黏性土的稠度状态和无侧限抗压强度;③评定砂土抗剪强度指标;④确定黏性土的不排水强度;⑤确定地基承载力;⑥确定土的变形模量和压缩模量;⑦估算单桩承载力;⑧判别地基土的液化状况。

7.4.5 十字板剪切试验

十字板剪切试验于1928年由瑞士人奥尔桑首先提出。它是用插入软黏土中的十字板头，以一定的速率旋转，测出土的抵抗力矩，然后换算成土的抗剪强度。十字板剪切试验是测定饱和软黏土层快剪强度的一种简易而可靠的原位测试方法，这种方法测得的抗剪强度值相当于试验深度处天然土层的不排水抗剪强度，在理论上它相当于三轴不排水剪的凝聚力或无侧限抗压强度的一半。它可以在现场基本保持天然应力状态下进行试验，与钻探取样室内试验相比，土体的扰动较小，而且试验简便、测试速度快、效率高，因此在我国沿海软土地区被广泛使用。

1. 试验的仪器设备和技术要求

十字板剪切试验仪的主要部分是钢板焊成的十字板、钢制钻杆和施加扭矩的设备。其中十字板是厚3mm的长方形钢板，呈十字形焊接于轴杆上。可视土层的软硬状态选用相应规格的十字板头。

十字板剪切试验的原理是：将十字板头压入黏土中，通过钻杆对十字板施加扭矩，使十字板头在土层中形成圆柱形破坏面，测定剪切破坏时对抵抗扭剪的最大力矩，通过计算可得到土体的抗剪强度。

假设土体是各向同性的，即水平面的不排水抗剪强度与垂直面上的不排水强度相同，以 c_u 表示。旋转十字板头时，在土体中形成一个直径为 D、高为 H 的圆柱形剪切破坏面，土体产生的最大抵抗扭矩 M 由圆柱侧表面的抵抗扭矩 M_1 和圆柱顶、底面的抵抗扭矩 M_2 组成，即

$$M=M_1+M_2=c_u\times\frac{D}{2}\times\pi DH+2c_u\times\frac{\pi D^2}{4}\times\frac{D}{3} \tag{7-13}$$

从而可得土体的不排水抗剪强度为

$$c_u=\frac{2M}{\pi D^2}\frac{1}{\left(H+\frac{D}{3}\right)} \tag{7-14}$$

十字板剪切试验考虑了土的凝聚力，未考虑抗剪强度中的内摩擦角，因此这种试验只适用于饱和软黏土，特别是适用于难于取样和在自重下不能保持本身形状的软黏土。但在有些情况下发现十字板剪切试验所测得的抗剪强度在地基不排水稳定分析中偏于不安全，对于不均匀土层，特别是夹有薄层粉细砂或粉土的软黏土，十字板剪切试验会有较大的误差。十字板剪切仪和剪切原理分别如图7.9、图7.10所示。

十字板一般为矩形，高度 H 一般为100mm和150mm，径高比 $D/H=0.5$，板厚2～3mm。十字板插入钻孔底的深度不应小于钻孔或套管直径的3～5倍，插入后至少静置2～3min，方可开始试验。由于排水和黏滞效应的存在，剪切速率应控制在每10s转动1°～2°，且当读数出现峰值后，要继续测记1min。重塑土的不排水强度应在峰值强度或稳定强度出现后，顺剪切扭转方向连续转动六周后测定。

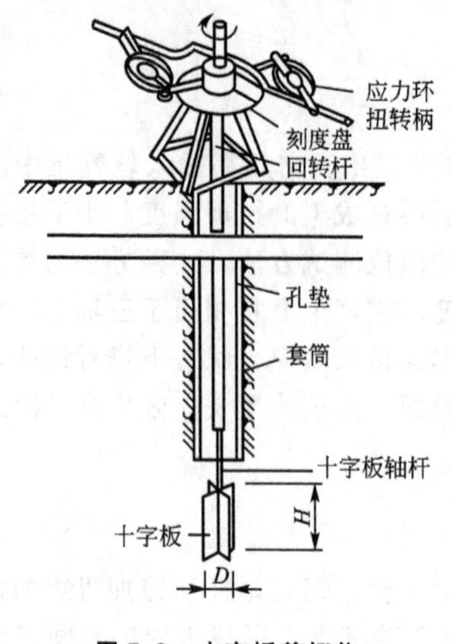

图 7.9 十字板剪切仪

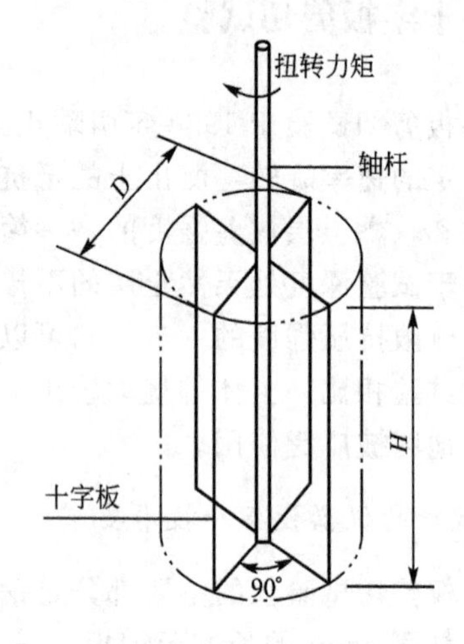

图 7.10 十字板剪切原理

2. 试验成果及应用

十字板剪切试验成果主要有：土的不排水峰值强度、残余强度、重塑土强度和灵敏度随深度的变化曲线。根据其试验成果，可以按照地区经验确定地基承载力、单桩承载力，计算边坡稳定安全系数、确定软土路基临界高度，判定软黏土的固结历史。

7.5 现场检验与监测

现场检验与监测是工程地质勘察中的一项重要工作。随着建设事业的日益发展，工程建筑施工过程中遇到的岩土工程问题越来越多，这不仅给施工带来困难，而且由施工引起的土中应力场和位移场的变化直接影响周围各种设施的安全。现场监测是对在施工过程中及完工后由于工程施工和使用引起岩土性状、周围环境条件(包括工程地质、水文地质条件)及相邻结构、设施等因素发生的变化进行各种观测工作，监视其变化规律和发展趋势，从而了解施工对各因素的影响程度，以便及时在设计、施工和维护上采取相应的防治措

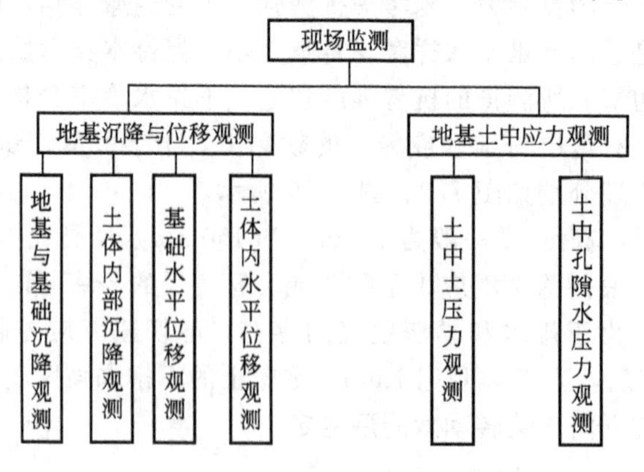

图 7.11 现场监测主要内容框图

施。监测资料力求规范化、标准化和量化。

现场监测常见的有地基沉降与位移观测和地基中应力观测两大类，其主要内容如图7.11所示。

7.5.1 地基基础检验和检测

地基基础检验和检测主要包括天然地基的基槽检验与监测、桩基工程检测、地基加固和改良的检验与监测、深基坑开挖和支护的检验与监测、建筑物的沉降监测等。由于涉及范围较广，不可能对各类检测工作内容逐一说明，下面仅介绍天然地基的基槽检验与监测、建筑物的沉降监测两部分内容。

1. 天然地基的基槽检验与监测

1）现场检验

天然地基的基坑(基槽)开挖后，应检验开挖揭露的地基条件是否与勘察报告一致。如有异常情况，应提出处理措施或修改设计的建议。当与勘察报告出入较大时，应建议进行施工勘察。检验内容主要包括：①岩土分布及其性质；②地下水情况；③对土质地基，可采用轻型圆锥动力触探或其他机具进行检验。

验槽的要求如下：①核对基槽的施工位置、平面尺寸、基础埋深和槽底标高，平面尺寸由设计中心线向两边量测，长、宽尺寸不应偏小，槽底标高偏差一般应控制在0～－50mm范围内；②槽底基础范围内若遇到异常情况，应结合具体地质、地貌条件提出处理措施，必要时可在槽底进行轻便钎探；③验槽后应写出检验报告，内容包括岩土描述、槽底土质平面分布图、基槽处理竣工图、现场测试记录的检验报告；④验槽报告应做到资料齐全，及时归档。

2）现场监测

工程需要时进行岩土体现场监测，监测项目主要有：①洞室或岩石边坡的收敛量测；②深基坑开挖的回弹量测；③土压力或岩体应力量测。

对于基坑工程监测方案，应根据场地条件和开挖支护的施工设计确定，并包括下列内容：①支护结构的变形；②基坑周边的地面变形；③邻近工程和地下设施的变形；④地下水位变化；⑤渗漏、冒水、冲刷、管涌等情况。

2. 建筑物的沉降监测

建筑物的沉降监测能反映地基的实际变形对建筑物的影响程度，是分析地基事故及判别施工质量的重要依据，也是检验勘察资料的可靠性、验证理论计算正确性的重要资料。我国国家标准《岩土工程勘察规范》(GB 50021—2009)规定，下列建筑物宜进行沉降观测。

(1) 一级建筑物。

(2) 不均匀或软弱地基上的重要二级及以上建筑物。

(3) 加层、接建或因地基变形、局部失稳而使结构产生裂缝的建筑物。

(4) 受邻近深基坑开挖施工影响或受场地地下水等环境因素变化影响的建筑物。

(5) 需要积累建筑经验或要求通过反分析求参数的工程。

建筑物沉降观测时应注意以下几个要点：

(1) 基准基点的设置以保证其稳定可靠为原则，故宜布置在基岩上，或设置在压缩性较低的土层上。水准基点的位置宜靠近观测对象，但必须在建筑物所产生的压力影响范围以外。在一个观测区内，水准基点不应少于三个。

(2) 观测点的布置应全面反映建筑物的变形并结合地质情况确定，数量不宜少于六个。

(3) 水准测量宜采用精密水平仪和铟钢尺。对于一个观测对象宜固定测量工作，固定人员，观测前仪器必须严格校验。测量精度宜采用Ⅱ级水准测量，视线长度宜为20～30m，视线高度不宜低于0.3m。水准测量应采用闭合法。

另外，观测时应随时记录气象资料。观测次数和时间，应根据具体情况确定。一般情况下，民用建筑每施工完一层应观测一次；工业建筑按不同荷载阶段分次观测，但施工阶段的观测次数不应少于四次。建筑物竣工后的观测，第一年不少于3～5次，第二年不少于两次，以后每年一次直到沉降稳定为止。对于突然发生严重裂缝或大量沉降等特殊情况时，应增加观测次数。

7.5.2 不良地质作用和地质灾害的监测

不良地质作用和地质灾害监测的目的有三个：①正确判定、评价已有不良地质作用和地质灾害的稳定性，监视其对环境、建筑物和人民财产的影响，对灾害的发生进行预报；②为防治灾害提供科学依据；③预测灾害变形发展趋势和检验整治后的效果，为今后防治、预测提供经验。

根据不同的不良地质作用和地质灾害情况，我国《岩土工程勘察规范》(GB 50021—2009)作出了如下规定。

(1) 应进行不良地质作用和地质灾害监测的情况是：场地及其附近有不良地质作用或地质灾害，并可能危及工程的安全或正常使用时；工程建设和运行可能加速不良地质作用的发展或引发地质灾害时；工程建设和运行对附近环境可能产生显著不良影响时。

(2) 岩溶土洞发育区应着重监测的内容是：地面变形；地下水位的动态变化；场区及其附近的抽水情况；地下水位变化对土洞发育和塌陷产生的影响。

(3) 滑坡监测的内容是：滑坡体的位移；滑面位置及错动；滑坡裂缝的发生和发展；滑坡体内外地下水位、流向、泉水流量和滑带孔隙水压力；支挡结构及其他工程设施的位移、变形、裂缝的发生和发展。

(4) 当需要判定崩塌剥离体或危岩的稳定性时，应对张裂缝进行监测。对可能造成较大危害的崩塌，应进行系统监测，并根据监测结果，对可能发生崩塌的时间、规模、塌落方向和途径、影响范围等做出预报。

(5) 对现采空区，应进行地表移动和建筑物变形的观测，并应符合下列规定：观测线宜平行和垂直矿层走向布置，其长度应超过移动盆地的范围；观测点的间距可根据开采深度确定，并大致相等；观测周期应根据地表变形速度和开采深度确定。

(6) 因城市或工业区抽水而引起区域性地面沉降，应进行区域性的地面沉降监测，监测要求和方法应按有关标准进行。

7.5.3 地下水的监测

地下水的监测是指对地下水的水位、水量、水质、水压、水温及流速、流向等，在自然或人为因素影响下随时间或空间的变化规律进行监测。尤其是地下水及孔隙水压力的动态观测，对于评价地基土承载力、评价水库渗漏和浸没、预测道路翻浆、论证建筑物地基稳定性以及研究水库地震等都有重要的实际意义。《岩土工程勘察规范》(GB 50021—2009)规定下列情况应进行地下水监测。

(1) 当地下水的升降影响岩土的稳定时。

(2) 当地下水上升对构筑物产生浮托力或对地下室和地下构筑物的防潮、防水产生较大影响时。

(3) 当施工排水对工程有较大影响时。

(4) 当施工或环境条件改变造成的孔隙水压力、地下水压的变化对岩土工程有较大影响时。

(5) 地下水位的下降造成区域性地面沉降时。

(6) 地下水位升降可能使岩土产生软化、湿陷、胀缩时。

(7) 需要进行污染物运移对环境影响的评价时。

地下水的动态监测可采用水井、地下水天然露头或钻孔、探井。孔隙水压力、地下水压的监测可采用测压计或钻孔测压仪。监测时应满足下列技术要求：

(1) 动态监测不应少于一个水文年，并宜每三天监测一次；雨天宜每天监测一次。

(2) 当孔隙水压力在施工期间发生变化影响建筑物的性能时，应在施工结束或孔隙水压力降到安全值后方可停止监测，对受地下水浮托力影响的工程，孔隙水压力的监测应进行至浮托力清除时为止。

监测成果应及时整理，并根据需要提出地下水位和降水量的动态变化曲线图、地下水压动态变化曲线图、不同时期的水位深度图、等水位线图、不同时期的有害化学成分的等值线图等资料，并分析地下水的危害因素，提出防治措施。

7.6 勘察资料的内业整理

工程地质勘察报告和图件是在工程地质调查与测绘、勘探、试验、监测等已获得的原始资料基础上，按照工程要求和分析问题的需要进行整理、统计、归纳、分析、评价，提出建议，形成文字报告并附各种图件的勘察技术文件。因此是工程地质勘察的最终成果，是设计部门进行设计的最重要的基础资料，它提供现场勘察得到的工程地质资料给建设单位、设计单位和施工单位使用，并作为存档文件长期保存。

勘察资料的内业整理一般是在现场勘察工作告一段落或整个勘察工作结束后进行。资料整理工作一般包括现场和室内试验数据的整理和统计、工程地质图件的编制以及工程地质报告书的编写。

1. 现场和室内试验数据的整理

在工程地质勘察过程中，各项勘察内容都有大量的地质资料和试验数据，这些数据一般都是离散的，需要对这些勘察数据进行整理和分析，才能更好地反映岩土体性质和地质特征的变化规律。

在分析岩土参数的可靠性和适用性时，应着重考虑以下因素：①取样方法和其他因素

(如取土器)对试验结果的影响；②采用的试验方法和取值标准；③不同测试方法(如室内试验与现场测试)所得结果的分析比较；④测试结果的离散程度；⑤测试方法与计算模型的配套性。

在对测试数据的可靠性作出分析评价的基础上，用统计方法整理和选择参数的代表性数值。一般情况下应提供：①岩土参数的平均值、标准差、变异系数、数据分布范围和数据的数量；②承载能力极限状态计算所需的岩土参数标准值，当设计规范另有专门规定的标准值取值方法时，可按有关规范执行。

2. 工程地质图件的编制

1）工程地质图的类型

工程地质图件的编制首先要明确工程的要求。工程建设的类型多种多样、规模大小不同，而同一工程在不同设计阶段对勘察工作的要求也不一致，所以工程地质图的内容、表达形式、编图原则及工程地质图的分类等很难求得统一。工程地质图按工程要求和内容，一般可分为如下类型。

(1) 工程地质勘察实际材料图：图中反映该工程场地勘察的实际工作，包括地质点、钻孔点、勘探坑洞、试验点及长期观测点等。从实际材料图上可得出勘察工作量、勘察点位置以及勘察工作布置的合理性等。

(2) 工程地质编录图：工程地质编录图是由一套图件构成，包括有钻孔柱状图、基坑编录图、平洞展示图及其他地质勘探和测绘点的编录。

(3) 工程地质分析图：图中突出反映一种或两种工程地质因素或岩土某一性质的指标的变化情况。例如，天然地基持力层的埋深和厚度等值线图；基岩埋深等深线及岩性变化图等。这种图所表示的内容多是对拟建工程具有决定性的意义，或为分析某一重大工程地质问题时必备的图件。

(4) 专门工程地质图：这是为勘察某一专门工程地质问题而编制的图件。图中突出反映与该工程地质问题有关的地质特征、空洞分布及其相互组合关系；评价与该地质问题有关的地质和力学数据等。如分析边坡稳定时突出边坡岩土体与结构面、地下水渗流特征的关系，以确定滑坡体的边界以及结构面组合和岩土体性能等的力学数据，从而编制边坡工程地质图件。

(5) 综合性工程地质图和分区图：综合性工程地质图也称为工程地质图。这类图是针对建筑类型把与之有关的地质条件和勘探试验成果综合地反映在图上，并对建筑场区的工程地质条件提出总的评价。此图可作为建筑物总体布置、设计方案与处理措施的基本依据，如图 7.12 所示。

综合性工程地质分区图是在综合性工程地质图的基础上，按建筑的适宜性和具体工程地质条件的相似性进行分区和分段。对各分区或分段还要系统地反映有关工程地质条件和分析工程地质问题最需要的资料，并附分区工程地质特征说明表。

2）工程地质图的内容

工程地质图的内容主要反映该地区的工程地质条件，按工程的特点和要求对该地区工程地质条件的综合表现进行分区和工程地质评价，一般工程地质图中反映的内容有以下几个方面。

(1) 地形地貌：地形地貌包括地形起伏变化、高程和相对高差；地面起伏情况，例如，冲沟的发育程度、形态、方向、密度、深度及宽度；场地范围、山坡形状、高度、陡

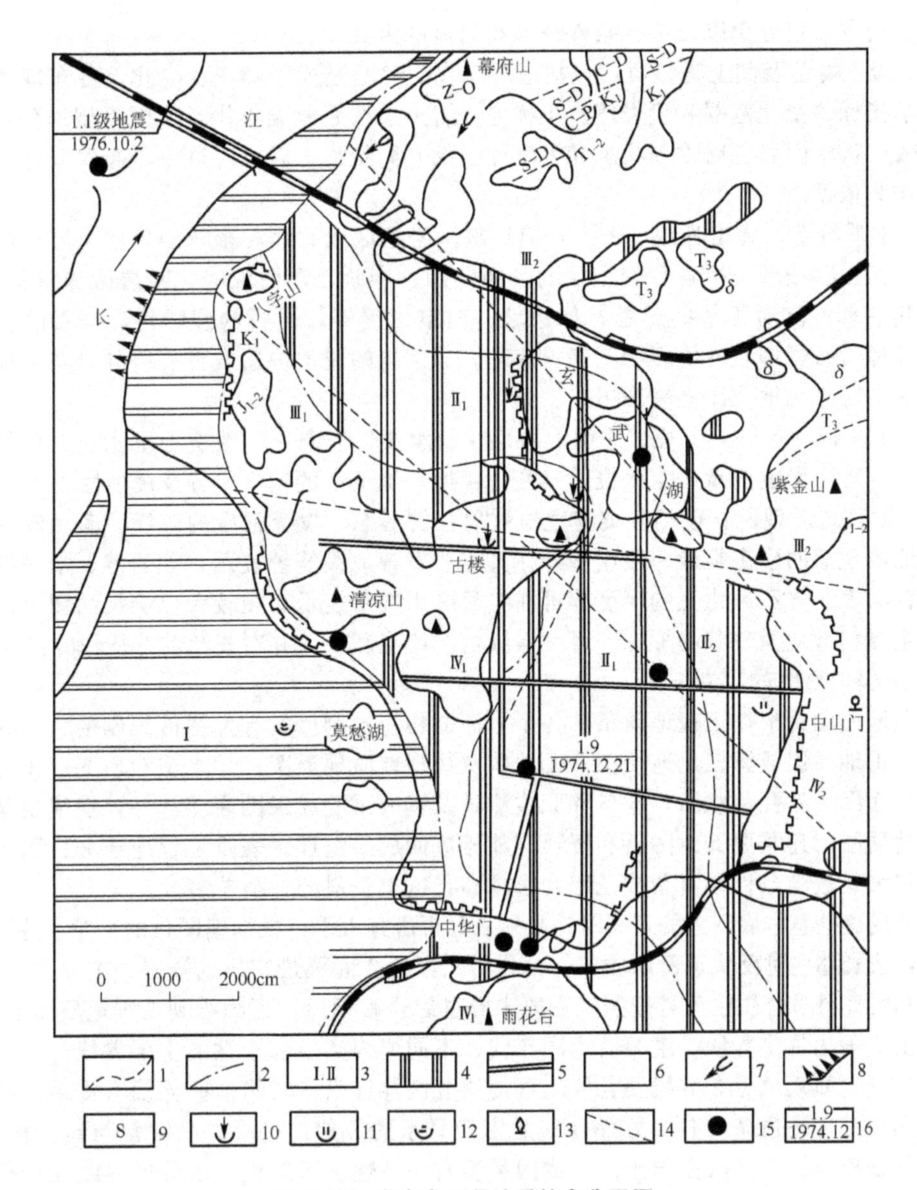

图 7.12 南京市工程地质综合分区图

1—地层界线；2—分区界线；3—分区代号；4—Q_h 多层结构；5—Q_h 双层结构；6—Q_h 单一结构；7—滑坡；8—坍岸；9—地层代号；10—地面沉降；11—地热异常点；12—高灵敏黏土；13—膨胀土；14—断层；15—微震中心；16—震级/发震时间

Ⅰ—长江漫滩；Ⅱ—古河道；$Ⅱ_1$—古河道；$Ⅱ_2$—古湖泊；Ⅲ—北盆地；$Ⅲ_1$—低岗阶地；$Ⅲ_2$—低山丘陵高阶地；Ⅳ—南盆地；$Ⅳ_1$—低岗坳沟低阶地；$Ⅳ_2$—丘陵高阶地

度及河流冲刷和阶地情况等。地形地貌条件对建筑场地或线路的选择、建筑物的布局和结构形式以及施工条件都有直接影响。合理利用地形地貌条件可以提高工程建设的经济效益，尤其是在规划阶段，比较不同方案时地形地貌条件往往成为首要因素。例如，地形起伏变化及沟谷发育情况等对道路和运河渠道等工程的选线及建(构)筑物布置常具有决定性意义；斜坡的高度和形状影响到挖方边坡的土方量和稳定性；建筑场地的平整程度对一般建筑物的挖方、填方量以及施工条件都具有明显的意义。

(2) 岩土类型及其工程性质：包括地层年代、地基土成因类型、变化、分布规律以及物理力学指标的变化范围和代表值。正确地将岩土层按照形成年代及成因类型划分，有助于找出较广范围内岩土层物理状态和力学性质的共同特征，以便在进一步布置取样及试验工作时作为依据。

(3) 地质构造：在工程地质图上，应反映基岩地区或有地震影响的松软土层地区的地质构造。其内容一般包括各种岩土层的分布范围、产状、褶曲轴线，断层破碎带的位置、类型及其活动性。对于某些工程，如边坡、洞室工程等，岩石的裂隙性、岩石的构造特征，如各种岩石劈理，变质岩的剥理、片理，岩浆岩的流动构造发育程度与分布方向等都应在有关专门工程地质图上表现出来。

(4) 水文地质条件：工程地质图上所反映的水文地质条件一般有地下水位，包括潜水水位及对工程有影响的承压水水位及其变化幅度；地下水的化学成分及侵蚀性。

(5) 物理地质现象：包括各类物理地质现象的形态、发育强度的等级及其活动性。各种物理地质现象的形态类型一般用符号在其主要发育地段笼统表示，如岩溶、滑坡等。冲沟的发育深度、岩石风化壳的厚度等可在符号旁用数字表示。在较大比例尺的图上对规模较大的主要物理地质现象的形态，可按实际情况绘在图上，并对其活动特征作专门说明。

3) 工程地质图的编制方法

工程地质图是根据工程地质条件各个方面的相应比例尺的有关图件编制的，这些基本图件为：①地质图或第四纪地质图；②地貌及物理地质现象图；③水文地质图；④各种工程地质剖面图、钻孔柱状图；⑤各种原位测试及室内试验成果图表。此外，在编制某些专门工程地质图时还需要其他图件和资料，如相应的成果整理图表及工程地质分析图，图的比例尺越大、场地条件越复杂或工程要求越高，这类资料的种类越多。

在使用这些基本底图上的资料时，必须从分析研究入手，根据编图目的，对这些资料加以选择，选取那些对反映工程地质条件、分析工程地质问题最有用的资料，突出主要特征。而且在利用资料时，往往还需按照工程要求经过综合整理后，再编绘到工程地质图上。

图上应画出许多界线，主要有不同年代、不同成因类型和土性的土层界线，地貌分区界线，物理地质现象分布界线及各级工程地质分区界线等。当然这些界线有许多是彼此重合的，因为工程地质条件各个方面往往是密切联系的。如：地貌界线常常与地质构造线、岩层界线是重合的，尤其是与土层的成因类型有一致性。而工程地质分区界线无论分区标志如何，都必须与其主要的工程地质条件密切相关，因此往往与这些界线也重合。所以，工程地质分区图上的界线，首先应保证分区界线能完整地表示出来。各种界线的绘制方法，一般是肯定者用实线，不肯定者用虚线绘制。工程地质分区的区级之间可用线的粗细来区别，由高级区向低级区的线条由粗变细。

除了分区界线以外，工程地质图上还可用各种花纹、线条、符号、代号分别来区分各种岩性，断层线，物理地质现象及坑孔、原位测试点、井、泉等，土的成因类型等，均可按照现行勘察规范统一图例绘制。另外，有时还可以用小柱状图表示一定深度范围内土层的变化，在小柱状图的左边用数字表明各土层的厚度或深度。

工程地质图上一般用颜色表示工程地质分区或岩性。图上的最大一级单元可用不同颜色表示，同一单元内的各区可用该单元颜色的不同色调相区别，再进一步的划分则可用同一色调的深浅表示。用工程地质评价分区时，一般用绿色表示建筑条件最好的区，用黄色表示差一些的区，而条件最差的区则用红色表示。有些线条、符号等也可用颜色表示，如活动的断层、活动性的冲沟、滑坡及最高洪水淹没界线等，可用红色符号表示。

复杂条件下的工程地质图所反映的内容是比较多的，有时虽经系统分析、选择，图面上的线条、符号仍会相当拥挤，因而必须注意恰当地利用色彩、各种花纹、线条、粗细界线、符号及代号等，妥善地加以安排，分出疏密浓淡，使工程地质图既能充分说明工程地质条件，又能清晰易读，整洁美观。

3. 工程地质报告书的编写

1）工程地质报告书

工程地质报告书是工程地质勘察的文字成果，报告书应该简明扼要，切合主题，所提出的论点应有充分的实际资料作为依据，并附有必要的插图、照片及表格，以助文字说明。复杂场地的大规模或重型工程的地质报告书，在内容结构上分为绪论部分、一般部分、专门部分和结论部分。

(1) 绪论部分：绪论部分主要是说明任务要求及勘察工程概况、拟建工程概况、采用的方法及取得的成果。勘察任务应以上级机关或设计、施工单位提交的任务书为依据。为了明确勘察的任务和意义，在绪论中应先说明建筑类型、拟定规模及其重要性、勘察阶段需要解决的问题等。

(2) 一般部分：一般部分阐述勘察场地的工程地质条件，对影响工程地质条件的因素，如地势、水文等也应作一般介绍。阐述的内容应能表明建筑地区工程地质条件的特征及一般规律。

(3) 专门部分：专门部分是整个报告书的中心内容，任务是结合具体工程要求对涉及的各种工程地质问题进行论证，并对任务书中所提出的要求和问题给予尽可能圆满的回答。包括勘察方法和勘察工作布置，场地地形、地貌、地层、地质构造、岩土性质、地下水、不良地质现象的描述与评价，场地稳定性与适宜性的评价，岩土参数的分析与选用，提出地基基础方案的建议，工程施工和使用期间可能发生的岩土工程问题的预测及监控、预防措施的建议。在论述时应当列举勘察所得的各种实际资料，进行必要的不同途径与方法的计算，在定性评价基础上作出定量评价。

(4) 结论部分：在上述各部分的基础上，对任务书中所提出的以及实际工作中所发现的各项工程地质问题作出简短明确的答案。因而内容必须明确具体，措词必须简练正确。此外，在结论中还应指出存在的问题及今后进一步研究方向的建议。

2）工程地质图及其他附件

工程地质报告书应附有各种工程地质图。如前所述，工程地质图是由一套图件组成的，平面图是最重要的。但是，没有必要的附件，平面图将不易了解，也不能充分反映工程地质条件。这些附件主要有：

(1) 勘探点平面位置图(图7.13)：勘探点平面布置图是在建筑场地地形图上，把建筑物的位置、各类勘探及测试点的位置、编号用不同的图例表示出来，并注明各勘探、测试点的标高、深度、剖面线及其编号等。

(2) 钻孔柱状图（图7.14）：钻孔柱状图是根据钻孔的现场记录整理出来的。记录中除注明钻进的工具、方法和具体事项外，其主要内容是关于地基土层的分布（如层面深度、分层厚度）和地层的名称及特征的描述。绘制柱状图时，应从上而下对地层进行编号

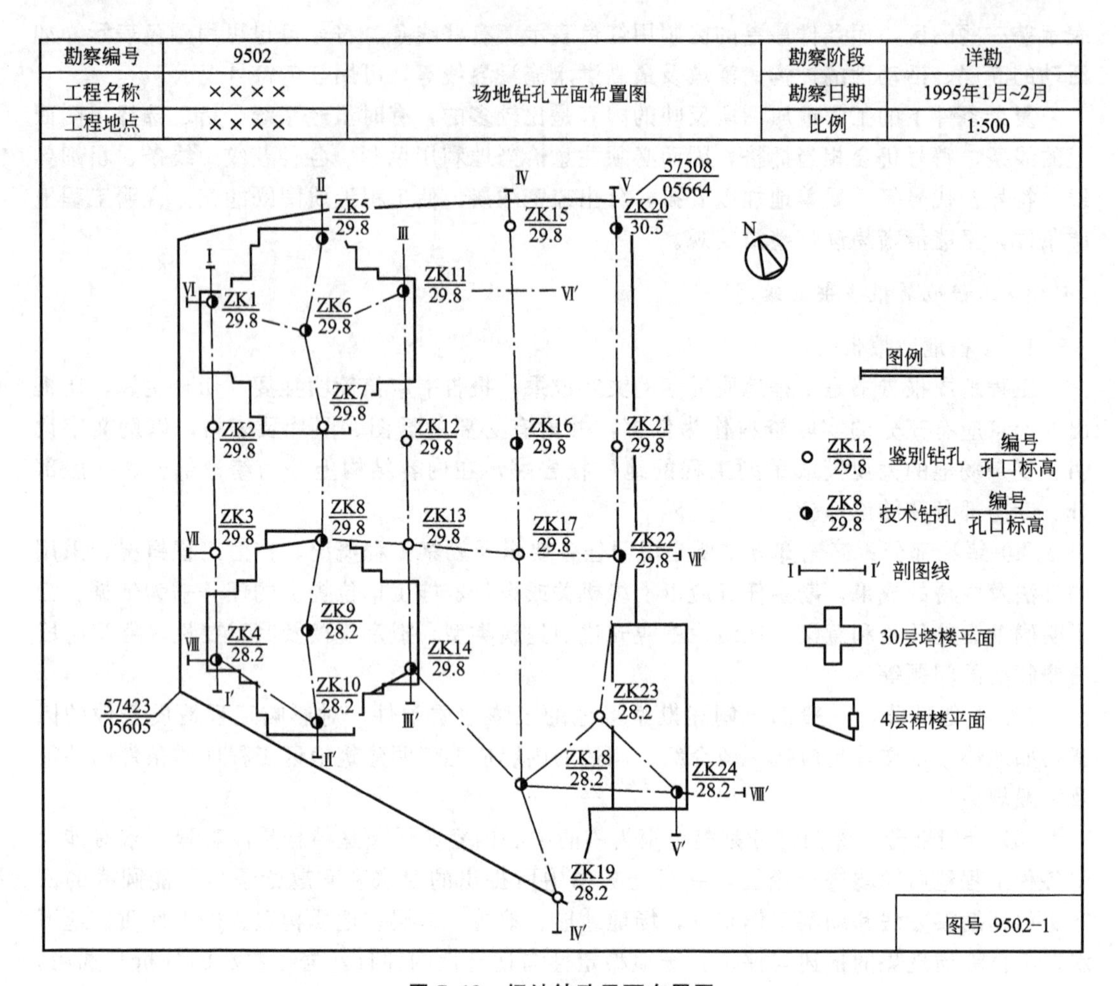

图 7.13　场地钻孔平面布置图

和描述，并用一定的比例尺、图例和符号表示。在柱状图中还应标出取土深度、地下水位高度等资料。

(3) 工程地质剖面图（图 7.15）：柱状图只反映场地一勘探点处地层的竖向分布情况，工程地质剖面图则反映某一勘探线上地层沿竖向和水平向的分布情况。由于勘探线的布置常与主要地貌单元或地质构造轴线垂直，或与建筑物的轴线相一致，故工程地质剖面图能最有效地表示场地工程地质条件。

工程地质剖面图绘制时，首先将勘探线的地形剖面线画出，标出勘探线上各钻孔中的地层层面，然后在钻孔的两侧分别标出层面的高程和深度，再将相邻钻孔中相同土层分界点以直线相连。当某地层在邻近钻孔中缺失时，该层可假定于相邻两孔中间尖灭。剖面图中的垂直距离和水平距离可采用不同的比例尺。在柱状图和剖面图上也可同时附上土的主要物理力学性质指标及某些试验曲线，如静力触探、动力触探或标准贯入试验曲线等。

(4) 综合地层柱状图：为了简明扼要地表示所勘察地层的层序及其主要特征和性质，可将该区地层按新老次序自上而下以 1∶50～1∶200 的比例绘成柱状图。图上注明层厚、地质年代，并对岩石或土的特征和性质进行概况性的描述。这种图件称为综合地层柱状图。

勘察编号	9502	钻孔柱状图	孔口标高	29.8m
工程名称	××××		地下水位	27.6m
钻孔编号	ZK1		钻探日期	1995年2月7日

地质代号	层底标高/m	层底深度/m	分层厚度/m	层序号	地质柱状1:200	岩芯采取率/%	工程地质简述	标贯$N_{63.5}$ 深度/m	标贯$N_{63.5}$ 实际击数/校正击数	岩土样 编号/深度/m	备注
Q^{ml}		3.0	3.0	①		75	填土: 杂色、松散、内有碎砖瓦片、混凝土块、粗砂及黏性土, 钻进时常遇混凝土板				
		10.7	7.7	②	●	90	黏土: 黄褐色, 冲积、可塑、具黏滑感, 顶部为灰黑色耕作层, 底部土中含较多粗颗粒	10.85~11.15	31/25.7	ZK1-1/10.5–10.7	
Q^{el}		14.3	3.6	④	▲	70	砾石: 土黄色, 冲积、松散–稍密, 上部以砾、砂为主, 含泥量较大, 下部颗粒变粗, 含砾石、卵石, 粒径一般2~5cm, 个别达7～9cm, 磨圆度好				
Q^{el}		27.3	13.0	⑤	● ▲	85	砂质黏性土: 黄褐色带白色斑点, 残积, 为花岗岩风化产物, 硬塑–坚硬, 土中含较多粗石英粒, 局部为砾质黏土	20.55~20.85	42/29.8	ZK1-2/20.2–20.4	
γ_5^3		32.4	5.1	⑥	■	80	花岗岩: 灰白色 肉红色, 粗粒结晶, 中–微风化, 岩质坚硬, 性脆, 可见矿物成分有长石、石英、角闪石、云母等。岩芯呈柱状			ZK1-3/31.2–31.3	
										图号 9502-7	

▲ 标贯位置　　■ 岩样位置　　● 土样位置

拟编:　　　　审核:

图 7.14　钻孔柱状图

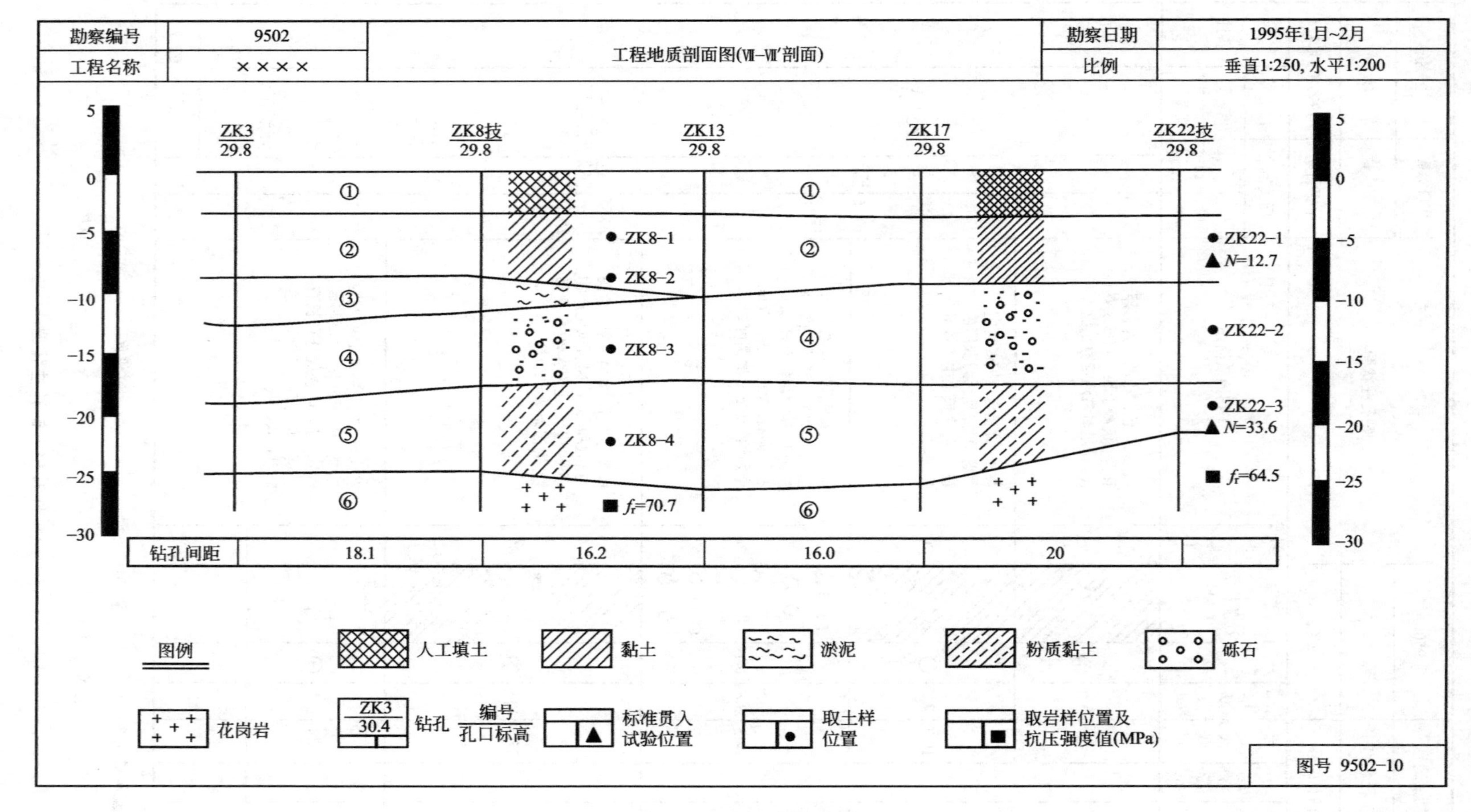

图 7.15 工程地质剖面图

(5) 土工试验成果汇总表：土的物理力学性质指标是地基基础设计的重要依据。将土样室内试验成果及相关原位测试成果归纳汇总，列表即为土工试验成果汇总表。

(6) 其他专门图件：对于特殊性岩土、特殊地质条件及专门性工程，根据各自的特殊需要，绘制相应的专门图件。

知识链接

隧道施工地质预报物探法

隧道工程是隐蔽性极大的工程，客观上地质条件的复杂多变和施工中对长期处于平衡的山体、水体的破坏，常常造成隧道围岩失稳失衡，而产生不可预知的坍塌、突水等地质灾害，再加之工程地质勘察受勘察精度、勘察周期、勘察经费等因素限制，施工前的工程地质勘察只能是宏观的地质信息的粗糙反映。设想一次性查清工程岩体的状态和特性，预报出可能发生地质灾害的不良地质体具体位置和规模，将十分困难。根据国外有关资料统计，除10%的隧道设计精度较高外，有90%的隧道设计与实际施工的地质条件不符或严重不符。例如美国坷拉拉多隧道，隧道施工中遇到的大小断层和节理比地面测绘时所标出的数量多出91%；又如西班牙Talave隧道，地面测绘标出17条断层，无断层糜棱岩，施工开挖出69条断层，断层糜棱岩宽度达567m。我国铁路长大和深埋的复杂地质条件隧道，增加了“加深地质工作”勘测阶段，使工程地质勘察的精度大大提高。但大秦线军都山隧道、京广复线大瑶山隧道、宜万线马鹿箐隧道等，都出现过多处设计与施工地质条件严重不符现象，发生了突泥、漏水、坍方等重大地质灾害，造成停工、人员伤亡、加大投资、延误工期等事故，因此必须对传统的隧道工程地质预报方法进行改进。

传统地质预报方法指地质法，是一种直接观测方法，常用方法有：掌子面地质编录法、掌子面水平钻探法、掌子面超深风钻法和超前平行导洞法。地质法预报虽然资料直观，但成本高、预报周期长，影响施工进度。采用物探法进行全面跟踪预报，对异常地段再施加地质法预报，是合理的预报模式。1990年铁道部部级科研项目“隧道开挖工作面前方不良地质预报”立项，开创了铁路系统用物探法进行隧道地质预报研究的先河。隧道施工地质预报物探法，是一种无损的间接预报方法，铁路系统所指的地质预报在习惯上是指物探法，主要应用的方法有：弹性波系列的地震反射法、瑞雷波法、声波反射法、直达声波法；电磁法系列有地质雷达法、瞬变电磁法。

长梁山隧道是我国继大瑶山隧道之后修建的第二长双线隧道，全长12.78km。隧道最大埋深360m。该隧道洞身全部穿行于二叠系、三叠系地层。岩性比较单一，大部分为长石石英砂岩和长石砂岩，夹有部分泥岩、页岩等泥质岩层，岩层以泥质、钙质胶结为主。该区域内断裂构造比较发育，以规模大小不等的正断层居多，走向为北东向和近北东向，断层倾角60°～80°，与线路夹角50°～70°，大致平行排列。在该隧道施工中，尝试采用了地质预报物探法进行工程地质勘察。除其他方法外，采用反射波法共进行超前预报44次，其中针对有可能发生塌方、涌水的断层等重点部位预报16次，常规预报28次。预报中采用综合方法分析，准确率达到了90%以上，取得了非常良好的效果，保证了长梁山隧道的顺利完工，也使我国隧道超前地质预报技术上了一个新台阶。

(资料来源：薄会申，方青利. 铁路隧道施工地质预报物探法[J]. 铁道建筑技术，2008，增刊.)

本章小结

工程地质勘察是工程建设之前首先开展的基础性工作，为了给各设计阶段提供所需的工程地质资料，勘察工作一般可划分为可行性研究勘察(选址勘察)、初步勘察和详细勘察三个阶段。各个勘察阶段具有不同的任务和要求。

工程地质勘察的基本方法主要有现场测绘和调查、勘探、现场原位测试、现场检验与监测等。工程地质测绘是最基本的勘察方法，主要有相片成图法和实地测绘法两类方法，其中实地测绘法又分成路线法、布点法和追索法三种。工程地质勘探是探明深部地质情况的一种可靠方法，一般在工程地质测绘的基础上进行，它可以直接或间接深入地下岩土层取得所需要的工程地质资料。勘探的方法主要有钻探、井探、槽探和地球物理勘探等。现场原位测试是在工程地质勘察现场，在不扰动或基本不扰动地层的情况下对岩土体进行测试，以获得所测岩土体的物理力学性质指标及划分地层的一种勘察方法。土体原位测试的方法很多，本书主要介绍了静力载荷试验、静力触探试验、圆锥动力触探试验、标准贯入试验和十字板剪切试验。现场检验与监测工作一般在勘察和施工期进行。对有特殊要求的工程，则应在使用、运营期间内继续进行。主要包括地基基础的检验和监测、不良地质作用和地质灾害的监测及地下水的监测三个方面工作内容。

勘察资料的内业整理一般是在现场勘察工作告一段落或整个勘察工作结束后进行。资料整理工作一般包括现场和室内试验数据的整理和统计、工程地质图件的编制以及工程地质报告书的编写。工程地质图是综合反映场地工程地质条件并给予综合评价的图面资料。它与岩土工程勘察报告书一起，作为岩土工程勘察的总结性文件，提供规划、设计或施工使用。

思考题

1. 工程地质勘察可分哪几个阶段？每个阶段的工作要求如何？
2. 工程地质测绘的方法主要有哪几类？
3. 钻探的目的是什么？钻探方法有哪几种？
4. 简述电法勘探的基本原理和方法。
5. 简述静力载荷试验的试验成果及其应用。
6. 圆锥动力触探与标准贯入试验有哪些异同点？
7. 确定地基承载力的方法有哪几种？
8. 现场检验与监测主要包括哪些工作？
9. 工程地质勘察报告主要包括哪些内容？

附录
工程地质勘察报告的阅读

(1) 目的：通过阅读工程地质勘察报告实例，熟悉和了解工作过程和主要成果。

(2) 要求：由学生自学、教师提问的方式熟悉工程地质勘察报告的主要内容。

工程地质勘察报告实例：

某校学生浴室工程地质勘察报告书

附图表：

(1) 勘探点平面布置图，1张（见附图1）

(2) 工程地质剖面图，3张（见附图2～附图4）

(3) 土工试验成果表，1页（本书略）

1 前言

1.1 工程概况

某大学拟在该校园内建一栋二层学生浴室及一层的锅炉房，为框架结构，建筑占地面积1200m^2。某建筑设计院受业主的委托，承担该工程详细勘察工作。

拟建的学生浴室为二层框架结构。根据国家标准《岩土工程勘察规范》(GB 50021—2009)中第2.1.2条～第2.1.5条，其工程安全等级、场地等级、地基等级均为二级，因此，本次岩土工程勘察等级为乙级。根据国家标准《建筑抗震设计规范》(GB 50011—2010)中第4.1.3条，其抗震设防类别为丙类。

1.2 勘察目的及要求

1.2.1 勘察目的

查清拟建场地内的岩土工程条件，为拟建建筑物选定合适的基础持力层，对其承载力作出评价，选定合理的基础形式，为地基基础设计提供可靠的岩土物理力学指标参数。

1.2.2 任务与要求

(1) 查明拟建场地内的地形、地貌、地层结构、各层地基土的分布及其变化情况。

(2) 查明拟建场地内有无影响建筑物稳定的不良地质现象。

(3) 查明拟建场地的场地土类型和建筑场地类别。

(4) 查明地下水埋藏情况、类型和水位变化幅度及规律，以及对建筑材料的腐蚀性。

(5) 提供各层地基土的物理力学性质指标、地基承载力及变形计算参数。

(6) 根据拟建场地内地基土的工程性能和拟建建筑物的特征，提出经济合理的地基基础方案设计建议。

1.3 勘察依据

该工程的勘察工作按业主提供的1∶500总平面图设计工作量，根据设计院提出的工程地质勘察技术要求，严格执行以下有关的国家规范及规程。

(1)《岩土工程勘察规范》(GB 50021—2009)。

(2)《建筑地基基础设计规范》(GB 50007—2011)。

(3)《建筑抗震设计规范》(GB 50011—2010)。

(4)《建筑桩基技术规范》(JGJ 94—2008)。

(5)《土工试验方法标准》(GB/T 50123—1999)。

(6)《建筑工程地质钻探技术标准》(JGJ/T 87—2012)。

1.4 勘察方法及完成的工作量

本次勘察依据国家现行有关规范及规程，主要采用钻探取样室内试验、静力触探及标准贯入试验相结合的方法进行。勘探点的布设结合拟建建筑物的特点，沿建筑物的角点及边轴线布设、勘探点的位置及高程由测绘人员测量定位。

现场勘察工作于2012年1月16日至19日进行，施工钻孔6个，钻探累计进尺114.8m，取原状土样25件，扰动土样12件；进行标准贯入试验45次，施工静力触探孔6个，累计进尺105.8m。勘探孔深度、取土样及原位测试点的位置详见工程地质剖面图，如附图1～附图4所示。

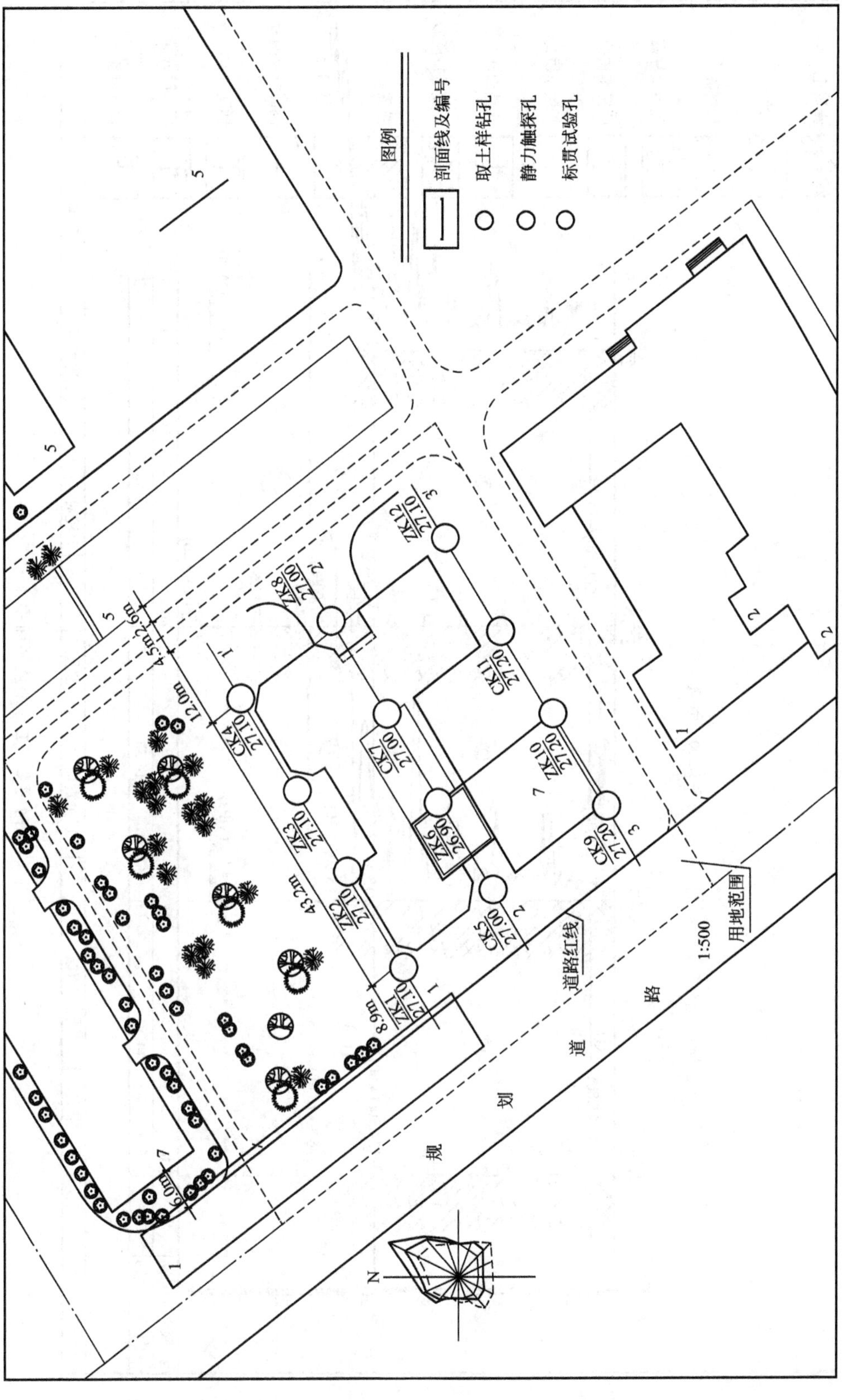

图例

剖面线及编号

取土样钻孔

静力触探孔

标贯试验孔

规划道路

道路红线

用地范围

1:500

附图1 勘探孔平面布置图

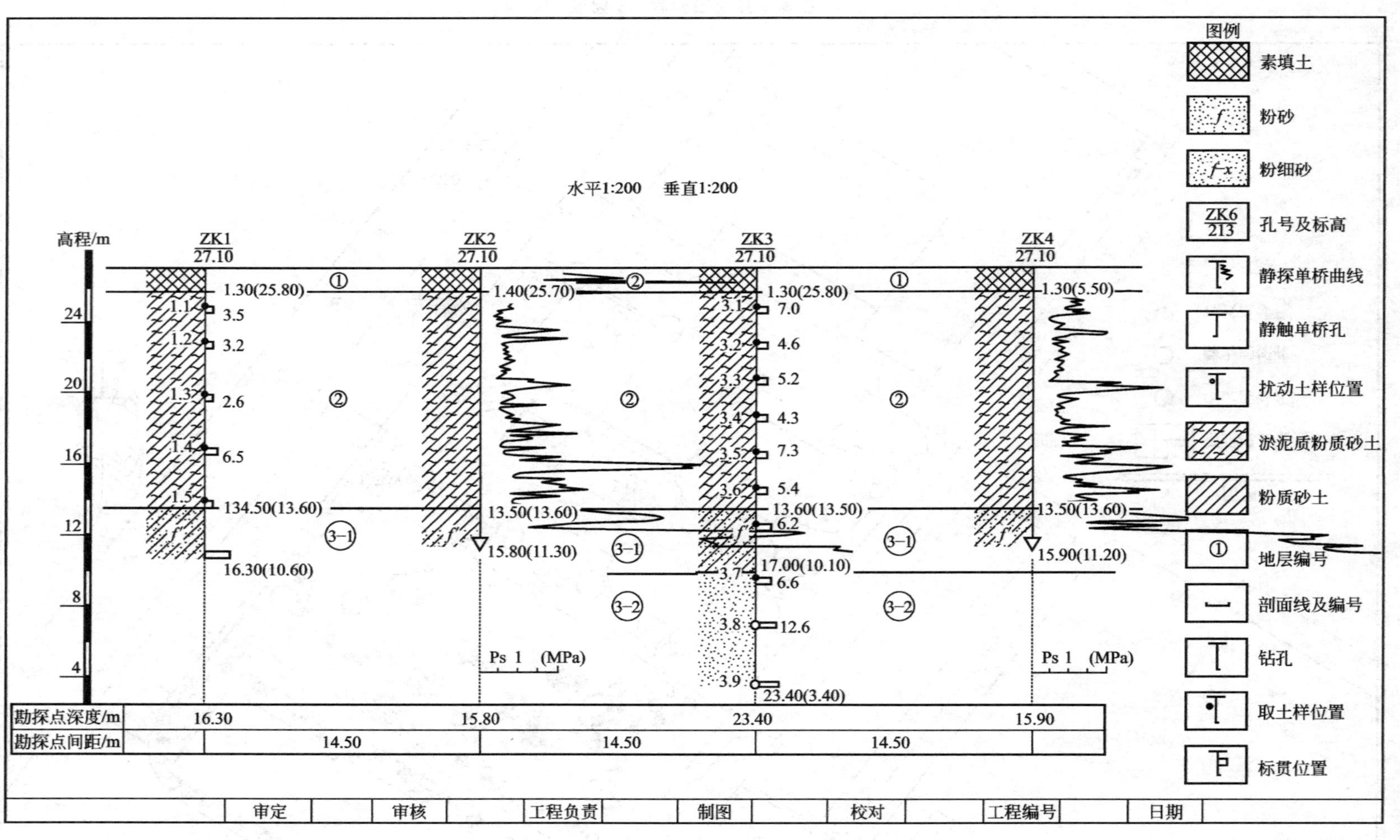

附图2 工程地质剖面图1-1′

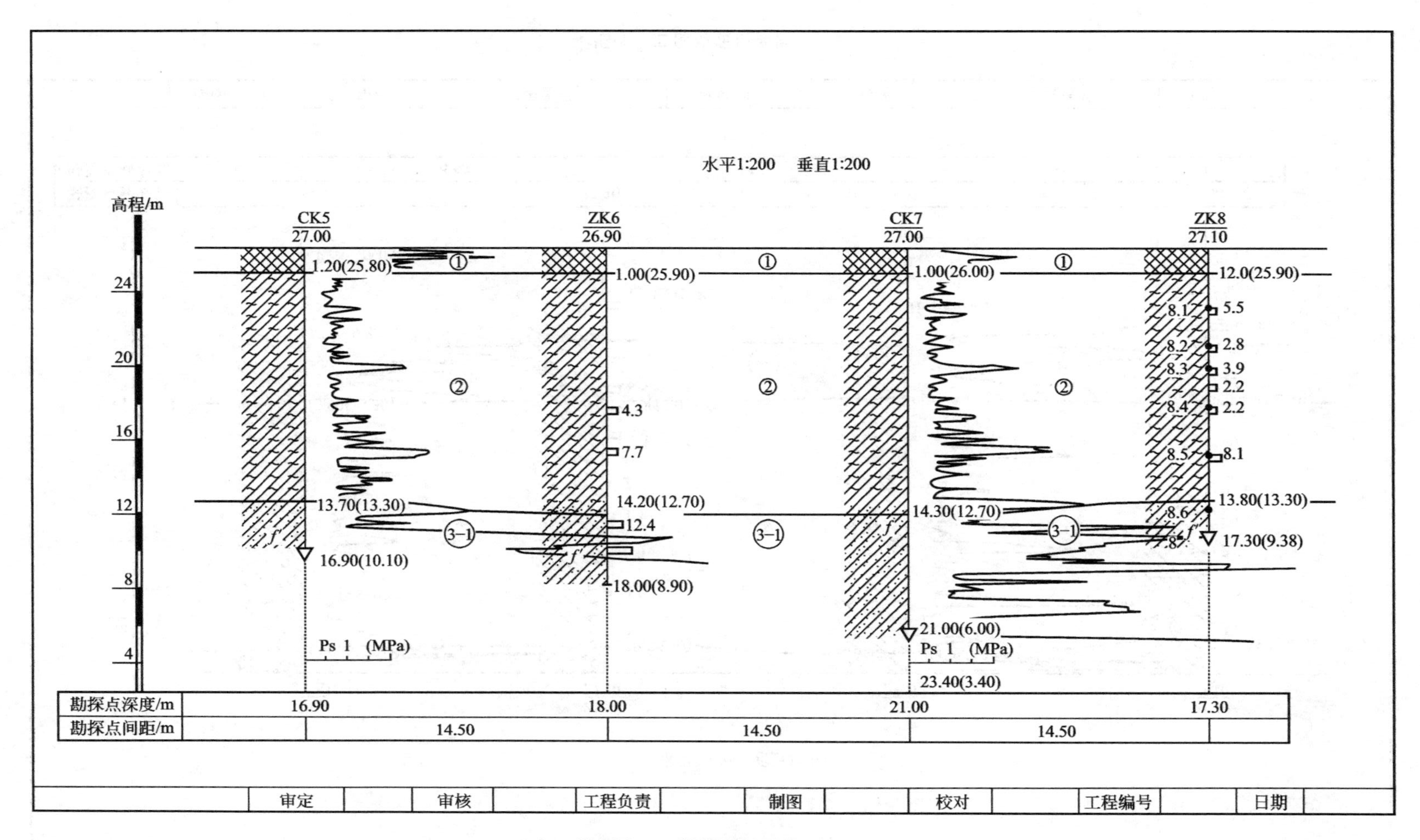

附图3　工程地质剖面图2－2'

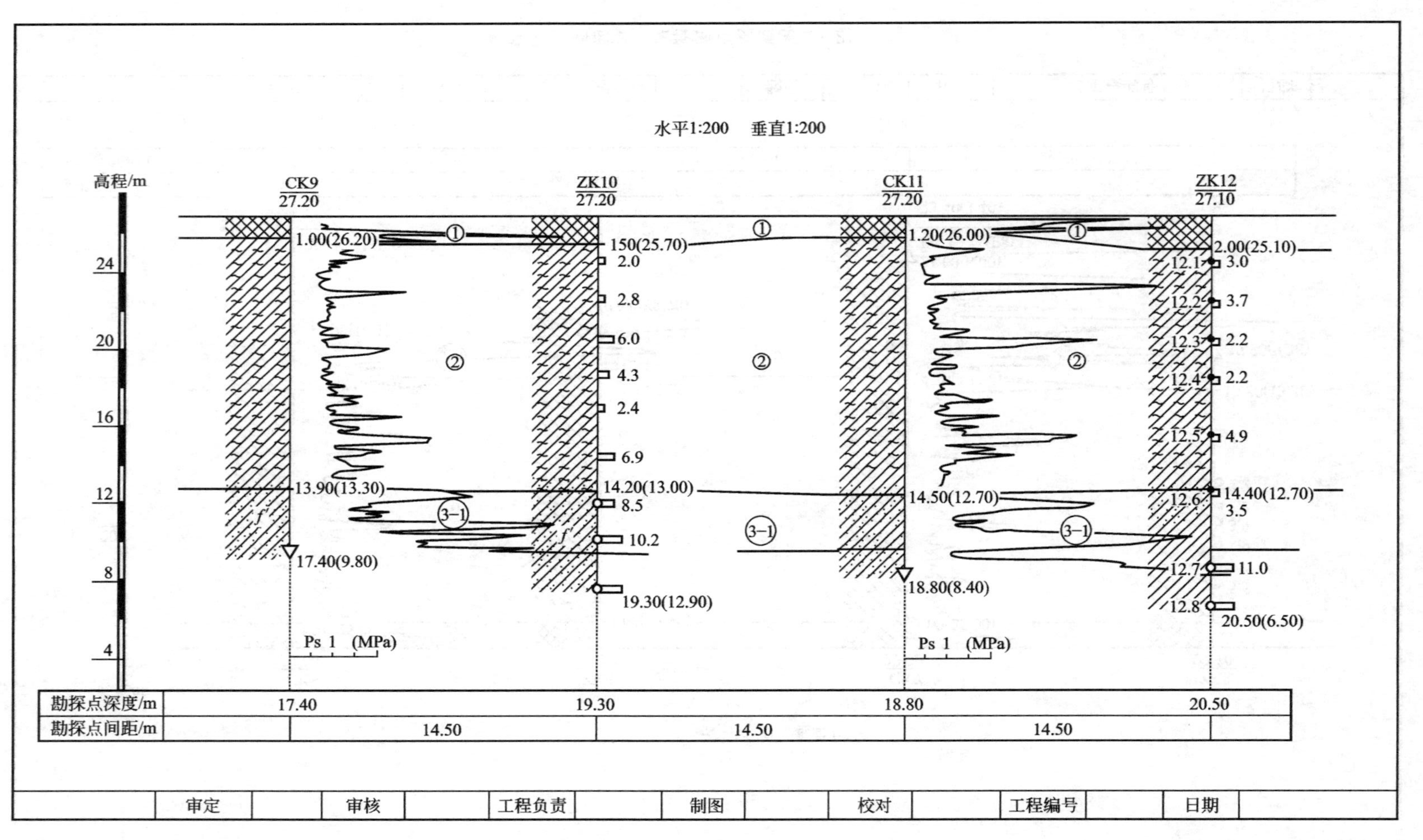

附图 4　工程地质剖面图 3－3′

2 场地岩土工程地质条件

2.1 地形、地貌

拟建场地位于武汉市青山区和平大道与建设一路交汇处，建设一路西侧，地势平坦，场地地貌单元属于长江Ⅰ级冲积堆积阶地。

2.2 场区岩土的构成与特征

据钻探揭露，场区在勘察深度范围内赋存的地层主要为第四系全新统冲积成因的黏土层及砂性土层，其岩土工程特征自上而下分述如下。

(1) ①层素填土(Q^{ml})。主要为褐黄色粉质黏土或粉土，含少量碎石、砖块及植物根须，潮湿、结构松散，层厚 1.0～2.0m，局部硬杂质含量较多。

(2) ②层淤泥质粉质黏土(Q_4^{al})。灰褐、褐灰色，软-流塑状态，局部可塑状态，略具腥臭味，含少量云母片及有机质，具水平微层理，层厚 12.1～13.3m，层顶埋深 1.0～2.0m。承载力特征值 f_{ak}=90kPa，压缩模量 E_s=4.1MPa，为高压缩性土。

(3) ③-1 层粉砂、粉质黏土互层(Q_4^{al})。粉砂为青灰色，饱和，稍密状态；粉质黏土为褐灰色，可塑状态，含少量云母片及有机质，偶夹薄层粉土。层厚 3.4～7.0m，层顶埋深 13.5～14.5m。承载力特征值 f_{ak}=120kPa，压缩模量 E_s=5.0MPa，为中等偏高压缩性土。

(4) ③-2 层粗细砂(Q_4^{al})。主要为青灰色石英砂，饱和，中密状态，含少量云母片、长石类及暗色矿物。揭露层厚约 6.0m，层顶埋深约 17.0m，仅少量钻孔揭露至该层。

2.3 场区地下水条件

场地地下水类型有赋存于土壤中孔隙潜水，及赋存于砂性土层的微承压水，其补充来源主要为大气降水及排污沟中的生活污水，并与长江水系有密切的水力联系。地下水静止混合水位约 0.4m，并随季节、气候及长江水位的变化而改变。据邻近场地地下水水质资料分析，该场地地下水对混凝土不具侵蚀性。

2.4 场地地层的地震效应

2.4.1 地震烈度

根据国家标准《建筑抗震设计规范》(GB 50011—2010) 附录 A，武汉市抗震设防烈度为Ⅵ度，根据《武汉市建设工程抗震设防管理实施细则》，拟建建筑物的抗震设防烈度为Ⅵ度。

2.4.2 场地土类型和建筑场地类别

根据武汉市统计的相关土层的剪切波速资料，以 CKZ 孔所示地层为例，估算本场地地面以下 15m 深度范围内土层的剪切波速加权平均值 v_{sm}=125m/s，结合场地覆盖层厚度 d_{ov}满足 9m≤d_{ov}≤80m 的条件，本场地土划分为软弱场地土类型，建筑场地类别为Ⅲ类。

2.4.3　地基土液化判定

根据国家标准《建筑抗震设计规范》(GB 50011—2010)第4.3.1条，丙类建筑在抗震设防烈度为Ⅵ度时，饱和粉土及饱和砂土可不进行液化判定和处理。

3　岩土参数的统计、分析和选用

3.1　岩土的物理力学性质指标

本次勘察主要采用钻探取样、室内试验及各种原位测试相结合的方法分别进行，以获取场地土的物理力学性质指标，各项试验指标分别统计列表如附表1～附表4所示。

附表1　土的物理力学性质分层统计表

层号	土名	统计项目	含水量/%	容重/(kN/m³)	孔隙比	液限/%	塑性指数	液性指数	压缩系数/MPa⁻¹	压缩模量/MPa	凝聚力/kPa	内摩擦角/(°)
②	淤泥质粉质黏土	n	17	17	17	17	17	17	17	17	16	16
		max	38.3	1.98	1.08	39.1	16.3	1.36	0.94	6.2	30.5	16.5
		min	27.6	1.80	0.74	32.8	11.8	0.39	0.28	2.2	5.0	1.0
		μ	32.8	1.88	0.92	36.4	14.4	0.75	0.53	4.10	16.3	10.4
		σ	3.54	0.061	0.112	1.78	1.53	0.323	0.213	1.30	7.92	4.96
		δ	0.11	0.033	0.122	0.05	0.11	0.431	0.401	0.32	0.49	0.48

附表2　静力触探试验分层统计表

地层编号	岩土名称	统计数 n	基本值			标准差 σ	变异系数 δ	修正系数 γ_s	标准值 P_s/MPa
			max	min	μ				
②	淤泥质粉质黏土	6	0.7	0.6	0.65	0.055	0.084	0.948	0.62
③-1	粉质黏土	6	1.3	0.9	1.07	0.137	0.128	0.921	0.98
	粉砂	6	3.4	3.2	3.32	0.075	0.023	0.981	3.2

附表3　标准贯入试验分层统计表

地层编号	岩土名称	统计数 n	基本值			标准差 σ	变异系数 δ	修正系数 γ_s	标准值 N/击
			max	min	μ				
②	淤泥质粉质黏土	3	7.3	2.0	4.16	1.605	0.386	0.881	3.7
③-1	粉质黏土	3	8.5	6.2	7.47	1.168	0.156	0.898	6.7
	粉砂	7	17.5	10.2	13.16	2.508	0.191	0.859	11.3

附表 4 地基承载力建议值表

地层编号	岩土名称	土工试验		静力触探试验		标准贯入试验		建议值	
		f_{ak}/kPa	E_s/MPa	f_{ak}/kPa	E_s/MPa	f_{ak}/kPa	E_s/MPa	f_{ak}/kPa	E_s/MPa
②	淤泥质粉质黏土	138	4.1	82	3.3	114	5.7	90	4.1
③-1	粉质黏土			118	4.6	180	8.7	120	5.0
	粉砂			116	9.2	150	11.5	120	9.2

3.2 地基土承载力特征值的综合确定

地基土承载力特征值由室内土工试验、现场原位测试结果，经统计修正后综合确定，取值详见附表 4。

4 岩土分析与评价

(1) ①层素填土，厚度小，承载力低，不可作为拟建建筑物的基础持力层。

(2) ②层淤泥质粉质黏土，厚度大，承载力低，压缩性高，仅可作为低层建筑物基础的持力层。

(3) ③层粉质黏土，粉砂互层，厚度及承载力一般，可作为多层建筑物的桩基础持力层。

5 结论与建议

(1) 拟建场地地形平坦，地貌单一，整个场地是稳定的，适宜拟建(构)筑物的建设。

(2) 拟建建筑物只有两层、荷重较小，建议采用天然地基上的浅基础，以②层淤泥质粉质黏土为持力层，钢筋混凝土条形基础比较适宜。

(3) 也可将②层淤泥质粉质黏土进行地基处理，形成复合地基。根据场地条件可采用粉喷桩复合地基，选择③-1 层作为桩端持力层。

(4) 场地内的地下水对混凝土无腐蚀性，对钢结构具有弱腐蚀性。

(5) 拟建建筑物地震烈度Ⅵ度设防。可不考虑地震液化对拟建建筑物的影响。

参考文献

[1] 中华人民共和国国家标准. 建筑地基处理技术规范（JGJ 79—2012）[S]. 北京：中国建筑工业出版社，2012.

[2] 中华人民共和国国家标准. 公路钢筋混凝土及预应力混凝土桥涵设计规范（JTG D62—2004）[S]. 北京：人民交通出版社，2001.

[3] 中华人民共和国国家标准. 岩土工程勘察规范（GB 50021—2009）[S]. 北京：中国建筑工业出版社，2009.

[4] 中华人民共和国国家标准. 建筑抗震设计规范（GB 50011—2010）[S]. 北京：中国建筑工业出版社，2010.

[5] 李隽蓬，谢强. 土木工程地质 [M]. 成都：西南交通大学出版社，2001.

[6] 钱让请. 公路工程地质 [M]. 合肥：中国科学技术大学出版社，2003.

[7] 胡厚田. 土木工程地质 [M]. 北京：高等教育出版社，2001.

[8] 朱济祥. 土木工程地质 [M]. 天津：天津大学出版社，2007.

[9] 孙家齐，陈新民. 工程地质 [M]. 3版. 武汉：武汉理工大学出版社，2008.

[10] 戴文亭. 土木工程地质 [M]. 武汉：华中科技大学出版社，2008.

[11] 何培玲，张婷. 工程地质 [M]. 北京：北京大学出版社，2006.

[12] 侯朝霞，刘中欣，武春龙. 特殊土地基 [M]. 北京：中国建材工业出版社，2007.

[13] 王贵荣. 岩土工程勘察 [M]. 西安：西北工业大学出版社，2007.

[14] 周德荣. 岩土工程勘察技术与应用 [M]. 北京：人民交通出版社，2008.

[15] 李智毅，唐辉明. 岩土工程勘察 [M]. 武汉：中国地质大学出版社，2000.

[16] 高金川，杜广印. 岩土工程勘察与评价 [M]. 武汉：中国地质大学出版社，2003.

[17] 全国公路工程地质科技情报网，河南省交通规划勘察设计院. 公路工程地质勘探实用技术 [M]. 北京：人民交通出版社，2004.

[18] 罗国煜，王培清. 岩坡优势面分析理论与方法 [M]. 北京：地质出版社，1992.

[19] 刘松玉，罗国煜. 城市区域稳定性研究模型与综合评价 [M]. 南京：东南大学出版社，1992.

[20] 胡广韬，杨文远. 工程地质学 [M]. 北京：地质出版社，1983.

[21] 李治平. 工程地质学 [M]. 北京：人民交通出版社，2002.

[22] 郭抗美，王健. 土木工程地质 [M]. 北京：机械工业出版社，2005.

[23] 赵树德，廖红建. 高等工程地质学 [M]. 北京：机械工业出版社，2005.

北京大学出版社本科土木建筑系列教材(已出版)

序号	书　　名	书　号	作　者	定价	出版时间	配套资源
专业技术相关基础						
1	土木工程概论	978-7-301-20651-5	邓友生	34.00	2012	ppt/pdf
2	土木工程制图	978-7-301-15645-2	张会平	34.00	2009	ppt/pdf
3	土木工程制图习题集	978-7-301-15587-5	张会平	22.00	2009	ppt/pdf
4	土建工程制图	978-7-301-18114-0	张黎骅	29.00	2010	ppt/pdf
5	土建工程制图习题集	978-7-301-18031-0	张黎骅	26.00	2010	ppt/pdf
6	土木工程测量（第2版）	978-7-301-19723-3	陈久强　刘文生	40.00	2011	ppt/pdf
7	房地产测量	978-7-301-22538-7	魏德宏	28.00	2013	ppt/pdf
8	土木工程材料（新规范）	978-7-301-16792-2	赵志曼	39.00	2012	ppt/pdf
9	土木工程材料	978-7-301-15653-7	王春阳　裴　锐	40.00	2009	ppt/pdf
10	土木工程材料（第2版）（新规范）	978-7-301-17471-5	柯国军	45.00	2012	ppt/pdf
11	土木工程专业英语	978-7-301-16074-9	霍俊芳　姜丽云	35.00	2010	ppt/pdf
12	房屋建筑学（第2版）（新规范）	978-7-301-19807-0	聂洪达　郄恩田	48.00	2011	ppt/pdf
13	房屋建筑学(上：民用建筑)	978-7-301-14882-2	钱　坤　王若竹	32.00	2009	ppt/pdf
14	房屋建筑学(下：工业建筑)	978-7-301-15646-9	钱　坤　吴　歌	26.00	2009	ppt/pdf
15	工程地质（第2版）（新规范）	978-7-301-22726-8	倪宏革　周建波	30.00	2013	ppt/pdf
16	工程地质（第2版）（新规范）	978-7-301-19881-0	何培玲　张　婷	26.00	2012	ppt/pdf
17	土木工程结构试验（新规范）	978-7-301-20631-7	叶成杰	39.00	2012	ppt/pdf
18	建设工程监理概论(第2版)	978-7-301-15576-9	巩天真　张泽平	30.00	2009	ppt/pdf
19	建筑设备（第2版）	978-7-301-17847-8	刘源全　刘卫斌	46.00	2011	ppt/pdf
20	土木工程试验	978-7-301-22063-4	王吉民	34.00	2013	ppt/pdf
力学原理与方法						
序号	书　　名	书　号	作　者	定价	出版时间	配套资源
1	理论力学（第2版）	978-7-301-19845-2	张俊彦　黄宁宁	40.00	2011	ppt/pdf
2	材料力学	978-7-301-10485-9	金康宁　谢群丹	27.00	2007	ppt/pdf
3	材料力学	978-7-301-19114-9	章宝华	36.00	2011	ppt/pdf
4	结构力学	978-7-301-20284-5	边亚东	42.00	2012	ppt/pdf
5	结构力学简明教程	978-7-301-10520-7	张系斌	20.00	2007	ppt/pdf
6	结构力学实用教程	978-7-301-17488-3	常伏德	47.00	2012	ppt/pdf
7	流体力学	978-7-301-10477-4	刘建军　章宝华	20.00	2006	ppt/pdf
8	弹性力学	978-7-301-10473-6	薛　强	22.00	2008	ppt/pdf
9	工程力学	978-7-301-10902-1	罗迎社　喻小明	30.00	2006	ppt/pdf
10	工程力学	978-7-301-19530-7	王明斌	37.00	2011	ppt/pdf
11	工程力学	978-7-301-19810-0	杨云芳	42.00	2011	ppt/pdf
12	建筑力学	978-7-301-17563-7	邹建奇	34.00	2010	ppt/pdf
13	力学与结构	978-7-301-10519-1	徐吉恩　唐小弟	42.00	2006	ppt/pdf
14	土力学	978-7-301-10448-4	肖仁成　俞　晓	18.00	2006	ppt/pdf
15	土力学(江苏省精品教材）	978-7-301-17355-8	高向阳	32.00	2010	ppt/pdf
16	土力学	978-7-301-19333-4	曹卫平	34.00	2011	ppt/pdf
17	土力学	978-7-301-22743-5	贾彩虹	38.00	2013	ppt/pdf
18	土力学（中英双语）	978-7-301-19673-1	郎煜华	38.00	2011	ppt/pdf
19	土力学教程	978-7-301-18991-7	孟祥波	30.00	2011	ppt/pdf
20	土力学学习指导与考题精解	978-7-301-17364-0	高向阳	26.00	2010	ppt/pdf
21	岩石力学	978-7-301-17593-4	高　玮	35.00	2010	ppt/pdf
22	土质学与土力学	978-7-301-22265-2	刘红军	36.00	2013	ppt/pdf
结构基本原理与方法						
序号	书　　名	书　号	作　者	定价	出版时间	配套资源
1	混凝土结构设计原理	978-7-301-10449-9	许成祥　何培玲	28.00	2006	ppt/pdf
2	混凝土结构设计原理(江苏省精品教材)	978-7-301-16735-9	邵永健	40.00	2010	ppt/pdf
3	混凝土结构设计原理（新规范）	978-7-301-19706-6	熊丹安	32.00	2011	ppt/pdf
4	混凝土结构设计（新规范）	978-7-301-16710-6	熊丹安	37.00	2012	ppt/pdf
5	混凝土结构设计	978-7-301-10518-5	彭　刚　蔡江勇	28.00	2006	ppt/pdf

序号	书　　名	书　号	作　者	定价	出版时间	配套资源
6	钢结构设计原理	978-7-301-10755-2	石建军　姜　袁	32.00	2006	ppt/pdf
7	钢结构设计原理	978-7-301-21142-7	胡习兵	30.00	2012	ppt/pdf
8	钢结构设计（新规范）		胡习兵		2012	ppt/pdf
9	砌体结构（第2版）（新规范）	978-7-301-19113-2	何培玲	26.00	2012	ppt/pdf
10	基础工程	978-7-301-11300-5	王协群　章宝华	32.00	2007	ppt/pdf
11	基础工程（新规范）	978-7-301-21656-9	曹　云	43.00	2012	ppt/pdf
12	地基处理	978-7-301-21485-5	刘起霞	45.00	2012	ppt/pdf
13	结构抗震设计	978-7-301-10476-7	马成松　苏　原	25.00	2006	ppt/pdf
14	结构抗震设计（新规范）	978-7-301-15818-0	祝英杰	30.00	2010	ppt/pdf
15	建筑结构抗震分析与设计（新规范）	978-7-301-21657-6	裴星洙	35.00	2012	ppt/pdf
16	高层建筑结构设计	978-7-301-20332-3	张仲先　王海波	23.00	2006	ppt/pdf
17	荷载与结构设计方法（第2版）（新规范）	978-7-301-20332-3	许成祥　何培玲	30.00	2012	ppt/pdf
18	工程结构检测	978-7-301-11547-3	周　详　刘益虹	20.00	2006	ppt/pdf
19	建筑结构优化及应用	978-7-301-17957-4	朱杰江	30.00	2010	ppt/pdf
20	土木工程课程设计指南	978-7-301-12019-4	许　明　孟茁超	25.00	2007	ppt/pdf
21	有限单元法（第2版）	978-7-301-20591-4	丁　科	30.00	2012	ppt/pdf
22	工程事故分析与工程安全（第2版）（新规范）	978-7-301-21590-6	谢征勋　罗　章	38.00	2012	ppt/pdf

施工原理与方法

序号	书　　名	书　号	作　者	定价	出版时间	配套资源
1	土木工程施工	978-7-301-11344-8	邓寿昌　李晓目	42.00	2006	ppt/pdf
2	土木工程施工	978-7-301-17890-4	石海均　马　哲	40.00	2010	ppt/pdf
3	土木工程施工与管理	978-7-301-21693-4	李华锋　徐　芸	65.00	2012	ppt/pdf
4	工程施工组织	978-7-301-17582-8	周国恩	28.00	2010	ppt/pdf
5	建筑工程施工组织与管理（第2版）	978-7-301-19902-2	余群舟	31.00	2012	ppt/pdf
6	高层建筑施工	978-7-301-10434-7	张厚先　陈德方	32.00	2006	ppt/pdf
7	高层与大跨建筑结构施工	978-7-301-18105-8	王绍君	45.00	2010	ppt/pdf
8	建筑工程安全管理与技术	978-7-301-21687-3	高向阳	40.00	2013	ppt/pdf

计算机应用技术

序号	书　　名	书　号	作　者	定价	出版时间	配套资源
1	土木工程计算机绘图	978-7-301-10763-8	袁　果　张渝生	28.00	2010	ppt/pdf
2	土木建筑CAD实用教程	978-7-301-19884-1	王文达	30.00	2011	ppt/pdf
3	建筑结构CAD教程	978-7-301-15268-3	崔钦淑	36.00	2009	ppt/pdf
4	工程设计软件应用（新规范）	978-7-301-19849-0	孙香红	39.00	2011	ppt/pdf

道路桥梁与地下工程

序号	书　　名	书　号	作　者	定价	出版时间	配套资源
1	桥梁工程（第2版）	978-7-301-21122-9	周先雁　王解军	37.00	2012	ppt/pdf
2	大跨桥梁	978-7-301-21261-5	王解军　周先雁	30.00	2012	ppt/pdf
3	工程爆破	978-7-301-21302-5	段宝福	42.00	2012	ppt/pdf
4	交通工程学	978-7-301-17637-5	李　杰　王　富	39.00	2010	ppt/pdf
5	道路勘测设计	978-7-301-17493-7	刘文生	43.00	2012	ppt/pdf
6	交通工程基础	978-7-301-22449-6	工　富	24.00	2013	ppt/pdf

工程项目与经济管理

序号	书　　名	书　号	作　者	定价	出版时间	配套资源
1	建设法规（第2版）	978-7-301-20282-1	肖　铭　潘安平	32.00	2012	ppt/pdf
2	工程经济学	978-7-301-15577-6	张厚钧	36.00	2009	ppt/pdf
3	工程经济学	978-7-301-20283-8	都沁军	42.00	2012	ppt/pdf
4	工程经济学（第2版）	978-7-301-19893-3	冯为民　付晓灵	42.00	2012	ppt/pdf
5	工程项目管理	978-7-301-20900-4	邓铁军	48.00	2012	ppt/pdf
6	工程项目管理（第2版）	978-7-301-20075-9	仲景冰　王红兵	45.00	2011	ppt/pdf
7	土木工程项目管理	978-7-301-19220-7	郑文新	41.00	2011	ppt/pdf
8	土木工程概预算与投标报价(第2版）	978-7-301-20947-9	刘　薇　叶　良	37.00	2012	ppt/pdf
9	土木工程计量与计价	978-7-301-16733-5	王翠琴　李春燕	35.00	2010	ppt/pdf
10	工程量清单的编制与投标报价	978-7-301-10433-0	刘富勤　陈德方	25.00	2006	ppt/pdf

序号	书　　名	书　号	作　者	定价	出版时间	配套资源
11	室内装饰工程预算	978-7-301-13579-2	陈祖建	30.00	2008	ppt/pdf
12	工程招投标与合同管理	978-7-301-17547-7	吴　芳　冯　宁	39.00	2010	ppt/pdf
13	建设工程招投标与合同管理实务	978-7-301-15267-6	崔东红　肖　萌	38.00	2009	ppt/pdf
14	工程造价管理	978-7-301-10277-0	车春鹂　杜春艳	24.00	2006	ppt/pdf
15	工程造价管理	978-7-301-17979-6	周国恩	42.00	2010	ppt/pdf
16	建筑工程造价	978-7-301-19847-6	郑文新	39.00	2011	ppt/pdf
17	工程财务管理	978-7-301-15616-2	张学英	38.00	2009	ppt/pdf
18	工程合同管理	978-7-301-10743-0	方　俊　胡向真	23.00	2006	ppt/pdf
19	工程招标投标管理（第2版）	978-7-301-19879-7	刘昌明	30.00	2012	ppt/pdf
20	建设项目评估	978-7-301-13880-9	王　华	35.00	2008	ppt/pdf
21	建设项目评估	978-7-301-21310-0	黄明知　尚华艳	38.00	2012	ppt/pdf
22	工程项目投资控制	978-7-301-21391-9	曲　娜　陈顺良	32.00	2012	ppt/pdf
23	工程管理概论	978-7-301-19805-6	郑文新	26.00	2011	ppt/pdf
24	工程管理专业英语	978-7-301-14957-7	王竹芳	24.00	2009	ppt/pdf
25	城市轨道交通工程建设风险与保险	978-7-301-19860-5	吴宏建　刘宽亮	75.00	2012	ppt/pdf
26	建筑工程施工组织与概预算	978-7-301-16640-6	钟吉湘	52.00	2013	ppt/pdf
		房地产开发与经营				
序号	书　　名	书　号	作　者	定价	出版时间	配套资源
1	房地产开发	978-7-301-17890-4	石海均　王　宏	34.00	2010	ppt/pdf
2	房地产开发与管理	978-7-301-17330-5	刘　薇	38.00	2010	ppt/pdf
3	房地产策划	978-7-301-17805-8	王直民	42.00	2010	ppt/pdf
4	房地产估价	978-7-301-20632-4	沈良峰	45.00	2012	ppt/pdf
5	房地产估价理论与实务	978-7-301-21123-6	李龙	36.00	2012	ppt/pdf
		建筑学与城市规划				
序号	书　　名	书　号	作　者	定价	出版时间	配套资源
1	建筑概论	978-7-301-17572-9	钱　坤	28.00	2010	ppt/pdf
2	钢笔画景观教程	978-7-301-16052-7	阮正仪	32.00	2011	ppt/pdf
3	色彩景观基础教程	978-7-301-19660-1	阮正仪	42.00	2011	ppt/pdf
4	建筑表现技法	978-7-301-17464-7	冯　柯	42.00	2010	ppt/pdf
5	景观设计	978-7-301-19891-9	陈玲玲	49.00	2011	ppt/pdf
6	室内设计原理	978-7-301-17934-5	冯　柯	28.00	2010	ppt/pdf
7	中国传统建筑构造	978-7-301-17617-7	李合群	35.00	2010	ppt/pdf
8	城市详细规划原理与设计方法	978-7-301-19733-2	姜　云	37.00	2011	ppt/pdf
		给排水科学与工程				
序号	书　　名	书　号	作　者	定价	出版时间	配套资源
1	水分析化学	978-7-301-21507-4	宋吉娜	42.00	2012	ppt/pdf